烧结实践
与
科学原理

Sintering:
From Empirical Observations to
Scientific Principles

（美）兰德尔·杰曼 著
Randall M.German
贾成厂 褚 克 刘博文 等译

U0287987

化学工业出版社
·北京·

内 容 简 介

本书首先结合烧结历史与科学,概述了烧结理论的演变,并从简单的概念出发阐明了基础科学的关键问题,介绍了烧结过程中的物理化学变化及其原理,内容包括烧结热力学、动力学、液相烧结、压力烧结、复合粉体烧结、纳米粉体烧结、快速烧结等,并描述了烧结过程的表征技术手段,进行了烧结实例讲解,实现了理论与实践的紧密结合。

本书可供材料、冶金等专业研究人员及高校教师阅读,亦可作为材料专业硕士生、博士生的参考用书。

Sintering：From Empirical Observations to Scientific Principles，first edition
Randall M. German
ISBN：9780124016828
Copyright © 2014 Elsevier Inc. All rights reserved.
Authorized Chinese translation published by Chemical Industry Press Co.，Ltd.

《烧结实践与科学原理》（贾成厂 褚克 刘博文 等译）
ISBN：9787122382405
Copyright © Elsevier Inc. and Chemical Industry Press Co.，Ltd.. All rights reserved.

This edition of Sintering：From Empirical Observations to Scientific Principles，first edition is published by Chemical Industry Press Co.，Ltd. under arrangement with ELSEVIER INC.

This edition is authorized for sale in China only, excluding Hong Kong, Macau and Taiwan. Unauthorized export of this edition is a violation of the Copyright Act. Violation of this Law is subject to Civil and Criminal Penalties.

本版由 ELSEVIER INC. 授权化学工业出版社有限公司在中国大陆地区（不包括香港、澳门以及台湾地区）出版发行。

本版仅限在中国大陆地区（不包括香港、澳门以及台湾地区）出版及标价销售。未经许可之出口,视为违反著作权法,将受民事及刑事法律之制裁。

本书封底贴有 Elsevier 防伪标签,无标签者不得销售。

北京市版权局著作权合同登记号：01-2016-5980

图书在版编目（CIP）数据

烧结实践与科学原理/（美）兰德尔·杰曼（Randall M. German）著；贾成厂等译. —北京：化学工业出版社,2021.2(2023.4重印)
书名原文：Sintering：From Empirical Observations to Scientific Principles
ISBN：978-7-122-38240-5

Ⅰ.①烧… Ⅱ.①兰… ②贾… Ⅲ.①烧结-研究 Ⅳ.①TF046

中国版本图书馆 CIP 数据核字（2020）第 259622 号

责任编辑：韩霄翠 仇志刚　　　　　　文字编辑：林 丹 段曰超
责任校对：王素芹　　　　　　　　　装帧设计：刘丽华

出版发行：化学工业出版社（北京市东城区青年湖南街13号　邮政编码100011）
印　　装：涿州市般润文化传播有限公司
787mm×1092mm 1/16 印张28 字数620千字 2023 年 4 月北京第 1 版第 3 次印刷

购书咨询：010-64518888　　　　　　　　售后服务：010-64518899
网　　址：http://www.cip.com.cn
凡购买本书,如有缺损质量问题,本社销售中心负责调换。

定　　价：168.00元　　　　　　　　　　　版权所有　违者必究

序

粉末冶金的基本工序包括制粉、成形与烧结。粉末冶金工艺能够制造其他方法难以完成的难熔金属及其化合物、假合金、多孔材料等；可以最大限度地减少材料的成分偏析与组织偏析，消除粗大、不均匀的铸造组织，获得细小晶粒的均匀组织，从而制备出性能更高的材料；粉末冶金制品不需要或很少需要后续的机械加工，能大大节省材料，同时适合于生产同一形状且数量多的产品，能够大幅度降低生产成本。粉末冶金在新材料发展中起着举足轻重的作用。

烧结是粉末冶金工艺中的关键工序，是将成形后的压坯通过热处理得到所要求的物理性能的过程。烧结可以分为单元系烧结与多元系烧结，多元系烧结又可以分为固相烧结与液相烧结。除了普通烧结之外，还有松装烧结、熔浸法、热压法、超固相线烧结、反应烧结等特殊的烧结工艺。

Randall M. German 教授是国际上非常著名的粉末冶金专家，对粉末冶金多个领域都有杰出的贡献。这次化学工业出版社委托北京科技大学的贾成厂教授组织翻译 German 教授的《烧结实践与科学原理》，为中国粉末冶金界提供了一份珍贵的资料。我对此项工作表示赞赏与支持，祝贺该书的出版，并希望能够对粉末冶金行业的发展与进步起到促进作用。

中国科学院院士
北京科技大学教授

2021 年 1 月

译者前言

烧结是将粉末体或其压坯加热至主要成分熔点以下的温度，使粉体颗粒产生黏结，经过物质迁移使粉体致密化且强度提高的热处理过程。

烧结是一个古老的工艺过程，是粉末冶金、陶瓷、耐火材料、超高温材料等生产过程的一个重要工序，人类很早就开始利用烧结工艺来制造不同的材料。

烧结是一个复杂物理化学过程，除了物理变化之外，有时还伴随有化学变化，如固相反应。将粉体或压坯加热到一定温度后，其中的颗粒开始相互作用，气孔逐渐收缩，气孔率逐渐减小，颗粒接触界面逐渐扩大并转化为晶界，最后数个晶粒相互结合，产生再结晶和晶粒长大，坯体在低于熔点温度下变成致密、坚硬的烧结体。高纯物质的烧结体系在烧结温度下基本上不会出现液相，而多组分物系在烧结温度下常伴随液相的出现。无液相参与的烧结，即只在单纯固体之间进行的烧结称为固相烧结，有液相参与的烧结称为液相烧结。

材料性能不仅与材料的组成有关，还与材料的显微结构密切相关。当材料的配方、原料颗粒、混合与成形工艺确定后，烧结过程是材料获得预期显微结构的关键工序。烧结对于有效控制材料制品的显微组织结构与性能以及发展各类新型的材料都起着关键作用。了解烧结过程现象及机理，掌握烧结过程热力学、动力学对材料显微组织结构的影响规律，对材料的制备和应用具有重要的指导意义。

烧结机理以及烧结动力学的研究是从 20 世纪初开始的。1910 年，成功制备了钨的粉末冶金制品，标志着近代烧结技术的开始，此后陆续开展了单元体系的烧结研究。1938 年，研究了液相烧结的溶解-析出现象，提出了解释大颗粒长大的理论模型。第二次世界大战期间军工产业的繁荣极大地促进了金属材料制备技术与相关科学理论的发展，烧结理论研究也进入新阶段。其间第一次建立了基于两个圆球黏结简化模型，提出由空位流动进行传质的烧结机制，考虑了颗粒表面微粒子的迁移对烧结传质过程的重要作用。第一次将烧结理论研究深入到原子水平，考虑了晶体内空位和晶体表面原子迁移等现象，代表了烧结理论的第一次突破。1949 年在板-球模型上建立了烧结初期基于各种扩散与蒸发-凝聚机制的较为系统的物质传质与迁移理论。20 世纪 70 年代后，以量子力学等为代表的新兴物理学理论以及计算机科学技术在材料科学，包括烧结理论研究中得到广泛应用，烧结理论进入到新的阶段。用电子稳定组态理论对活化烧结现象进行了解释，提出了烧结拓扑理论和统计理论。其间还提出了热压、热等静压等加压烧结条件下的蠕变模型。这些理论建立在新兴物理学和现代烧结技术发展的基础上，反过来又极大地促进了烧结理论在金属、陶瓷及复合材料等先进材料领域的研究、开发与应用。60年代用计算机模拟技术对烧结颈演化过程进行了模拟研究。70年代将计算机模拟用于压力-烧结图的预测。80年代后期开始用计算机模拟烧结过程中晶粒生长问题，计算机模拟烧结过程的相关研究进入了快速发展的阶段。计算机模拟烧结过程对象经历了从简单烧结物理模型到复杂的、接近实际过程的复杂烧结物理模型的变化。90年代针对经反应烧结制备氮化硅陶瓷过程建立了晶粒模型和尖锐界面模型。

目前对烧结过程机理以及各种烧结机制动力学研究已经取得了较大的进展。但影响烧结过程的因素很多，烧结动力学方程都是在一定的理想模型条件下获得的，与真正定量解决复杂多变的实际烧结问题还有相当大的差距，有待进一步研究。

Randall M. German 教授是国际上享有盛誉的粉末冶金专家，圣地亚哥州立大学机械工程研究学院的教授兼前任副院长。German 教授的专著 *Sintering：From Empirical Observations to Scientific Principles* 首先结合烧结历史与科学，概述了烧结理论的演变，并从简单的概念出发阐明了基础科学的关键问题，说明了烧结是什么、如何观察烧结、烧结的关键参数、改善烧结的方法与措施、烧结理论的起源与发展、正确认识烧结模型等。该书内容非常丰富，其出版对粉末冶金界具有重要的影响。

化学工业出版社引进此书翻译为中文出版，是我国粉末冶金行业的一件大事，将为我国粉末冶金界的学者、科技工作者、工程技术人员、企业家等提供一份丰盛的精神食粮，会对我国粉末冶金领域的发展与进步起到推动作用。

本书的内容主要包括：绪论、烧结的历史、基础构架的发展、测量工具与实验观察、早期的定量测量、烧结过程中的几何轨迹、烧结热力学与动力学、微观组织的粗化、液相烧结、加压烧结、混合粉末与复合材料、快速烧结、纳米尺度烧结、计算机模型、烧结实践以及烧结的未来展望。

本书由贾成厂教授、褚克教授、刘博文博士主译。在翻译过程中，课题组的博士、硕士们参与了相关的工作，他们是：范涛、吕莹莹、张一帆、张政委、唐怡、王梦雅、洪逍、周川、吴超、王宇枭、单化杰、秦恬、傅豪、柏慧凝、杨淑娴、周义森等。在此对以上各位的辛勤劳动与付出表示由衷的谢意。

希望本书的翻译与出版能够得到中国粉末冶金界专家、同行的认可与指正。

译者

2021 年 1 月

前 言

烧结已经有超过 26000 年的历史，至今仍是极具魅力的材料成形加工工艺之一，而且正在不断被应用到新领域。例如新能源系统，从太阳能电池到核反应堆，都与烧结密切相关。另一个例子是多孔结构医用支架的制备，它是采用特定的激光烧结方法制备的，能够满足医学对材料强度和弹性模量的要求。同样，牙冠和桥梁结构的生产过程也涉及烧结工艺（由计算机控制）。烧结领域另一个巨大的成就是超薄印制电路板，例如将小型射频识别电路嵌入到电子元件中，当被附近的移动电话激活时就可进行信号传递。在太阳能电池、主机电容器、储能与磁性装置中，也有类似的应用。在超耐磨领域的应用是将金刚石黏附于烧结硬质合金基底，从而制造长寿命的石油与天然气钻井工具。另一个正在发展的领域是烧结热电材料，这种材料可以将汽车发动机余热的热能转化为电能。

烧结工艺的发展可以追溯到 19 世纪初，通过烧结制备了用于熔融玻璃的铂坩埚。20世纪初随着白炽灯灯丝的生产，烧结工艺出现了重大进展，但直至 20 世纪 40 年代，随着原子理论与原子运动概念的出现，烧结才从理论角度得以阐释。原子理论与烧结实践的有机融合推动了烧结概念的定量化发展。同时，计算机模拟与仿真也在该领域逐渐推广应用。现在，这些模拟与仿真的精度已经接近制造业的要求。在不久的将来，外太空烧结技术将利用月球土壤和太阳能在月球上建造房屋。烧结技术的扩展应用前景是非常可观的。

本书主要阐述烧结的基本知识，相关概念适用于电子电容器、汽车变速器齿轮、高强度的灯、喷气发动机控制连杆、高速铣削刀具等。具体说来是从历史概念出发，结合历史与科学，概述理论的演变。从简单概念出发所阐明的基础科学的关键问题有：

烧结是什么？

如何观察烧结？

烧结的关键参数是什么？

怎样才能改善烧结？

烧结理论的起源与发展如何？

应该如何认识烧结模型？

本书还包括新兴主题的内容，例如快速加热的作用，烧结工具的介绍等。

这本书的写作工作开始于 2011 年烧结大会研讨会和 2012 年材料科学与技术大会主题报告。我要感谢 Suk-Joong Kang、Eugene Olevsky 和 Khalid Morsi 的早期支持。还有学生的无私帮助，尤其是 Wei Li、Timothy Young、Michael Brooks 和 Shuang Qiao。Kenneth Brookes 提供了关于烧结碳化物的背景知识，同时 Zak Fang、Animesh Bose 和 Donald Heaney 提供了关于烧结组织的相关综述。Louis Rector 和 Howard Glicksman 提供了烧结电子器件的信息，Lanny Pease 捐赠了一本绝版书，提供了宝贵的资料。还有其他来自金属粉末工业联合会和美国陶瓷协会的珍贵资料。我很感激大家的努力和关心，圣地亚哥州立大学甚至牺牲了一个学期的教学来完成这个项目。

这本书也献给 Animesh Bose，他对烧结的实践做出了极大的努力，而且，令人欣慰的是，他的孩子更聪明，更有活力。

Randall M. German

目 录

第5章 早期的定量测量 / 108

第6章 烧结过程中的几何轨迹 / 116

第7章　烧结热力学与动力学　/ 149

第8章　微观组织的粗化　/ 183

第9章　液相烧结　/ 201

第10章　加压烧结　/ 249

第11章　混合粉末与复合材料　/ 289

第12章　快速烧结　/ 315

第13章　纳米尺度烧结　/ 337

第16章　**烧结的未来展望**　/ 419

第 1 章

绪 论

1.1 背景

　　烧结是通过加热使粉末颗粒结合成块体材料的过程。例如将湿黏土加工成一个锅状物件，然后进行高温处理，提高其强度，这个烧的过程就是烧结。同样，积雪凝固，变硬，最终形成冰，也可以认为是冷烧结过程。烧结是增强颗粒成形体的强度，使其形成有用工件的一种手段，例如电容器、汽车传动齿轮、金属切削工具、表壳、心脏起搏器外壳、含油轴承等。

　　作为热处理工艺的一种，烧结对于很多工程产品的成功制备及应用都至关重要，包括大多数陶瓷、硬质合金、一些金属和聚合物。粉末烧结之前一般通过模压成形为一定的形状，例如汽车变速器齿轮等。对于表壳等复杂三维形状部件，注射成形是非常合适的成形工艺。对于催化转化器基板之类长且薄的工件，可以通过挤压工艺进行成形，以类似方式成形的还有对石墨挤压而形成的自动铅笔笔芯。对于陶瓷电子基板那样的平面结构件，可以采用流延成形技术，而中空陶瓷件则可以考虑采用注浆成形，对于有些金属还可以采用激光成形。成形之后的坯体需要经过一个加热到峰值温度并保温一定时间的烧结处理，保温时间可以从数分钟到数小时。成形体在烧结之前强度较低，在烧结之后强度可以得到大幅度提高。烧结件的性能能够与铸造、机加工、磨削或锻造等加工工艺所获得的工件性能相当。

　　本书的内容主要包括烧结发生的原因，如何对烧结进行定量描述以及关键参数的控制等，还涉及烧结过程中材料性能的变化。研究烧结科学的主要目的是找到最优工艺过程参数，预测烧结件所能达到的使用性能。在这本书中，我们会看到烧结理论基础，以及理论与实验现象的完美结合。尽管人们已经对烧结现象进行了多年的观察与研究，但只有在对原子与原子运动充分理解的基础上，才能利用理论对烧结实践进行指导与预测。

　　科学家于 20 世纪 40 年代提出了扩散的概念。对原子与原子运动的理解促进了烧结理论的快速发展，接着带来了与烧结相关应用领域的井喷式发展。关于烧结的文献、专利和材料自 20 世纪 40 年代末以来逐年增多。烧结的理论与实践今天仍在继续发展，以适应材料领域日益增长的复杂成分与复杂设计的需求。

本书将详细介绍烧结理论的发展。随着我们对烧结理论与工艺的深入研究，该领域的内容会更加丰富，前景也会更加美好。

1.2 展望

考古发现的烧结体可以追溯到 26000 年前。在中国、印度、埃及、日本、土耳其、韩国、中美洲、欧洲南部等地都发现过早期焙烧的陶器。大约 3000 年前在很多地方出现了通过焙烧而提高工件强度的现象。数百年前，西班牙、中国、韩国、日本、德国、英国和俄罗斯等地就可以在控制工艺参数的条件下制造烧结产品。

英国地质学家在 1780 年使用"烧结"一词来描述矿物颗粒的黏结和冰岛结壳石块的形成。文献中也提到过在热喷泉喷口周围形成坚硬的硅酸盐外壳。英国从德国借来"煤渣（cinder）"一词来描述矿物颗粒的凝聚或硬化。到了 1854 年，这一概念用于描述煤颗粒的热黏合，在 19 世纪 60 年代用来描述铁矿石的热硬化，这一过程也称为"造块"。

1865 年，美国专利文献中第一次使用"烧结（sintering）"这一术语用于描述矿物煅烧过程中的热循环过程。烟道灰的烧结块、铁矿石和其他矿物都是早期的烧结产品。随后烧结这一术语被广泛用于描述粉末的凝聚与固化，尤其是烧结工厂将其用于铁矿石烧结块。

到了 20 世纪 80 年代，"烧结"一词被用于描述金银提纯、铂金黏结、铁粉固结以及铂金首饰的制造等。1913 年，Coolidge 用加热工艺制备钨电灯丝，将其过程描述为"⋯⋯对灯丝进一步净化处理，去除其中易挥发的组分，然后把留下的难熔成分烧结（sinter）在一起，形成一个连贯的整体⋯⋯"[1]；在陶瓷制备过程中，"烧结"一词用于描述耐火材料、磨料或绝缘体粉末的凝结固化过程。1939 年，White 和 Shremp[2] 参照氧化铍在不同加热条件下的性质，采用"烧结"一词来描述陶瓷颗粒的黏合。

在第二次世界大战中，由于军事应用方面的需求，烧结的重要性凸显出来。1943 年，美国国会图书馆在相关领域发表了一项调查，结果显示烧结涉及 700 个期刊和 600 项专利[3]。从此以后，"烧结"一词经常用来描述加热而使颗粒黏结的现象[4-7]。

烧结是一种用来提高颗粒结合强度的热处理方式。图 1.1 是青铜球烧结的显微组织照片。首先将这些球形颗粒装入坩埚中，然后加热，在加热过程中，原子运动引起颗粒接触部位逐渐增长。

为了解释加热（温度）所引起的材料变化，烧结理论提供了一些能够进行数学计算的关键参数，例如颗粒大小、加热速率、加热峰值温度和保温时间等。当然材料也很重要，因为它决定了原子表面能的大小、扩散的活化能以及晶体的结构。为了得到烧结模型的参数，需要非常多的背景知识作为基础。例如，固体表面能是解释烧结收缩过程中颗粒接触产生应力的必要概念，但这一对于烧结十分重要的内容在 20 世纪 40 年代才被认可与研

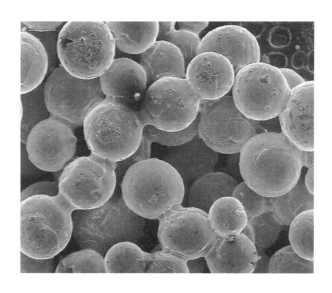

图 1.1 青铜球烧结的扫描电子显微镜照片

究，而液体表面能很早之前就已被认可。

这里所使用的方法如下：

列出关于烧结概念与模型的轮廓→溯源寻找关键构成要素→确定关键构成要素与烧结之间的关系→从原始出版物资料找出早期的关键事件→辨别关键事件中的重要人物与概念。

这种研究是建立在许多烧结实践基础上的[7-43]，相应报道可以在专利与在线数据库中查到。但是需要注意的是要去伪存真，包括参考文献、年份以及一些不恰当的引用。例如关于电火花烧结的一些早期的工作，其专利代理人是 Arthur Bloxam，而不是发明家 Johann Lux。

了解烧结概念的演变与当时能够使用的基础设施十分重要，其中包含了很多关键步骤与信息。例如，氮化硅的合成是在 1896 年，反应烧结工艺开发于 20 世纪 30 年代，热压工艺开发于 20 世纪 60 年代，常压液相烧结兴起于 20 世纪 70 年代[31,44,45]。由于氮化硅的第一次致密化是通过热压工艺实现的，所以这个日期就被用来标记烧结氮化硅出现的时间。

到 2013 年，以"烧结件"和"烧结"为关键词，可以检索到 100 多万篇文章。这些文献是本书的基础，它们凝聚了多元丰富的烧结概念与不断扩大的知识体系。

1.3 定义

烧结作为一个术语产生于 19 世纪，但直到 20 世纪中期才成为一个常用的概念。其间虽然在细节上存在变化，但下面的定义一直在历史上使用并沿用今[19,29,46-51]：烧结是一种将颗粒黏结成块体材料的热处理方法，主要是通过在固体结构之间发生原子尺度上的大规模物质迁移来完成。烧结降低了系统的能量，提高了材料的强度。

其他一些术语对了解烧结过程中的机理与现象也是十分重要的。密度是质量与体积之比，单位是 g/cm^3 或 kg/m^3。密度取决于材料本身与烧结过程中的变化，因此它可以用来判断烧结程度。理论密度对应无气孔的固体密度。用分数或百分比表示的相对密度有利于描述粉末系统的行为，可以体现材料的致密化程度。本书中，描述烧结密度的首选是烧结密度与理论密度的比值，即相对密度。压坯密度是烧结前的密度，而压坯强度是指烧结前的强度。

孔隙率是指粉末成型过程中未被填充的空间。烧结前的孔隙率称为压坯孔隙率。孔隙率与材料质量无关，所以可简单地表示为分数或百分数。例如，烧结体可以是由 80％ 的密实部分和 20％ 的孔隙率所组成。相对密度与孔隙率之和为 1（100％）。烧结过程中，在涉及液相的情况下，是三相共存，即固相、液相和孔隙。在这种情况下，相对密度是固相和液相部分的总和。

颗粒是离散的固体，一般小于 1mm，但大于一个原子大小。粉末是颗粒的集合体，通常由一系列大小和形状不同的颗粒所组成。颗粒不能完全填充空间。例如，单一尺寸的刚性球填充一个容器时，能够达到约 60％ 的致密度；振动后达到最大的致密度约为 64％。颗粒形状变化、粒径分布变宽或施加压力都有可能使粉末形成较高的密度。

生坯烧结之前也称为压坯。制备过程通常是在粉末中混合黏结剂或润滑剂（一般是蜡基），粉末混合好后施加压力以提高密度。压力从重力到几百兆帕。生坯的强度通常很低，维生素片就是一个压紧粉末的例子。烧结时的固结依赖于烧结的驱动力。

下面介绍几个本书中使用的可用于监测烧结状态的概念：表面积、烧结颈尺寸比、收缩、膨胀、致密化。表面积为固-气接触面面积，通常用单位质量的面积来表示，如 m^2/g。烧结颈是指颗粒之间烧结结合部位的直径，烧结颈的尺寸比是烧结颈尺寸与颗粒粒径的比值（无量纲）。收缩是指线性尺寸的减少，而膨胀是指线性尺寸的增加，都是烧结后的尺寸除以烧结前的尺寸。密度和收缩等的测量都比较容易操作，并可以反映烧结过程中的变化。致密化是指烧结过程中孔隙率的变化除以烧结之前的孔隙率。如果在烧结过程中消除了所有的孔隙，那么致密化是 100％。在考察不同理论密度与不同初始孔隙率的体系时，致密化是一个有用的概念。致密化、最终密度、烧结颈尺寸、表面积、收缩等都是表征烧结的相关参数。

烧结的基础是各种不同组分的混合粉末。习惯上首先列出粉末的主要组成部分。例如，WC-Co 意味着材料的主要成分是碳化钨（WC），而钴（Co）是次要成分。当一个数字嵌入化学式，如 Fe-8Ni，表示在铁粉中加入 8％ 的镍粉。如果没有特别说明，成分一般是指质量分数。原子组成通过化学式的化学计量来给出，例如 $MoSi_2$ 指每个钼原子结合两个硅原子。对于常用的有固定组成的粉末，大多都已经有确定的名字，例如不锈钢（Fe-18Cr-8Ni）、铜（Cu-10Sn）或尖晶石（Al_2O_3-MgO）等。

1.4 烧结技术

在用于描述单相粉末的固相扩散烧结时，烧结理论是较为准确的。然而，这仅是烧结实践的一小部分。常见的烧结技术大多涉及多相和液相。图 1.2 是烧结技术的一般分类。压力是第一区分要素。大多数工业化的烧结是在没有外部压力的条件下进行的。压力辅助的烧结技术包括热等静压、热压和电火花烧结等。这些技术同时加热与加压，可以得到高的密度，压力范围从 0.1MPa 到 6GPa。

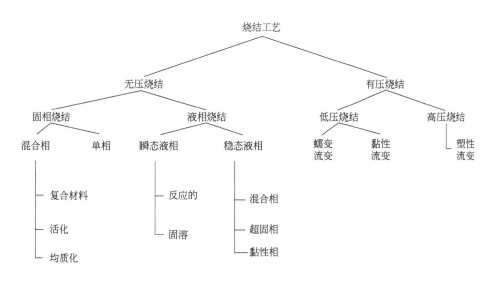

图 1.2 烧结技术分类

无压烧结中的固相烧结与液相烧结有明显的区别。单相的固态烧结是最容易理解的一种烧结形式。在固相烧结过程中，其混合相可能形成复合材料或合金。当烧结混合粉体能互溶并形成合金时，会发生均匀的致密化现象。活化烧结是可以使少量不溶物偏析于晶界以促进烧结的特殊处理。混合相烧结可以使一个相分散于基体相中，通常用来制备复合材料。当材料在两相区烧结时，例如钢在体心立方相与面心立方相两个相共存温度下烧结时，就可能发生另一种变化。

通常情况下，涉及液相的烧结可以提高烧结速率。大多数工业烧结都涉及液相的形成，液相烧结产品占所有烧结产品价值的近 90%。液相烧结有两种形式：持续液相与瞬态液相。持续液相烧结发生在烧结过程的高温阶段，由预合金粉末（超固相线液相烧结）或混合粉所形成。瞬态液相烧结是在加热过程中产生液相，但该液相随后会溶解于固相。在某些情况下，有放热反应发生并形成复合相时，可能会导致活性液相烧结。虽然图 1.2 所示的路线图是示意图，但它有助于将各个章节的内容联系在一起，使其成为一个整体。

1.5 基础数据

已发表的关于烧结的论文已超过百万篇。其中，近一半是会议论文，另一半是期刊论文与专利。图 1.3 给出了 1900 年至 2013 年间发表的关于烧结的论文累计数量。为了便于理解这一趋势，可参照图 1.4 中基于双对数的曲线。1900 年有 135 篇关于烧结的文章，其中许多是有关铁矿石硬化的文章。到了 2013 年共有 600000 篇。回归分析给出了以下关系：

$$\lg(\text{论文总和}) = -461 + 141 \lg(\text{年}) \tag{1.1}$$

该拟合结果的相关系数为 0.9979。

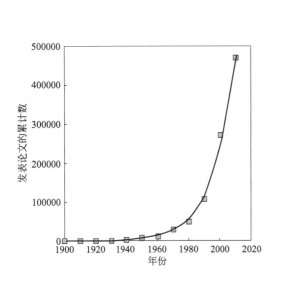

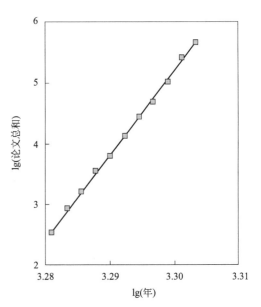

图 1.3 关于烧结的期刊论文的累计数量
显示了近年发表论文的激增，2012 年发表论文总数多达 100 万篇

图 1.4 发表论文与发表年份的累计数的重对数图
图中数据可以显著回归为一条直线

随着更多材料、应用和技术的出现，知识的加速生长将会持续。中国、日本、美国、韩国和德国这五个国家在论文发表方面处于领先地位，其次是印度、法国、英国和西班牙。在被引方面，美国、英国、德国的烧结论文是被引用最多的。至于所涉及的材料，影响因子较高的论文是涉及铝、铁、铜和钨基体的有关论文，接下来是硬质合金（碳化钨-钴）、铂、硅、铝、银和碳化硅。

一般而言，科技的发展会有利于促进专利领域的活跃。美国第一个烧结专利是加拿大的 Macfarlane 在 1865 得到的[52]。到 2012 年美国在该领域每天约有 7 项专利文献发布。为了反映专利的情况，图 1.5 绘制出了美国的专利累计数据。专利的数量很多，说明未来的许多商业活动都将与烧结相关。

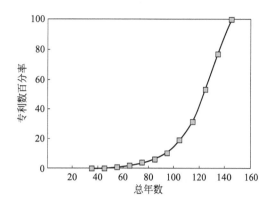

图 1.5 自 1865 第一项烧结专利提出以来美国累计专利发行量

1.6 关键资源

期刊中有大量关于烧结和烧结产品的信息，我们可以参考使用。其中一些期刊非常著名，包括陶瓷和粉末冶金相关领域，如：

Acta Materialia（*Acta Metallurgica*，*Acta Metalluirgica et Materialia*）

Ceramic Bulletin（*Bulletin of the American Ceramic Society*）

Ceramics International

International Journal of Powder Metallurgy

International Journal of Refractory Metals and Hard Materials（*formerly*）

Planseeberichte fuer Pulvermetallurgie

Journal of Applied Physics

Journal of the Korean Powder Metallurgy Institute

Journal of Materials Research

Journal of Materials Science

Journal of the American Ceramic Society

Journal of the Ceramic Society of Japan

Journal of the European Ceramic Society

Journal of the Japan Society of Powder and Powder Metallurgy

Materials Science and Engineering

Materials Transactions

Metallurgical and Materials Transactions（*formerly Metallurgical Transactions*，*Transactions TMS-AIME*）

Powder Metallurgy

Powder Technology

Science of Sintering (*formerly Physics of Sintering*)

另外，关于烧结的一些高层次学术会议包括：

① 国际烧结大会（International Conference on Sintering）：每四年举办一次。

② 材料科学与技术大会（Materials Science and Technology Conference）：由几个协会组织，每年秋季举办。

③ 粉末冶金世界大会（World Congress on Powder Metallurgy）：每两年举行一次，分别在欧洲、北美洲和亚洲轮流举行；最近几次的会议分别在中国北京（2018）、德国汉堡（2016）、美国奥兰多（2014）、日本横滨（2012）、意大利佛罗伦萨（2010）、美国华盛顿（2008）、韩国釜山（2006）、奥地利维也纳（2004）、美国奥兰多（2002）、日本京都（2000）等地举行。

④ 普兰西会议（Plansee Seminar）：每四年在奥地利罗伊特举行一次，往届会议有与烧结硬质材料、难熔金属、颗粒复合材料、高温系统相关的议题。

参考文献

[1] W. D. Coolidge, Production of Refractory Conductors; U. S. Patent 1,077,674, issued 5 November 1913.

[2] H. E. White, R. M. Shremp, Beryllium oxide: I, J. Am. Ceram. Soc. 22 (1939) 185-189.

[3] C. G. Goetzel, Treatise on Powder Metallurgy, vol. Ⅲ, Interscience Publishers, New York, NY, 1952.

[4] B. F. Klugh, The microstructure of sintered iron bearing materials, Trans. TMS-AIME 45 (1913) 330-345.

[5] F. A. Vogel, Sintering and briquetting of flue dust, Trans. TMS-AIME 43 (1912) 381-386.

[6] J. Gayley, The sintering of fine iron bearing material, Trans. TMS-AIME 42 (1912) 180-190.

[7] J. E. Burke, A history of the development of a science of sintering, in: W. D. Kingery (Ed.), Ceramics and Civilization, Ancient Technology to Modern Science, vol. 1, Amer. Ceramic Society, Columbus, OH, 1985, pp. 315-332.

[8] W. D. Jones, Principles of Powder Metallurgy with an Account of Industrial Practice, Edward Arnold, London, UK, 1937.

[9] E. G. Ferguson, Bergman, Klaproth, Vauquelin, Wollaston, J. Chem. Edu. 18 (1941) 3-7.

[10] C. S. Smith, The early development of powder metallurgy, in: J. Wulff (Ed.), Powder Metallurgy, Amer. Society for Metals, Cleveland, OH, 1942, pp. 4-17.

[11] P. E. Wretblad, J. Wulff, Sintering, in: J. Wulff (Ed.), Powder Metallurgy, Amer. Society for Metals, Cleveland, OH, 1942, pp. 36-59.

[12] G. F. Huttig, Die Frittungsvorange innerhalb von Pulvern, weiche aus einer einzigen Komponente bestehen-Ein Beitrag zur Aufklarung der Prozesse der Metall-Kermik und Oxyd-Keramik, Kolloid Z. 98 (1942) 6-33.

[13] C. G. Goetzel, Treatise on Powder Metallurgy, vol. I, Interscience Publishers, New York, NY, 1949, pp. 259-312.

[14] W. D. Jones, Fundamental Principles of Powder Metallurgy, Edward Arnold Publishers, London, UK, 1960.

[15] S. Y. Plotkin, Development of powder metallurgy in the USSR during 50 years of soviet rule, Powder Metall. Metal Ceram. 6 (1967) 844-853.

[16] F. N. Rhines, R. T. DeHoff, R. A. Rummel, Rate of densification in the sintering of uncompacted metal powders, in: W. A. Knepper (Ed.), Agglomeration, Interscience, New York, NY, 1962, pp. 351-369.

[17] V. A. Ivensen, Densification of Metal Powders during Sintering, Consultants Bureau, New York, 1973.

[18] S. Y. Plotkin, G. L. Fridman, History of powder metallurgy and its literature, Powder Metall. Metal Ceram 13 (1974) 1026-1029.

[19] M. M. Ristic, Science of Sintering and Its Future, International Team for Science of Sintering, Beograd, Yugoslavia, 1975.

[20] C. G. Johnson, W. R. Weeks, Powder metallurgy, J. G. Anderson, Metallurgy, (revision), fifth ed. , Amer. Technical Publishers, Homewood, IL, 1977, pp. 329-346.

[21] H. E. Exner, Physical and chemical nature of cemented carbides, Inter. Met. Rev. 24 (1979) 149-173.

[22] F. V. Lenel, Powder Metallurgy Principles and Applications, Metal Powder Industries Federation, Princeton, NJ, 1980.

[23] C. A. Handwerker, J. E. Blendell, R. L. Coble, Sintering of ceramics, in: D. P. Uskokovic, H. Palmour, R. M. Spriggs (Eds.), Science of Sintering, Plenum Press, New York, NY, 1980, pp. 3-37.

[24] A. Prince, J. Jones, Tungsten and high density alloys, Historical Metall 19 (1985) 72-84.

[25] W. D. Kingery, Sintering from prehistoric times to the present, in: A. C. D. Chaklader, J. A. Lund (Eds.), Sintering' 91, Trans. Tech. Publications, Brookfield, VT, 1992, pp. 1-10.

[26] H. Kolaska, The dawn of the hardmetal age, Powder Metall. Inter. 24 (5) (1992) 311-314.

[27] K. J. A. Brookes, Half a century of hardmetals, Metal Powder Rept. 50 (12) (1995) 22-28.

[28] M. M. Ristic, Frenkel' s theory of sintering (1945-1995), Sci. Sintering. 28 (1996) 1-4.

[29] R. M. German, Sintering Theory and Practice, Wiley-Interscience, New York, NY, 1996.

[30] G. H. Haertling, Ferroelectric ceramics: history and technology, J. Amer. Ceram. Soc. 82 (1999) 797-818.

[31] F. L. Riley, Silicon nitride and related materials, J. Amer. Ceram. Soc. 83 (2000) 245-265.

[32] J. Konstanty, Powder Metallurgy Diamond Tools, Elsevier, Amsterdam, Netherlands, 2005.

[33] C. M. Peret, J. A. Gregolin, L. I. L. Faria, V. C. Pandolfelli, Patent generation and the technological development of refractories and steelmaking, Refractories Applic. News 12 (1) (2007) 10-14.

[34] M. Noguez, R. Garcia, G. Salas, T. Robert, J. Ramirez, About the Pre-Hispanic Au-Pt 'Sintering' technique, Inter. J. Powder Metall. 43 (1) (2007) 27-33.

[35] S. J. L. Kang, Sintering Densification, Grain Growth, and Microstructure, Elsevier Butterworth-Heinemann, Oxford, United Kingdom, 2005.

[36] P. K. Johnson, Tungsten filaments-the first modern PM product, Inter. J. Powder Metall. 44 (4) (2008) 43-48.

[37] R. M. German, P. Suri, S. J. Park, Review: liquid phase sintering, J. Mater. Sci. 44 (2009) 1-39.

[38] P. Schade, 100 years of doped tungsten wire, in: P. Rodhammer (Ed.), Proceedings of the Seventeenth Plansee Seminar, vol. 1, Plansee Group, Reutte, Austria, 2009, pp. RM49. 1-RM49. 12.

[39] R. M. German, Coarsening in sintering: grain shape distribution, grain size distribution, and grain growth kinetics in solid-pore systems, Crit. Rev. Solid State Mater. Sci. 35 (2010) 263-305.

[40] J. F. Garay, Current activated, pressure assisted densification of materials, Ann. Rev. Mater. Res. 40 (2010) 445-468.

[41] K. Morsi, The diversity of combustion synthesis processing: a review, J. Mater. Sci. 47 (2012) 68-92.

[42] Z. A. Munir, D. V. Quach, M. Ohyanagi, Electric current activation of sintering: a review of the pulsed electric current sintering process, J. Am. Ceram. Soc. 94 (2011) 1-19.

[43] R. M. German, History of sintering: empirical phase, Powder Metall. 6 (2) (2013) 117-123.

[44] G. G. Deeley, J. M. Herbert, N. C. Moore, Dense silicon nitride, Powder Metall. 4 (1961) 145-151.

[45] G. R. Terwilliger, F. F. Lange, Pressureless Sintering of Si_3N_4, J. Mater. Sci. 10 (1975) 1169-1174.

[46] R. F. Walker, Mechanism of material transport during sintering, J. Amer. Ceram. Soc. 38 (1955) 187-197.

[47] H. H. Hausner, Discussion on the definition of the term 'Sintering', in: M. M. Ristic (Ed.), Sintering-New Developments, Elsevier Scientific, New York, NY, 1979, pp. 3-7.

[48] R. G. Bernard, Processes involved in sintering, Powder Metall. 2 (1959) 86-103.

[49] M. H. Tikkanen, The application of the sintering theory in practice, Phys. Sintering 5 (2) (1973) 441-453.

[50] A. Mohan, N. C. Soni, V. K. Moorthy, Definition of the term sintering, Sci. Sintering 15 (1983) 139-140.

[51] R. M. German, Sintering, Encyclopedia of Materials Science and Technology, Elsevier Scientific, London, UK, 2002, pp. 8640-8643.

[52] T. Macfarlane, Improved Process of Preparing Chlorine, Bleaching Powder, Carbonate of Soda, and Other Products; U. S. Patent 49,597, issued 22 August 1865.

第2章

烧结的历史

2.1 里程碑

早期人们为了提高黏土和陶瓷陶器的强度,在木头或木炭火燃烧的基础上发明了烧结。虽然历史对这样的发明没有明确的记载,但是对考古文物的研究表明,烧结很有可能在公元前 24000 年就已经开始了。现在只有零碎的遗迹可以证明这段历史的存在。然而,在 1700 年和 1800 年之间,出现了有关烧结实验的文字记录,而且在 19 世纪初的几次关键技术的发展也是有据可查的。

基于各种文字记录,烧结的一些关键事件如下[1,2]:

① 考古文物,通常认为早于 1700 年:

- 早期烧结成功的证据,大部分细节已经丢失;
- 例子包括早期的陶器和简单的金属。

② 烧结的反复试验,大约开始于 1700 年:

- 关键因素的记录与一些过程细节;
- 例子包括瓷器、铁、铂、铁矿石。

③ 定性烧结模型,大约开始于 1900 年:

- 许多发现、观察、早期的推测和出版物;
- 例子包括铜、钨、硬质合金、陶瓷、氧化物陶瓷和青铜轴承。

④ 定量烧结理论,大约始于 1945 年:

- 数学模型对颈部尺寸、收缩、致密化、表面积、密度和性能进行分析;模型要考虑温度、时间、颗粒大小、升温速率和气氛等多种因素的影响。

有许多重大发现是通过试验和机缘巧合得到的,并没有可靠的科学依据。在漫长的烧结历史中,仅在近期相当于烧结史的 0.3% 的时期内人们才开始注意到理论概念。本章重点介绍 1945 年烧结科学出现之前烧结的发展历程。

2.2 早期烧结产品

实际烧结的例子在时间上要早于书面记录。考古研究发现，早期烧结主要应用在陶器、流延陶瓷、铁、铜和贵重金属等领域。尽管原材料和应用大不相同，但工艺过程却有着令人惊讶的相似之处。

2.2.1 土陶

考古表明，早在公元前 24000 年，在现在的捷克共和国境内就已经出现了在火坑内焚烧成形的土陶坯体。图 2.1 是陶瓷烧结进展概述。

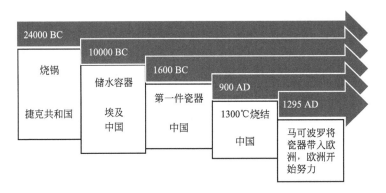

图 2.1 陶瓷烧结的考古时间表

开始于早期在捷克共和国境内发现的烧锅和瓷器，表明了这方面生产的显著进步

如图 2.2 所示，早期烧结温度不够高，所以强度很低，幸存下来的工件很少。早期的

图 2.2 早期既不牢固又易泄漏液体的烧结陶瓷

陶瓷由于孔隙的存在会导致液体泄漏。直到约公元前 10000 年，烧结的黏土容器才开始用于蓄水，表明当时已经掌握了气孔密封技术。至公元前 6000 年，已有一些烧结的珠子、护身符、雕像、瓷器、陶器器皿等被记录在册，表明了烧结在中国、埃及以及整个中东地区的发展[1-3]。

大约在公元前 3500 年，在东地中海地区，釉料得到了发展，通常是冷却结晶的玻璃相。在巴比伦釉中经常含有铅。防渗涂料通常需要多层才能达到所需的效果。波斯在公元前 700 年开始生产铅釉料辅以氧化锡釉料，在此基础上开始开发生产釉面瓷砖，一直到现在。

2.2.2　瓷

瓷器，这一宝贵的烧结产品首次出现是在中国。瓷器生产的关键是要达到很高的烧结温度。窑的设计进步提供了更高的烧结温度，并使烧结件具有更高的强度。到约公元前 1600 年，烧结出了先进的无泄漏陶瓷。

1300℃（1573K）的烧结温度可以使石英部分溶入硅酸盐玻璃，然后通过冷却结晶沉淀获得强度。中国瓷器由于技术上的先进而被广泛认可，并成为一个相当大的贸易体系。图 2.3 所示是清王朝高度重视瓷器的一个例子。

图 2.3　清朝采用高温烧结工艺制作的盘件

大约在同一时期，青铜铸造模具也已能用烧结陶瓷做出来。公元前 1000 年，人们开始尝试烧制陶瓷模具以期获得更高的强度，并期望沿贸易路线传播出去；例如，图 2.4 就是一个希泰人在土耳其做的青铜铸件。贸易传播的不仅仅是产品，还有技术。

图2.4　希泰人用烧结陶瓷模具浇铸的青铜头饰

公元 900 年，瓷的生产在中国、韩国和日本是一个重要的产业。公元 1295 年，意大利探险家马可·波罗将瓷器从中国带走，引起了整个欧洲的极大兴趣。但直到公元 1580 年，佛罗伦萨才烧出了一件瓷器，但质量明显不能与中国瓷器相提并论。中国瓷器之所以那么受欢迎，其秘密在于烧结炉的设计。图 2.5 显示的是一个龙窑，它可以提供烧结所需的高温。

图2.5　早期中国瓷器生产擅长使用的倾斜龙窑，可以达到较高烧结温度

瓷器是基于石英（SiO_2）、长石（$KAlSi_3O_8$-$NaAlSi_3O_8$-$CaAl_2Si_2O_8$）和高岭石 $[Al_2Si_2O_5(OH)_4]$ 的混合物烧制而成的，高岭石是一种小片状的黏土颗粒。这些混合物经过多个步骤被循环加热到 1400℃（1673K），得到最终产品，包括石英、莫来石

（$Al_6Si_2O_{13}$）和玻璃。组成分析显示，瓷器含有 60％ 的 SiO_2，32％ 的 Al_2O_3，4％ 的 K_2O，2％ 的 Na_2O，还有铁、钛、钙以及镁的氧化物。

德国瓷器在 Tschirnhaus 和 Böttger 经验性工作的基础之上获得了成功。Böttger 在缺乏相图的情况下还能够研制成功陶瓷，得益于他之前的药剂师培训。在药剂师培训过程中，他利用特殊的烧结机构，系统、广泛地查验了当地矿物质的一系列组合，实现了更高的烧结温度。

Böttger 曾由于假装炼金术士而成为阶下囚。他犯的错误是在大庭广众之下展示他的炼金术，大概类似一夜之间秘密将白银换成黄金。他假扮炼金术士的恶作剧导致了他被监禁，不过据后人推测，因为入狱反倒保护了他的秘密。Böttger 被监禁时，在瓷器烧结上取得了意料之外的成功。他与 Tschirnhaus 的工厂由于生产瓷器在 1708 年和 1725 年之间产量获得了大幅增加。图 2.6 就是一个瓷器的例子。生产这类物品需要考虑多种独立变量，今天致力于烧结的人更倾向于去分别研究那些变量。

图 2.6 良好的配方和优化的烧结技术烧结得到的高质量欧洲瓷器，最初在德累斯顿附近被发现

2.2.3 铁、铜、银

如图 2.7 所示，金属材料的烧结发展与全世界都有关系。早期的例子包括金、银、铜、铁和青铜。最初大约是在公元前 3000 年[4,5]。很久以前能够进行烧结的大多是易于还原的金属。

含铁材料的第一次烧结成形来源于陨石，含有镍的陨石更加柔软，之后就出现了铁的冶炼。考古人员曾在图坦卡蒙墓中发现了烧结-锻造铁工件，图坦卡蒙墓是古代为数不多

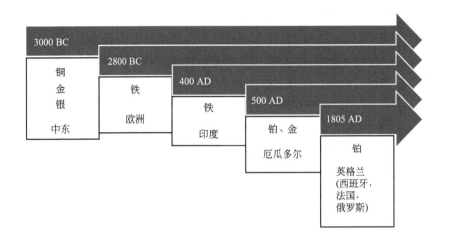

图2.7　金属材料烧结的发展时间表

早期的发现在中东，铂、金等贵金属的发现是在印度和厄瓜多尔，1805年对烧结已有系统研究

的没有被盗的埃及坟墓。该工件很可能是希泰人在土耳其境内制作的工件基础上增加了一个再碳化的过程。在这种方法中，先将氧化铁在还原性气氛的木炭火中逐渐加热，进而锻打烧结的块体，将海绵铁加工成为具有一定形状的致密体。当再次被加热时，铁吸收碳成为钢，进而被用来制作剑和盾牌。类似的工艺过程在世界其他地方也相继被发现，包括保加利亚、中国、希腊和印度。各地工件的化学分析结果各不相同，表明这些地方工艺过程的发展应该是相互独立的。

　　大约公元400年，印度实现了金、银和铁的烧结。最著名的例子是高7.2m、重约6000kg的德里铁柱[6,7]，如图2.8所示。这个柱子的成分包含0.25%的磷、0.15%的碳和微量的镍、铜、硅和锰。该铁柱因其表面有一层钝化膜因而耐腐蚀性能优良。

　　为了制造该铁柱，将氧化铁、竹炭和植物叶子装入黏土坩埚，还原生成铁颗粒或铁块。然后用木炭加热还原铁块，之后将木炭清除，捶打烧结块形成锭。将热锻与冷凿工艺结合，得到所需的形状。

　　在英国，随后的发展转向采用焦炭对氧化物还原。碳还原铁，加上淬火及回火产生超高的强度。多层的高碳与低碳结合能形成强且韧的层状结构。众所周知，使用这种方法生产出了剑刃等武器。

图2.8　公元400年，用铁块烧结成的德里铁柱

2.2.4 铂金坩埚

铂的熔点是 1769℃（2042K），远高于木头、木炭和其他常见可燃物可达到的火焰温度。由于在自然中发现过铂粉，所以早期与铂相关的物品，应该是将收集的粉末进行压制与烧结而制备的。

早在公元前 300 年印加就已开始烧制金箔[8]。烧结温度最高达到了 1100℃（1373K），这个温度足以融化黄金。事实上，有金-银作为添加剂的液相烧结工艺制成了各种各样的铂合金物品，例如针头、勺子、鱼钩、钳、鼻环以及别针等。这个过程包括压制、烧结、锻打和退火，然后重复锻打与退火，直至形成所需的几何形状。为了得到黄色和铂金的颜色，需要有高含量的金（12％），或者高含量的铂（60％～85％），再混合上铜和银。如图 2.9 所示，Au-Pt 二元相图显示这两种成分在两相区的两端。图 2.10 是考古发现的一个金箔装饰图案的照片，显示了烧结形成的两种颜色。

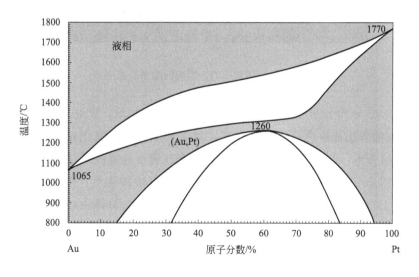

图 2.9 金-铂二元相图

富含金的一侧有低熔点熔融区，中心有两相区。Ecuador 的研究结果证实，
为了避免出现不相混溶区，用金铂烧结的物品要么富含金，要么富含铂

在哥伦布航海发现新大陆之后，烧结制品传到了西班牙，从而有了铂金和黄金粉末混合而制成珠宝的方法[9]。紧接着，在整个欧洲，人们开始尝试一系列的铂烧结，有一些是依靠添加铅、砷、汞[10-14] 实现的。到了 1750 年，各种形式的烧结铂开始接连在欧洲出现。这些产品需要重复多达 30 次的加热与变形工艺。如果添加砷来诱导液相烧结，则需要木炭火提供充足的热量。达到致密化以后，砷蒸发消失。随后，汞也被加入产品中，扮演与砷类似的角色。这种方法之所以能成功避免毒性增加，很可能是因为那些有毒添加物在高温下未能残留下来。

1805 年，Wollaston 开发出一种将铂粉沉淀成离散的小颗粒的方法，通过加压、加热与热加工来提高其密度，且没有添加汞、砷 [5, 14]。直到 1828 年 Wollaston 去世，这个方法都是保

图 2.10 早期烧结的金箔装饰图案的照片

密的[15-18]。在 1805 年和 1828 年之间，通过销售定制的铂金坩埚，Wollaston 变得相当富有。

Wollaston 的方法能够进行规模化生产，且无缺陷。从铵氯化铂中沉淀出来海绵铂，然后加热沉淀除去水，制成粉末并过滤，形成具有高密度的离散颗粒。压制过程在卧式压床上进行，如图 2.11 所示。坯体先经过预烧结处理以增加强度，然后被加热到"白热"状态，之后在 1000℃（1273K）下进行热锻使其塑性变形。值得注意的是，由于当时还没

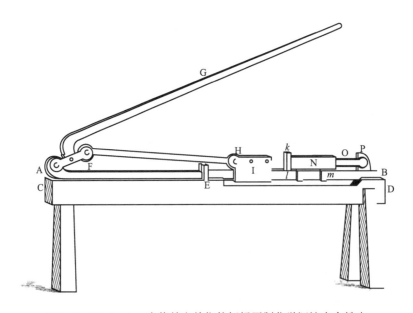

图 2.11 Wollaston 在烧结之前依赖杠杆压制化学沉淀白金粉末

有测量高温的方法，所以这种描述可能并不十分精确。

那个时代即使是具有竞争力的产品也都受到杂质的影响，最明显的证据就是起泡。1809 年，Wollaston 在他的伦敦实验室里生产出了 13kg 的坩埚，随后 Johnson、Matthey 和 Company 拿到了这个方法的授权。到了 1820 年，烧结铂已应用于白炽灯[19]。

随后，1830 年 Wollaston 的方法被用于铜，1870 年被 von Welsbach 用于锇，1910 年被 Coolidge 用于钨。当然，到了 20 世纪这种方法也就不足为奇了，可以对铁、铂，甚至更高温度的材料进行压制、烧结和热加工。

在俄罗斯圣彼得堡的矿业青年团，Musin-Puskin 开始了对铂金的研究[11]。像早期的方法一样，他将汞齐合金制成粉末，紧接着用蒸馏的方法将汞去除。然后将产生的海绵状粉末烧结成一个产品，但此方法最终没能投入生产。

大约在 1825 年，因为在乌拉尔发现了新的铂块，所以圣彼得堡又重新开始这方面的工作。他们将铂粉加工成硬币，为君主提供了一个重要的收入来源。Sobolevskii 与 Musin-Puskin 受雇在同一青年团，并迅速在 1826 年用类似 Musin-Puskin 的方法成功生成了铂[5,10,12,13]。直到 1828 年 Musin-Puskin 将他的方法公之于众，人们才能逐渐了解与掌握这一工艺过程。1828 年和 1845 年之间，俄罗斯的货币生产使用了大约 14000kg 的铂。

在探索铂金烧结的过程中涌现了很多重大发现。早期的方法是定性的、不精确的。例如，"红热"的温度设定比较主观，因为高温气体温度计直到 1828 年才出现。在 19 世纪没有炼金术，铂金烧结也并未能与基础原子知识密切相关。直到 1923 年，史密斯[20] 猜想铂的烧结是由熔点降低或结晶引起的，到了 20 世纪 40 年代，对扩散有了充分的认识，该现象才得到了明确的解释。

其他金属也使用与烧结铂类似的方法进行生产，包括铜、银和铅。在 Osann 烧结铜的方法中，粉末是从铜的碳酸盐中沉淀出来的，并且加热时尽量减少使用木炭[5,14]。为了避免氧化，硬币的制作是在密封容器内用压缩粉末烧结而成的。直到 1841 年，铜、银、铅的生产才统一使用一种类似于现代粉末冶金的方法。如图 2.12 所示，烧结的金属不同，导致烧结方法也多种多样。此时，粉末的热黏合还未被称为烧结。

2.2.5 铁矿石硬结

"硬结"一词描述的是粉状物质的硬化。例如，在钢铁生产过程中，铁矿石球团被送入熔炉融化，为了避免杂质的混入以及矿石的损失，对小的氧化物颗粒进行烧结，使其实现团聚（造块）。尽管最初煤球造块的概念只是用于铁矿石，但很快便扩展到其他多种材料[21]。

1864 年，Percy[22] 描述了铁矿石的造块现象，并且注意到氧化夹杂物的害处。但直到 20 世纪初期，大规模的烧结统才开始投入使用[23-26]。图 2.13 中显示的工厂，展现了 1912 年烧结的大规模应用。到 20 世纪 30 年代和 40 年代，矿石烧结已经普遍应用于锌、铅、硫化铅、碳酸盐、氯化物和贵金属等。

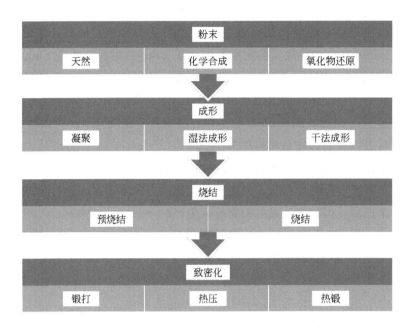

图 2.12　不同的烧结方法

早期的金属烧结往往集中于几个过程变量，基本是注重粉末成形、烧结和热致密化。现代粉末冶金也是类似的步骤

图 2.13　在熔化炼钢之前使用凝聚态粉末烧结的早期铁矿石烧结厂

如今铁矿石造块是吨位最大的烧结，每天运转多达 20000t。例如，图 2.14 是一个现代铁矿石烧结车间的照片，其中包含用以降低环境污染的废气收集装备。在这样的设备里，向铁矿石颗粒中添加助熔剂、碳燃料和水。混合物源源不断供给到托盘或传送带。随着输送机穿过烧结炉，点燃燃料加热混合物，烧结粉末。反应废物主要包括二氧化碳、一氧化碳、氮氧化物和硫氧化物等。

图 2.14 现代铁矿石烧结车间,每天生产的烧结材料超过 20000t

2.2.6 钨灯丝

在烧结历史上有一段很重要的故事,就是对电灯的追求。随着人们对电的认识越来越深入,电在照明方面的应用也随之普及。在电灯出现之前,照明主要依靠燃气和蜡烛。Davy在 1809 年发明了电灯。1854 年,Goebel 在美国发明了用碳丝制成的玻璃灯泡。早期的碳丝灯泡只能持续几个小时,效率低下,每瓦只能输出 1.4lm(光通量单位)。Nernst(1920 诺贝尔奖得主)创建了一种混合使用镁、钙、稀土氧化物的灯,每瓦可输出 5lm。

1874 年,Woodword 和多伦多的 Evans 发明了灯泡,由于没能获得融资实现商业化,无奈之下卖给了爱迪生。不久之后,灯泡中碳丝的寿命达到了 13h。爱迪生为他 1879 年版的灯泡申请了专利,这款真空玻璃罩灯泡内的碳丝寿命可达 45h,在用直流电的情况下甚至达到了 1000h 以上。照明领域一直在寻求耐用、低成本的细丝,其间产生了许多发明,促进了电气化。

到 1900 年代初,用难熔金属锇和钽等制成的灯丝寿命得到了延长,此类灯丝体现了粉末烧结的难度[5]。锇和钽灯丝的制作需要在金属氧化物粉末中混入橡胶或糖类(黏合剂),以利于进行挤压,但之后要将黏合剂完全去除,再采用氢气烧结来制成灯丝。

Weisbach 奠定了钨在照明领域的地位。他最初用的是锇丝,但随后将目光转向钽、钨。早期使用化学气相沉积法烧结钨-镍合金制成钨丝。俄罗斯发明家 Lodygin 在 1900 年的巴黎世界展会上展示了他的钨丝白炽灯。早期的钨灯丝比较脆,但钨灯丝材料的优点却有目共睹。

为了达到钨的烧结温度,必须要使用强电流自加热,这一过程称为垂熔。这个想法后来被 Acheson 和 Moissan 借用。1900 年,Voelker 为钨的烧结申请了专利[27]。膏状钨通过挤压和烧结,形成用于高功率灯的大直径灯丝[28-30]。勒克斯为这个真空中 1s 可达 10A/mm² 的直流脉冲方法申请了专利。这个概念成为当时的主流。

从爱迪生的电灯泡专利到开发使用交流电的持久韧性钨丝，花了 30 年的时间。为了解决所遇到的问题，爱迪生雇用了 Whitney，此人是前诺贝尔奖获得者 Wilhelm Ostwald（1853—1932）的学生。Whitney 离开麻省理工学院成为了斯克内克塔迪通用电气的研究主任。后来，Whitney 又从麻省理工学院招募 Coolidge，并且从史蒂文斯理工学院招募 Langmuir。他们之间的合作非常成功[31]。

Coolidge 开发了一种使用加压的钨粉通以直流电烧结成灯丝的方法[32,33]。烧结钨锭在加热条件下被拉成所需直径的丝。这个方法类似于早期铁、铜、铂粉的成形。但遗憾的是，Coolidge 所提出的技术的关键细节未被理解，因此他随后的专利没有通过，据说是因为它类似于 Wollaston 烧结铂的过程。数年后，研究人员仍在研究钨灯丝的延展性[34,35]。

1932 年，Langmuir 对气体如何影响蒸发进行了详细的说明，这使得他成为第一个获得诺贝尔奖的工业化学家。烧结钨在温度较高的情况下工作可保留其延展性，Coolidge 的这一发现受到人们广泛称赞。图 2.15 是三位先驱者的照片。他们三人都凭借在烧结钨方面的努力而获得了巨大的荣誉，有效地促进了烧结的大规模工业化应用。

在 Coolidge 的方法中，钨粉在 1000℃（1273K）氢-氮气氛中加热、压缩成块，通过直流通电实现最终的烧结致密化。加热时的峰值温度可能在 2200℃（2473K）附近。将烧结锭进行热锻并且使用金刚石拉丝模拉拔成丝。当钨丝被爱迪生纳入真空灯泡设计中后，其每瓦可输出 10lm，并且在使用交流电的条件下可成功持续数百小时。

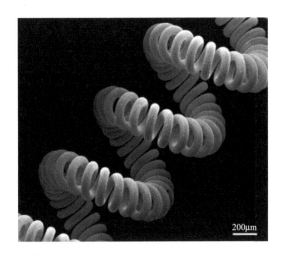

图 2.15　Whitney、Coolidge 和 Langmuir 在　　　　图 2.16　螺旋钨灯丝的扫描电子显微照片
　　斯克内克塔迪电子研究实验室讨论

Langmuir 坚持以增加氮或氩的方式减缓真空灯泡内钨的蒸发，在较高的温度下使灯丝寿命更长以及光强度更高。而且，他决定使用螺旋灯丝的方式来提高寿命并减少灯泡的变色，如图 2.16 所示。

1917 年，Pacz 通过添加钾获得了理想的交错纹理晶粒结构，这为 Coolidge 之前的发现作出了解释，而且在 1922 年，Smithells 认为烧结过程中碱性氧化物对减少氢用量是有效的。Coolidge 的成功，即重要的韧脆转变温度效应，与以下两个关键因素密切相关：

① 在还原性氢气气氛中高温烧结时的低杂质（氧气）含量；

② 由于硅酸钾和氧化铝弥散体在晶界钉扎而形成的细小晶粒尺寸。

高温蠕变性能对电阻丝的寿命至关重要。微观结构钉扎剂与热变形相结合而形成的柱状晶粒能够延迟蠕变断裂。掺杂剂可能是 Coolidge 无意中引入灯丝中的，据报道是在第一个 1000℃（1273K）的焙烧过程中通过坩埚引入的，数年后，他研究阐明了掺杂剂的重要作用[36]。

如今 165000 个 40W 的电灯泡，其灯丝需要使用 1kg 钨粉。然而，白炽灯泡已逐渐被新的照明技术所取代。图 2.17 显示的是在大约 20 年内有关照明的性能提升。相比之下，荧光灯的发光效率是白炽灯的两倍还要多，并且超越了汞和钠蒸气灯至少两倍。荧光灯是由半透明的镁掺杂氧化铝烧结制成，其发光效率超过 100lm/W。发光二极管能够提供更高的发光效率，超过 200lm/W。

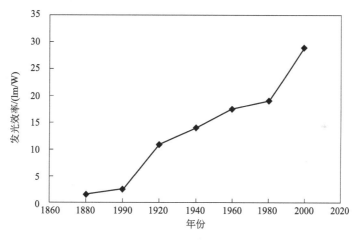

图 2.17 近 20 年来白炽灯的发光效率提升

说明技术在逐渐进步；从早期碳丝开始，灯丝寿命也有了相当大的进步

钨丝白炽灯实现商业化后不久，便开始使用类似压制-烧结-变形的路线制造相关难熔金属。生产钨丝的拉丝模很贵，这是因为只能使用天然金刚石，而且该模具是消耗性的。这就促使一个最引人注目的烧结产品诞生：液相烧结硬质合金。

2.2.7 硬质合金模具

钨是最硬的金属之一，所以钨灯丝的拉拔很快将昂贵的金刚石拉丝模磨损殆尽。1900 年之前，碳钢是最常用的刀具成形材料，随后便被更高碳含量的工具钢（高速钢）所取代。到了 1909 年，钴铬复合材料迅速成为先进的刀具成形材料。通过改进的显微镜和分析技术，测得新发现的 WC（碳化钨）的硬度可与析出型金属碳化物相媲美，所以很有可能成为拉拔灯丝的模具材料。

使用电炉可直接合成碳化钨。1897 年，Moissan（1906 年诺贝尔奖得主）《电炉》一书的出版获得了广泛关注。如图 2.18 所示，他描述了如何使用电炉在高温下合成一种新的化合物。极有可能是 Moissan 发现了 WC 和 W_2C 的混合物，这比 Williams 合成纯 WC 还要早两年。报道称，WC 的硬度仅次于金刚石，但远远高于其他材料，这一事实吸引了很多人的目光。早期的碳化物拉丝模是用铸造 WC 制成的，但它们比较脆。直到 1914 年，Voightlander 和 Lohmann 在 2200℃（2473K）的温度下烧结得到 WC 和 Mo_2C 的混合物，但这种混合物也是比较脆的。同时，曾在德国煤气灯公司 DGA 的化学部门任职、1908 年转到电气部门研究锇灯丝照明的 Schröter，也在探索如何制作低成本的拉丝模。根据 Schröter 的研究结果，有以下几个选择可降低成本：向多孔碳化物中加入铁，或者将过渡金属与碳化物混合[5,37]。

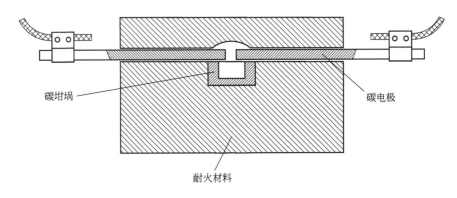

图 2.18 Moissan 关于电炉的想法
电炉最初用于合成新的化合物，随后用来烧结化合物

1919 年 DGA、Siemens 灯具和 AEG 三家公司合并形成了欧司朗（一家灯具公司），Skaupy 是灯具材料的研究室主任，成员包括 Schröter、Baumhauer 和 Tammann。Tammann 是一名咨询师，早期还提出过烧结的相关概念。他们通过缓慢循环加热使石墨和钨粉发生反应生成 WC。最初硬质合金防渗功能很差，但是经过烧结很大程度上解决了这一问题。WC 粉与镍、钴或铁混合、研磨后，可在 1500℃（1773K）形成液相烧结，得到致密的 WC-Co 复合材料。事实验证了硬质合金作为钨灯丝拉丝模的成功。Schröter 和 Jenssen 在德国、英国和美国为拉丝模申请了专利[38]。这个想法对包括 Krupp 公司和 General 电气公司在内的好几家公司都是很有价值的，可用来开发碳化钨硬质合金。但这个想法最初是应用于钨丝拉拔。

在初始 WC-Co 的复合过程中涌现了一系列的发明，如表 2.1 所列[39-42]。大多数发明是为了降低成本和提升性能，这通常会导致 WC-Co 复合材料中含有 6% ～12% 的过渡金属（钴、镍、或铁）。Schwarzkopf[40,41] 依靠的是 WC、TaC 和 TiC 的固溶体，这是 Plansee 公司非常成功的案例。McKenna 为烧结 $W_2Ti_2C_4$ 申请了专利[42]。尽管此化合物没有被证实存在，但混合硬质合金的概念为 Kennametal 公司的成功奠定了基础。紧接着，在第二次世界大战爆发之前研究者探讨了许多硬质合金的组合[43]。直到这时研究人员才意识到，液相烧结微观组织中包含一个相互连通的固相骨架。烧结硬质合金的微观结构如图 2.19 所示，多角状硬质合金颗粒烧结形成的固相骨架与基体相（固化的 WC-Co 液体）交错形成纹理结构。两相互相连接，形成交错三维复合结构。

图 2.19　液相烧结硬质合金的微观结构
结构由硬质 WC 合金颗粒与凝固的 WC-Co 基体交错组成

在烧结过程中，加压消除气孔是技术进步的一个表现。特别值得一提的是热等静压。在氧化铝、氮化钛、金刚石或其他材料上通过蒸气沉积硬质涂层，可延长其使用寿命。

⊡ **表 2.1　1960 年之前硬质合金的进化**

大体年代	主要成分(碳化物-基体)	大体年代	主要成分(碳化物-基体)
1900	铸造工具钢	1931	TaC-Ni TiC+TaC-Co
1909	钴-铬合金	1938	WC+Cr_3C_2-Co TiC+VC-Ni，Fe
1914	铸造硬质合金	1944	TiC+NbC-Ni，Co
1922	WC-Ni，Co，Fe	1950	TiC+NbC+VC+Mo_2C+TaC-Ni，Co
1929	WC+TiC-Co	1951	WC-Ni TiC-工具钢
1930	WC+TaC-Co WC+VC-Co WC+NbC-Co	1956	WC+TiC+TaC+NbC+Cr_3C_2-Co
		1959	WC+TiC+HfC-Co

随后，各种 WC-Co 的替代品开始出现，但 WC-Co 仍是该领域的基础。现在液相烧结硬质材料的年产量（2013 年）可达 250 亿美元。应用范围从金属切削工具、磨料喷嘴、矿山工具、圆珠笔笔尖、压制模具、金属剪切机到拔丝模。拔丝模对于电线生产来说仍然是一个重要的工具，产品范围还包括其他丝线，包括径向轮胎、外科手术缝合、香槟软木

塞、口腔矫正托架、焊接电线甚至学生用的线圈笔记本。此外，烧结碳化钨已进入奢侈品行列，如图 2.20 所示的硬质合金结婚戒指。

图 2.20 用碳化钨烧成的结婚戒指

2.2.8 钨基合金防辐射盾牌

人们一直努力将钨与其他金属混合以提高烧结钨灯丝质量，然而没有成功。到 20 世纪 20 年代末，人们首次意识到辐射损伤的存在，有人开始搜寻屏蔽材料。Price 和 Smithells 通过液相烧结生产屏蔽射线的材料，产生了现在的钨合金[44]。钨合金最初的成分包括钨、镍和铜，它在镭辐射治疗时有很好的屏障作用[45,46]。若要应用到军事上则需要加入钴和铁，才能获得更高的性能[47,48]。

令人惊讶的是，这些混合粉末在相对较低的温度下烧结竟能达到较高的密度。达到高密度的峰值温度在 1500℃（1773K）附近。图 2.21 是观察到的独特的烧结微观组织，它由相互连接的钨颗粒形成合金骨架，液态合金填充在颗粒之间形成凝固相。

接着，为了提高合金性能，降低成本，围绕钨合金开始相继出现多种添加剂，包括镍、铜、铁、锰、钴、钼、钽、铼。由于微电子领域对散热性的要求，钨-铜和钨-铜-钴合金就非常受欢迎[49]。有一种合金组成为 93W-5Ni-2Fe，烧结密度为 $17.6g/cm^3$，抗拉强度为 900MPa，断裂伸长率为 20%。这种合金被用于各种产品，从穿甲弹到高尔夫球杆等。现在高密度钨合金仍然是防辐射领域的中流砥柱，这也是它们刚被发现时的应用设想。现在该类合金还作为准直仪应用于先进的手术工具伽马刀中。

2.2.9 青铜轴承

随着工业时代的到来，对于长寿命的发动机轴承，减少摩擦至关重要。1870 年，

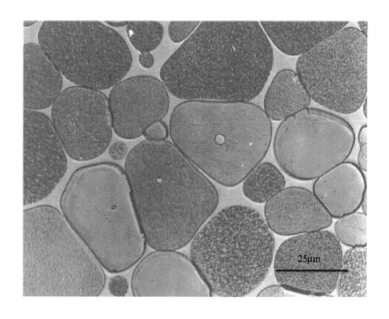

图 2.21　液相烧结高密度钨合金 (W-Ni-Fe) 微观结构

近乎纯钨的颗粒结合固化的液相基质

Gwynn 为烧结自润滑轴承申请了专利[5,50]。他使用的是锌、青铜、铜、锡的混合物，甚至在某些情况下还包括天然橡胶和特意形成的孔隙。早期的方法通过加热时搅拌混合粉，并在模具中挤压加热的粉末，制成所需的形状。他的先加热后放入模具的方法现在被颠倒过来，即先放入模具再加热。

1902 年，Lowendahl 将石墨涂到铜上来生产轴承，并在 1909 年为涂有锡的铜与石墨混合烧结制备的轴承申请了专利[51]。他通过添加硝酸铵作为造孔剂，来控制孔隙尺寸和孔隙率。在 300~540℃（573~813K）烧结，然后用油、蜡或其他润滑剂填满孔隙。工作期间随着轴承的加热，润滑剂扩展形成流体润滑薄膜。

1916 年，人们逐渐意识到了这方面的商业机会，尤其是在内燃机轴承领域[52]。由铜、锡、铅和石墨烧结，得到多孔自润滑轴承，烧结轴承的大规模生产紧随其后。多孔自润滑轴承首先应用在冰箱和汽车领域。由于稳定孔隙需要较长时间[53]，因此后续主要把精力放在铜、锡、石墨和其他金属混合物上，烧结的高强度多孔青铜是目前应用较为广泛的多孔自润滑轴承[54]。微观结构显示，其致密度大约为 80%，其余则为孔隙，可存储润滑剂[55]。然而，经验发现往往领先理论，人们花了很多年研究，终于明白了瞬态液相烧结是得到良好自润滑轴承的有效方法。今天，烧结自润滑轴承被广泛应用于电脑、家用电器、工业工具、发动机、汽车，每天以数亿件的速度生产。

2.2.10　汽车零部件

复杂形状零部件进行烧结可节省加工成本，这对汽车发展具有巨大的促进作用。第一个例子是陶瓷绝缘体火花塞的生产。目的是低成本生产大量复杂形状的组件。除了应用于汽车领域以外，其他领域也有类似的情况，例如家用电器、五金和手动工具、工业配件和重型设备。在大多数情况下，压力烧结可大幅降低成本，只有通常加工成本的20%。热压烧结需要设计一个模具去压制粉末使其成形，否则会在制造过程中导致成本上升。

追溯到1864年，Percy详细描述了铁矿石在铁烧结方面的使用[22]。后续的工作就是研究烧结材料的微观结构[23]。第二次世界大战期间商业竞争愈演愈烈，德国通过旋转带烧结生产炮弹，引领了当时的发展[56]。该技术很快在其他方面得到应用，例如汽车上的油泵齿轮[5,35,57,59]。烧结过程中钢所需要的碳含量随之显著升高[60,61]。Squire描述了烧结时石墨是如何与铁粉恰当溶解，并实现高强度和高韧性的[62]。这些早期的工作主要集中在海绵铁粉方面，由于海绵铁粉颗粒内部孔隙的存在导致烧结性能降低。类似于之前的想法，加压可以实现致密化[63]。到1948年，烧结镍合金钢已经能够达到1GPa的超高强度[64]。到1950年，基于混合铁、铜、石墨的液相烧结钢进入生产。除了结构材料以外，铁粉的烧结还被应用在磁性组件等新兴领域[65]。

早期钢铁在压制石墨生产电机碳刷的工厂内得以投产。这方面的佼佼者是Stackpole电池公司及其生产的石墨。为了说明这一情况，图2.22绘制了北美在1940年之后的铁粉消费情况，其中大部分用于汽车。

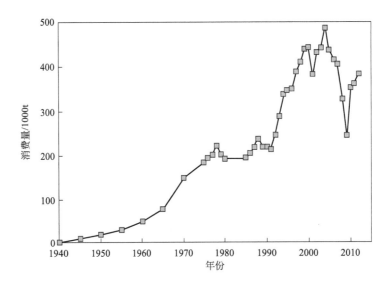

图2.22 1940年，自烧结钢首次使用之后铁粉在北美的消费情况
烧结钢的消费是与汽车生产紧密联系在一起的

2.2.11 聚四氟乙烯

聚四氟乙烯（PTFE）是1938年Plunkett在研究氟制冷剂时发现的。作为纳米级颗粒，烧结出来的聚四氟乙烯具有光滑特性，广泛应用在轴承、密封件、衣服、鞋子以及其他需要抗化学腐蚀的场合。

PTFE 在温度超过 320℃（593K）时熔化，但可以承受 500℃（773K）的短时瞬态温度。由于不是热塑性材料，因此聚四氟乙烯部件生产的标准方法就是通过烧结或粉末热压[66]。该类材料早期是应用在第二次世界大战期间的曼哈顿计划中，后来却在炊具上作为不粘涂层获得成功。到 1944 年，烧结棒被切成条带状广泛用于管道。一般 PTFE 压制时所需要的压力很小，在 30MPa 以内，烧结温度接近熔点，因此导致非晶和结晶混合物出现[67]。

2.2.12　烧结磨料磨具

磨料磨具的历史可以追溯到公元前 25000 年左右。最初使用的是硬质颗粒混合柔软的物质，但更耐用的是使用烧结形成的材料。使用烧结的方法生产磨轮可以追溯到 1873 年，Gay 研究了硬质材料在金属粉末基体中的混合[58]。1891 年 Acheson 发现的人工碳化硅为磨料磨具开辟了新的途径，随后碳化硅和金刚石磨料磨具即投入生产。

20 世纪 20～30 年代，因为金刚石在高温下不稳定，金刚石磨料磨具的制造只能通过短周期电火花烧结来实现[68,69]。其中一个应用是打磨烧结碳化钨冲模。钴是最受欢迎的金刚石黏合剂，其作用与在硬质合金中类似。

1955 年，基于 Bundy 等人的工作，开始生产人造金刚石[70]。人造金刚石依靠的是Bridgman（1931 年诺贝尔奖得主）提出的超高压概念。纯金刚石烧结使用的工艺是温度1500℃，压力 6GPa[71]。还有一种被称为聚晶金刚石的产品，用于石油和天然气钻井等领域。

对于超级磨料磨具来说，需要金刚石粉混合钨、硬质合金、钴、铁、铜或钛，通过烧结、热压或电火花烧结，达到高密度。除了金刚石超级磨料磨具以外，其他硬质化合物还可以依靠金属黏结剂进行烧结，包括碳化钛、碳化硅、立方氮化硼等[71-73]。

2.3　相互依存的发展

烧结、烧结材料和设计的进步一直是现代科技的一部分。早期铂的发展为随后钨的烧结开辟了道路，并促进了灯丝的生产。钨灯灯丝改进要求模具使用新的硬质材料，导致了碳化钨钴硬质合金的出现。硬质碳化物拔丝模的生产需要烧结的金刚石复合材料。人造金刚石是在人们掌握超高压技术之后才变得可行，但超高压需要材料高的强度和刚度作保障，这一点只有硬质合金顶锤才有可能达到。反过来，磨料和机械拉丝需要低摩擦轴承，青铜轴承应运而生。很明显，一连串的相互依赖的发展是通过烧结而相互联系起来的。

第二次世界大战后，烧结开始被应用于电子制造、牙科和医疗设备。电源转换装置里的电触点需要导电相（铜或银）和耐电弧侵蚀相（钨、钼、钨硬质合金）混合粉末所构成的复合材料[5,37]。在某个领域的经验学习以及烧结应用，逐渐扩展到各种各样的产品。与此同时，非热塑性聚合物例如聚四氟乙烯的出现也需要烧结，然后，烧结基础研究开始拓展到聚合物领域。

在 20 世纪 90 年代早期，烧结作为一种无须加工就可实现三维复杂形状工件的技术，进入了快速成形领域[74]。计算机制造业中也涵盖多种加入添加剂的烧结方法。这种方法早期在工具腔、医疗设备以及定制的牙科修复中获得成功。

尽管在理论形成之前已经有商业产品不断出现，但在发展的基础理论方面还是暴露出各种各样的问题。为了更好地理解烧结以提高生产效率，合理选定原材料，建立质量控制体制与优化产品，我们必须对烧结有一个科学的认识。

纳米粉末的出现开拓了新的应用领域，包括铁磁复合材料、钛组织支架、电路连接、柔性电子电路、金刚石复合材料、电路和新催化材料、光学、磨损或热学领域等[75-83]。之后的章节会更详细地介绍这些应用。

2.4 主要经验教训

烧结历史的经验教训是用实践引导理论。主要的烧结产品在实际应用之后发现有它们自己的渊源，而且可能在尚无基本理论概念的情况下就已广泛使用。烧结科学在 20 世纪 40 年代末才取得显著进步，但当时一些重要的产品已经投入生产。在当时，专利比期刊文章更重要。

今天依然存在类似的情况。期刊报道一种新方法例如电火花烧结，同时公司努力开发烧结微电子、电容器、高性能磁铁、超导体和超级磨料磨具等价值很高的产品。实际上，烧结如今已经进入一个"超级"时代，广泛应用于超导体、超级磨料磨具、超合金、超级电容器和其他前沿领域。因此烧结历史的关键经验教训就是商业利益驱动主要工作。虽然烧结科学落后于烧结实践，但是大多数情况下我们能通过理解书中的基本原理而指导生产。

参考文献

[1] W.D. Kingery, Sintering from prehistoric times to the present, in: A. C. D. Chaklader, J. A. Lund(Eds.), Sintering '91, Trans Tech Publ. , Brookfield, VT, 1992, pp. 1-10.

[2] J. E. Burke, A history of the development of a science of sintering, in: W. D. Kingery (Ed.),Ceramics and Civilization, Ancient Technology to Modern Science, vol. 1, Amer. Ceramic Society,Columbus, OH, 1985, pp. 315-332.

[3] T. Ring, Fundamentals of Ceramic Powder Processing and Synthesis, Academic Press, San Diego,CA, 1996.

[4] R. F. Mehl, The historical development of physical metallurgy, in: R. W. Cahn (Ed.), Physical Metallurgy, North Holland Publishing, Amsterdam, Netherlands, 1965, pp. 1-31.

[5] C. G. Goetzel, Treatise on Powder Metallurgy, vol. 1, Interscience Publishers, New York, NY, 1949, pp. 259-312.

[6] R. K. Dube, Further literary and documentary evidence for powder technology in ancient and medieval India, Powder Metall. vol. 36 (1993) 113-131.

[7] R. Balasubramaniam, Novel phosphoric irons based on study of the Delhi Iron Pillar, in: J. V. Kumar (Ed.),

Frontiers of Metallurgy and Materials Technology, BS Publications, Hyderabad, India, 2011, pp. 482-501.

[8]   M. Noguez, R. Garcia, G. Salas, T. Robert, J. Ramirez, About the Pre-Hispanic Au-Pt 'sintering' technique, Inter. J. Powder Metall. 43 (1) (2007) 27-33.

[9]   J. A. P. Elorz, J. I. Verdja-Gonzalez, J. P. Sancho-Martinez, N. Vilela, Melting and sintering platinum in the 18th century: the secret of the Spanish, J. Metals. 51 (10) (1999) 9-12, 41.

[10] M. Y. Balshin, Effect of P. G. Sobolevskii's ideas on the development of powder metallurgy and related branches of technology, Powder Metall. Metal Ceram. 16 (1977) 252-254.

[11] B. N. Menschutkin, Discovery and early history of platinum in Russia, J. Chem. Edu. 11 (1934) 226-229.

[12] S. Y. Plotkin, Petr Grigorevich Sobolevskii, Powder Metall. Metal Ceram. 5 (1966) 993-995.

[13] S. Y. Plotkin, Development of powder metallurgy in the USSR during 50 years of soviet rule, Powder Metall. Metal Ceram 6 (1967) 844-853.

[14] C. S. Smith, The early development of powder metallurgy, in: J. Wulff (Ed.), Powder Metal. , American Society for Metals, Cleveland, OH, 1942, pp. 4-17.

[15] W. H. Wollaston, On a method of rendering platina malleable, Phil. Trans. Royal Soc. London 119 (1829) 1-8.

[16] J. A. Chaldecott, Wollaston's platinum thermometer, Platinum Met. Rev. 16 (1972) 57-58.

[17] P. T. Hinde, William Hyde Wollaston; the man and his equivalents, J. Chem. Edu. 43 (1966) 673-676.

[18] E. G. Ferguson, Bergman, Klaproth, Vauquelin, Wollaston, J. Chem. Edu. 18 (1941) 3-7.

[19] K. J. Anderson, Materials for incandescent lighting: 110 years for the light bulb, Mater. Bull. January (1990) 52-53.

[20] R. C. Smith, Sintering-its nature and causes, J. Chem. Soc. Trans. 123 (1923) 2088-2094.

[21] J. R. Wynnyckyj, T. Z. Fahidy, Solid state sintering in the induration of iron ore pellets, Metall. Trans. 5 (1974) 991-1000.

[22] J. Percy, Metallurgy-The Art of Extracting Metals from their Ores, and Adapting Them to Various Purposes of Manufacture, John Murray, London, UK, 1864.

[23] B. G. Klugh, The microstructure of sintered iron bearing materials, Trans. TMS-AIME 45 (1913) 330-345.

[24] B. G. Klugh, The sintering of fine iron bearing materials by the Dwight and Lloyd process, Trans. TMS-AIME 42 (1912) 364-375.

[25] F. A. Vogel, Sintering and briquetting of flue dust, Trans. TMS-AIME 43 (1912) 381-386.

[26] J. Gayley, The sintering of fine iron bearing material, Trans. TMS-AIME 42 (1912) 180-190.

[27] W. L. Voelker, Improvements in the Manufacture of Filaments for Incandescing Electric Lamps, and in Means Applicable for Use in Such Manufacturer, GB Patent 6149, issued 10 February 1900.

[28] S. W. H. Yih, C. T. Wang, Tungsten Sources, Metallurgy, Properties, and Applications, Plenum Press, New York, NY, 1979.

[29] E. Pink, L. Bartha, The Metallurgy of Doped Non-Sag Tungsten, Elsevier Applied Science, London, UK, 1989.

[30] J. Lux, Improved Manufacture of Electric Incandescent Lamp Filaments from Tungsten or Molybdenum or an Alloy Thereof, GB Patent 27,002, issued 13 December 1906.

[31] P. K. Johnson, Tungsten filaments-the first modern PM product, Inter. J. Powder Metall. 44 (4) (2008) 43-48.

[32] W. D. Coolidge, Production of Refractory Conductors, U. S. Patent 1,077,674, issued 5 November 1913.

[33] W. D. Coolidge, Ductile tungsten, Trans. Amer. Inst. Elect. Eng. 29 (1910) 961-965.

[34] C. L. Briant, Potassium bubbles in tungsten wire, Metall. Trans. 24A (1993) 1073-1084.

[35] J. L. Walter, C. Briant, Tungsten wire for incandescent lamps, J. Mater. Res. 5 (1990) 2005-2022.

[36] R. Bergman, L. Bigio, J. Ranish, Filament Lamps, Report 98 CRD 027, General Electric Research and Development Center, Schenectady, NY, 1998.

[37] C. G. Goetzel, Treatise on Powder Metallurgy, vol. III, Interscience Publishers, New York, NY, 1952.

[38] K. Schröter, W. Jenssen, Tool and Die, U. S. Patent 1,551,333, issued 25 Aug 1925.

[39] H. E. Exner, Physical and chemical nature of cemented carbides, Inter. Met. Rev. 24 (1979) 149-173.

[40] P. Schwarzkopf, R. Kieffer, Refractory Hard Metals: Borides, Carbides, Nitrides, and Silicides, Macmillian, New York, NY, 1953.

[41] P. Schwarzkopf, Powder Metallurgy Its Physics and Production, Macmillan, New York, NY, 1947.

[42] P. M. McKenna, Tool materials (cemented carbides), in: J. Wulff (Ed.), Powder Metallurgy, American Society for Metals, Cleveland, OH, 1942, pp. 454-469.

[43] K. J. A. Brookes, Hardmetals and Other Hard Materials, third ed. , International Carbide Data, Hertsfordshire, United Kingdom, 1998.

[44] G. H. S. Price, C. J. Smithells, S. V. Williams, Sintered alloys. Part I-copper-nickel-tungsten alloys sintered with a liquid phase present, J. Inst. Metals 62 (1938) 239-264.

[45] J. C. McLennan, C. J. Smithells, A new alloy specially suitable for use in radium beam therapy, J. Sci. Instr. 12 (1935) 159-160.

[46] C. J. Smithells, A new alloy of high density, Nature 139 (1937) 490-491.

[47] R. Cury, Bibliographical survey on the development of tungsten heavy alloys, Proceedings International Conference on Refractory Metals and Hard Materials, 18th Plansee Seminar, Reutte, Austria, 2013, pp. RM19. 1-RM19, 11.

[48] A. Bose, R. Sadangi, R. M. German. A review on alloying in tungsten heavy alloys. Materials Processing and Interfaces, vol. 1, Proceedings 141st Meeting the Minerals, Metals, and Materials Society, Warrendale, PA, 2012, pp. 455-465.

[49] Y. S. Kwon, S. T. Chung, S. Lee, S. J. Park, R. M. German, Development of thermal management material: nano tungsten coated copper and carbon nanotube reinforced copper, in: P. Rodhammer (Ed.), Proceedings of the Seventeenth Plansee Seminar, vol. 1, Plansee Group, Reutte. Austria, 2009, pp. RM3. 1-RM3. 8.

[50] S. Gwynn, Improved Composition of Matter Called Metaline for Journal Bearings Etc. , U. S. Patent 101,866, issued 12 April 1870.

[51] V. Lowendahl, Process of Manufacturing Porous Metal Blocks, U. S. Patent 1,051,814, issued 28 Jan 1913.

[52] E. G. Gilson, Bearing Material Suitable for Internal Combustion Engines, U. S. Patent 1, 177, 407, issued 28 March 1916.

[53] H. M. Williams, A. L. Boegehold, Alloy Structure, U. S. Patent 1,642,349, issued 13 September 1927.

[54] L. F. Pease, W. G. West, Fundamentals of Powder Metallurgy, Metal Powder Industries Federation, Princeton, NJ, 2002.

[55] H. E. Hall, Sintering of copper and tin powders, Met. Alloys 14 (1939) 297-299.

[56] F. Sauerwald, Uber de elementarvorgange beim fritten and sintern von metallpulvern mit besonderer berusksichtigung der realstruktur ihere oberflachen, Kolloid Z. 104 (1943) 144-160.

[57] F. V. Lenel, Oil pump gears, in: J. Wulff (Ed.), Powder Metallurgy, American Society for Metals, Cleveland, OH, 1942, pp. 502-511.

[58] W. D. Jones, Fundamental Principles of Powder Metallurgy, Edward Arnold Publishers, London, UK, 1960.

[59] F. V. Lenel, Iron Article and Method of Making Same, U. S. Patent 2,226,520, issued 24 December 1940.

[60] F. C. Kelley, Effect of time, temperature, and pressure upon the density of sintered metal powders, in: J. Wulff (Ed.), Powder Metallurgy, Amer. Society for Metals, Cleveland, OH, 1942, pp. 60-66.

[61] R. P. Smith, Equilibrium of iron-carbon alloys with mixtures of CO-CO_2 and CH_4-H_2, J. Amer. Chem. Soc. 68 (1946) 1163-1175.

[62] A. Squire, Iron-graphite powder compacts, Trans. TMS-AIME 171 (1947) 473-484.

[63] J. F. Kuzmick, Evaluation of the molding, coining, and sintering properties of iron powder, Trans. TMS-AIME 175 (1947) 813-833.

[64] L. Delisle, W. V. Knopp, Nickel steels by powder metallurgy, Trans. TMS-AIME 175 (1948) 791-812.

[65] R. Steinitz, Magnetic properties of iron powder compacts, Trans. TMS-AIME 175 (1948)834-847.

[66] J. F. Lontz, Sintering of polymer materials, in: L. J. Bonis, H. H. Hausner (Eds.), Fundamental Phenomena in the Materials Sciences, vol. 1, Plenum Press, New York, NY, 1964, pp. 25-47.

[67] J. Yang, R. Williams, K. Peterson, P. H. Geil, T. C. Long, P. Xu, Morphology evolution in polytetrafluoroethylene as a function of melt time and temperature. Part III. Effect of prior deformation, Polymer 46 (2005) 8723-8733.

[68] E. Gauthier, Diamond Lap, U. S. Patent 1,625,463, issued 19 April 1927.

[69] J. Konstanty, Powder Metallurgy Diamond Tools, Elsevier, Amsterdam, Netherlands, 2005.

[70] F. P. Bundy, H. T. Hall, H. M. Strong, R. H. Wentorf, Man made diamonds, Nature 176 (1955) 51-55. Errata 1993, vol. 365, p. 19.

[71] R. H. Wentorf, R. C. Devries, F. P. Bundy, Sintered superhard materials, Science 208 (1980) 873-880.

[72] H. Blumenthal, R. Silverman, Infiltration of TiC skeletons, Trans. TMS-AIME 206 (1956) 977-981.

[73] R. A. Alliegro, L. B. Coffin, J. R. Tinklepaugh, Pressure sintered silicon carbide, J. Amer. Ceram. Soc. 39 (1956) 386-389.

[74] C. R. Deckard, Method and Apparatus for Producing Parts by Selective Sintering, U. S. Patent 5,316,580, issued 31 May 1994.

[75] T. Sekino, T. Nakajima, S. Ueda, K. Niihara, Reduction and sintering of a nickel-dispersedalumina composite and its properties, J. Amer. Ceram. Soc. 80 (1998) 1139-1148.

[76] K. Keskinbora, T. S. Suzuki, I. O. Ozer, Y. Sakka, E. Suvaci, Hybrid processing and anisotropic sintering shrinkage in textured ZnO ceramics, Sci. Tech. Adv. Mater. 11 (2010), article 065006, 11 pages.

[77] B. Twomey, A. Breen, G. Byrne, A. Hynes, D. P. Dowling, Comparison of thermal and microwave assisted plasma sintering of nickel-diamond composites, Powder Metall. 53 (2010) 188-190.

[78] Z. Pan, H. Sun, Y. Zhang, C. Chen, Harder than diamond: superior indentation strength of wurtzite BN and lonsdaleite, Phys. Rev. Lett. , 102, (2009), paper 055503.

[79] B. Levine, A new era in porous metals: applications in orthopaedics, Adv. Eng. Mater. 10 (2008) 788-792.

[80] L. Tuchinskiy, Novel fabrication technology for metal foams, J. Adv. Mater. 37 (3) (2005) 60-65.

[81] D. Bera, S. C. Kuiry, S. Seal, Synthesis of nanostructured materials using template-assisted electrodeposition, J. Metals 56 (1) (2004) 49-53.

[82] S. Tada, Z. M. Sun, H. Hashimoto, T. Abe, Fabrication of a dense long rod through pulse discharge sintering assisted by traveling zone heating, Mater. Trans. 44 (2003) 1667-1670.

[83] S. Landwehr, G. Hilmas, T. Huang, A. Griffo, B. White, Functionally designed cemented carbides, Advances in Powder Metallurgy and Particulate Materials-2003, Part 6, Metal Powder Industries Federation, Princeton, NJ, 2003, pp. 163-171.

第**3**章

基础构架的发展

3.1 烧结的定性理论

如前面的章节所述，许多商业化烧结产品是建立在经验性知识之上的。虽然存在大量的材料表征，但直到大约 1940 年，都未能建立起一个基础框架来形成理论基础。烧结定量化理论需要原子理论、表面能、微观结构、原子运动和工具等方面的平行发展。

3.1.1 早期的推测

实际烧结技术的发展并没有一个理论基础来预测其可能的结果。对烧结的定性描述始于 20 世纪初，下面列举其中一些概念[1]：

① 烧结有一个起始温度，在低于该温度时烧结不会发生，与玻璃的软化温度相似。

② 在达到烧结温度后，脆性固体的塑性会急剧上升。

③ 只有塑性材料才适用于烧结。

④ 烧结是在表面污染膜消失后才开始进行的。

⑤ 只有存在相变的金属才能产生烧结，例如 Co 和 Fe。

⑥ 只有化学性质相近的混合粉末才能产生烧结。

⑦ 由于表面曲率和外部压力，烧结可以在熔点以下发生。

⑧ 烧结过程中必然存在被压实颗粒的再结晶。

⑨ 烧结发生的原因是加热过程中表面能增大。

早期确定烧结温度的一个技术是利用充满粉末的搅拌器，当搅拌粉末的电机无法继续旋转时就可以得到烧结温度。经过准确的测试，得到铁在真空中的"烧结"温度是 750℃（1023K），而其在空气中的"烧结"温度为 150℃（423K）。空气中的烧结温度较低是由于氧化作用，但这一说法可能会混淆对烧结的理解，从而导致很多效应无法解释[2]。另外金属的烧结结合和铸造材料的固有强度方面也存在争议。

3.1.2　Rhines 和 Lenel 理论

随着经验的积累，出现了定性烧结的概念。Rhines[3] 在 1942 年概述了其中的关键要素：

① 颈部材料在黏结和性能方面与母材相同。

② 压力能增强颗粒间的结合并且除去颗粒间的干扰膜。

③ 最初烧结颈的生长是在表面能的作用下，颈部向周围扩展；原子流趋向于消除曲率梯度，表面扩散是主导烧结的起始因素，塑性流动是次要影响因素。这两种方式都能减少烧结时间。

④ 膨胀与气体产生并困于孔隙中有关；压实是因为增大的气体压力导致了塑性流动，烧结后期的膨胀就是塑性流动存在的证据。

⑤ 回复、再结晶和晶粒长大是烧结的典型过程，而且通常开始于晶粒之间的接触点。随着烧结速率的增加，晶粒生长速率成比例增加。

⑥ 烧结后期，原子在孔隙中沉积，导致孔隙封闭，特别是在表面附近那些紧密的小球形孔，在烧结过程中会优先填满。

⑦ 烧结引起的性能变化仅仅是微观组织结构变化的反映，烧结本身并没有产生任何独特的变化。

Lenel 提出的关于液相烧结的类似想法[4] 也遵从这些经验观察的结果。他指出的两种特殊情况是持续存在的液相（WC-Co、W-Ni-Cu）和瞬时存在的液相（Cu-Sn）。实验研究了大约 20 种不同的组成以揭示液相烧结过程中的变化，它们普遍涉及以下几个步骤：从压坯开始，然后在保护气氛下，加热坯体至熔体形成温度。对于大多数体系，固相在液相中存在一定的溶解度，因此会发生小晶粒溶解，大晶粒通过溶解-再析出而长大的过程。在该过程中，晶粒会变形从而使液相填充孔隙，达到快速致密化。在冷却阶段，液相凝固从而为固相晶粒之间提供了黏结相。在短暂的液相烧结过程中，液相会逐渐溶解于固相中，从而导致快速致密化的过程停止，因此，液相扩散是烧结过程中的一个重要现象。

3.1.3　Frenkel——表面能和黏性流动

表面张力是液体中一个公认的概念，但关于固相表面能的观点直到 20 世纪 40 年代仍极具争议。表面能为烧结提供了重要的驱动力[5]。表面能取决于晶体取向、接触的气相或液相、结构缺陷（例如螺型位错的数量）、杂质等因素。表面能和原子运动的组合是解释烧结的依据。

Frenkel 的烧结模型基于对原子扩散和黏性流动的类比[6-8]。在表面能的作用下，原本点接触的两个黏性球体颗粒结合形成了一个大的球体，如图 3.1 所示。最终球体的直径是最初球体的 1.26 倍。在这个模型中，烧结伴随着烧结颈的长大。表面能使球体聚集到一起，这与肥皂泡合并在一起的方式相同。表面积和表面能随着结合的增加而减少。质量守恒原理决定了球体中心的共同靠近移动，从而达到收缩。

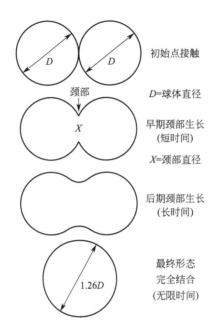

图 3.1 双球黏性流动模型

该模型揭示了两个直径为 D 的相同的球从起始点接触开始，通过黏性流动形成了
直径为 X 的烧结颈，最终结合成单一球体的过程

在这个两球模型中，忽略了晶体结构，所以不存在晶粒间的晶界或二面角。因此，
Frenkel 模型适用于非晶材料，例如玻璃，但并不适用于晶体材料。Frenkel 模型的成功
之处在于表现出了烧结颈生长过程中表面能的降低。回顾之前的研究可以发现，Frenkel
模型所揭示的黏性-扩散转换是在 1905 年 Einstein、Stokes、Smoluchowski 和 Sutherland
等人的研究基础上发展起来的观点。

Frenkel 猜想，烧结颈生长导致表面能降低的目的是为了致密化。其后的十年内，很
多烧结模型都是建立在双球模型的基础上。

3.2 定量烧结概念的出现

定量烧结理论的进展依赖于对原子的理解。同时，观测工具也必须优化，这样烧结的
定量认识才能进步。

在固态烧结中，从定性描述到定量模型，其过渡是 Frenkel[6] 和 Kuczynski[9] 的双
球颈部长大模型，随后 1955 年 Kingery 和 Berg[10] 建立了收缩模型。对于液相烧结问题，
定量模型发展较晚[11,12]。

1948 年，Kuczynski 在 Sylvania 公司工作，他试图揭示 Coolidge 关于烧结钨灯丝的

结果[13]。他提出了一个基于扩散的颈部生长模型来解释球形铜颗粒黏结形成铜盘的实验结果[9]。遗憾的是，他无法解释致密化，但他关于扩散过程的推测是烧结理论的一个重大收获。就在几年前，原子扩散还是一个不被接受的概念。因此，基础框架的发展必然需要从定性描述到定量烧结理论的过渡。

烧结理论的目的是指导实践，但商业化发展相较于理论仍遥遥领先。烧结科学是在下述两个技术的要求下而发展的：

① 设计——如何通过指定过程变量，例如烧结温度、晶粒尺寸或保温时间，来制造出一个具有特定尺寸和形状的元件。

② 性能——如何调整工艺参数，以得到一个给定的性能组合，如强度、硬度和导热性能，同时最大限度地降低成本。

烧结理论需要建立一系列问题与解决问题的有效方式之间的联系，如图 3.2 所示。一旦数学关系被建立起来，便有可能优化。优化意味着性能（例如强度）的最大化与/或成本的最小化，工艺过程变量和产物之间的关系也可以被优化。

烧结理论

$dF/dY=0$，最大或者最小

$F=GMK$

$F=$目标函数，如尺寸、形状、成本、烧结程度

$Y=$可调参数

$G=$几何参数的函数

$M=$材料参数的函数

$K=$工艺参数的函数

图 3.2　如何建立烧结理论的简化图
目标函数 F 会随着烧结参数 Y 例如密度或成本的最大化或最小化而得到优化

图 3.3 是一般烧结理论获得的参数与相应性能之间关系的概述：

$$F=GMK \tag{3.1}$$

式中，F 是描述烧结程度的量，例如烧结体强度、密度、部分尺寸变化或者成本。独立的输入参数有：

G：几何参数，如颗粒大小、颗粒形状、表面积、粒度、粒度组成、孔径等；

M：材料参数，如熔化温度范围、表面能、晶体取向、晶界能、原子尺寸、晶型的变化、依赖于温度的屈服强度、扩散和蠕变因素、蒸气压的变化等；

K：工艺参数，如压坯密度，加热和冷却循环，峰值温度，保温时间，施加的压力，处理气氛等；

每个工艺参数之间都有相应的联系，就温度而言，烧结过程中晶粒尺寸的变化速率取决于温度，表面能取决于温度，扩散速率对温度也十分敏感。这些联系是烧结科学基础中重要的部分。

烧结模型

几何参数	材料参数	工艺参数
颈部尺寸	熔体	压坯
协调性	表面能	粒度
表面积	晶粒能量	升温速率
晶粒大小	原子尺寸	温度
密度	晶型	时间
气孔	流变应力	压力
孔径	扩散数据	应变率
填充物	蒸气压	气氛

图 3.3 烧结模型需要的不同参数细节

参数主要分为几何参数、材料参数和工艺参数，图中列举了每种参数的几个例子

3.3 理论基础的发展

从烧结的发现到烧结模型的突破需要理论框架。现在我们认为理所当然的理论往往都是长时间发展积累起来的，例如晶体结构。烧结的科学基础出现在 20 世纪 60 年代。例如，对最终阶段烧结的理解需要 1963 年出现的蠕变概念，1953 年的粒状模型，以及 1879 年的不稳定模型[14-17]。

3.3.1 原子理论

原子理论是 Hooke 在 17 世纪末提出来的。当时原子被描述成建造物质的积木。19 世纪初，Dalton 总结了形成化合物（例如氨）原子结构的 5 个要点。他的原子概念的一个模型如图 3.4 所示，考虑到这是一个推测出来的原子模型，已是相当准确。几年后，Avogadro 得出气体的体积并不依赖于质量，1869 年门捷列夫（Mendeleev）提出了元素周期表，解释了不同元素具有相似性质的原因。

大约在这个时候 Mitscherlich 提出了多晶型的概念。现在多晶型在一些材料中被广泛接受，例如金刚石和石墨。这些概念在原子理论出现之前就已经被提出了。

尽管 Thomson 发现了电子（获 1906 年诺贝尔奖），但原子概念仍然处于争论阶段，直到 1905 年爱因斯坦发展了布朗运动理论[18]。他表明，小颗粒的不稳定运动可以通过周围原子的动能传递来解释。Perrin 的测试证实了原子结构，他们两人都获得了诺贝尔奖。之后便是 Rutherford（获 1908 年诺贝尔奖）和 Bohr（获 1922 年诺贝尔奖）的原子模型。

原子理论之外的其他发展也得到了令人信服的成果，其中之一就是 von Laue 的成果。他利用 X 射线测试了原子结构（获 1914 年诺贝尔奖）。不久后，William Henry Bragg 和 William Lawrence Bragg 父子证实了结晶度（获 1915 年诺贝尔奖）。至此，20 世纪初的研究终于确定了原子结构。然而，直到 1951 年，Muller 才利用场离子显微镜最终观察到了

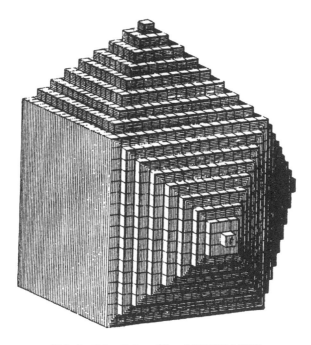

图 3.4　John Dalton 的一个原子概念模型
他设想晶体是由小单位原子块（我们认为是原子）组成的，这是他设想的原子组装形成晶体的草图

原子。同时他还利用这些图像证明了位错和空位的存在。

一个更深远的发展来自 1939 年 Pauling（获 1954 年诺贝尔奖）所写的《化学键的本质》一书和他得到的原子结合和晶体结构的相互关系。这些原子理论是构建烧结理论的平台。

3.3.2　表面能

从 19 世纪初开始，表面张力就已成为液体的一个公认属性。但对于固体来说，表面能这个概念争议很大。如今，我们认识到固体的表面能产生于表面的不饱和分子键，所以每单位面积都具有一定的能量。

在高温下进行的形变测试为测量表面能提供了一种方法，其中大多数的数据是在接近烧结温度时得到的。表面能提供了一种解释烧结致密化的方法[2]。20 世纪 40 年代初，固体的表面能便与烧结联系在了一起。

1942 年，Wretblad 和 Wulff[19] 计算得出，可能表面能就足以推动致密化过程中的塑性流动。如图 3.5 所示的几何图形，外颈的轮廓近似于一个半径为 R 的圆。在鞍形面，表面能 γ_{SV} 的作用是产生一个拉动球结合在一起的毛细作用力 σ。这里有两个曲率：颈部内部有一个凸半径（固体向外弯曲），这是一个垂直于半径为 $X/2$ 的观察平面的曲率；第二曲率存在于观察平面，由颈部外部的凹半径（固体向内弯曲）表示，符号相反，$R \approx X^2/4D$。推动两个球体结合的网状毛细作用力约为：

$$\sigma = \gamma_{\mathrm{sv}}\left[\frac{2}{X} - \frac{4D}{X^2}\right] \tag{3.2}$$

式中，X 是烧结颈直径；D 是颗粒直径。

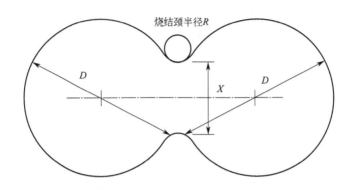

图3.5 颗粒直径为 D，烧结颈直径为 X 的双球烧结模型

颈部轮廓的近似球的半径设定为 R，约等于 $X^2/4D$。鞍形颈部有两个曲率，位于其外侧的
半径为 R 的凹曲率将推进球体的结合。其中一部分被半径为 $X/2$ 的凸圆抵消

Rhines 和同事对烧结应力进行了实验性的描述[20,21]。他们使用零蠕变技术来阻止致密化，并表明所需的压力等于根据表面能、孔径大小和孔隙率计算得出的压力。

后来由烧结过程中的颗粒旋转得出了非均匀表面能，将表面能峰值的识别与最优晶体取向联系到了一起[22]。

烧结理论所需的两部分理论框架均是在 20 世纪 50 年代初建立起来的：原子理论、表面能驱动质量流动。

3.3.3 原子运动

如果表面能驱使颗粒发生烧结，那么原子该如何运动呢？1934 年位错的概念被公认后[23]，烧结被假定为一个高温塑性流动的例子。后来 Kuczynski 提出了扩散，烧结理论的思路被转换到了扩散模型。之后，烧结的概念便一直在位错和扩散之间摆动，直到后来发现是两者共同作用[24-27]。1961 年，通过 Lenel 等人的实验，经过一系列观察验证[26,29]得出，烧结应力足以诱导塑性流动[28]。对塑性流动的接受似乎阻碍了对扩散的接受，反之亦然。早期的多机制烧结概念忽略了塑性流动[30-32]。然而，确凿的证据显示，金属和离子化合物的烧结存在位错运动[33-36]。这曾一度导致研究人员的困惑，直到有合理的证据显示，在烧结过程中是这两种机制共同作用，而不是单一作用。

由于退火的作用，位错的数量会随着时间而减少，烧结的早期部分存在塑性流动，从而导致烧结颈的长大。而后，原子扩散便是位错数量下降后的主导因素。

对于扩散，菲克（Fick）在 1855 年提出了重要的梯度定律，用来解释浓度随着位置和时间的变化。菲克第一定律是：

$$J = -D \frac{\mathrm{d}c}{\mathrm{d}x} \tag{3.3}$$

式中，J 是原子通量（单位时间内通过单位面积的原子数）；D 为扩散系数（单位时间通过的面积）；$\mathrm{d}c$ 为随着距离 $\mathrm{d}x$ 的变化而产生的浓度变化。从简单意义上说，这个定理的意思是，水往低处流，且坡度越陡流动的速度越快。这些想法在烧结模型中被广泛使用。

烧结史上关于原子运动的想法于 1888 年才被提出来，当时 Boltzmann 和 Stefan 制定了一个原子系统的能量分布。Arrhenius（获 1903 年诺贝尔奖）利用这个分布在活化能的基础上创建了一个动力学模型。

1896 年，Roberts-Austin 演示出了金属的扩散，这远远领先于原子理论。但他的观察结果被忽略了很多年。然而，Langmuir（获 1932 年诺贝尔奖）致力于描述固体的表面形貌，并且从本质上猜测了原子的扩散。定量烧结理论的创建需要这些早期的理论基础。

最关键的发展是在 1942 年，Huntington 和 Seitz 准确预测了通过空位迁徙来扩散所需的活化能[37,38]。在这些想法的基础上，Kirkendall 等提出了著名的空位扩散原理[39]。Darken 改进了菲克定律，使之适用于热力学上的化学势梯度，并可以用来区分二元溶液各组分的扩散系数[40]。Pines[41] 推测烧结是一个孔消失的过程。他假设孔是原子空位的集合，致密化过程取决于孔"消失"的速度。

最终，晶界扩散作为一种传输机制被认可[42]。它比体积扩散要快得多，这能够解释粒度较小时结构的致密化[43]。Wilson 和 Shewmon[44] 延伸了这种想法以涵盖多个扩散机制，并强调晶粒取向是影响烧结的一个因素。直到 1966 年原子扩散概念出现，人们才将注意力从塑性流动模型转移，并且原子扩散概念开始逐渐主导烧结模型。之后 Schatt 等人[45] 平衡两者提出了借助位错攀移的体积扩散概念。这种扩散和塑性流动的结合为短时间的烧结行为提供了一个很好的解释。一旦位错结构消失了，烧结将通过扩散继续。Ashby 在他的烧结图中肯定了这一想法——在 20 世纪 70 年代首次提出，并在 20 世纪 80 年代得到了充分发展[46-50]。

在原子扩散理论发展的同时，出现了与扩散相反的黏度理论的发展。Kelvin 首先提出，在较高温度下金属会表现出黏性行为。对于烧结，表面能会提供应力，在应力的作用下，扩散可能会导致黏性流动。如今，黏度的想法广泛地应用于烧结的计算机模拟中，这是由于有限元分析的实现比扩散的计算要简单得多。这种方式可能会造成"原理"的损失，但是使尺寸、形状和畸变的预测成为可能。该模型指出，黏性流动是一个在烧结过程中演变的复杂的非线性行为。Herring 推测高温下表面能会诱导结晶固体发生黏性流动[51]，这个想法建立于 Frenkel 的双球烧结模型[6] 基础上。这种方法忽略了晶界和晶粒尺寸，因此它对于非晶之外的材料比较简单。

Mackenzie 和 Shuttleworth[52] 提出烧结致密化是一个黏性流动过程。他们做了很多努力证明扩散或者黏性流动在烧结过程中起到了有效作用。他们依靠表面能作为驱动力并联系烧结应力应变，通过黏性流动来解释致密化。该想法是一个现象学模型，但目前仍不清楚物质是如何移动的。例如，预测烧结过程中铜粉的黏度为 0.22GPa·s，与实验测量值相一致[53]。黏度模型使我们认识到外界应力会提高烧结速率，这是应力辅助烧结中经常运用的一个概念。然而，为了匹配实验数据需要屈服强度来表征 Bingham 黏性行为，正如塑性流动中所观察到的那样[54]。困难之一是预测出一些材料具有负的表面能[55]。在 20 年代 50 世纪初，黏度和致密度之间的概念关系就被建立起来了。这样看来，Frenkel 提出的两个颗粒黏性流动的想法，以及 Mackenzie 和 Shuttleworth 建立的致密化想法虽然都不是十分准确，但都被证明是十分有用的[56]。

3.3.4 微观结构

烧结理论中暗含着微观结构的演变。烧结过程中，小的球形颗粒转变成大的多边形颗粒，最后的晶粒等于数百个初始颗粒的体积。对微观结构定量描述的发展是烧结理论的一个必要组成部分。

1727 年，Hales 描述了晶胞结构与平均配位数接近 12 的多边形颗粒的空间填充。后来的研究人员分别观察了生物细胞、被侵蚀的岩石，以及晶体或晶粒。1864 年，Percy 出版了《冶金——钢和铁》（*Metallurgy—Iron and Steel*）一书，正式开始了对微观结构的观察。32 年后，Ostwald（获 1909 年诺贝尔奖）提出了微观组织粗化的第一个模型。该模型介绍了晶粒随着时间延长而长大的概念。晶粒尺寸随着时间变化这一概念对于理解烧结过程中微观结构的演变十分重要。

Ostwald 认为小晶粒消耗与大晶粒长大的过程中，晶粒逐渐粗大，这导致了晶粒数量的逐渐减少与特征尺寸的逐渐增大[57]。这种现象出现于介质通过分离晶粒而发生扩散的时候。将晶界视为一种 5～10 个原子宽的分离相十分方便。接触晶粒之间的合并进一步促进了晶粒的生长，合并过程两个晶粒旋转到一个近乎一致的晶体取向以消除晶界。

1900 年，Ewing 和 Rosenhain[58] 推测固体是由晶粒组成的。他们认为，在晶粒长大过程中使用添加剂将改变晶体结构。近年来，籽晶诱导生长和模板晶粒生长法被应用于烧结中来形成各向异性结构。

Smith 定义了三维晶体结构，并提供了一个关于多晶固体的晶体形状和晶粒尺寸的定量模型[59]。他通过压缩铅球结构确认了具有 12 面和 14 面晶体的形状模型。十四面体的晶体形状如图 3.6 所示。随后，将该模型应用于中间和最终阶段的烧结模型[14]。从中间到最终阶段烧结过程的过渡是基于 Rayleigh 不稳定性的结构，例如晶粒边缘的长管形孔隙会被掐断形成离散于晶粒角落的球形孔隙[60]。烧结期间晶粒长大导致孔隙变得不稳定，最终形成了离散的球形孔。这些分散在晶粒角落的球形孔主要形成于烧结的最终阶段。

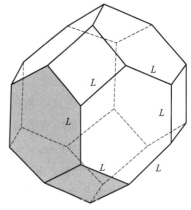

图 3.6 作为烧结模型的十四面体的晶体形状

十四面体每条边都具有相同的长度 L，包含 8 个六边形，6 个正方形，提供了 14 个面，24 个角，36 条边与此同时，Rhines 发表了其对烧结过程中孔结构演变的观察。他和 DeHoff 收集数据，对烧结过程中微观结构的轨迹进行了详细的观察[61,62]。例如，图 3.7 说明了铜烧结过程中表面积减少并致密化的方式，同时提供了一个早期简单的合理解释烧结轨迹的方法。

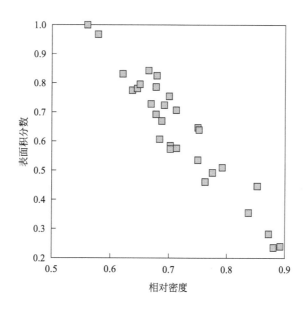

图 3.7　一些铜烧结实验的数据[61]

图中以表面积分数（测得的表面积和初始表面积之比）和相对密度作为参数，标注出了看似相同的微观结构轨迹

材料烧结后的微观结构中包括了各种形状的晶粒。Aboav 和 Langdon 测量了氧化镁烧结产物（包括致密压坯和多孔压坯，包含超过 10000 个晶粒的测量值）中晶体形状和晶粒尺寸的分布[63-65]。一直到 1969 年，晶粒结构在统计学上仍然没有明确的区分方式。这些 MgO 数据满足幂函数（Weibull）分布。微观结构粗化的概念预测了自相似晶粒尺寸和晶粒形状分布的出现[57,66]。当分布的形状一直相同时，即使粒径中值随着时间发生改变，也会出现自相似分布。对于晶粒尺寸分布，如果晶粒尺寸标准化到中等晶粒尺寸，累计尺寸分布将是单一化的。图 3.8 便是符合 Weibull 分布（实线）的累计晶粒尺寸的二维（标注点）分布图。

通过二面角和第二相含量的改变来改进晶粒形状模型，这是 Beere[67] 和 Wray[68] 提出的。图 3.9 是角状晶粒的图，表示了随着二面角的变化而发生的液相含量（事实上等同于孔隙的数量）的变化。对应不同二面角得到的固体晶粒图成功地推测了晶胞排列的可能性，得知晶粒的尺寸和形状是相关的[69]。

烧结过程中，气体被困在孔隙中或在孔隙中形成将导致膨胀。Markworth[70-73] 通过对烧结过程中烧结应力、孔隙压力的平衡与孔隙粗化的分析解释了这一现象。烧结过程中孔会变得粗大，而且随着孔的变大，气体压力减小，材料膨胀。Watanabe 和 Masuda[74] 提供的数据显示了铁、镍、铜烧结过程中孔隙与晶粒变化的轨迹，如图 3.10 所示。晶粒粗大会使孔隙率降低，这与孔隙-晶粒相互作用有关。因此遵循这一规则对孔隙和晶粒的

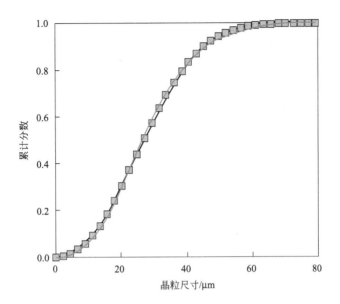

图 3.8 利用平均晶粒尺寸为 $25\mu m$ 的烧结氧化镁的数据做出了一条收敛于
自相似晶粒尺寸分布的烧结曲线[63]

图中等号为实验数据，曲线为 Weibull 分布

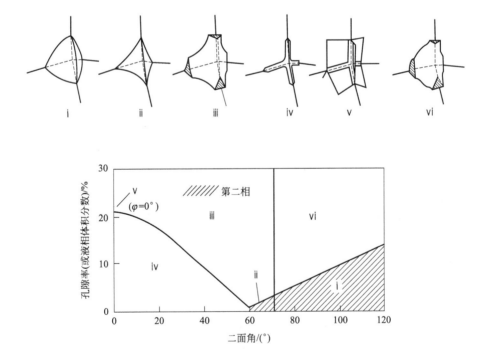

图 3.9 第二相（液相或气相）和固体晶粒微观结构的转变依赖于两个因素，
分别是二面角的大小和第二相（孔隙或液相）含量的变化

变化进行分析，可以预测烧结过程中微观结构的演变。

最初利用与生物细胞结构相同的晶粒形状模型与诸如密度、晶粒尺寸、孔隙尺寸和表面积等相互独立的参数研究烧结过程，并建立了一个微观结构演化模型。同时，一些研究又量化了微观结构和性能之间的联系。图 3.11 就是这种关系的一个说明，它展示了烧结氮化硅不同晶粒尺寸的平方根与其断裂韧性之间的关系[75]。这种关系简化了对性能的预测，因此烧结过程中微观结构的演化模型能表征性能的变化。

模型的出现简化了性能-微观结构之间的联系，但这往往会牺牲一些精确度。如图 3.12 所示的例子，其数据来自钢铁烧结的总结，表征了弹性模量和相对密度

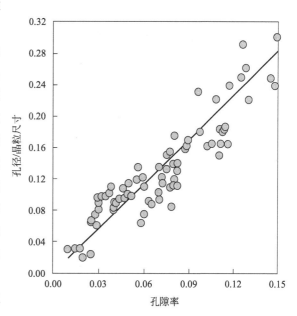

图 3.10　镍、铜和铁在烧结致密化过程中，孔径与晶粒尺寸的比值随孔隙率的变化数据[74]

的关系[76]。这证明在烧结过程中除了密度还有其他十分重要的因素来决定弹性模量。

建立烧结理论需要的另外一个组成部分是微观结构的关系和对微观结构与烧结之间联系的理解。定量的微观结构的概念化成熟于 20 世纪 80 年代，为预测烧结理论提供了所需的框架。另一个所需的框架是合适的测量工具的出现。

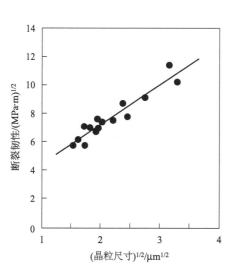

图 3.11　烧结氮化硅的断裂韧性随晶粒尺寸平方根的变化而变化[75]

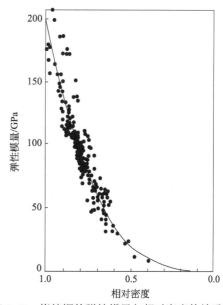

图 3.12　烧结钢的弹性模量与相对密度的关系[76]
实线表明了典型关系，高度分散的数据反映了诸如孔隙形状和晶粒尺寸对弹性模量的附加影响

3.4 实验设备及性能测量

定量测量成功地推动了从 19 世纪定量观察向 20 世纪量化性能测量的转变。本节将详细介绍目前的测量工具，同时也会提及一些重要的发展。

3.4.1 温度测量

温度测量是烧结的基础。华氏温标是 1724 年 Daniel Gabriel Fahrenheit（1686—1736）在 Ole Romer 想法的基础上建立起来的。这种标尺是基于平衡态冰-水-氯化铵的温度（0℉）、平衡态冰-水的温度（32℉）和体温（98℉）——他将一年内观察到的最低和最高的温度之间的差值分成 100 个单元后进行标定。摄氏温标是把冰的融化温度和水的沸点分成 100 个单元，从而进行标定的。Anders Celsius（1701—1744）发展起来的摄氏温标同样是定义在水的工作范围内的，利用 0℃ 这一水的三相点。而绝对零度的标定是在 1848 年由 William Thompson 最终提出的，他后来被称为开尔文勋爵。即使温度的起源那么早，标准化的温标也是直到 1954 年才被采用。

典型的烧结温度范围的测量直到 19 世纪中期才得以实现。第一个测量高温的气体温度计出现于 1828 年。几乎在同一时间，Seebeck 观察到了金属连接的热电效应，这是当今热电偶的前身。1830 年，Nobill 和 Melloni 将热电偶和检流计结合创造出了一个温度的定量测量装置。在这之前，温度的测量都是主观的。尽管热电偶如今被广泛使用，但它一直到 19 世纪后半叶都尚未普及。今天，我们已经接受了能用标准尺度定义的温度，它能够被精确地测量，而且测量的结果能被准确地重复。

3.4.2 烧结炉

真空烧结炉是近年来的发明。在 13 世纪，真空是以吸泵的形式被认识的，von Guericke 在 1654 年设计了第一个真空泵。早期是如何建造炉子的，历史上已无确切记载，但炭火一定是其加热的出发点。随着可燃气体的普及，甲烷、乙炔和氢气的火焰提供了越来越高的加热温度。18 世纪的实验致力于集中太阳的热量，但得到的温度十分有限。当电力出现时，高温电火花加热也得到了长足的发展。真空炉作为其中的一个分支而出现。

Acheson 利用电弧的方法将硅和焦炭结合在一起形成了碳化硅。1896 年，Moissan（1906 年诺贝尔奖获得者）发明了电炉。他能够通过粉末间放电，产生各种各样的碳化物、硼化物、氮化物和硅化物，包括碳化钨，这便是电火花烧结体。随后这个方法被一些研究人员进行了一系列应用，制得的产品包括 Lux 和 Coolidge 的烧结灯丝。由于电火花烧结的出现，高温烧结炉便不再是必需的了，因而数量有所减少。到了 1955 年，Lenel 应用电火花烧结处置了一些粉末，例如钛、钢和锆[77]。在烧结中是脉冲电流在发挥作用，这项技术在今天仍被广泛使用。

在烧结炉的发展过程中，首先需要一个温度尺度，然后是测量温度的手段，最后是产生高温的方法。如果没有电火花烧结，高温的获得可能要被推迟到 20 世纪 40 年代。那时，电流加热是最普遍的方式。高真空度和高温的组合依赖于扩散真空泵的发展。1915年 Gaede 发明了水银扩散泵。1928 年 Burch 在工作中制得了硅油扩散泵。后来，Brew 在1946 年生产出了高温扩散泵真空炉。

3.4.3　性能量化

烧结研究的另一个重要标志是硬度测试的发展。1812 年，Mohs 发明了划痕试验，该试验可用于矿物，但不适用于钢。20 世纪初，压痕法测试硬度的概念与评价烧结程度相关联，与此同时也引申出了一些其他的方法。据记录，Brinell 建立了第一个标准化的硬度测试方法（布氏硬度），为硬度测试提供了一个大方向，但只适用于软的材料，后来有了各种各样的改进。

虽然现在的硬度测量已经被认为是理所当然，但 Brinell 建立的硬度测试方法是使用拉伸、压缩、弯曲、冲击和类似的测试方法的起源。之后为了改进布氏硬度，出现了新的标尺：分别是 1915 出现的洛氏硬度（Hugh M. Rockwell 和 Stanley P. Rockwell）和 1924年出现的维氏硬度（Smith 和 Sandland），它们都遵循布氏硬度的标尺。

硬度可能是继密度之后第二个用来监测烧结过程的参数，但一直到 20 世纪初它都不是一个定量化的参数。大约同一时期，Izod（1903）和 Charpy（1904）进行了韧性测试。现在，使用硬度规范来量化烧结程度，和进行强度和冲击试验检验产品是否合格都是十分常规的。

电行为是烧结产品（如电触点、光丝、加热元件、X 射线管、电子电路等）所固有的。Goetzel[78] 在实验中测试了经烧结后铜块的电导率，以尝试联系其力学性能。1941年，Rhines 和 Colton[79] 摒弃了间断的烧结测试，利用电导率监控整个烧结过程。1942年的试验得到了一些观察结果，包括小颗粒优异性的证明、反应温度的阿伦尼乌斯（Arrhenius）行为和晶粒长大的证据。在 20 世纪 50 年代初，电导率是和扩散速率联系在一起的[80,81]。

3.4.4　表面积

表面积作为表征烧结的参数始于 1938 年，基于 BET（Brunauer、Emmett 和 Teller）气体吸附的概念[82]。后来出现了一些其他测量表面积的手段，但测量气体吸附率仍然是测量微小粉末表面积的常用方法。测量气体的渗透率可以得到孔隙闭合前的表面积[83]。由于流动阻力（根据 Poiseuille 定律，通过流速导致压降测得）的存在，又可以利用气体渗透率得到开孔的表面积。另一种测量表面积的方法是利用定量显微镜，这是一种很烦琐的方法，但适用于表面积较小的样品[62]。

3.4.5 压力的作用

热压是早期硬质材料（最初是碳化钨和相关的碳化物）的制备方法。热压成功地应用于硬质合金始于 20 世纪 20 年代[84]。加热和加压是使粉末致密化的有效途径，当其和电火花烧结结合时，就为高温材料的制备提供了途径。

Goetzel 博士的研究涉及热压，1942 年他成为该方法的支持者，并将这种方法应用到了铜、青铜、铜-锡混合粉末、铁以及黄铜等材料[84-87]。在此之后，该方法又被扩展到了陶瓷[88] 和碳化物[89] 的烧结领域。

高压条件能够实现金刚石[90] 和立方氮化硼[91] 的合成，并且可以使金刚石产生烧结[92,93]。这些近年来的成果源自 Bridgman（1946 年诺贝尔奖获得者）的高压研究。

1955 年出现了一种压力较低的气压炉，称为热等静压（HIP）。它用于在核燃料芯块的表面形成压力包层。到了 20 世纪 60 年代中期，热等静压成为制造完全致密的高性能材料（包括钛、高温合金和工具钢）的有效方法。HIP 烧结的方法一般是先在真空下烧结，之后通过加压以消除材料中残余的孔隙，且所有的步骤都发生在同一个炉子中。

3.4.6 新型设备

我们经常会认为现如今存在的实验设备是理所当然的。然而，其中很多重要产品都是在没有现代理论基础的条件下发展起来的。近几年，新设备的出现提高了我们监控烧结的能力。这里不进行详细的介绍，只提及一些新型的设备和方法：先进同步加速辐射源[94]；微波与等离子体联合加热[95]；计算机断层扫描[96,97]；涉及分解产物的气相色谱[98]；气体放电等离子体加热[99]；高温电子显微镜[100]；过程气体的红外光谱[101]；原位密度涡流检测[102]；原位强度测试[103]；原位视频成像[104]；感应加热[105]；烧结气氛的质谱测定[106]；微波加热[107]；分子动力学模拟[108]；表面化学分析[109]；热导率或电导率测试[110]；热重分析[111]。

烧结理论是否成功是通过其对组件尺寸、性能、微观结构和成本的预测能力来衡量的。基于这一概念，第一个重点就是预测对应于时间、温度和晶粒尺寸的烧结颈尺寸。之后，测量的方法成熟了，就可以测量包括密度、收缩率、表面积和晶粒尺寸等参数。再后来，就可以通过硬度、弹性模量、强度、延展性、韧性和电导率的测试，进行对性能与烧结工艺的评价。近年来，新的计算机设备已经能够将烧结的进程、材料的微观组织结构、组成和性能进行有机的联系。

3.5 组织机构的发展

在广泛的商业产品中，烧结的影响显而易见。组织机构的形成支持着技术的发展。这些专业与贸易组织可以提供相应的论坛以交流思想，确定技术标准并声明科学原则。

烧结科学的国际性协会由 Momcilo Ristic 领导，坐落在塞尔维亚的首都贝尔格莱德，是唯一的只专注于烧结的组织；该协会经常组织会议并且从 1969 年开始出版《烧结科学》（之前被称为《烧结物理学》）。国际团队的成员通过选举决定，人数一般局限于 100 名左右。

（美国、日本和欧洲的）陶瓷协会在各自的期刊上发表关于烧结的研究，每年大约提供 100 篇关于研究烧结工艺和烧结材料性能的论文。

粉末冶金共同体同样包括三个主要地区（美国、日本和欧洲，但是中国在快速发展），并且每个地区都有一本杂志刊登烧结产品。金属粉末工业联盟有一本长期运营的杂志，以前刊登理论性的论文，但现在它专注于烧结钢的市场发展。

3.6　整合

准确预测烧结行为需要粉末、化学、压坯、烧结工艺等的详细信息。材料性能中存在的微小误差，特别是活化能，都将导致预测结果发生较大的变化。烧结理论准确性的提高可以使模拟能力得到改善。比如，模拟铜的颈部生长[112]，如图 3.13 所示，这是使用 $127\mu m$ 的铜球在 1020℃（1293K）保温 300h 以上得到的数据。这种将体积和表面扩散相结合的模拟是十分准确有效的。

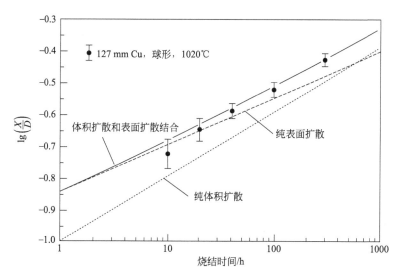

图 3.13　铜球在 1020℃（1293K）烧结时颈球比 X/D 随烧结时间的变化曲线[10]

图中表示了三种烧结模型的拟合，分别对应纯体积扩散、纯表面扩散、体积扩散和表面扩散结合三种机制，提供了多机制烧结的证据[112]

研究证实，利用保温时间、峰值温度、颗粒尺寸等过程参数来预测烧结颈的尺寸是可行的。最近这方面的研究逐渐转移到了将施加的压力、宽颗粒尺寸的分布、压坯的密度作为输入参数，对密度和晶粒尺寸进行预测[47,48,50,113]。

随后，烧结图发展到覆盖整个热等静压过程，给出了不同工艺参数下的烧结致密度，如图 3.14 所示。该烧结图展示了在保温时间为 1h 和 10h 的条件下，起始致密度为 62% 的 6μm 钨粉随烧结温度变化所呈现的致密化阶段、控制机制及致密度。后续的研究增加了非球形颗粒和加热的影响[114]。这些图对于在可调因素之间作出权衡，决定最有效的致密化工艺来说是非常有用的。

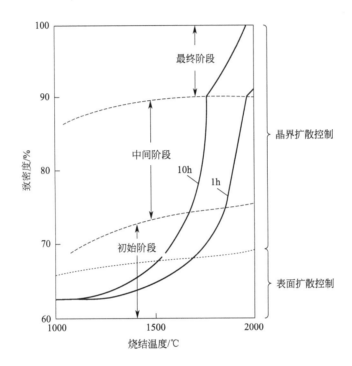

图 3.14 通过计算机模拟 6μm 钨粉的烧结图

图中绘制了保温时间为 1h 和 10h 的烧结致密度与烧结温度之间的关系。

达到全致密需要将粉体在 1960℃（2233K）下保持大约 10h

作为一种新的工具，分子动力学模型不需要大量材料数据就可以验证双球烧结模型。该模型将注意力集中在原子级别，每个原子具有一种振动方式。超级计算机研究大量原子的相互作用，只需要得到一个中间原子的势能曲线，就能通过调整，使其匹配大部分已知的性能，例如弹性模量、熔化温度和热膨胀系数等。如图 3.15 所示，原子级烧结模拟得到的结果与早期实验得到的数据几乎一模一样。每个球代表 50000 个原子。短时间间隔内原子的位移矢量表示在了球体上。我们可以看到，大部分颈部生长都伴随着一些晶界的扩散，近表面原子发生了运动。

对于零件制造商来说，这种模拟的吸引力十分有限。实际上，工人们需要零件尺寸、形状和性能的三维预测。加工过程中需要很多额外的参数，因此在坯体中引入的参数会一直延续并影响到烧结件的尺寸。反过来，元件模型的存在也影响着加工条件、原料和元件的特性，这样才能估算成本[115-117]。面临的挑战是应用模拟优化目标，如确定时间-温度-加热途径，在成本最低的条件下，获得目标的密度、强度、最小的变形量[118-119]。

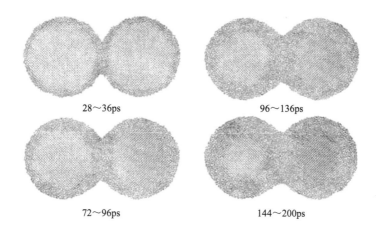

28~36ps	96~136ps
72~96ps	144~200ps

图 3.15 包含 50000 个原子的颗粒的原子级烧结模拟

模拟显示了颈部随着时间的长大。每个颗粒对中的高亮部分都是短时间窗口内的原子运动轨迹，
说明大多数原子运动是近表面或者沿着晶界的，这与标准烧结理论的发现一致

3.7 烧结理论的现状

许多研究人员都试图利用定量的烧结理论对观察结果给予解释。任何理论都是"空谈不如实践"。烧结理论必须解释观察结果，在这一前提下烧结理论已经取得了很大的进展。

Ashby 利用他的计算机模型作出了一个重大贡献：添加非等温循环等额外的特征变量进行连续的模拟[113-120]。在图 3.16 中可以明显看到模拟非球形颗粒的非等温烧结的准确性。这是一个直径为 $1.9\mu m$ 厚度为 $0.4\mu m$ 的钽片以 10℃/min 的速度加热至 1350℃

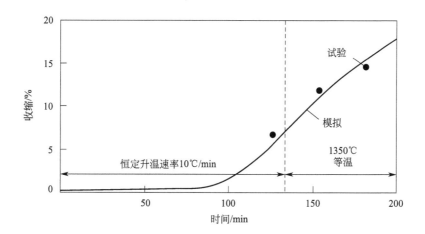

图 3.16 涉及非球形颗粒非等温烧结的实际系统表征[120]

将直径为 $1.9\mu m$ 厚度为 $0.4\mu m$ 的钽片以 10℃/min 的升温速率加热到 1350℃（1623K）的保温温度，通过观察
对比测量（标记点）和模拟（线）得到的钽片的变化行为，可以反映出烧结理论的成熟

（1623K），其烧结收缩率随烧结时间的变化图。模型和实验结果之间体现了良好的一致性。这些发现体现了烧结理论的先进性。

　　建立烧结理论需要一个广泛的基础框架。由于其复杂性和很多相互关联的参数的存在，现今都使用计算机模型。要使这些模拟有效必须确定很多对应关系。

　　作为总结，我们可以观察如图 3.17 所示的烧结零件。它是将 $16\mu m$ 不锈钢粉末加入一个在每个维度都超出尺寸约 16% 的模具通过注射成形制造而成的。在 $1325℃$ （1598K）真空烧结 2h 后，该装置达到了规格尺寸。在第一个烧结工艺内就获得所需的性能和尺寸，这是烧结理论的主要目标。

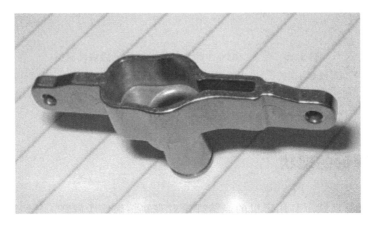

图 3. 17　注射成形并烧结不锈钢移动电话旋转铰链的照片
烧结计算机模拟中一个重要应用就是预测成品的最终尺寸和性能

参考文献

[1]　W. D. Jones, Principles of Powder Metallurgy with an Account of Industrial Practice, Edward Arnold, London, UK, 1937.

[2]　W. D. Jones, Fundamental Principles of Powder Metallurgy, Edward Arnold Publishers, London, UK, 1960.

[3]　F. N. Rhines, Seminar on the theory of sintering, Trans. TMS-AIME 166 (1946) 474-491.

[4]　F. V. Lenel, Sintering in the presence of a liquid phase, Trans. TMS-AIME 175 (1948) 878-896.

[5]　C. G. Goetzel, Treatise on Powder Metallurgy, vol. 1, Interscience Publishers, New York, NY, 1949, pp. 259-312.

[6]　J. Frenkel, Viscous flow of crystalline bodies under the action of surface tension, J. Phys. 9 (1945)385-391.

[7]　M. M. Ristic, Sintering-past and present (On the 40th Anniversary of the Belgrade School of Sintering), Sci. Sintering 33 (2001) 143-147.

[8]　V. V. Skorokhod, Development of the Ideas of Ya. I. Frenkel in the contemporary rheological theory of sintering, Powder Metall. Metal Ceram 34 (1995) 521-527.

[9]　G. C. Kuczynski, Self-Diffusion in sintering of metallic particles, Trans. TMS-AIME 185 (1949)169-178.

[10]　W. D. Kingery, M. Berg, Study of the initial stages of sintering solids by viscous flow, evaporationcondensation, and self-diffusion, J. Appl. Phys. 26 (1955) 1205-1212.

[11]　W. D. Kingery, Densification during sintering in the presence of a liquid Phase 1. Theory, J. Appl. Phys. 30

(1959) 301-306.

[12]　W. D. Kingery, M. D. Narasimhan, Densification during sintering in the presence of a liquid Phase 2. Experimental, J. Appl. Phys. 30 (1959) 307-310.

[13]　E. Pink, L. Bartha, The Metallurgy of Doped/Non-Sag Tungsten, Elsevier Applied Science, London, UK, 1989.

[14]　R. L. Coble, Sintering crystalline solids. 1. Intermediate and final state diffusion models, J. Appl. Phys. 32 (1961) 787-792.

[15]　R. L. Coble, Sintering crystalline solids. 2. Experimental test of diffusion models in powder compacts, J. Appl. Phys. 32 (1961) 793-799.

[16]　R. L. Coble, A model for boundary diffusion controlled creep in polycrystalline materials, J. Appl. Phys. 34 (1963) 1679-1682.

[17]　C. S. Smith, Further notes on the shape of metal grains: space-filling polyhedra with unlimited sharing of corners and faces, Acta Metall. 1 (1953) 295-300.

[18]　A. Einstein, Investigations on the Theory of the Brownian Movement, R. Fuerth (Ed.), A. D. Cowper (translator), Dover Publications, New York, NY, 1956.

[19]　P. E. Wretblad, J. Wulff, Sintering, in: J. Wulff (Ed.), Powder Metallurgy, American Society for Metals, Cleveland, OH, 1942, pp. 36-59.

[20]　F. N. Rhines, H. S. Cannon, Rate of sintering of copper under a dead load, Trans. TMS-AIME 191(1951) 529-530.

[21]　R. A. Gregg, F. N. Rhines, Surface tension and the sintering force in copper, Metall. Trans. 4 (1973)1365-1374.

[22]　G. Herrmann, H. Gleiter, G. Baro, Investigation of low energy grain boundaries in metals by a sintering technique, Acta Metall. 24 (1976) 353-359.

[23]　J. P. Hirth, A. Brief, History on dislocation theory, Metall. Trans. 16A (1985) 2085-2090.

[24]　E. Friedrich, W. Schatt, Sintering of one-component model systems: nucleation and movement of dislocations in necks, Powder Metall. 23 (1980) 193-197.

[25]　W. Schatt, E. Friedrich, Self-Activation of sintering processes in one-component systems, Powder Metall. Inter. 13 (1981) 15-20.

[26]　W. Schatt, E. Friedrich, Sintering as a result of defect structure, Cryst. Res. Tech. 17 (1982)1061-1070.

[27]　E. Friedrich, W. Schatt, High temperature plasticity on solid phase sintering, Sci. Sintering 15 (1983) 63-71.

[28]　F. V. Lenel, H. H. Hausner, E. Hayashi, G. S. Ansell, Some observations on the shrinkage behavior of copper compacts and of loose powder aggregates, Powder Metall. 4 (1961) 25-36.

[29]　C. S. Morgan, Observation of dislocations in high temperature sintering, High Temp. -High Press 3 (1971) 317-324.

[30]　D. L. Johnson, New method of obtaining volume, grain-boundary, and surface diffusion coefficients from sintering data, J. Appl. Phys. 40 (1969) 192-200.

[31]　D. L. Johnson, T. M. Clarke, Grain boundary and volume diffusion in the sintering of silver, Acta Metall. 12 (1964) 1173-1179.

[32]　L. L. Seigle, Atom movements during solid state sintering, Prog. Powder Metall. 20 (1964) 221-238.

[33]　F. V. Lenel, G. S. Ansell, R. C. Morris, Theoretical considerations and experimental evidence for material transport by plastic flow during sintering, in: H. H. Hausner (Ed.), Modern Developments in Powder Metallurgy, vol. 4, Plenum Press, New York, NY, 1971, pp. 199-220.

[34]　F. V. Lenel, G. S. Ansell, R. C. Morris, A bubble raft model to study sintering by plastic flow, in: J. S. Hirschhorn, K. H. Roll (Eds.), Advanced Experimental Techniques in Powder Metallurgy, Plenum Press, New York, NY, 1970, pp. 61-80.

[35]　J. G. Early, F. V. Lenel, G. S. Ansell, The material transport mechanism during sintering of copperpowder

compacts at high temperatures, Trans. TMS-AIME 230 (1964) 1641-1650.

[36]　A. R. Hingorany, F. V. Lenel, G. S. Ansell, The role of plastic flow by dislocation motion in the sintering of calcium fluoride, in: T. J. Gray, V. D. Frechette (Eds.), Kinetics of Reactions in Ionic Systems, Plenum Press, New York, NY, 1969, pp. 375-390.

[37]　H. B. Huntington, F. Seitz, Mechanism for self-diffusion in metallic copper, Phys. Rev. 61 (1942)315-325.

[38]　H. B. Huntington, Self-consistent treatment of the vacancy mechanism for metallic diffusion, Phys. Rev. 61 (1942) 325-338.

[39]　A. D. Smigelskas, E. O. Kirkendall, Zinc diffusion in alpha brass, Trans. TMS-AIME, Met. Tech. XⅢ (1946), Technical Paper 2071.

[40]　R. F. Mehl, The historical development of physical metallurgy, in: R. W. Cahn (Ed.), Physical Metallurgy, North Holland Publishing, Amsterdam Netherlands, 1965, pp. 1-31.

[41]　B. Y. Pines, On sintering (In Solid Phase), Z. Tekh. Fiziki 16 (1946) 737-743.

[42]　H. Meher, N. A. Stolwijk, Heroes and highlights in the history of diffusion, Diff. Fund. 11 (2009)1-32.

[43]　R. L. Coble, Initial sintering of alumina and hematite, J. Amer. Ceram. Soc. 41 (1958) 55-62.

[44]　T. L. Wilson, P. G. Shewmon, The role of interfacial diffusion in the sintering of copper, Trans. TMS-AIME 236 (1966) 48-58.

[45]　W. Schatt, H. E. Exner, E. Friedrich, G. Petzow, Versetzungsaktivierte Schwindungsvorgange Beim Einkomponenten-Sintern, Acta Metall. 30 (1982) 1367-1375.

[46]　M. F. Ashby, A. First, Report on sintering diagrams, Acta Metall. 22 (1974) 275-289.

[47]　F. B. Swinkels, M. F. Ashby, A second report on sintering diagrams, Acta Metall. 29 (1981)259-281.

[48]　D. S. Wilkinson, M. F. Ashby, The development of pressure sintering maps, in: G. C. Kuczynski(Ed.), Sintering and Catalysis, Plenum Press, New York, NY, 1975, pp. 473-492.

[49]　A. S. Helle, K. E. Easterling, M. F. Ashby, Hot isostatic pressing diagrams new developments, Acta Metall. 33 (1985) 2163-2174.

[50]　E. Arzt, M. F. Ashby, K. E. Easterling, Practical applications of hot-isostatic pressing diagrams: four case studies, Metall. Trans. 14A (1983) 211-221.

[51]　C. Herring, Diffusional viscosity of a polycrystalline solid, J. Appl. Phys. 21 (1950) 437-445.

[52]　J. K. Mackenzie, R. Shuttleworth, A phenomenological theory of sintering, Proc. Phys. Soc. 62 (1949) 833-852.

[53]　R. M. German, Rheological model for viscous flow densification during supersolidus liquid phase sintering, Sci. Sintering 38 (2006) 27-40.

[54]　E. B. Allison, P. Murray, A fundamental investigation of the mechanism of sintering, Acta Metall. 2 (1954) 487-512.

[55]　R. Shuttleworth, The surface tension of solids, Proc. Phys. Soc. A63 (1950) 444-457.

[56]　F. N. Rhines, C. E. Birchenall, L. A. Hughes, Behavior of pores during the sintering of copper compacts, Trans. TMS-AIME 188 (1950) 378-388.

[57]　P. W. Voorhees, Ostwald ripening of two-phase mixtures, Ann. Rev. Mater. Sci. 22 (1992) 197-215.

[58]　J. A. Ewing, W. Rosenhain, The crystalline structure of metals, Proc. Royal Soc. London 67 (1900) 112-117.

[59]　C. S. Smith, Grains, phases, and interfaces: an interpretation of microstructure, Trans. TMS-AIME 175 (1948) 15-51.

[60]　Lord Rayleigh: on the capillary phenomena of jets, Proc. Royal Soc. London 29 (1879) 71-97.

[61]　F. N. Rhines, R. T. DeHoff, A Topological Approach to the Study of Sintering, in: H. H. Hausner(Ed.), Modern Developments in Powder Metallurgy, vol. 4, Plenum Press, New York, NY, 1971, pp. 173-188.

[62]　F. N. Rhines, R. T. DeHoff, R. A. Rummel, Rate of densification in the sintering of uncompacted metal pow-

ders, in: W. A. Knepper (Ed.), Agglomeration, Interscience, New York, NY, 1962, pp. 351-369.

[63] D. A. Aboav, T. G. Langdon, The shape of grains in a polycrystal, Metallog 2 (1969) 171-178.

[64] D. A. Aboav, T. G. Langdon, The distribution of grain diameters in polycrystalline magnesium oxide, Metallog 1 (1969) 333-340.

[65] D. A. Aboav, T. G. Langdon, The planar distribution of grain size in a polycrystalline ceramic, Metallog 6 (1973) 9-15.

[66] E. N. D. C. Andrade, D. A. Aboav, Grain growth in metals of close-packed hexagonal structure, Proc. Royal Soc. London A291 (1966) 18-40.

[67] W. Beere, A unifying theory of the stability of penetrating liquid phases and sintering pores, Acta Metall. 23 (1975) 131-138.

[68] P. J. Wray, The geometry of two-phase aggregates in which the shape of the second phase is determined by its dihedral angle, Acta Metall. 24 (1976) 125-135.

[69] D. A. Aboav, The arrangement of cells in a net, Metallog 13 (1980) 43-58.

[70] A. J. Markworth, Growth of inert-gas bubbles in solids; behavior of non-uniform size distributions, J. Mater. Sci. 7 (1972) 1225-1228.

[71] A. J. Markworth, On the volume diffusion controlled final stage densification of a porous solid, Scripta Metall. 6 (1972) 957-960.

[72] A. J. Markworth, On the coarsening of gas-filled pores in solids, Metall. Trans. 4 (1973) 2651-2656.

[73] A. J. Markworth, Comments on foam stability, ostwald ripening, and grain growth, J. Colloid Interface Sci. 107 (1985) 569-571.

[74] R. Watanabe, Y. Masuda, Pinning effect of residual pores on the grain growth in porous sintered metals, J. Japan Soc. Powder Powder Metall. 29 (1982) 151-153.

[75] T. Kawashima, H. Okamoto, H. Yamamoto, A. Kitamura, Grain size dependence of the fracture toughness of silicon nitride ceramics, J. Ceram. Soc. Jpn. 99 (1991) 320-323.

[76] R. Haynes, The Mechanical Behavior of Sintered Metals, Freund Publishing House, London, UK, 1981.

[77] F. V. Lenel, Resistance sintering under pressure, Trans. TMS-AIME 203 (1955) 158-167.

[78] C. G. Goetzel, Structure and properties of copper powder compacts, J. Inst. Met. 66 (1940)319-329.

[79] F. N. Rhines, R. A. Colton, Homogenization of copper-nickel powder alloys, in: J. Wulff (Ed.), Powder Metallurgy, American Society for Metals, Cleveland, OH, 1942, pp. 67-86.

[80] J. H. Dedrick, G. C. Kuczynski, Electrical conductivity method for measuring self-diffusion of metals, J. Appl. Phys. 21 (1950) 1224-1225.

[81] H. H. Hausner, J. H. Dedrick, Electrical properties as indicators of the degree of sintering, in: W. E. Kingston (Ed.), The Physics of Powder Metallurgy, McGraw-Hill, New York, NY, 1951, pp. 320-343.

[82] S. Brunauer, P. H. Emmett, E. Teller, Adsorption of gases in multimolecular layers, J. Amer. Chem. Soc. 60 (1938) 309-319.

[83] S. Prochazka, R. L. Coble, Surface diffusion in the initial sintering of alumina, Part 1. Model considerations, Phys. Sintering 2 (1970) 1-18.

[84] C. G. Goetzel, Hot pressed and sintered copper powder compacts, in: J. Wulff (Ed.), Powder Metallurgy, American Society for Metals, Cleveland, OH, 1942, pp. 340-351.

[85] C. G. Goetzel, Plastic deformation in powder metallurgy, in: J. Wulff (Ed.), Powder Metallurgy, American Society for Metals, Cleveland, OH, 1942, pp. 87-108.

[86] C. G. Goetzel, Some properties of sintered and hot pressed copper-tin powder compacts, Trans. TMS-AIME 161 (1944) 580-595.

[87] C. G. Goetzel, Principles and present status of hot pressing, in: W. E. Kingston (Ed.), The Physics of Powder Metallurgy, McGraw-Hill, New York, NY, 1951, pp. 256-277.

[88] G. E. Comstock, Molded Alumina, U. S. Patent 2, 618, 567, issued 18 November 1952.

[89] H. J. Hamjian, W. G. Lidman, Densification and kinetics of grain growth during the sintering of chromium carbide, Trans. TMS-AIME 197 (1953) 696-699.

[90] F. P. Bundy, H. T. Hall, H. M. Strong, R. H. Wentorf, Man made diamonds, Nature 176 (1955) 51-55. Errata 1993, vol. 365, p. 19.

[91] R. H. Wentorf, Cubic form of boron nitride, J. Chem. Phys. 26 (1957) 956.

[92] H. Katzman, W. F. Libby, Sintered diamond compacts with a cobalt binder, Science 172 (1971) 1132-1134.

[93] R. H. Wentorf, R. C. Devries, F. P. Bundy, Sintered superhard materials, Science 208 (1980) 873-880.

[94] P. W. Voorhees, R. J. Schaefer, In Situ observation of particle motion and diffusion interactions during coarsening, Acta Metall. 35 (1987) 327-339.

[95] M. P. Sweeney, D. L. Johnson, Microwave plasma sintering of alumina, Ceram. Trans. 21 (1991) 365-372.

[96] M. Nothe, K. Pischang, P. Ponizil, B. Kieback, J. Ohser, Study of particle rearrangement during sintering process by microfocus computer tomograph (micro-CT), Proceedings PM2004 Powder Metallurgy World Congress, vol. 2, European Powder Metallurgy Association, Shrewsbury, UK, 2004, pp. 221-226.

[97] P. Lu. , J. L. Lannutti, P. Klobes, K. Meyer, X-ray computed tomograph and mercury porosimetry for evaluation of density evolution and porosity distribution, J. Amer. Ceram. Soc. 83 (2000) 518-522.

[98] S. Igarashi, M. Achikita, S. Matsuda: evolution of gases and sintering behavior in carbonyl iron powder for metal injection molding, P. H. Booker, J. Gaspervich, R. M. German (Eds.), Powder Injection Molding Symposium 1992, Metal Powder Industries Federation, Princeton, NJ, 1992, pp. 393-407.

[99] C. E. G. Bennett, N. A. McKinnon, L. S. Williams, Sintering in gas discharge, Nature 217 (1968)1287.

[100] L. Froschauer, R. M. Fulrath, Direct observation of liquid-phase sintering in the system ironcopper, J. Mater. Sci. 10 (1975) 2146-2155.

[101] J. Y. Ying, J. B. Benzinger, Structural characterization of silica during sintering, Nanostr. Mater. 1(1992) 149-154.

[102] H. N. G. Wadley, R. J. Schaefer, A. H. Kanh, M. F. Ashby, R. B. Clough, Y. Geffen, et al. , Sensing and modeling of the hot isostatic pressing of copper powder, Acta Metall. Mater. 39 (1991)979-986.

[103] G. A. Shoales, R. M. German, Combined effects of time and temperature on strength evolution using integral work-of-sintering concepts, Metall. Mater. Trans. 30A (1999) 465-470.

[104] D. C. Blaine, R. Bollina, S. J. Park, R. M. German, Critical use of video imaging to rationalize computer sintering simulations, Comput. Indust. 56 (2005) 867-875.

[105] H. C. Kim, I. J. Shon, Z. A. Munir, Rapid sintering of ultrafine WC-10 wt. % Co by high frequency induction heating, J. Mater. Sci. 40 (2005) 2849-2854.

[106] P. B. Linkson, Experimental sintering of iron pyrites, Ind. Eng. Chem. Proc. Design Dev. 9 (3) (1970) 379-385.

[107] M. A. Janney, H. D. Kimrey, Microwave sintering of alumina at 28 GHz, in: G. L. Messing, E. R. Fuller, H. Hausner (Eds.), Ceramic Transactions, vol. 1, American Ceramic Society, Westerville, OH, 1987, pp. 919-924.

[108] H. Zhu, R. S. Averback, Sintering processes of two nanoparticles, a study by molecular dynamics simulations, Phil. Mag. Lett. 73 (1996) 27-33.

[109] K. S. Hwang, H. S. Huang, Identification of the segregation layer and its effects on the activated sintering and ductility of Ni-Doped molybdenum, Acta Mater. 51 (2003) 3915-3926.

[110] J. L. Johnson, S. J. Park, Y. S. Kwon, Experimental and theoretical analysis of the factors affecting the thermal conductivity of W-Cu, in: P. Rodhammer (Ed.), Proceedings of the Seventeenth Plansee Seminar, vol. 1,

Plansee Group, Reutte, Austria, 2009, p. RM02.

[111] G. Leitner, Application of Thermal Analysis to Material Science Case-study on hardmetals, J. Therm. Anal. Calorimetry. 56 (1999) 455-465.

[112] K. S. Hwang, R. M. German, Analysis of initial stage sintering by computer simulation, in: G. C. Kuczynski, A. E. Miller, G. A. Sargent (Eds.), Sintering and Heterogeneous Catalysis, Plenum Press, New York, NY, 1984, pp. 35-47.

[113] D. S. Wilkinson, M. F. Ashby, Mechanism mapping of sintering under an applied pressure, Sci. Sintering 10 (1978) 67-76.

[114] B. K. Lograsso, D. A. Koss, Densification of titanium powder during hot isostatic pressing, Metall. Trans. 19A (1988) 1767-1773.

[115] B. C. Mutsuddy, Manufacturing cost of injection molded Si_3N_4 prechamber combustion insert, Interceram 36 (5) (1987) 50-53.

[116] R. M. Bhatkal, T. Hannibal, The technical cost modeling of near net shape P/M manufacturing, J. Met. 51 (7) (1999) 26-27.

[117] R. M. German, Metal Injection Molding: A Comprehensive MIM Design Guide, Metal Powder Industries Federation, Princeton, NJ, 2011.

[118] S. Ahn, S. T. Chung, S. J. Park, R. M. German, Modeling and simulation of metal powder injection molding, in: D. Furrer, L. Semiatin (Eds.), Metals Process Simulation, ASM Handbook Volume 22B, ASM International, Materials Park, Oh, 2010, pp. 343-357.

[119] S. H. Chung, Y. S. Kwon, S. J. Park, R. M. German, Modeling and simulation of press and sinter powder metallurgy, in: D. U. Furrer, S. L. Semiatin (Eds.), Metals Process Simulation, ASM Handbook Volume 33B, ASM International, Materials Park, OH, 2010, pp. 323-334.

[120] S. G. Dubois, R. Ganesan, R. M. German, Sintering of high surface area tantalum powder, in: E. Chen, A. Crowson, E. Lavernia, W. Ebihara, P. Kumar (Eds.), Tantalum, The Minerals, Metals and Materials Society, Warrendale, PA, 1996, pp. 319-323.

第4章

测量工具与实验观察

4.1 烧结过程中材料的变化

烧结成品强度高且耐用，但是烧结之前坯体各方面的性能相对较低。强度的增加是坯体在烧结过程中的一个显著变化。同时，烧结体的各部分会发生尺寸的变化，通常来说是收缩。大部分烧结体都有性能变化，但是科学上解释这些变化需要从颗粒水平上进行探究。从根本上来说，相互接触的颗粒之间的烧结颈是整个烧结过程最直观深刻的阐释。一些高倍放大的照片可以证实相互接触的颗粒之间这些连接的存在，如图 4.1 所示。通过扫描电镜可以看到镍粉颗粒之间烧结颈的长大情况。Frenkel 在他的黏性流动烧结模型中介绍了烧结颈尺寸，此后，烧结的概念就和烧结颈的长大结合在了一起。

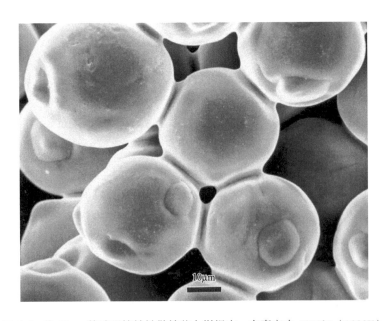

图 4.1 将 $32\mu m$ 的球形镍粉松散地装入坩埚中，在真空中 1050℃（1323K）烧结 30min 后，镍球之间烧结颈生长的扫描电子显微照片

如图 4.2 所示，烧结可以使制品的强度增加。该图反映了青铜粉末在烧结过程中温度逐渐上升，并在最高温度下保温 60min 时的强度数值。有很多方法来量化烧结，包括原位测试和试验后的数据分析。例如，除了烧结程度外，硬度也反映了粉末之间的化学反应以及制品在冷却过程中相的变化。实验中的原位测试可以观察到颗粒之间的结合信息，而实验后的数据分析更多是关于制品的应用。现在有大量各种各样的检测方法，为量化烧结过程提供了广泛的技术选择。然而，烧结的研究重点还是在于烧结体的密度与力学性能。

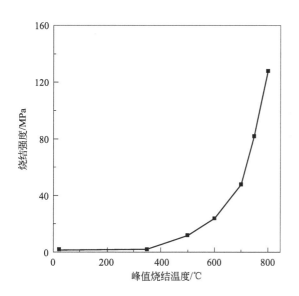

图 4.2 26μm 的青铜（Cu-10Sn）球形粉末
以 10℃/min 的速率加热至不同峰值温度并保温
60min 之后得到的强度数据
青铜在 400℃（673K）附近开始烧结，
说明烧结大幅度增大了强度

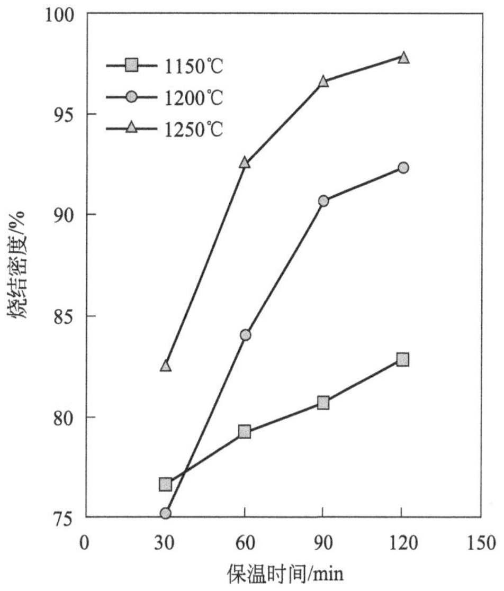

图 4.3 注射成形的 42μm 钛粉末
在真空中烧结的密度[2]
图中显示在 3 个温度下烧结
密度都随保温时间的延长而增加

烧结所对应的参数，例如密度和硬度，是通过相对独立的可调参数来测得的，例如时间或者最高温度。图 4.3 描绘了在三种不同的烧结温度下烧结时间对钛粉烧结体烧结密度变化的影响[2]。升高温度可以增加烧结体的密度，同时延长烧结时间也可以增加烧结密度，但是影响较小。

烧结的初始条件取决于部件的成形过程，即粉末颗粒如何形成坯体[3]。相对于松散粉末来说，加压成形可以使颗粒形成所定尺寸的坯体，同时又具有更高的致密度[4]。对于延性材料来说，压制过程中的变化主要发生在颗粒之间的接触点上。增大压力可以增加每个颗粒与其他颗粒的接触点的数量（称为配位数），由于颗粒的变形和重新排列而增加了坯体的密度。如果是塑性粉末，那么集中在接触点的压力会使颗粒之间的接触面积增加，同时，颗粒之间的孔隙的尺寸也会减小。与没有经过压制的松散粉末颗粒相比，粉末经过压制后的烧结体总会显示出更高的烧结密度。如图 4.4 所示，由 4.3μm 的镍粉制备的三种不同密度的坯体，在氢气气氛下于

900℃分别烧结5min和20min，图中显示了其烧结密度[5]：坯体的密度越大，所得到烧结体的密度越大。由于烧结颈尺寸、孔隙率以及烧结体尺寸变化等特性都是常见的关于烧结状况的反映，所以在烧结之前对这些特性进行分析了解是十分重要的。一旦粉末被压制成形，从最初的条件开始，整个烧结过程都与粉末的变化密切相关。

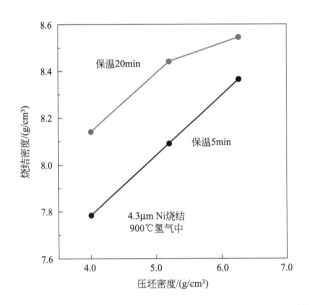

图4.4 4.3μm的镍粉在氢气中900℃ (1173K) 保温5min或20min的烧结密度
烧结密度随烧结前压坯密度的增加而增大

烧结的模型中粉末通常被假定成单粒度的球形颗粒。"单粒度"这一定义表明，在同一烧结体中，所有的颗粒尺寸相同，但实际情况是，大部分粉末都有颗粒的尺寸分布，而且颗粒的形状也并非都是球形。尽管烧结模型和实际情况之间存在差异，但总的来说，已经证实烧结模型在实际应用中是可行的。

对于大尺寸粉末颗粒来说，粉末的表面能相对较低，粉末颗粒的堆积密度约为64%，球形单颗粒粉末将会呈现原始的配位数（与单个颗粒直接接触的颗粒数量），大约是7[6]。另一方面，纳米尺寸的颗粒表面能比较大，但是其堆积密度只有理论值的4%，而且每个颗粒只有两个相互接触的配位颗粒[7]。当堆积密度达到100%时，单颗粒的配位数大约在14左右。通过其他的压制烧结，伴随着致密化过程的进行，粉末颗粒会变成多边形而且接近十四面体的晶粒形状。十四面体是一个有14个面的多边形，它是由四边形和六边形（正方形和正六边形）的表面组合而成的多面体，如图4.5所示（它也被称为截角八面体）。它包括8个六边形和4个正方形，

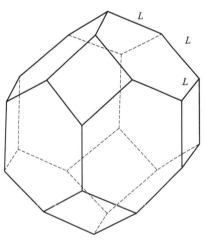

图4.5 完全致密的十四面体形状的晶体材料是许多烧结模型的基础

一共有 36 条边。对于这一几何体，用 L 表示它的边长，则它的表面积为 $26.78L^2$，体积为 $11.31L^3$。视作晶粒尺寸为 G 的球形颗粒，其直径为 $2.78L$。

除了密度之外，通过对烧结体微观组织进行检测也能得到关于烧结的有价值信息[8,9]。这些检测包括烧结体内每相的数量和分布的测定，包含孔的结构。如果没有相应的显微组织结构的测量，是很难得到烧结体的力学性能结果的。

4.2　颗粒黏结

烧结的量化需要专门的测量工具。烧结颈尺寸、晶粒尺寸以及孔隙尺寸这类微观组织参数都属于分布参数。常用的量化烧结的参数包括密度、表面积、收缩、电导率、磁导率、硬度、强度以及弹性模量等。这些常用参数与微观组织结构参数结合在一起，能够高度、真实、清晰地展示烧结过程的整个画面。其中，烧结颈尺寸是烧结过程中最重要的表征参数之一。

4.2.1　烧结颈尺寸

烧结过程中，颗粒之间的烧结颈会长大。如图 4.6 所示，烧结颈的直径 X 在鞍点处测得，这里的鞍点即颗粒之间的连接点。烧结颈直径和颗粒直径的比值 X/D（颈球比）是一个无量纲常数，在研究烧结过程中经常用到。随着烧结过程的进行，晶粒的尺寸会长大，而且颗粒的原始尺寸不能用来描述烧结的微观组织，所以，一般采用晶粒尺寸。其他关于烧结的测量表征都与烧结颈的尺寸有关。

图 4.6 中假设两个颗粒是非晶态的，所以在颗粒的连接处没有晶界。这是 Frenkel 提出的黏性流体烧结模型[1]。在该模型中，随着烧结颈尺寸的增大，粉末颗粒的表面能减小。Frenkel 假设烧结颈的长大会使颗粒的表面能降低，降低的能量提供了能量动力，使烧结体通过收缩产生黏性变形。

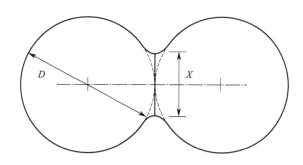

图 4.6　两球接触时颗粒间烧结颈

颗粒间烧结颈尺寸 X 是用于监测烧结的重要特征，颗粒直径为 D，X/D 为颈球比

然而，大多数粉末都是晶态。因此，颗粒之间的连接形式伴随着随机的晶体取向，这样也就导致了晶界的产生，如图 4.7 所示。因为晶粒之间的取向是多种多样的，所以，在

烧结体中，不同烧结颈之间的晶界特性也是不同的。因此，不同烧结颈之间的晶界能也不一样。烧结理论假设了一个平均的晶粒取向来表示所有可能的晶粒取向。

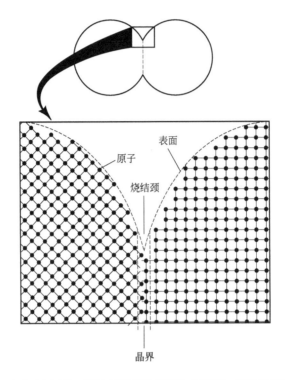

图 4.7 对于晶态固体，颗粒间颈部的晶面取向不同，导致晶界的产生，
其中存在的原子键合缺陷有利于原子扩散，这对于烧结速率很关键

因为晶界能来自于断裂的原子键，所以晶态颗粒之间的烧结颈不是光滑的。鞍点处的二面角 φ 可表征烧结颈。图 4.8 展示了理想状态下的烧结颈形状，二面角存在于被晶界贯穿的两颗粒相互连接的表面。如图 4.9 所示，该扫描电镜图描述了烧结中这种烧结颈上典型的二面角特征。

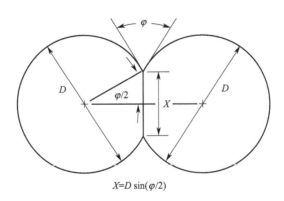

$$X=D\sin(\varphi/2)$$

图 4.8 理想状态下的烧结颈形状

烧结颈几何形状包括反映晶界能量的二面角。在烧结期间，烧结颈生长，直到烧结颈直径
$X=D\sin(\varphi/2)$，此时成为烧结期间烧结颈生长的终点

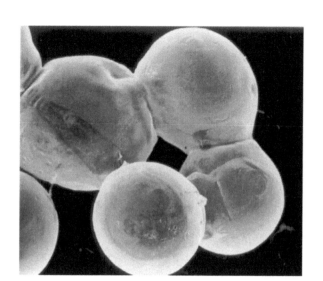

图 4.9　20μm 的球形铜粉之间烧结颈的扫描电子显微照片

图中显示出最终的二面角，对于一个晶粒对约为 140°，对于另一个晶粒对约为 90°。反映了晶界能量的差异

二面角 φ 反映的是对固-气界面能的平衡，晶界能如下式所示：

$$\gamma_{SS} = 2\gamma_{SV} \cos(\varphi/2) \tag{4.1}$$

式中，γ_{SS} 是固-固晶界的晶界能；γ_{SV} 是固-气界面的界面能。固-气界面的界面能反映的是不饱和的界面结合，而晶界能取决于穿过界面的悬挂键的数量。对于液相烧结，二面角在烧结颈处形成，但是反映的是固-液界面能 γ_{SL}，遵循如下的关系公式：

$$\gamma_{SS} = 2\gamma_{SL} \cos(\varphi/2) \tag{4.2}$$

液相烧结的能量平衡如图 4.10 所示，从图中可以看到互溶的固-液界面总的界面能与相对的固-固晶界的晶界能相平衡。烧结颈与颗粒直径的比值 X/D 反映了烧结的程度，但是在该模型体系中研究者总结二面角这一理论却花费了大量的时间[10]。

对于松装粉末来说，烧结颈的长大始于颗粒之间的接触点，由于颗粒间的引力较弱，所以一般当 X/D 的值接近 0.01 时，烧结颈才开始长大。在烧结密度与烧结颈长大有关的情况下，烧结相对密度 f 与 X/D 的关系如下：

$$X/D = b\sqrt{1-(f_0/f)^{1/3}} \tag{4.3}$$

式中，f_0 是原始粉末的松装密度（此时，$X=0$）；b 是常数，约为 3.6。当 $X/D \leqslant 0.33$ 时这一关系式都是有效的。它假设烧结颈的长大是由于晶界处的质量传输而引起的。

在很多情况下，原子通过表面扩散或者蒸发-凝聚机理而产生沿孔隙表面的移动，这也会引起烧结颈长大。伴随着越来越多的相对表面迁移的发生，式（4.3）已经不适用了，所以这是一种极限情况。一些物质的烧结可以完全通过表面迁移完成，这种情况下的烧结不会引起烧结密度的变化。

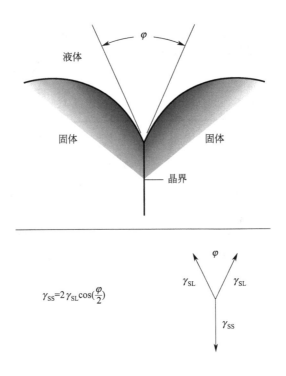

图 4.10 液相烧结的能量平衡

颗粒间烧结颈包含晶界，固-固界面的能量 γ_{SS}、固-气界面的能量 γ_{SV} 以及固-液界面的能量 γ_{SL} 的平衡决定了二面角 φ

烧结密度是反映烧结的一个相对简单的参数，为了测量烧结密度，研究者们做出了很多努力。密度是质量与体积的比值，而相对密度是烧结体密度相对于材料理论密度的比值。如果所测量试样的几何形状比较简单，那么通过称量质量和测量尺寸很容易就可以计算出密度。对于一些形状比较复杂的试样，可以使用阿基米德排水法，通过测量浸泡在水里和没有浸泡在水里的试样的质量来计算试样的密度。

试样的初始密度取决于几个因素，包括颗粒尺寸和粉末的结合状况。如果粉末是可变形的，那么烧结前进行压制可以使坯体具有更高的密度，同时也能增加颗粒之间的初始接触。在烧结过程中，每个颗粒和它相邻的颗粒结合，而且随着致密化过程的进行，也会产生新的结合。因此平均配位数 N_c 的增长与相对密度 f 有如下的近似关系：

$$N_c = 14 - 10.3(1-f)^{1/3} \tag{4.4}$$

直到相对密度 f 接近理论密度，即 $f=1$ 或 100%。

烧结颈的直径可以通过电子显微镜或光学显微镜测量得到。材料断裂通常会沿着鞍点发生，从中可以看到烧结颈的尺寸，如图 4.11 所示。还有一种方法是利用高温显微镜在烧结过程中探测烧结颈的尺寸。高温显微镜的优点是可以在加热过程中持续地检测烧结颈的尺寸变化。除了烧结颈尺寸外，烧结过程中孔隙结构变化以及颗粒的重新排列的观察也是很常见的。对于小尺寸或者是纳米尺寸的粉末来说，用高温透射电子显微镜去探测烧结颈尺寸与时间或者温度的关系是最有效的[11,12]。这种方法可以检测到每个颗粒的尺寸、位置以及相对运动，包括它的晶体结构以及局部化学反应。对于尺寸较大的颗粒，利用同步放射光源的新方法可以监测烧结颈的长大情况[13]。

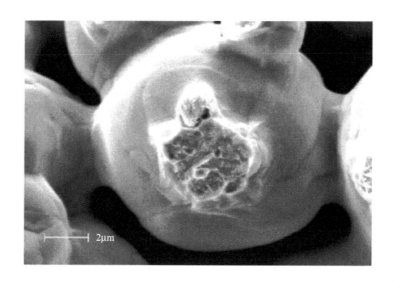

2μm

图 4.11　未达到全密度的烧结材料倾向于沿着弱路径断裂，并且主要在颗粒间烧结颈部失效，这在该扫描电子显微镜图像中很明显

4.2.2　烧结颈形状

在烧结之前，主要关注的坯体的几何特征是颗粒尺寸。当烧结颈开始长大时，仍然可以观察到颗粒的轮廓，但是随着烧结颈的长大，颗粒的轮廓逐渐消失。烧结使固体颗粒连接形成多晶固体。在烧结的同时，晶粒也在长大，微观组织尺度的变化与原始颗粒的大小有关。一旦烧结过程开始，所关注的就成为晶粒尺寸而不是颗粒尺寸。

早期的烧结观察证实了烧结颈的形状像一个马鞍的表面。Kuczynski[14] 在他的早期模型中用了近似圆形来表征烧结颈的形状。然而，环形烧结颈和球形晶粒交界处的曲率突然变化造成了烧结颈形状在数学上的不稳定性。早期的实验尝试用计算机模拟计算出理想状态下的烧结颈的形状[15]。遗憾的是，这些模拟都不稳定，而且可能会得到一个不真实的轮廓以至于无法烧结。之后的模型纠正了这些错误，并且最终引入了二面角[16-18]。这样，烧结颈通过一个常数和光滑的曲率梯度来定义，克服了上述缺陷。图 4.12 描绘了表面扩散控制下的烧结颈的形状变化[19]。形成烧结颈的物质来源于相邻颗粒表面的物质迁移。

在烧结初期，相对于晶界处形成的凹槽，相邻晶粒表面物质迁移到烧结颈处的速度更快，所以烧结颈是光滑的这一假设是成立的。在烧结后期，随着烧结颈长大过程变慢，孔隙呈现出双凸面的形状，这反映了晶界处的二面角。当两个相邻的晶粒尺寸不一样时，较大的晶粒通过消耗较小的晶粒来长大，并发生晶粒的合并。晶粒合并长大的原理如图

4.13 所示。二面角最初会阻止晶粒合并，但是晶粒通过旋转使两个晶粒取向能够相互匹配从而实现合并。在整个烧结过程中，伴随着颗粒内部晶界的消失，两个晶粒融合成一个大晶粒。

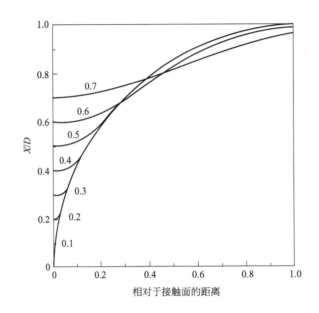

图 4.12　X/D= 0.1～0.7 时烧结颈的形状[19]

这些轮廓对应球体的 1/4，物质通过相邻颗粒表面的扩散促进烧结颈生长

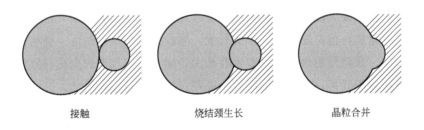

接触　　　　　　烧结颈生长　　　　　　晶粒合并

图 4.13　晶粒合并长大的原理

两个不同尺寸的晶粒（两种不同尺寸的颗粒）接触导致较大的晶粒生长，但是以消耗较小晶粒为代价。

如果晶粒旋转或迁移，则两个晶粒之间的晶界合并，平均晶粒尺寸增大，晶粒数量减少

晶粒的长大发生在晶粒表面的接触点上。如果致密化过程开始，那么晶粒的配位数增加，新的烧结颈也会开始生成。一旦烧结颈直径增加到与颗粒直径的比值即 X/D 接近 1/3，曲率场就会从晶粒周围开始重叠。如图 4.14 所示，此时孔隙的结构变成了球形并发生收缩，此时的晶粒呈多角形，晶粒边缘附着少量球形孔。这是烧结的最终阶段，这个阶段的微观组织如图 4.15 所示。在图中，从断口表面处可以看到一些球形的孔分布在多边形晶粒的晶界处。在这种情况下，每个晶粒大约是由 64000 个原始颗粒合并而成，由于微观组织的粗化，原始的颗粒特征已经消失。

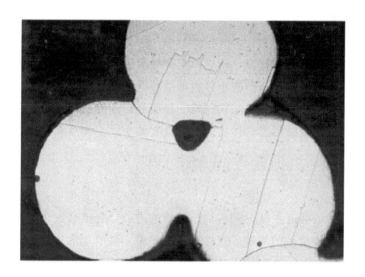

图 4.14　在多个颗粒的烧结颈的生长中，相邻颗粒通过紧密接触使孔隙变圆，
进而使表面逐渐平滑与孔隙球化

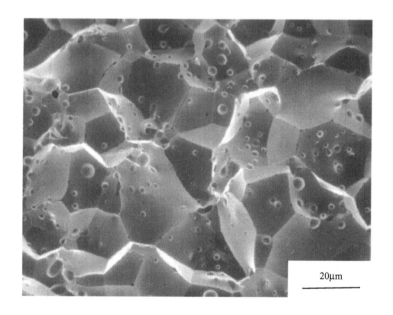

图 4.15　烧结最终阶段的微观组织

可以观察到位于晶界上的球形孔隙，图中的最终阶段显微组织是钨断面。
颗粒由最初的 $0.5\mu m$ 粗化至 $20\mu m$，相当于每一个烧结晶粒包含了 64000 个初始颗粒

4. 3 力学性能

烧结制品经常被用作结构材料，所以设定烧结工艺时需要综合考虑烧结体的强度以及烧结的成本。由于材料中的孔隙会减小材料的承载横截面积，而且会作为裂纹源使材料的性能降低，所以孔隙的存在不利于结构材料。很明显，消除孔隙对于优化材料的力学性能非常必要。常用来表征烧结后力学性能的物理量有两个——强度和硬度。

4. 3. 1 强度

粉末坯体刚开始的强度很低，随着烧结过程的进行，强度会逐渐上升。有很多测试强度的方法，但是对于烧结体的测试，现在利用的多是一些简单的方法。其中一种方法就是用一个圆柱体试样，在其一个底面上加载载荷，直到该试样被破坏。常用来测量脆性烧结体强度的方法是三点弯曲横向断裂测试。试样被加工成一定尺寸，然后进行加载断裂，如图 4. 16 所示。计算强度值 σ 与断裂载荷 F 及加载两点间的跨距长度 L 成正比，与试样宽度 W 成反比，与试样厚度 T 的平方成反比：

$$\sigma = 3FL/2WT^2 \tag{4.5}$$

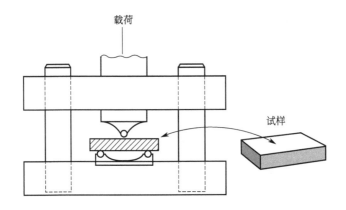

图 4. 16　烧结材料的横向断裂强度试验（TRS 或断裂模量）

矩形样品承受的是三点载荷，假设试样脆性断裂，根据断裂载荷与试样尺寸可以计算出强度

如图 4. 17 所示，强度的另一种测试方法是用一个烧结好的薄圆柱片，从其侧面施加载荷。采用这种方法，烧结试样的强度 σ 通过断裂载荷 F、圆片直径 D 以及厚度 T 计算得到，计算公式如下：

$$\sigma = 2F/\pi DT \tag{4.6}$$

试样的抗拉强度用平面几何拉伸法来测量。为了便于操作，粉末被压制成图 4. 18 所示的形状。烧结后的试样棒从两端进行拉伸，拉伸强度是用断裂载荷除以试样棒中心断裂

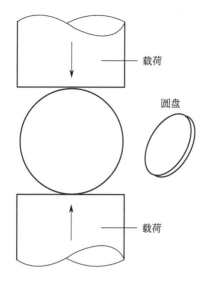

图 4.17　圆盘形试样放在两个压盘之间压溃，以确定材料的断裂强度

这样的样品很容易通过粉末冶金法制造，因此这种方法和横向断裂试验是测量烧结体强度的常用方法

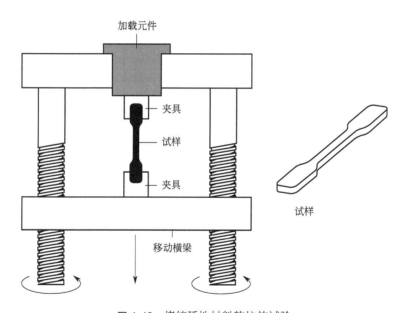

图 4.18　烧结延性材料的拉伸试验

试验一般使用由粉末压制烧结制备的平板样品，通常中心横截面约为 6mm×6mm

处的横截面积。拉伸测试主要用于韧性材料的力学性能表征，因为夹住试样会给试样造成损伤，而横向断裂强度测试主要用于脆性材料的力学性能表征，因为计算横向断裂强度时假设在断裂前只有很少的偏转。

材料强度随着烧结程度的不同存在明显变化，而且强度与烧结体的密度密切相关。例如，当烧结相对密度从 90% 上升到 100% 时，烧结后钢的拉伸强度增加为原来的 2 倍。图 4.19 显示了 Al_2O_3 试样在不同温度烧结 100min 后，烧结强度与烧结温度的关系[20]。

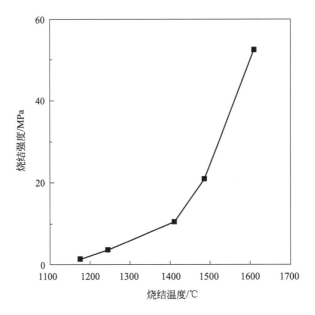

图 4.19 4μm 氧化铝粉末以 10℃/min 加热至不同峰值温度并保持 100min 的烧结数据
烧结强度随着烧结温度的升高而增大

温度越高，原子的运动越剧烈，随着烧结温度的上升，烧结体的强度也会增加。它与烧结颈的尺寸有关，因为断裂时断裂路径会穿过晶粒的烧结连接部位。如果烧结颈的尺寸太小，即使烧结密度很大，烧结体的强度仍然很低。

虽然通常将强度作为衡量烧结成功与否的一个标准，但它同时也取决于其他一些因素，例如晶粒尺寸和孔隙尺寸。烧结体的组成是另一个影响因素，而烧结过程中产生的缺陷，例如裂纹，则是烧结失败的主要原因。

很多时候，强度 σ 与相对密度 f 符合下述简单模型：

$$\sigma = \sigma_0 f^M \tag{4.7}$$

式中，指数 M 取决于烧结状态；σ_0 是相对密度为 100％时的强度。Coble 与 Kingery 早期的数据为该公式提供了支撑[21]，如图 4.20 所示。重新整理上述公式，得到一个关于强度对数和相对密度对数的线性回归直线，其斜率为 M。对于 Al_2O_3，M 值是 2.5；很多研究发现，M 的值可以达到 6。

图 4.20 中点的分散性表明除了相对密度外还有其他因素对烧结强度产生作用。一般认为，孔隙尺寸和晶粒尺寸是典型的影响烧结强度的第二因素。如果微观组织不存在异常，考虑到收缩率和烧结颈尺寸，烧结的强度 σ 与烧结相对密度的关系达到最佳[22,23]：

$$\sigma = \sigma_0 f^M (\Delta L / L_0) \tag{4.8}$$

或者

$$\sigma = \sigma_0 f^M \frac{2N_c}{3\pi} \left(\frac{X}{D}\right)^2 \tag{4.9}$$

式中，σ_0 是材料相对密度为 100％时的强度；$\Delta L / L_0$ 是烧结收缩率；N_c 是晶粒的配位数（与密度有关）；X/D 是烧结颈直径与颗粒直径的比值，因数 2/3 反映了应力集中以

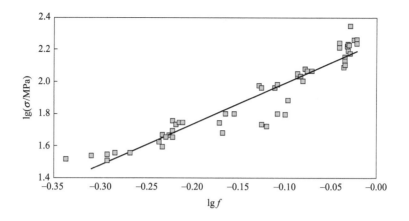

图 4.20　不同初始密度的氧化铝在1790℃(2063K) 下烧结 360min 后，烧结强度与相对密度的对数-对数图
虽然数据比较分散，但其关系还是明显的

及在颗粒间结合处发生断裂的倾向。这些关系式都与烧结的相对密度有关，并且给出了非
致密化烧结之外的烧结强度与烧结相对密度的幂律关系。

也有研究在烧结过程中进行了原位断裂测试[24]。发现烧结颈前期的长大没有改变烧
结体的密度，但是使烧结体的强度增加了。高温下压制试样的强度会变弱，这是因为高温
导致了试样的软化。因此，在烧结颈长大之前，原位测量得到的烧结体强度刚开始是比较
低的，然后随着烧结颈的长大强度上升，最终由于晶粒的致密化强度继续上升，但在高温
下由于试样的软化，强度反而会下降。密度为 100％ 的材料在其熔点温度下的强度为 0。

在加热过程中原位测量的烧结体强度变化如图 4.21 所示。加热过程中，强度先上升
后下降，强度在较高温度下的下降是由于烧结体的热软化。值得注意的是，在室温下测量
时，高温烧结后烧结体的强度随着烧结温度的上升而继续上升，测量值如图 4.22 所示。

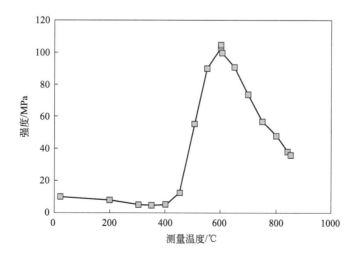

图 4.21　26μm 的青铜粉末以 10℃/min 加热烧结时，原位测量的横向断裂强度与测量温度的关系图
烧结黏结导致强度显著增加，但是温度过高时材料软化，因此强度降低

原位测量得到的 600℃（873K）时烧结体的强度峰值仅仅为 100MPa，但是室温测量显示，在 800℃（1073K）下烧结后，材料的强度峰值达到了 677MPa；几乎是 600℃ 的 7 倍。在更高温度下，由于微观组织的粗化，烧结体的强度有很小的下降。

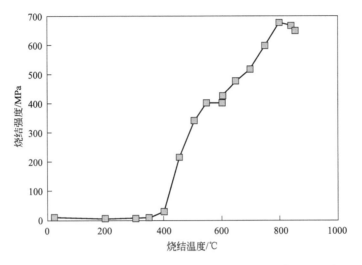

图 4.22 26μm 球形青铜粉末经不同温度烧结后测量的室温强度

能够增加烧结黏结程度的条件也会增加烧结体的力学性能。例如，相对密度为 85％ 的 Fe-0.5Sn 坯体，在氢气气氛下 1100℃（1373K）烧结 1h，其强度为 145MPa。如果在烧结气氛中加入氯化铵，则烧结后强度增加到 222MPa，因为氯化铵促进了烧结颈的长大。只含烧结密度的强度模型不能解释这些变化，所以需要用表面积或者孔隙结构来解释这种行为。

4.3.2 硬度

与强度一样，烧结硬度也主要取决于烧结密度[25]。因为硬度的测量相对简单，所以一般采用硬度来筛选烧结质量好坏。在烧结材料的性能评判中，硬度数据也经常被列出来，作为烧结性能的保障。

表面硬度测试可以反映烧结体内部的密度分布，而且测试时外加载荷很低。在相对密度与硬度之间有一个已经确立的关系，WC-10Co 的硬度与相对密度的关系如图 4.23 所示[26]。二者的关系确定后，通过点对点的硬度测量就可以映射出试样的密度梯度分布。用这种方法去测量密度梯度只是名义上的精确。

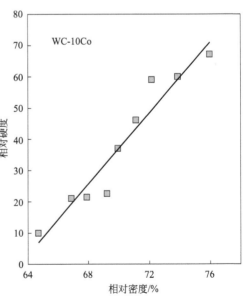

图 4.23 与强度相似，WC-10Co 的硬度与相对密度之间通常呈线性关系

由于烧结收缩率会随着初始密度而变化，所以结合有限元分析法的硬度映射为预测烧结过程中的变形提供了一种手段。

4.3.3　弹性模量

烧结体的弹性随烧结体的密度及微观组织的变化而变化[27]。如果忽略微观组织的变化，可以用一个简单的关系式来表示弹性模量 E 随烧结相对密度的变化[21,28-30]：

$$E = E_0 f^Z \tag{4.10}$$

式中，E_0 是相对密度为 100% 时材料的弹性模量；Z 取决于孔隙结构，一般情况下不大于 4。烧结体的弹性模量与烧结相对密度的对数关系图是一条斜率为 Z 的直线。图 4.24 给出了铜烧结后其弹性模量与相对密度的对数关系。该直线拟合的斜率为 2。很多材料烧结后都有类似的关系。

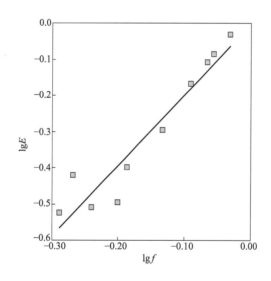

图 4.24　烧结铜的弹性模量与相对密度的对数关系图[30]

钢烧结后，在烧结相对密度为 100% 的情况下，其弹性模量为 207GPa，但是当烧结相对密度为 90% 时，弹性模量仅为 147GPa，比 100% 烧结相对密度时的弹性模量低了 30%，而 80% 烧结相对密度所对应的弹性模量只有 89GPa，不到 207GPa 的一半。其对应的 Z 值为 3.4。同时测定的剪切模量，本质上相似于弹性模量与烧结相对密度的对应关系。

很多测量方法都是在烧结完成后进行的，原位弹性模量测量是探究烧结的另一种方法[31]。这种方法利用声波无损检测或超声波检测。如图 4.25 所示，试样被放置在烧结炉中，其弹性模量通过声波共振来测量。动态弹性模量的测定将声速与材料的烧结密度联系起来，其关系式如下：

$$\omega = \frac{K}{2L}\left(\frac{E}{f}\right)^{1/2} \tag{4.11}$$

式中，ω 是纵向共振频率；L 是试样的长度；E 是弹性模量；f 是相对密度；K 是常数，取决于材料本身以及测试环境。

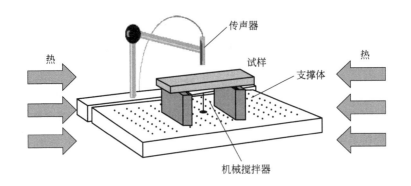

图 4.25 弹性模量的原位测试装置

对烧结样品进行周期性机械冲击产生声波，通过传声器测量声波特征

4.3.4 其他力学性能

很多情况下，由于关注其他性能，所以其他一些测试也经常用来表征烧结，比如延展性、冲击韧性和断裂韧性，但是很少有实验去将这些参数与烧结参数联系起来。

与断裂有关的动态力学性能，例如冲击韧性、断裂韧性，甚至是疲劳强度，其变化都与烧结密度以及烧结体的微观组织有关。当烧结密度较低时，烧结体的疲劳强度由烧结的相对密度决定；但是在较高的烧结密度下，疲劳强度更多取决于微观组织，特别是孔隙尺寸和孔隙位置，因为裂纹很容易沿着孔隙之间的路径扩展。

4.4 尺寸变化

烧结颈长大是烧结的基础。物质向烧结颈迁移的最终来源有两个——孔隙表面和晶界。通过表面迁移方式实现的物质迁移，是将固-气界面的原子或者分子从凸面位置转移到凹面位置。烧结颈是凹面位置，远离烧结颈的是凸面位置。体积迁移即物质通过晶界间的连接孔来实现物质迁移，它相当于为物质向烧结颈迁移提供了一个通道。这导致了晶粒间的逐渐靠近（或者收缩）。

由物质的表面迁移所驱动的烧结不会造成收缩，但是物质的体积迁移会引起收缩。烧结件的收缩如图 4.26 所示。在图中，上面的是烧结后的结构组件，虽然两者的形状相同，但是由于烧结，上方结构组件的尺寸明显比下方未烧结过的小。

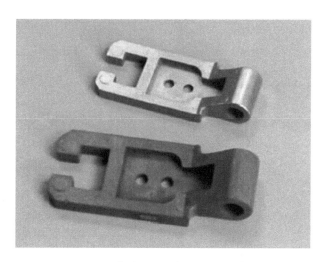

图 4.26 烧结不锈钢部件收缩的实例

下图为烧结之前（50％致密），上图为烧结之后（100％致密）

4.4.1 收缩

烧结体的尺寸变化以及伴随的密度变化常被用于检测烧结情况。在某些情况下，产品的烧结是要使颗粒黏结起来，但不会产生尺寸的变化，例如汽车齿轮、过滤器以及电容器；在另外一些情况下，则希望烧结产品有较高的致密度，以此来提升性能。

烧结收缩率反映的是烧结后结构的尺寸相对于烧结前原始尺寸的变化。从数学上来说，它是通过无量纲的线性尺寸变化 $\Delta L/L_0$ 来表达的，反映的是烧结体的原始长度 L_0 到最终烧结后长度 L_S 的变化，其差值为 ΔL。一般来说烧结后的尺寸都会变小，所以 $\Delta L/L_0$ 的值为负数。尽管烧结后的 $\Delta L/L_0$ 值为负数，但通常情况下烧结收缩率表述为正数。例如，粉末被压制成原始长度为 10mm 的试样，烧结后试样的长度收缩到 8.5mm，就是有 15％的收缩。但是在一些情况下烧结收缩率能达到 30％。

如果坯体的均匀性很好，那么每个方向的尺寸收缩应该相同。制品最终烧结后的体积比烧结前的体积小很多，然而烧结前后的质量没有发生变化，所以烧结密度的上升与烧结收缩有关。在计算收缩率的时候，任何能够测量的尺寸都应该测量，包括长度、厚度、高度以及直径。在设计压制模具时，为了使模具设计合理，实现最终的烧结尺寸，从型腔处就必须考虑收缩，包括粉末在压制后的一个小小的弹性膨胀（会导致压制的坯体比模具尺寸大）。

在致密化早期，X/D（烧结颈直径与颗粒直径的比值）与烧结体收缩率的关系如图 4.27 所示。这个关系只适用于体积迁移所控制的烧结。在烧结几何学的基础上，长度收缩率 $\Delta L/L_0$ 与 X/D 的关系如下式：

$$\frac{\Delta L}{L_0} = \frac{1}{b}\left(\frac{X}{D}\right)^2 \tag{4.12}$$

忽略烧结收缩前的些许膨胀。根据实验数据，参数 b 的值为 3.6，它取决于二面角。

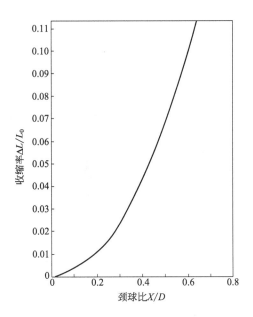

图 4.27 烧结体收缩率和烧结颈球比之间的关系
图中显示的是体积传输过程（如通过晶界扩散）控制的球形颗粒的烧结

此时 X/D 的值仍然低于 0.5，所以这个烧结收缩的关系式适用于收缩率约为 6% 的情况。更大的烧结收缩率发生在晶粒合并、晶粒尺寸变化以及孔隙消失等过程中，这些过程并没有烧结颈的长大。

通常假设烧结过程中烧结件的体积收缩 $\Delta V/V_0$ 是各向均匀的，因此，如果烧结过程中烧结件的质量一直保持不变，那么烧结后的相对密度 f 取决于未烧结前的原始相对密度 f_0 以及烧结收缩率，如下所示：

$$f = \frac{f_0}{(1-\frac{\Delta L}{L_0})} \tag{4.13}$$

该公式直到相对密度达到 100% 都是有效的。

烧结的尺寸变化一般通过千分尺、卡尺或者三元测定器来测量。因为收缩率基于测量数据之间的差值，所以精确度最高能达到 0.01%。

在研究过程中，常用记录式膨胀计来原位测量加热过程中的尺寸变化。图 4.28 展示的是一个垂直的组合仪器。压制成形的粉末被放置在烧结炉中，平衡测量探头和压坯接触。另一种测量方法是利用非接触型激光测微计。当压坯膨胀或收缩时，激光测微计持续地测量记录压坯的尺寸变化。如图 4.29（0.4μm 氧化铝烧结）所示，恒定加热速率分析图对观察尺寸变化与温度的关系十分有用。该图表明，在大约 900℃（1173K）以下，烧结件没有明显的收缩，在 1600℃（1873K）左右，烧结体几乎完全致密化。热膨胀测量装置是用已知标准的刻度值减去反馈信号的结果。

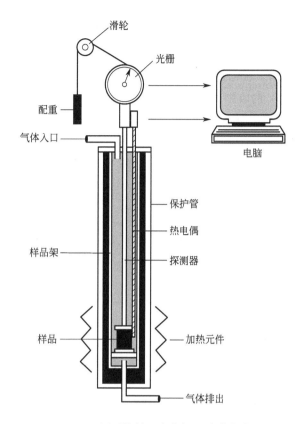

图 4.28　用于烧结研究的记录式膨胀计

膨胀计依赖于位于炉内的测试样品，通过探头或推杆进行尺寸测量，将位移数据发送到外部记录装置。

通常使用光电光栅、涡流或线性可变差动换能器

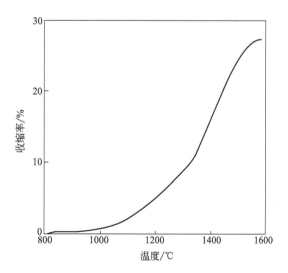

图 4.29　在恒定升温速率（5℃/min）条件下膨胀计记录的 0.4μm 氧化铝粉末的烧结收缩率

　　膨胀计的信号与尺寸变化有关，有三种测量方法，分别是可变位移变压器、光栅和激光干涉仪，最近又添加了一个双光束系统[32]。膨胀计可测量的尺寸变化为 $0.1\mu m$。通常使用线性加热进行测量，例如加热速率 $10℃/min$。收缩率相对时间求一阶导数，可以得到收缩率的变化速率（收缩速率），相对温度求一阶导数，则能显示出最有效烧结温度。图 4.30 是复合粉末（88W-8Ni-4Cu）的收缩率变化曲线；收缩速率的最小值出现在 1462℃（1735K），升温速率为 $1℃/min$，最高值出现在 1479℃（1752K），升温速率为 $15℃/min$。

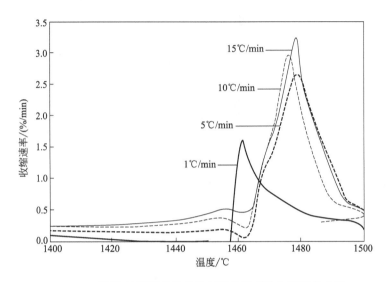

图 4.30　对膨胀计测得的收缩数据微分得到的收缩速率曲线

图中给出的是88W-8Ni-4Cu混合粉末在氢气中烧结的情况，升温速率为 $1\sim15℃/min$，曲线显示了最有效烧结时的温度

　　膨胀计可以通过扫描来描述不同条件下的烧结状况。实验表明，烧结速率会随着时间的延长而下降。通常，在等温条件下累计收缩率 $\Delta L/L_0$ 与时间 t 的 N 次幂有以下关系：

$$\frac{\Delta L}{L_0} \approx t^N \tag{4.14}$$

　　式中，N 通常为 0.33 左右。收缩速率随着时间的增加而降低。这在图 4.31 中可以很明显看出，图中显示了 45nm 氧化铀（UO_2）在 838℃（1111K）烧结的收缩率数据。在开始的短时间内，收缩率变化很快，但是随着系统对表面能量的消耗，收缩速率变慢，这与燃烧类似。该图中 N 的值为 0.33。

　　通过恒定速率加热试验能够得出收缩率对温度的敏感性，Arrhenius 假定：

$$\frac{1}{L_0}\frac{dL}{dt} \approx \exp\left[-\frac{Q}{RT}\right] \tag{4.15}$$

　　式中，$\frac{1}{L_0}\frac{dL}{dt}$ 表示收缩率；Q 是该过程的活化能；R 是气体常数；T 是热力学温度。图 4.32 给出了 Arrhenius 模型的应用，图中给出的数据是 $15\sim25\mu m$ 的玻璃粉末的烧结数据，加热速率是 $0.8℃/min$[33]。在该图中，y 轴是收缩率除以热力学温度的平方，x 轴表示热力学温度的倒数。该图绘制时遵从预期的 Arrhenius 温度与黏性流动的关系。与时间变化相比，收缩率对温度的变化更为敏感。

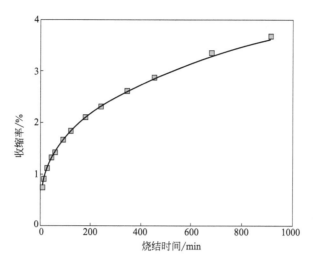

图 4.31　45nm UO$_2$ 粉末在 838℃（1111K）烧结得到的烧结收缩率数据[35]

符号表示实验测得的收缩率数据，曲线对应时间的立方根，该数据可能与晶界扩散有关

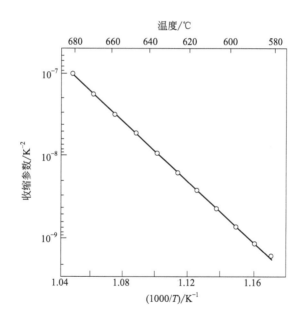

图 4.32　在一定温度范围内，对 15～25μm 玻璃粉末进行烧结

（升温速率 0.8℃/min）的数据[33]

　　膨胀计由惰性高温材料制成，通常是氧化铝，有时也使用难熔金属或石墨。相对于烧结材料来说，接触探针必须是惰性的。由于氧化铝的耐热冲击性能相对较差，所以加热速率需要保持在 25℃/min 以下。需要使用石墨作为材料来保证高温高压系统，并且膨胀计被封闭在压力容器中。膨胀计的最高使用温度能够达到 2300℃（2573K），最大气压能达到 500MPa。

　　在膨胀尺寸的测量中，工艺气氛包括空气、真空、氮气、氩气和氢气。接触探针在烧结体上施加一个较小的力,从而在烧结数据中添加一个蠕变组分。通过改变探头作用力的大小,能够通过外推得到零蠕变条件,或者通过施加逐渐增强的载荷来得到强化烧结。施加的载荷越大,加热期间的收缩率越大。循环应力也可以得到相同的效果[34]。

在膨胀法测量过程中的瞬时变化能够得到该过程的敏感因素。例如,加热速率、气氛、压力和温度能够很快调整。因此,压实体的密度和状态在测量前后是不变的。Dorn技术使用这个原理确定了活化能[35]。在此方法中,活化能可以由收缩率计算出:

$$Q = \frac{RT_1 T_2}{T_1 - T_2} \ln\left(\frac{v_1}{v_2}\right) \tag{4.16}$$

式中,R 是气体常数;T_1 和 T_2 是热力学温度;v_1 和 v_2 是烧结时的收缩速率。通过原位测量识别收缩时的活化能,可以深入了解烧结机理。

尺寸控制对于烧结很重要,不仅是因为它是一种监测工艺过程的方法,也是因为烧结产品的最终尺寸是主要的验收标准之一。这意味着为了烧结后能得到精密部件特定的尺寸和形状,成形工具需要有一定的尺寸。烧结出规定尺寸是必要且重要的。尺寸变化是各向异性的,而伴随的各种问题也随之出现,主要有以下几种情况:

① 各向异性的孔隙形状(在压实方向上,孔隙的扁平化);

② 炉内的热梯度导致非均匀加热;

③ 重力(特别是对于较大的组件);

④ 基底摩擦;

⑤ 成形过程中的颗粒分离。

在某些情况下,收缩的方向性非常明显。

4.4.2 膨胀

烧结过程中发生反应或相变的材料可能会产生膨胀,而不是收缩。比如当某一成分熔融并溶解进另一种成分时,微观组织中会形成孔隙,在铁和铝的烧结混合物中就可以观察到这样的现象。铝熔化时,会形成孔隙,如图 4.33 所示。其他因素,如被困气体或碳氧反应形成一氧化碳或二氧化碳等气体(取决于浓度或温度),也会引起膨胀。

膨胀和收缩都涉及尺寸的变化。膨胀导致尺寸增加时,参数 $\Delta L / L_0$ 是正值;如果烧结后尺寸减小,该过程就称为收缩,参数 $\Delta L / L_0$ 是负值。膨胀时,物体体积增大,密度减小。通常烧结后质量不变(除了易挥发的润滑油和黏结剂),所以烧结后的密度同样随着膨胀尺寸变化。结构膨胀后也可能会变致密,例如镍与铝(Ni_3Al)或镍与钛(NiTi)的烧结混合物就是这种情况。

烧结过程中的膨胀现象在 TiC-Co 烧结过程中可以观察到,如图 4.34 所示。该图显示了烧结密度随时间的变化关系,起初压块的相对密度为 50%。大约 30min 后,由于内部膨胀反应,孔隙中生成气体使得孔隙率增加。

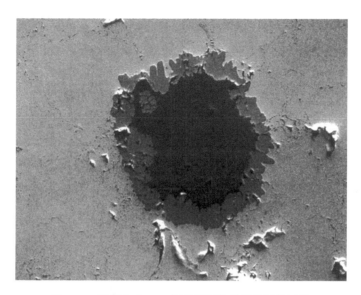

图 4.33　铁基体中，Al 颗粒周围扩散区的显微图像

Al 向外扩散导致了膨胀，同时由于不均匀扩散形成了孔隙

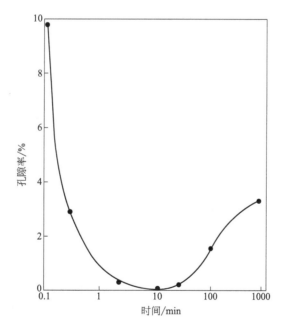

图 4.34　TiC-20Co 在 1400℃、26Pa Ar 气氛烧结过程中，先致密化然后膨胀

压块最初的密度为 50％，时间轴取的是对数刻度

4.4.3　直接成像

膨胀测定法在烧结过程中只能提供一维的数据。但许多情况下，在加工过程中，烧结的变化是不均匀的，所以膨胀测量法只显示出了一部分结果。另一种可选择的方法是原位

视频成像，可以从连续的照片中获取二维数据[36,37]。闪光灯和摄像机与炉内的测试材料对齐。高温下，炉内的红外发射会导致成像模糊，通过高强度的闪光灯与成像系统的快门结合就可以解决这个问题。这也提供了一种在高温下生成高清晰度图像的方法。相机与闪光灯同步触发，1Hz 频率可以得到高保真度的数据。

　　图 4.35 显示的是从视频成像得到的烧结轮廓图中所获得的数据。可以看到，随着烧结的不断进行，形状的变化非常明显。通过这些数据建模模拟烧结尺寸变化，提供了一种可以有效提取系统黏度的方法。图 4.36 给出了成像的一个例子，图片取自 1500℃（1773K）液相烧结过程，显示了液相的连续形成过程。反射性的差异明显界定了顶部固相和底部液相。液相在高温处形成，并以热液体的形式传播，该过程的传播速率大约 1mm/s。

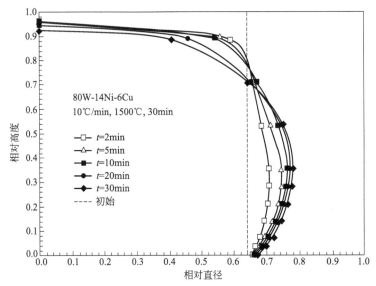

图 4.35　在 1500℃烧结 30min 过程中，　80W-14Ni-6Cu 压块的 x-y 维轮廓图
初始右侧虚线显示的圆弧线向左生成轮廓图，显示了压块的连续变形过程

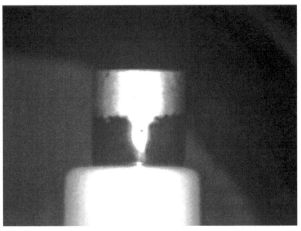

图 4.36　使用闪光灯在炉中大约 1500℃（1773K）拍摄的原位视频图像
液相从组件的底部扩展到顶部，根据反射性的差异可以观察到

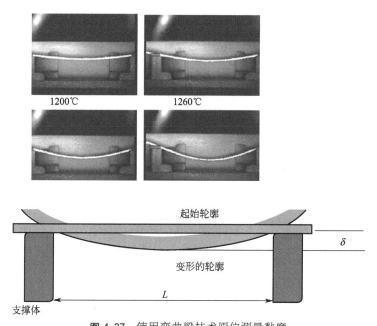

图 4.37　使用弯曲梁技术原位测量黏度

利用横跨两个端部支撑之间的试样（矩形、平坦、薄试样），根据随着时间样品的下垂量计算黏度。

上图是在恒定速率加热期间拍摄的一系列图像

视频成像的一个用途是捕获弯曲梁在烧结中的变形。实验假设烧结体是黏性的，并且重力会引起变形。如图 4.37 所示，厚度为 h 的矩形棒悬挂在跨度为 L 的间隙中。根据时间、温度和密度（根据试样大小计算），记录偏移水平中点的距离 δ。原位黏度 η 与烧结致密度 f 的函数关系如下：

$$\eta = \frac{5f\rho g L^4}{32(\mathrm{d}\delta/\mathrm{d}t)h^2} \tag{4.17}$$

式中，ρ 是材料的理论密度，kg/m^3；g 是重力加速度，$9.8m/s^2$；$\mathrm{d}\delta/\mathrm{d}t$ 是变形率，m/s。通过视频成像，尺寸变化和变形率都能记录下来[37]。假设起始密度是已知的，可以通过尺寸变化计算得到相对密度，使用多张图像捕获偏移量能够得到黏度数据。这样就能得到烧结黏度与相对密度的关系。在氢气中烧结 $49\mu m$ 不锈钢粉的数据如图 4.38 所示，其中升温速率 $5℃/min$，烧结温度 $1200\sim1400℃$（$1473\sim1673K$）。当黏度降低时，致密化加速。

通过成像测试发现，当材料黏度降至约 $10^{10}Pa\cdot s$ 时发生烧结致密化。这个黏度与软陶的黏度大致相同。看起来致密化似乎取决于材料软化至上述有效黏度的温度，在该温度下材料的原子流动能够使材料产生软化。基于 Stokes-Einstein 关系，扩散性与黏度成反比，因此如果材料扩散系数已知，则可以估计烧结致密化的温度范围。

同步加速断层扫描是原位追踪烧结过程的另一个选择[13,8-40]。为了适应技术窗口，实验被限制在低温、小样品和较大颗粒中。基于时间的测量已经证实了烧结过程中的颈部生长、晶粒生长、晶粒旋转，甚至颈部断裂。

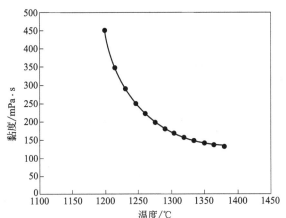

图 4.38　以 5℃/min 升温速率加热至 1200～1400℃（1473～1673K）过程中，
49μm 不锈钢粉末的计算黏度

4.5　密度、致密度、孔隙率

密度是烧结研究最广泛的特性，其定义是单位体积的质量。绝对密度（kg/m³ 或 g/cm³）取决于材料成分，与绝对密度（kg/m³ 或 g/cm³）不同，相对密度❶则是烧结过程中的基本参数，与材料本身无关。相对密度 f 是测量的体积密度 ρ 除以相同材料的理论密度 ρ_T。

体积密度可以通过质量和体积来直接测定。对于简单的几何体，体积可以根据尺寸计算。如果形状复杂，则可通过阿基米德法获得密度。浸渍之前，在真空下，用诸如水、矿物油、硅油或石蜡油等流体填充开孔。阿基米德法需要一系列的质量测定。首先称取样品重量（W_1），然后在流体浸渍（W_2）之后再次称重，最后浸入水中称重（W_3）。使用细丝将样品悬浮在水中，其重量 W_w 也在水中测量。体积密度 ρ 的计算为：

$$\rho = \frac{W_1 \rho_w}{W_2 - (W_3 - W_w)}\tag{4.18}$$

式中，ρ_w 是水的密度（根据温度略有变化）：

$$\rho_w = 1.0017 - 0.0002315(T - 273)\tag{4.19}$$

式中，T 为水温。这一系列重量测量确定了不规则形状的体积密度，精度范围为 3～6 个有效数字。相对密度定义为 $f = \rho/\rho_T$，ρ_T 是理论密度。

其他密度测量技术包括 X 射线吸收、磁共振成像、小角度中子散射、超声波衰减和 γ 射线吸收等。因为它们的分辨率较低，设备昂贵，这些方法使用得较少；然而，这些方法对于评估生坯和烧结体中的密度梯度比较有用。例如，X 射线测试的强度变化显示，在生坯体中，点对点密度变化通常约为 2%。

气体相对密度的测定通过氦气对样品体积的测量得到，只要孔隙闭合即可。使用两个已知体积的空腔，从保持样品的第一空腔引入一定数量的高压氦气，通过烧结体移动的体

---

❶　如无特殊说明，后文中的烧结密度、致密度指的均是相对密度。

积可得气体压力的变化。体积越大，新增压力越高。然后独立测定样品质量得到密度。

　　涡流也可用于原位测量密度。将样品用感应线圈包围起来，通过二次线圈测量涡流，二者都与压块密度有关[41]。尽管测量的结果不够准确，但这个方法对加压炉中密度（如热等静压机）的测量具有一定的参考价值。

　　Ψ 表示烧结过程中密度的相对变化与达到全致密所需的密度变化的比值：

$$\Psi = \frac{f - f_0}{1 - f_0} \tag{4.20}$$

　　式中，f 是烧结后的相对密度；f_0 是初始密度。在烧结开始时，Ψ 为零；材料烧结到全致密（$f=1$）时，Ψ 为 1。像疲劳参数一样，相对密度的测量可以体现烧结过程中的实时变化。图 4.39 是在氢气中烧结 120min 的钨和铜混合物的烧结致密化实例，烧结温度分别为 1150℃和 1250℃[42]。压坯密度变化引起的烧结密度的分散性，通过致密化过程达到了最低。

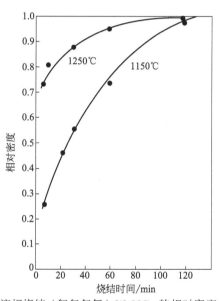

图 4.39　1150℃和 1250℃液相烧结（氢气气氛）W-32Cu 的相对密度与烧结时间之间的关系[42]

钨粉末粒度为 $3.5\mu m$，压坯密度为 58%

　　孔隙率密切影响物体的密度，其中孔隙率分数可简化为 $1-f$，f 为相对密度。孔隙率是孔体积的量度，用百分比或分数来表示。对于简单的几何形状，通过确定质量和尺寸并与理论密度进行比较来测量孔隙率。对于复杂形状或不均匀结构，则有必要依靠显微镜[43]。在观察样品的制备过程中，保持孔结构很重要。制备过程中引入的人为因素容易改变表观结构：

　　① 涂抹的材料覆盖在孔隙上，易制得孔隙率较低的结构；

　　② 在制备过程中拉拔出的颗粒会导致产生孔隙；

　　③ 蚀刻会扩大孔隙，导致实际孔隙率高于预计孔隙率。

　　通过预先研磨和蚀刻样品，可以保留最佳的微结构。然后用液体环氧树脂浸渍抛光表面以稳定孔隙。在环氧树脂硬化后，重新抛光。重复这些步骤，直到显微图像稳定。固体和孔隙之间的微观对比可以通过孔隙度的图像定量分析。孔隙图谱通过剖面平面进行分析，得出孔隙分布与成分位置的关系曲线。

4.6 传导性

热学性能和电学性能对于计算机、电子设备以及电力领域的应用很重要。孔隙的存在对传导性不利。这在烧结过程中非常重要，因为不均匀加热引起的热应力可能损坏部件。为了避免变形，升温速率通常限制在 $5\sim25\,℃/\mathrm{min}$。

电导率随孔隙率的增加而降低。在烧结前期，在显著致密化之前的颈部生长期间，电导率 K 随 $(X/D)^2$ 变化[44]：

$$K = K_0 g \left(\frac{X}{D}\right)^2 \tag{4.21}$$

式中，K_0 是测量温度下的体积电导率；参数 g 取决于晶粒尺寸和初始坯体密度，因为晶界和气孔都会降低电导率。随着烧结的进行，烧结颈在 $X/D=5.5$ 左右扩大到极限。随着致密化的进行，电导率由下式给出[45]：

$$K = K_0 \frac{f}{1+\chi(1-f)^2} \tag{4.22}$$

经验系数 χ 表示对孔隙的敏感性。遗憾的是，这种模式由于缺乏内部结构的相关参数，因此它只在名义上是正确的。通过对几种不同孔径和形状的材料的分析，得出 χ 的最佳拟合值为 11。当达到全致密时，孔是球形的，并且导电性取决于致密度：

$$K = K_0 [1 - \omega(1-f)] \tag{4.23}$$

式中，ω 在 $1\sim2$ 之间[46]。因此，在显著致密化之前，电导率随着颈部尺寸增加而增加，并且随着致密化进行，其值取决于密度；当接近全致密时，电导率是密度的线性函数。烧结铜、氧化铝和不锈钢的相对电导率 (K/K_0) 与相对密度的关系如图 4.40 所示。实线根据式（4.22）作出。烧结过程中的强度变化相似，因此电导率也是评估强度的手段。

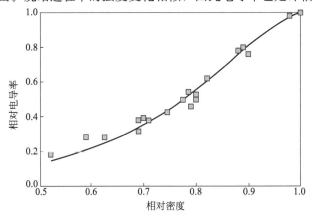

图 4.40 几种材料的相对电导率与相对密度的关系

由图可知高致密度下相对电导率与相对密度几乎呈线性关系

4.7　磁性能

　　烧结材料的磁性能包括软磁响应与硬磁响应。由于磁性能在高温下损失，因此在烧结后进行测量。尽管烧结的程度很重要，但杂质的影响也是很可观的，因此致密化和污染都需要控制。次要因素包括孔的形状和粒径。磁性能是重要的性能，但其测量未必与烧结状况相对应。

4.8　表面积和气体渗透性

　　烧结时表面积会有损失。由于含有大量烧结颈，所以比较容易测量。如图 4.41 所示，早期的颈部增长有助于表面积快速减少，随着表面积的消耗，表面积减少的速率减慢[47]。该图显示的是 20nm ZnO 粉体在氧气氛中烧结时，在 4 种温度下表面积与烧结时间的关系。由于即使没有收缩也可以利用表面积来监测所有机理，所以这是跟踪烧结的有效方法。即使粉末在烧结过程中不收缩，颗粒间黏合也减小了表面积。

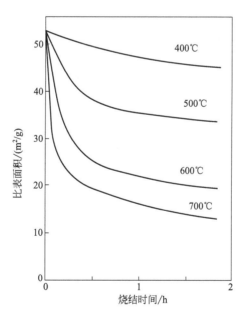

图 4.41　在氧分压 50kPa（半气氛）烧结的 20nm ZnO 的气体吸收比表面积[47]
图中显示了在 4 种温度下烧结不同时间（最长为 120min）的数据。
烧结早期比表面积损失比较快，并且随温度升高损失加快

　　像收缩一样，表面积 S 也可以相对于初始表面积 S_0 进行归一化处理。表面积减少的表征参数 $\Delta S/S_0$ 是一个无量纲参数，这个参数可用于监测烧结。最初 X/D 和 $\Delta S/S_0$ 之间存在很强的相关性，其中 ΔS 是相对于初始表面积 S_0 的变化，被作为正值处理[48]：

$$\frac{\Delta S}{S_0} = k\left(\frac{X}{D}\right)^M \tag{4.24}$$

指数 M 的范围为 $1.8 \sim 2.0$，并且与传输机制和初始密度有轻微的关系。烧结时，M 往往趋向于 2，由表面扩散或蒸发-冷凝控制。图 4.42 显示了初始密度为 60% 的球形颗粒烧结时，$\Delta S/S_0$ 与 X/D 之间的关系图。初始堆积密度高时，能使每个颗粒产生更多的颈部，表面积损失速率更快；初始填充密度较低时，相应的表面积损失速率较低。

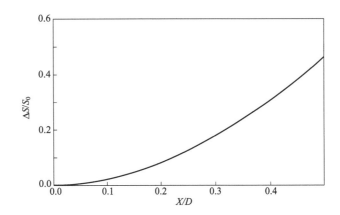

图 4.42 球形颗粒组成的压坯（初始相对密度 60%）烧结时，$\Delta S/S_0$ 与 X/D 之间的关系

有三种方法可测量表面积：气体吸附、气体渗透与定量显微镜。其中，气体吸附和气体渗透都是用于测量开孔结构；定量显微镜可用于结构表面积较低或有闭孔的情况。闭孔通常在接近全致密时产生。

气体吸附测量表面积时，先将样品在真空或惰性气体中烘干。装置如图 4.43 所示，测量清洁表面接触吸附蒸汽的分压。然后测量表面气体吸附量随分压的变化关系，图中是通过气体热导率的变化来实现（氦气热传导率大于氮气，所以当氮气被吸收后，气体的热导率发生变化）。该方法根据吸收的气体量计算了 Brunauer、Emmett 和 Teller 提出的比表面积[49]。前面图 4.41 中的例子显示了氧化锌在烧结过程中表面积的减少。

使用气体通过开孔进行渗透是另一种方案，因为气体渗透性取决于表面积。气体通过烧结结构时，上游压力为 p_1，下游压力为 p_2，如图 4.44 所示。

Darcy 方程描述了基于压降 $\Delta p = p_1 - p_2$ 的气体流速 v 和测得的气体流速 v（Q/A，其中 Q 是在标准压力下测量的体积气体流量，A 是横截面积），其公式如下：

$$v = \frac{\Delta p \alpha}{L \mu} \tag{4.25}$$

式中，L 为样品长度；μ 为气体黏度；α 为渗透系数，用于计算表面积。基于 Kozeny-Carman 关系，气体流量取决于表面积和渗透性：

$$S = \frac{1}{\rho_T}\sqrt{\left[\frac{(1-f)^3}{5\alpha f^2}\right]} \tag{4.26}$$

式中，ρ_T 是材料的理论密度；f 是相对密度。如图 4.45 所示，作出渗透率的对数曲线图，得到了 750℃ （1023K） 下烧结的 $0.2\mu m$ 氧化铝 $\Delta S/S_0$ 随时间的变化[50]。只要孔隙是开孔，即可以通过渗透性得到表面积的度量，这也意味着该技术不能评估封闭孔隙。

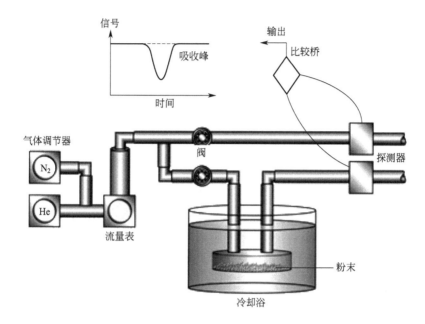

图 4.43　气体吸附测量烧结粉末表面积的装置
将粉末压块浸入冷却浴 （液氮较为常见） 中，使其从气流中吸收氮气。
氦和氮之间的热导率差异导致产生可测量的吸收峰，用于量化吸收的氮气量和表面积

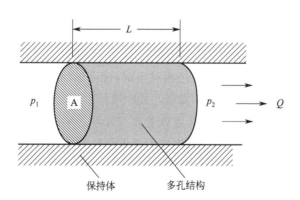

图 4.44　气体渗透性是基于 Darcy 定律测量多孔压块表面积的手段，
其中压降和流量与测量渗透率有关，表面积由渗透率计算

显微镜表面积测量是在样品的抛光横截面上进行的，主要应用于低表面积的样品。计算机基于图像分析程序，利用单位横截面积上的孔周长计算得到表面积。单位测试线长度 N_L 上的内孔-固相界面的数量等于单位体积的表面积 S_V：

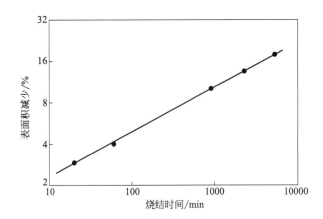

图 4.45 750℃ (1023K) 下烧结的 $0.2\mu m$ 氧化铝的 $\Delta S/S_0$ 随时间的变化[50]

这里对数曲线图用来反映对烧结时间的依赖性

$$S_V = \frac{2N_L}{f} \tag{4.27}$$

气体吸收面积是基于单位质量的面积，而定量显微镜是基于单位体积的面积，因此虽然两者的值不同，却可以使用样品的密度进行比较。

4.9 孔结构

晶粒之间的孔隙是烧结的固有部分。在烧结期间，孔隙与质量的迁移、致密化、晶粒的长大和气体的反应密切相关。当有液相形成时，孔隙会将液相分布在整个晶粒结构中。

孔隙主要由其数量、尺寸、形状及在块体中的分布所表征。致密度达到 90％～95％时，孔隙由如图 4.46 所示的相互连通的管组成。理想情况下，孔会占据晶粒的边缘，所以认为孔是孤立的观点是不正确的。通常孔有一个特征尺寸，但管形成的是复杂的三维网络。孔结构经烧结会改变。通常，平均孔径会保持相对恒定，但孔的数量会下降。图 4.47 中的数据显示，$7\mu m$ 铁粉烧结的过程中，孔隙率降低，晶粒尺寸增加，但孔径几乎没有变化[51]。

烧结结构中有两种类型的孔：开孔意味着孔与外界是相连的，并且允许流体进入或流出坯体；闭孔是密封的，不与外表面相连通。随着烧结过程中孔隙率的下降，开孔会发生闭合，通常在相对密度约为 85％时开始，在相对密度约为 95％时达到完全闭合。图 4.48 给出了不同压力压制的铜，在烧结过程中的数据[52]。

通过显微镜能够测得孔径、孔形状和孔的连通性——光学显微镜能观察到较大尺寸的特征，电子显微镜能观察到较小尺寸的特征（通常低于几微米）。通过定量显微镜测得的孔径和孔的形状是准确的，但是很难量化表示，因为孔的分配是随机的。可以使用紧密相隔的横截面对孔隙进行三维重建[53]。由于横截面是随机的，不一定能获得最大的孔尺寸，因此孔通常表现得比实际尺寸小。即使如此，随机的二维横截面还是能够准确地推断出平均孔径和孔间距。

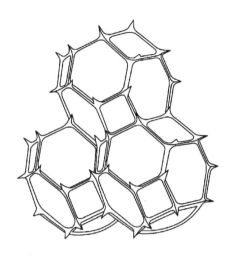

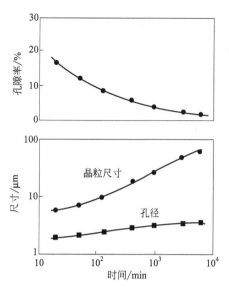

图 4. 46　在烧结过程中，颈部生长形成了
晶粒边界上的孔网络

图中展示的是几何形状的一个示例，
其中晶粒的形状是一个接触的十四面体，
并且孔隙在晶粒边界上形成了管状网络

图 4. 47　在 870℃ （1143K）持续烧结的
7μm 铁粉的烧结数据[51]

图中绘制的是孔隙率、晶粒尺寸和孔径
随烧结时间的变化曲线，
随着烧结时间增加，孔隙率降低，
晶粒尺寸增加，孔径稍微增加

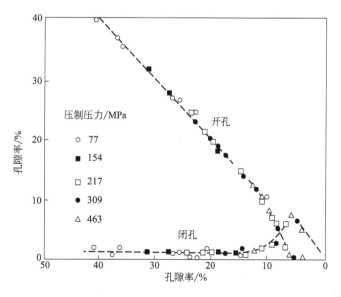

图 4. 48　铜烧结时，在五种不同的压制压力下，孔隙率以及开孔和闭孔分数的变化[52]

图中显示了孔隙率的降低，孔隙率低于 15％时，孔隙闭合十分明显，孔隙率为 5％时，所有的剩余孔隙均是闭孔

　　压汞法（水银孔隙法）是测量材料孔径分布的一种手段，它适用于孔径为 1nm 左右的小孔。压汞仪的工作原理是通过测定不同压力下浸入材料的汞含量来计算孔径的

分布；这里假定孔为圆柱形，由于大多数材料与汞的接触角高达 130°，表面能接近 $0.48J/m^2$，因此汞抵抗被压入孔隙的能力与孔径成反比。当假定孔隙为圆柱形时，根据式（4.28）中所示的 Washburn 方程可知，汞浸入孔隙的压力 p 取决于接触角 θ、孔径 d 和表面能 γ：

$$p = -\frac{4\gamma\cos\theta}{d} \tag{4.28}$$

式中，负号表示汞浸入孔隙所需要的力为压缩力。通过用汞包裹材料进行实验，将材料抽真空以去除样品中的气体，采用油压对汞施压使其浸入孔隙中。在低压时，大的孔隙能够被填充。通过测定不同压力下孔隙中的汞体积来计算孔径分布。整个测试过程在高压腔室内进行，将样品放置在校准管中，并检测汞的体积与压力的关系。孔径分布数据可以以累计或微分的形式来表示。

图 4.49 给出了二氧化钛在 900～1200℃（1173～1473K）烧结时的孔径分布图。可以看出，烧结温度较低时，材料的相对密度和孔径分别为 55％和 0.1μm。随着烧结温度的升高，材料的孔隙率降低，孔径变大；当烧结温度为 1100℃（1373K）时，材料的相对密度为 79％，孔径为 0.4μm。只有当烧结温度为 1200℃，相对密度为 93％时，最大的孔隙才会出现收缩。压汞法数据难以对此进行解释，这是因为压汞法假定孔隙是简单的形状，忽略了其波动和多重连接的情况。

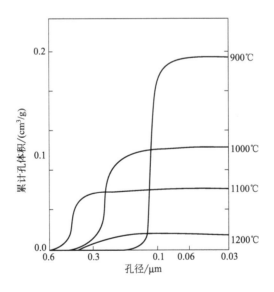

图 4.49 二氧化钛在四个不同温度下烧结 60min 得到的烧结体孔径的累计孔体积随孔径的变化曲线

值得注意的是，烧结温度较高时，孔的总体积在减少，但是从 900℃（1173K）升高至 1000℃（1273K）和 1100℃（1373K）时，孔径逐渐增大

孔隙形状和开孔表面积也可以采用压汞法进行计算。孔隙形状通过减压时的滞后来计算，滞后越大，距圆柱形孔的偏离也就越大[54-56]。由于收缩，不均匀的孔隙限制了汞进出孔的流量，因此，只有当压力超过最小孔所需的压力时，不规则孔的体积才会被记录下

来。在泄压时，汞的残留也取决于孔的形状。

通常烧结体的孔径分布符合 Weibull 模型。大于尺寸 d 的孔的累计分数 F 取决于中值孔径 d_M 和指数 M。其分布可表示为：

$$F(d) = 1 - \exp\left[-g\left(\frac{d}{d_M}\right)^M\right] \tag{4.29}$$

式中，g 等于 0.6931（ln0.5）。图 4.50 为氧化锆烧结体的累计孔径分布[57]。实线是基于采用上述 $M=2$ 时的分布孔径数据的拟合。

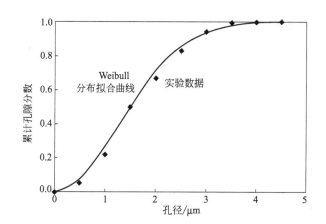

图 4.50　将氧化钇稳定氧化锆以 10℃/min 的升温速率加热至 1600℃（1873K）、
保温 600min 后得到的烧结体的累计孔径分布 [57]
符号是测量值；实线是基于假定模数 $M=2$ 的 Weibull 分布拟合曲线

起泡点测试根据来自开孔的润湿流体的位移变化对相关孔径进行测量。它测定的是最大连通孔径，适用于薄坯结构。将气体加压至 p，然后从孔中（Washburn 方程中的接触角为零或 $\cos\theta = 1$）置换乙醇等润湿流体。孔径 d 由式（4.30）来计算：

$$d = \frac{4\gamma}{P} \tag{4.30}$$

式中，γ 为液体表面能。压力对应于第一个气体通过的孔隙泡点，这个气泡对应的是最大的孔。

孔径分析技术对孔的闭合非常敏感，因为只有开孔才有助于起泡点、渗透性或气体吸收测试。同样，压汞法也只适用于开孔材料。光学显微镜无法区分开孔和闭孔，但是较小的孔通常是封闭的。虽然总孔隙率并不区分开孔和闭孔，但却是一个重要参数。

烧结过程中，孔径和形状都会发生改变，最初的孔隙是不规则的，但是烧结能够使孔隙形成平滑、近圆柱形的网络结构。在相对密度大约为 85% 时，管状的开孔开始塌陷成近球形闭孔。由于孔径、孔隙形状和孔隙连通性的变化，孔隙率在烧结过程中难以得到完全的测量。实际上，原始孔结构的不均匀性会导致孔的生长并阻碍致密化进程。因为烧结后期孔径分布对致密化进程起着重要作用，因此应选择具有小且均匀的孔隙以及高致密度的生坯进行烧结。

4.10 微观组织

烧结体的微观组织关注的主要是晶粒结构与孔隙。图 4.51 对比了两种烧结不锈钢微观组织在孔隙率（黑色区域）、孔径、孔隙形状与孔隙附着的晶界和整体微观组织的差异。烧结产生的许多变化都是通过微观组织参数来测量的[9,43,53,58-61]。

原始成分可以改变各相的比例，从而影响微观组织。例如，在固相含量相对较低的液相烧结中，固体颗粒很小，被基体分开，呈近球形。随着固相含量的增加，晶粒尺寸增加，晶粒接触增加，晶粒变成多角形。这几个微观组织变化的定量描述对于烧结的控制来说是很重要的。

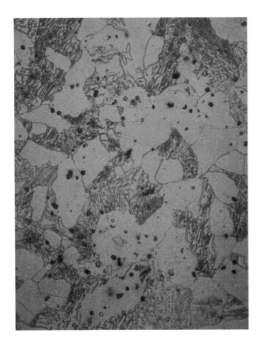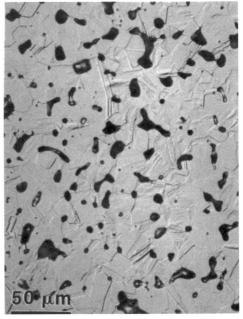

图 4.51   两种烧结不锈钢的微观组织

两种组织的孔径（黑色）、孔隙形状和孔隙率明显不同，附着在晶界上的气孔也存在差异

界面能量决定了微观组织，反过来，微观组织的测量也可提供分析界面能的数据。例如，通过使用二维显微镜测量角度可以得到二面角[60]。另外，相的分布、包括残留孔的位置都取决于界面能量。

孔隙率和孔径可以通过定量显微镜来进行测量。与断裂有关的一个重要参数是气孔之间的距离，通过平均自由分离度 λ 来衡量：

$$\lambda = \frac{1-f}{N_L} \tag{4.31}$$

式中，f 是相对密度（或烧结材料固相在液相中所占的体积分数）；N_L 是单位长度测试线段内固相颗粒截距数目。

微观测量在材料的随机横截面上进行。因此，特征尺寸要比真实尺寸小得多。截面可能会错过颈部与晶粒结合在一起的部分，如图 4.52 所示。因此，二维的颈部尺寸测量是有误差的。可以通过一系列的截面获得三维信息，其中小增量的平面被去除，然后通过抛光和拍摄以重建真实物体形状和尺寸[61]。

许多烧结材料由混合粉末形成，包括青铜、钢、莫来石、氮化硅和硬质合金。烧结过程中的均匀化过程通常比致密化过程要慢。显微结构分析提供了一种监控手段，通过确定成分梯度来实现均质化。

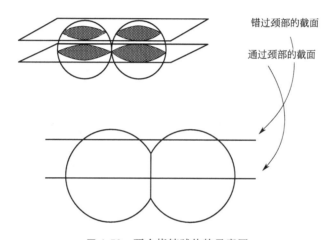

图 4.52　两个烧结球体的示意图

颈部尺寸的差异取决于随机截面的位置，这就是二维颈部尺寸的数据不可靠的原因

4.10.1　晶粒尺寸分布

在烧结过程中，晶粒尺寸和晶粒形状会发生变化。通常晶粒的体积增长遵循平均粒度随时间 t 线性增加的定律。因此，晶粒的线增长 G 的立方与时间成正比，如下：

$$G^3 \propto t \tag{4.32}$$

图 4.53 是在 1320℃（1593K）下真空烧结的 $25\mu m$ 不锈钢的晶粒尺寸和时间对数曲线。直线的斜率为 3，在实验过程中相对密度从 91% 提高到了 98%。

晶粒尺寸通过微观组织横截面中使用随机截距、等效圆面积、晶粒周长或环圆技术来估算[62-64]。随机截距晶粒尺寸 G_R 由晶粒落在图像测量线的长度决定，通过计算同一区域内每个颗粒的直径，得到相当于两维尺寸部分的更准确的粒度测量，给出等量的圆形晶粒尺寸 G_C：

$$G_C = \sqrt{\frac{4A}{\pi}} \tag{4.33}$$

在理论中使用的通常是三维晶粒尺寸 G，但是实际的晶粒尺寸测量则取自随机的二维横截面。因此，需要将二维横截面转换为真实的三维值[65]。将二维截距尺寸分布与基于

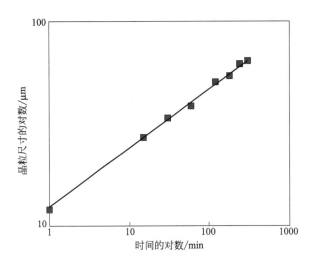

图 4.53 粒径为 $25\mu m$ 的不锈钢金属粉末在 1320℃（1593K）真空烧结时，晶粒尺寸与烧结时间的对数图

符号是测量的尺寸，实线对应晶粒尺寸和烧结时间之间的立方关系。在此期间，烧结致密度从 91% 增加到 98%

三维尺寸分布得到的理论结果进行比较，这是不恰当的。

真实的三维平均粒度与二维等效平均尺寸或截距尺寸之间的关系为：

$$G = 1.27G_C = 1.65G_R \tag{4.34}$$

因为随机截面和非球面纹理的存在，转换二维数据与三维模型进行比较相当困难。

粒度是一个分布参数，表示微观组织的自然分布。烧结过程趋于粒度的自相似分布，意味着在较长的烧结时间内，分布形状是相同的。粒度的中位数是唯一可调参数。图 4.54[66] 是实测的氧化镁数据。

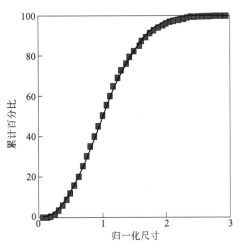

图 4.54 从烧结氧化镁（MgO）中获取的二维累计粒度数据[00]

符号是测量值，实线是 Weibull 分布拟合

图中的符号是实验得到的二维晶粒尺寸测量，而实线对应于 Weibull 指数拟合。设 $F(G)$ 是晶粒大小为 G 的累计分数，G_M 是中位数，那么：

$$F(G) = 1 - \exp\left[\beta\left(\frac{G}{G_M}\right)^M\right] \tag{4.35}$$

式中，因子 $\beta = -\ln 2$（或 -0.6931），以确保在中位数时 $F(G) = 0.5$，或当 $G = G_M$ 时尺寸为 50%。指数 M 反映了分布的分散性，对于二维数据 M 趋于 2，对于三维数据 M 往往接近 3。

颗粒形状也收敛于自相似的分布。在两个维度上由颗粒边数测量颗粒形状。图 4.55 是一个直方图，显示了烧结氧化镁的晶粒面数[67]。

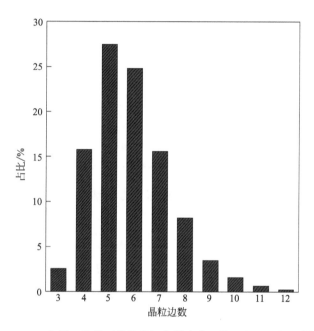

图 4.55　使用二维截面从烧结氧化镁中获取的晶粒形状数据[67]
可看出五边形是最常见的晶粒形状

颗粒生长受孔隙影响，烧结过程中粒度 G 与相对密度 f 之间关系如下[68]：

$$G = \frac{G_0\theta}{\sqrt{1-f}} \tag{4.36}$$

式中，G_0 是初始粒度；θ 近似等于 0.6。该关系适用于接近完全致密化的情况，此时晶粒在没有密度变化的情况下持续生长。图 4.56 绘制了烧结期间镍的实况[5]。这些数据是将粒度为 $4.3\mu m$ 的粉末在 $900℃$（$1173K$）下烧结 40h 所得到，最终相对密度为 93%。在烧结时，平均孔径变化相对于孔隙率和晶粒尺寸的变化比较缓慢的情况下，粒度与致密度之间的关系才适用。

4.10.2　晶界与孔隙的相互作用

烧结后期，微观组织还会发生重要的变化。通常，颗粒生长受到孔隙的阻力，但同时也可以使孔隙闭合[69]。最终密度能达到 90% 甚至 95%。这两种不同的情况如图 4.57 所

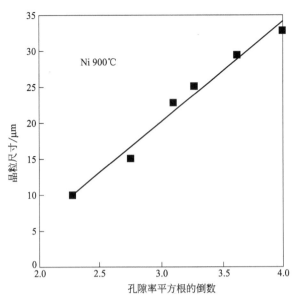

图 4.56 在 900℃（1173K）烧结制备的镍样品，晶粒尺寸与孔隙率平方根倒数的关系[5]

烧结前的初始粉末粒径为 $4.3\mu m$，孔隙率 6.3%时晶粒粗大化达到了 $33\mu m$

示。如果孔从晶界上分离出来，那么没有外部压力的情况下达到充分致密烧结是不可能的，因为孔隙湮灭需要晶界[70]。

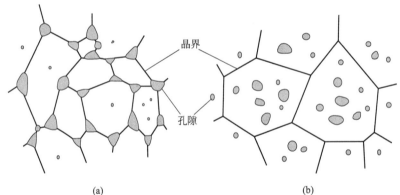

图 4.57 孔隙附着在晶界上对于持续的烧结致密化是至关重要的，

该图示意性地展示出了两种截然不同的可能性

（a）致密化；（b）非致密化

随着晶粒生长，孔隙会随着移动的晶界缓慢移动，导致孔隙变形。图 4.58 画出了孔隙与晶界的交互原理图，图中给出的是 $140°$的二面角和孔径与晶粒尺寸比为 0.4 的情况。随着晶界移动，孔隙缓慢变形，最终两者分开。

使用定量显微镜对孔隙边界附着的微观形貌进行观察[71]。由二面角可知，$180°$对应于无晶界能量、无附着的球形孔。而在烧结中更常见的是具有透镜形状的附着于晶界处的孔。在这种情况下，微观组织的差异取决于孔隙运动（穿过孔隙的运输）、晶界运动（跨越边界的运输）的相对速率和孔的附着[72]。定量显微镜可用于计算烧结过程中孔与晶界

晶界

孔隙

迁移方向

图 4.58　孔隙与晶界的交互原理图

晶界移动产生孔隙，由此导致的形状发生畸变的孔可穿过不同曲率的孔运动。

但随着晶粒的长大，晶界与孔隙分离，导致烧结致密化受阻

的相互作用，通常孔隙会优先在边界上附着，而不是随机分布[73]。

4.11　热学性能

热学特性对于理解烧结过程中发生的反应有非常重要的作用。常用的方法包括：

① 差热分析法或差示扫描量热法。在加热过程中检测放热（反应）或吸热（熔化）现象，用于识别反应点或相变点[74]。

② 质谱、红外光谱或气相色谱。分析烧结过程中放出的气体，如 CO 或 CO_2，以测量反应物质的原子量[75]。

③ 热重分析。显示加热期间的质量变化，包括形成挥发性的反应产物（H 和 O 形成蒸汽）或烧结材料与气氛反应（Al 在 N_2 中加热形成 AlN 等）[76]。

这些方法与膨胀仪或其他测量工具相结合使用的更广泛。例如，热分析方法有助于确定液相烧结过程中第一熔体的形成温度。如图 4.59 所示，热分析使用相同热环境中的两

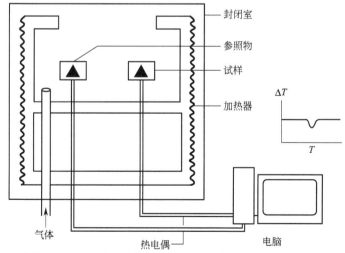

封闭室

参照物

试样

加热器

ΔT

T

气体

热电偶

电脑

图 4.59　基于差热分析（DTA）、热重分析（TGA）或差示扫描量热法（DSC）的热分析

图中显示了在同一个炉子中作标样来收集 DTA 或 DSC 数据的原理，记录质量的同时也产生了 TGA 数据

个样品，将样品放置于保护气体中，其中一个坩埚放置烧结样品，另一个放置惰性标样，如铂或氧化铝。样品加热过程中，能量以相同的速率流入两个坩埚以确保环境温度相同，通过测量样品之间的温差达到目的。如果升温过快或过慢，由放热或吸热反应引起的任何干扰都能够检测到，温度变化与温度的关系确定了反应发生的位置。

　　另一种重要的测量方法是真空烧结过程中产生的蒸气压力结合质谱或气相色谱[77]。图 4.60 是粒径为 $2\mu m$ 的羟基磷灰石粉末加热到 $1000℃$（1273K）的情况，图中与掺入 40%（体积分数）氧化锆（粒径 70nm）的羟基磷灰石粉末进行了比较[78]。烧结过程中对气体压力和气体成分的测量能够反映孔隙的闭合和化学反应的发生。

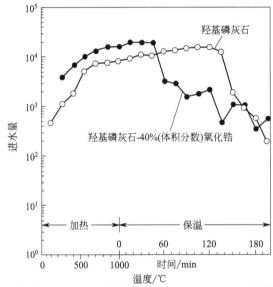

图 4.60　利用气相色谱法记录两种粉末体系加热到 1000℃和保温过程中的气体排放量

　　对于金属来说，蒸气压力降低与孔隙闭合有关。在反应状态下，质量有可能增加，但随着挥发性反应的发生，质量降低更为常见。例如，烧结钢中脱碳现象的发生取决于粉末中初始氧的含量。氧和碳发生反应，导致烧结后的表面硬度降低。图 4.61 是 Fe-1C 在加热过程中加入的碳与残余氧反应的热重分析图[79]。由图可知，脱碳反应使碳的质量分数最终降低了约 0.1%。

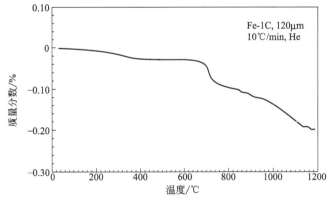

图 4.61　利用热重分析加热至 1200℃（1473K）时 Fe-1C 的质量损失

4.12　小结

　　烧结实践仍然远远领先于烧结科学的预测，但目前已经有较为完善的理论，来解释烧结的一些概念。本章重点介绍了烧结过程定量化所需要的一些表征工具和数据。由图 4.62 可以看出烧结过程的复杂性，图中采用的是平均粒径为 16μm 的不锈钢粉末。将样品在氢气中以 10℃/min 加热至不同温度，然后水淬形成最终组织。抛光后的横截面显示了最高烧结温度 1365℃（1638K）时的显微组织变化。随着温度升高，颗粒间形成烧结黏结，并生长。最终烧结黏结部分重叠，形成球形孔隙。孔隙率随着温度的升高而降低。烧结过程中形成 δ-铁素体第二相，最终的烧结微结构包含两相固体及闭孔。

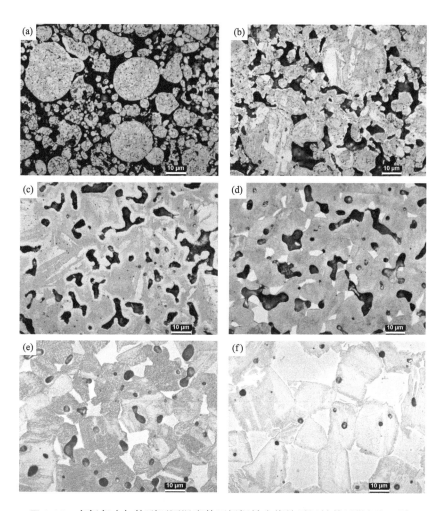

图 4.62　在氢气中加热到不同温度的不锈钢粉末烧结后浸蚀的显微组织照片

（a）1000℃；（b）1100℃；（c）1200℃；（d）1260℃；（e）1300℃；（f）1365℃

黑色的相是孔隙，转变形成的 δ-铁素体使得最终形成了两相组成的微观组织

⊡ **表 4.1　用于烧结测量与观察的一些技术手段**

参数	测量手段
密度	尺寸及重量 阿基米德法 衰减:X 射线,γ 射线,中子吸收 定量显微镜 氦比重计 超声波衰减
孔径	定量显微镜 饱和压力点 水银孔隙率法 小角度中子散射
晶粒尺寸	定量显微镜
烧结颈尺寸	定量显微镜 微焦点计算机断层扫描 同步辐射成像
收缩/膨胀	体积线性尺寸 膨胀计
表面积	气体吸附 水银孔隙率法 透气性 定量显微镜
热学性能/导电性	涡流 差热分析/热重分析 磁导率
力学性能	拉伸或断裂强度 硬度 弹性模量,共振频率或声速 断裂韧性,冲击能量
反应,均匀性	X 射线衍射 热分析、热重分析或差热分析 色谱分析 显微镜、微探针或电子显微镜 正电子湮灭 质谱分析

　　烧结理论的一个关键目标是解释这些烧结过程,利用工艺参数如粒度、生坯密度、加热速率、烧结峰值温度、保温时间和气氛等,预测所得的密度、性能、烧结件尺寸和微观组织。

　　如表 4.1 所示,可以使用多种测量手段进行烧结研究。根据材料的使用性能与烧结行为选择合适的工具和正确的实验方案。应该根据需要预测的烧结性能,选择相应的测量方法,以确保烧结分析的准确。

　　除了优化烧结外,本章介绍的测试还提供了烧结理论需要解释的内容。早期观察表明,颈部生长是烧结中最重要的现象[80]。图 4.63 显示了银早期的颈部生长。解释这些数

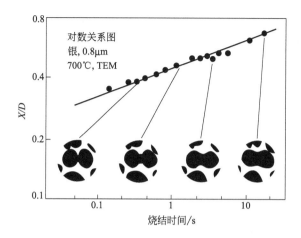

图 4.63　在 700℃（973K）的热透射电子显微镜下加热 0.8μm 银颗粒期间烧结颈部的生长[80]

据是建模工作的核心，也是本书的重点。在出现较为完善的理论之前，可以通过分析与测量烧结过程来研究。本章涵盖的测试和分析是后续章节理论工作的实验基础。

参考文献

[1]　J. Frenkel, Viscous flow of crystalline bodies under the action of surface tension, J. Phys. 9 (1945)385-391.

[2]　R.F. Wang, Y.X. Wu, X. Zhou, C.A. Tang, Debinding and sintering processes for injection molded pure titanium, Powder Metall. Tech. 24 (2) (2006) 83-93.

[3]　R.M. German, Powder Metallurgy and Particulate Materials Processing, Metal Powder Industries Federation, Princeton, NJ, 2005.

[4]　C.D. Turner, M.F. Ashby, The cold isostatic pressing of composite powders - I. Experimental investigations using model powders, Acta Mater. 44 (1996) 4521-4530.

[5]　P.E. Evans, D.W. Ashall, Grain growth in sintered nickel powder, Inter. J. Powder Metall. 1 (1) (1965) 32-41.

[6]　R.M. German, Particle Packing Characteristics, Metal Powder Industries Federation, Princeton,NJ, 1989.

[7]　M.J. Mayo, Processing of nanocrystalline ceramics from ultrafine particles, Inter. Mater. Rev. 41(1996) 85-115.

[8]　Y. Liu, B.R. Patterson, A. Stereological, Model of the degree of grain boundary-pore contact during sintering, Metall. Trans. 24A (1993) 1497-1505.

[9]　F.N. Rhines, R.T. DeHoff, A. Topological, Approach to the study of sintering, in: H.H. Hausner(Ed.), Modern Developments in Powder Metallurgy, vol. 4, Plenum Press, New York, NY, 1971,pp. 173-188.

[10]　D.L. Johnson, Sintering kinetics for combined volume, grain boundary and surface diffusion, Phys.Sintering 1 (1969) B1-B22.

[11]　S.B. Boskovic, M.M. Ristic, Sintering of nonstoichiometric nickel oxide, Powder Metall. Metal Ceram 11 (1972) 755-759.

[12]　M. Yeadon, J.C. Yang, R.S. Averback, J.W. Bullard, J.M. Gibson, Sintering of silver and copper nanoparticles on (001) copper observed by in situ ultrahigh vacuum transmission electron microscopy,Nano. Mater. 10 (1998) 731-739.

[13] O. Lame, D. Bellet, M. Di Michiel, D. Bouvard, Bulk observation of metal powder sintering by X-ray synchrotron microtomography, Acta Mater. 52 (2004) 977-984.

[14] G.C. Kuczynski, Self-diffusion in sintering of metallic particles, Trans. TMS-AIME 185 (1949) 169-178.

[15] F.A. Nichols, W.W. Mullins, Morphological changes of a surface of revolution due to capillarityinduced surface diffusion, J. Appl. Phys. 36 (1965) 1826-1835.

[16] R.M. German, Z.A. Munir, Morphology relations during surface-transport controlled sintering, Metall. Trans. 6B (1975) 289-294.

[17] R.M. German, Z.A. Munir, Morphology relations during bulk-transport sintering, Metall. Trans. 6A (1975) 2229-2234.

[18] J. Bernholc, P. Salamon, R.S. Berry, Annealing of fine powders: initial shapes and grain boundary motion, in: P. Jena, B.K. Rao, S.N. Kahanna (Eds.), Physics and Chemistry of Small Clusters, Plenum Press, New York, NY, 1987, pp. 43-48.

[19] R.M. German, J.F. Lathrop, Simulation of spherical powder sintering by surface diffusion, J. Mater. Sci. 13 (1978) 921-929.

[20] P.D. Wilcox, I.B. Cutler, Strength of partly sintered alumina compacts, J. Amer. Ceram. Soc. 49 (1966) 249-252.

[21] R.L. Coble, W.D. Kingery, Effect of porosity on physical properties of sintered alumina, J. Amer. Ceram. Soc. 39 (1956) 377-385.

[22] J.V. Kumar, The hypothesis of constant relative responses and its application to the sintering process of spherical powders, Solid State Phen 8 (1989) 125-134.

[23] X. Xu, P. Lu, R.M. German, Densification and strength evolution in solid-state sintering: Part II, strength model, J. Mater. Sci. 37 (2002) 117-126.

[24] G.A. Shoales, R.M. German, In situ strength evolution during the sintering of bronze powders, Metall. Mater. Trans. 29A (1998) 1257-1263.

[25] Z.Z. Fang, Correlation of transverse rupture strength of WC-Co with hardness, Inter. J. Refract. Met. Hard Mater 23 (2005) 119-127.

[26] S.J. Park, S.T. Chung, Y.S. Kwon, R.M. German, Press - sinter simulation tool and its applications, Proceedings PM 2010 World Congress on Powder Metallurgy, Florence, Italy, October, European Powder Metallurgy Association, Shrewsbury, UK, 2010.

[27] R. Haynes, The Mechanical Behavior of Sintered Metals, Freund Publishing House, London, UK, 1981.

[28] R. Haynes, J.T. Egediege, Effect of porosity and sintering conditions on elastic constants of sintered irons, Powder Metall. 32 (1989) 47-52.

[29] L.P. Martin, D. Dadon, M. Rosen, Evaluation of ultrasonically determined elasticity-porosity relations in zinc oxide, J. Amer. Ceram. Soc. 79 (1996) 1281-1289.

[30] G.F. Huettig, K. Adlassnig, O. Foglar, Relationships between properties and structure of sintered material made up of single atom type, in: W.E. Kingston (Ed.), The Physics of Powder Metallurgy, McGraw-Hill, New York, NY, 1951, pp. 180-188.

[31] G. Roebben, B. Bollen, A. Brebels, J. Van Humbeeck, O. Van Der Biest, Impulse excitation apparatus to measure resonant frequencies, elastic moduli, and internal friction at room and high temperature, Rev. Sci. Inst. 68 (1997) 4511-4515.

[32] M. Paganelli, Using the optical dilatometer to determine sintering behavior, Ceram. Bull. 81 (11)(2002) 25-30.

[33] I.B. Cutler, Sintering of glass powders during constant rates of heating, J. Amer. Ceram. Soc. 52(1969) 14-17.

[34] P.Z. Cai, G.L. Messing, D.L. Green, Determination of the mechanical response of sintering compacts by cy-

clic loading dilatometry, J. Amer. Ceram. Soc. 80 (1997) 445-452.

[35]　J.J. Bacmann, G. Cizeron, Dorn method in the study of initial phase of uranium dioxide sintering, J. Amer. Ceram. Soc. 51 (1968) 209-212.

[36]　B. Merideth, D.R. Milner, The liquid-phase sintering of titanium carbide, Powder Metall. 19 (1976) 162-170.

[37]　D.C. Blaine, R. Bollina, S.J. Park, R.M. German, Critical use of video imaging to rationalize computer sintering simulations, Compt. Ind. 56 (2005) 867-875.

[38]　C. Binet, K.L. Lencoski, D.F. Heaney, R.M. German, Modeling of distortion after densification during liquid phase sintering, Metall. Mater. Trans. 35A (2004) 3833-3841.

[39]　L. He., Y. Zhou, Y. Bao, Z. Lin, J. Wang, Synthesis, physical, and mechanical properties of bulk $Zr_3Al_3C_5$ ceramic, J. Amer. Ceram. Soc. 90 (2007) 1164-1170.

[40]　F. Bernard, E. Gaffet, M. Gramond, M. Gailhanou, J.C. Gachon, Simultaneous IR and timeresolved X-ray diffraction measurements for studying self-sustained reaction, J. Synch. Rad. 7(2000) 27-33.

[41]　N.M. Wereley, T.F. Zahrah, F.H. Charron, Intelligent control of consolidation and solidification processes, J. Mater. Eng. Perform. 2 (1993) 671-682.

[42]　K.V. Sebastian, G.S. Tendolkar, Densification in W-Cu sintered alloys produced from coreduced powders, Plansee. Pulver 25 (1977) 84-100.

[43]　R.T. DeHoff, E.H. Aigeltinger, Experimental quantitative microscopy with special applications to sintering, in: J.S. Hirschhorn, K.H. Roll (Eds.), Advanced Experimental Techniques in Powder Metallurgy, Plenum Press, New York, NY, 1970, pp. 81-137.

[44]　C.E. Schlaefer, R.M. German, Thermal conductivity evolution during initial stage sintering, *Advances in Powder Metallurgy and Particulate Materials* - 2003, Part 5, Metal Powder Industries Federation, Princeton, NJ, 2003, pp. 32-40.

[45]　J. Gurland, Application of dihedral angle measurements to the microstructure of cemented carbides WC-Co, Metallog. 10 (1977) 461-468.

[46]　J.H. Enloe, R.W. Rice, J.W. Lau, R. Kumar, S.Y. Lee, Microstructural effects on the thermal conductivity of polycrystalline aluminum nitride, J. Amer. Ceram. Soc. 74 (1991) 2214-2219.

[47]　T.J. Gray, Sintering of zinc oxide, J. Amer. Ceram. Soc. 37 (1954) 534-539.

[48]　R.M. German, Z.A. Munir, Surface area reduction during isothermal sintering, J. Amer. Ceram. Soc. 59 (1976) 379-383.

[49]　S. Brunauer, P.H. Emmett, E. Teller, Adsorption of gases in multimolecular layers, J. Amer. Chem. Soc. 60 (1938) 309-319.

[50]　S. Prochazka, R.L. Coble, Surface diffusion in the initial sintering of alumina, Part 3. Kinetic study, Phys. Sintering 2 (1970) 15-34.

[51]　R. Watanabe, Y. Masuda, Quantitative estimation of structural change in carbonyl iron powder compacts during sintering, Trans. Japan Inst. Met. 13 (1972) 134-139.

[52]　F. Thummler, W. Thomma, The sintering process, Metall. Rev. 12 (1967) 69-108.

[53]　A.S. Watwe, R.T. DeHoff, Metric and topological characterization of the advanced stages of loose stack sintering, Metall. Trans. 21A (1990) 2935-2941.

[54]　O.J. Whittemore, Pore morphography in ceramic processing, in: H. Palmour, R.F. Davis, T.M. Hare (Eds.), Processing of Crystalline Ceramics, Plenum Press, New York, NY, 1978, pp. 125-133.

[55]　S.M. Sweeney, C.L. Martin, Pore size distributions calculated from 3-D images of DEM-simulated powder compacts, Acta Mater. 51 (2003) 3635-3649.

[56]　P. Lu., J.L. Lannutti, P. Klobes, K. Meyer, X-ray computed tomograph and mercury porosimetry for evalua-

tion of density evolution and porosity distribution, J. Amer. Ceram. Soc. 83 (2000)518-522.

[57] G.J. Wright, J.A. Yeomans, Constrained Sintering of yttria stabilized zirconia electrolytes: the influence of two step sintering profiles on microstructure and gas permeance, Inter. J. App. Ceram. Tech. 4 (2008) 589-596.

[58] J. Soares, L.F. Malheiros, J. Sacramento, M.A. Valente, F.J. Oliveira, Microstructure and properties of sub-micrometer carbides obtained by conventional sintering, J. Amer. Ceram. Soc. 94 (2011)84-91.

[59] H.F. Fischmeister, Characterization of porous structures by stereological measurements, Powder Metall. Inter. 7 (1975) 178-188.

[60] J. Liu, R.M. German, Three-dimensional coordination number in liquid phase sintered microstructures from two-dimensional connectivity, P/M Sci. Tech. Briefs 6 (2) (2004) 19-21.

[61] A. Tewari, A.M. Gokhale, R.M. German, Effect of gravity on three-dimensional coordination number distribution in liquid phase sintered microstructures, Acta Mater. vol. 47 (1999)3721-3734.

[62] S.J. Park, K. Cowan, J.L. Johnson, R.M. German, Grain Size Measurement Methods and Models for Nanograined WC-Co, Inter. J. Refract. Met. Hard Mater. vol. 26 (2008) 152-163.

[63] M. Brieseck, B. Gneis, K. Wagner, S. Wagner, W. Lengauer, A straightforward method for analyzing the grain size distribution in WC-Co hardmetals, in: P. Rodhammer (Ed.), Proceedings of the Seventeenth Plansee Seminar, vol. 1, Plansee Group, Reutte, Austria, 2009, pp. AT13.1-AT13.10.

[64] P. Louis, A.M. Gokhale, Application of image analysis for characterization of spatial arrangements of features in microstructure, Metall. Mater. Trans. 26A (1995) 1449-1456.

[65] Y. Liu, R.M. German, R.G. Iacocca, Microstructure quantification procedures in liquid-phase sintered materials, Acta Mater. 47 (1999) 915-926.

[66] D.A. Aboav, T.G. Langdon, The distribution of grain diameters in polycrystalline magnesium oxide, Metallog. 1 (1969) 333-340.

[67] D.A. Aboav, T.G. Langdon, The shape of grains in a polycrystal, Metallog. 2 (1969) 171-178.

[68] R.M. German, Coarsening in sintering: grain shape distribution, grain size distribution, and grain growth kinetics in solid-pore systems, Crit. Rev Solid State Mater. Sci 35 (2010) 263-305.

[69] W.D. Kingery, B. Francois, The sintering of crystalline oxides, 1. Interactions between grain boundaries and pores, in: G.C. Kuczynski, N.A. Hooton, C.F. Gibbon (Eds.), Sintering and Related Phenomena, Gordon and Breach, New York, NY, 1967, pp. 471-496.

[70] J. Svoboda, H. Riedel, Pore-boundary interactions and evolution equations for the porosity and grain size during sintering, Acta Metall. Mater. 40 (1992) 2829-2840.

[71] B.R. Patterson, Y. Liu, Quantification of grain boundary-pore contact during sintering, J. Amer. Ceram. Soc. 73 (1990) 3703-3705.

[72] T. Sone, H. Akagi, H. Watarai, Effect of pore-grain boundary interactions on discontinuous grain growth, J. Amer. Ceram. Soc. 74 (1991) 3151-3154.

[73] B.R. Patterson, Y. Liu, J.A. Griffin, Degree of pore-grain boundary contact during sintering, Metall. Trans. 21A (1990) 2137-2139.

[74] M. Whitney, S.F. Corbin, R.B. Gorbet, Investigation of the mechanisms of reactive sintering and combustion synthesis of NiTi using differential scanning calorimetry and microstructural analysis, Acta Mater. 56 (2008) 559-570.

[75] D.S. Janisch, W. Lengauer, A. Eder, K. Dreyere, K.l. Doedinger, H.W. Daub, et al., Nitridation of sintering of WC-Ti(C,N)-(Ta,Nb)C - Co hardmetals, Inter. J. Refract. Met. HardMater. 36 (2013) 22-30.

[76] R.K. Enneti, S.J. Park, R.M. German, S.V. Atre, Review - thermal debinding process in particulate materials

processing, Mater. Manuf. Proc. 27 (2012) 103-118.

[77]　H. Atsushi, S. Yabe, Measurement of sintering gas release behavior of Fe powder by gas chromatograph method, J. Japan Soc. Powder Powder Metall. 56 (2009) 18-25.

[78]　Y. Yamada, R. Watanabe, Gas chromatographic study of decomposition of hydroxyapatite in the presence of dispersed zirconia at elevated temperatures, J. Ceram. Soc. Japan 103 (1995)1264-1269.

[79]　H. Danninger, C. Gierl, Processes in PM steel compacts during the initial stages of sintering, Mater. Chem. Phys. 67 (2001) 49-55.

[80]　S.M. Kaufman, T.J. Whalen, L.R. Sefton, E. Eichen, The utilization of electron microscopy in the study of powder metallurgical phenomena I. Neck growth measurements for submicron copper and silver spheres, in: J.S. Hirschhorn, K.H. Roll (Eds.), Advanced Experimental Techniques in Powder Metallurgy, Plenum Press, New York, NY, 1970, pp. 25-39.

第 **5** 章

早期的定量测量

5.1 概述

　　烧结科学是与时俱进的量化发展浪潮的产物。第一次发展浪潮完全是经验主义的，而且持续了数千年，其成果只能通过博物馆中的文物窥知。第二次发展浪潮把烧结视为特殊应用中的重要制造工艺。尽管测量工具有限，但还是出现了像熔化玻璃的铂坩埚这样的实用产品。第三次发展浪潮随着定量测量工具的出现而兴起。许多这样的工具现在仍在使用。由此产生的量化报告对发展中的现象学概念与预测原子模型都至关重要，这些是现在我们对烧结理解的基础。

　　烧结工艺的发展伴随着近十多年的定量测试。测量结果引发推测，而推测反过来产生对一些问题的见解，进而构成烧结科学的平台。这是老规则"验证你的推测"的简单例子，例如，膨胀测量数据就出现在收缩模型之前。

　　定量实验致力于材料性能的提高，其驱动力是商业产品。因此，体现疲劳寿命与烧结工艺之间关系的数据先于烧结颈长大模型出现。产品应用的条件取决于材料的硬度、强度、导电性、导热性、延展性、耐磨性以及辐射吸收性等数据[1-10]。当人们对性能属性感到困惑，总感觉缺少什么东西的时候，微观检测出现了。

　　本章重点叙述重要工艺参数确定后与理论建立前的过渡时期，这一时期对理论建立起着关键作用。在此期间，作为早期工业电气化过程中非常重要材料的铜是烧结量化测试默认的平台材料。铜粉来源广泛，纯度高，被广泛应用于定量实验。许多早期的关键研究中都出现了铜。

5.2 烧结科学的开端

　　随着人类知识的不断丰富，烧结的各方面也在相互促进发展。烧结铂在经验上的进步与随后开发的钽、钨与铌的成熟烧结工艺为灯丝的制造开辟了道路。生产灯丝的拉丝模具时对新型硬质材料的需求导致了液相烧结 WC-Co 的研发与成功。对碳化物进行加工的拉丝模需要由烧结金刚石复合材料来完成。当实现了超高压工艺时，通过使用烧结硬质合金得到了人造金刚石。经验表明，烧结材料的发展相互存在关联。

20 世纪 40 年代之前，大部分文献关于烧结的描述都是定性的。到了 40 年代后期，由于应用的多样性，定量模型开始涌现。例如，用于电源开关的电触头复合材料要靠铜和一种耐电弧腐蚀粉末（钨、钼、碳化钨）相结合得到[11,12]。随着经验的积累，应用逐渐扩展至包括过滤器、核能、绝缘子、传感器和烧结聚合物等领域[13-16]。

测量构架的建立需要大量的实验与数据，烧结的量化测量与评价手段也随之出现。很明显，早期的铜烧结工作为本书中所述的一些发展提供了一些观察视角。

5.3　铜的烧结

铜粉可通过多种制备工艺得到。铜粉的高纯度和易氧化性要求烧结环境不会使其表面产生氧化。

1940 年，Goetzel 通过铜粉的烧结思考和总结了烧结的发展。他通过一系列实验条件对还原和电解铜粉的特性进行了研究，包括颗粒类型、生坯密度（压制压力）、峰值温度、保温时间和气氛。他的实验条件如下：压制压力 70～620MPa，烧结温度 600～900℃（873～1173K），保温时间 1～16h，气氛为真空或氢气。目标变量包括密度、硬度、强度、延展性、导电性、疲劳强度、冲击韧性和相应的变形。Goetzel 界定了能够获得 100% 致密度的温度、时间和压力的参数组合。如图 5.1 所示，压制压力对制品性能影响最大[17]。

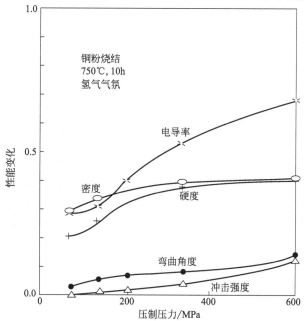

图 5.1　1940 年 Goetzel 报告中铜粉烧结性能的变化[17]

图中给出了 750℃（1023K），保温 10h，氢气气氛工艺条件下材料的电导率、

密度、硬度、弯曲角度（延展性）、冲击强度随压制压力的变化

奇怪的是，在 750℃（1023K）、350MPa 进行实验时，与 15h 相比，保温时间 6h 的试件烧结密度增加，但烧结体强度却从 97MPa 下降到 89MPa。但他的研究主要为了力学性能和电气性能的优化，并未涉及烧结机制。

考虑到当时的具体情况，这一早期关于烧结的定量处理效果是很卓越的。直到最近，研究人员才意识到烧结和对应的温度相关[18,19]。然而，由于当时原子扩散理论尚未被接受，因此铜粉烧结被视为黏性流动过程[20-25]。

1942 年，研究者发现了铜坯在一定烧结条件下会膨胀这一异常烧结现象[25,26]。图 5.2 中可以观察到这一现象。该过程的细节没有给出，但可以显示出膨胀程度随生坯密度而变化。目前，膨胀被认为是延迟的气体反应引起的，但是令研究人员困惑的是，显然应该从粉末的参数出发来避免这一问题[7]。

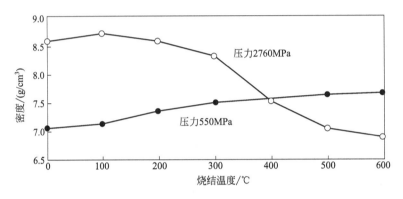

图 5.2 铜粉在 2760MPa 和 550MPa 压力条件下不同温度的烧结密度[26]
当温度较高时，压力较大会引起膨胀，导致最终的烧结密度较低。
早期的研究未能说明气体反应，而是推测有一些新的机制

随着有关强度、硬度和导电性等性能数据的出现，人们对引起性能变化的原因提出了疑问。通过对铜烧结过程的研究，Kuczynski 提出了烧结颈长大模型[27]，Duwez 和 Martens 提出了早期膨胀测量法[28]。很快铜成为烧结研究的实验依据。像烧结颈尺寸这样的基本参数成为了焦点。图 5.3 描述了铜粉烧结时烧结颈生长的早期实例[29]，该实验中将 640～560μm 的球形铜粉加热到 900℃（1173K），保温 24h 引起烧结颈形成。在不同温度及不同烧结时间下重复操作，

图 5.3 光学显微镜下烧结颈的形成[29]
工艺过程为将 640～560μm 的球形铜粉
加热到 900℃（1173K），保温 24h

并与体积扩散模型对照，结果发现正如所预测的那样，低的表面能及晶界面积都与大颗粒相关。这与放射同位素扩散速率检测结果相一致。例如，图 5.4 为从 1949 年的烧结颈生长数据中摘录的扩散系数曲线[29]。该报告显示 230kJ/mol 的烧结活化能与 226kJ/mol 的铜体积扩散活化能很接近，这是通过黏性流动扩散的理论的显著

成功。

定量数据使得对新模型进行验证成为可能，但烧结后的烧结体性能测量并未给出相匹配的数据。例如，冈村（Okamura）等人对铜的烧结研究中发现强度和收缩率没有关系，但收缩率确实提供了与体积扩散一致的活化能[30]。收缩率和烧结颈尺寸等参数与扩散相关，但强度和整体性能却与其不相关。这使得诸如膨胀系数仪这样能正确跟踪烧结的新工具成为焦点。

膨胀仪测定的膨胀系数受到以下几个因素的影响：颗粒尺寸、生坯密度、加热速率、峰值温度、保温时间、氧化物含量及合金化程度。这种方法有助于对影响铜烧结的多种参数进行平行实验[31-42]。图 5.5 为铜粉以 4℃/min 加热速率升温至 980℃ （1253K） 烧结时的尺寸变化曲线[28]。由图看出，在初始加热阶段是热膨胀，接近 500℃ （773K）时发生收缩。在加热期间连续加速收缩，接着冷却时继续收缩。平行实验确定了压制压力的影响。例如图 5.6 为 74μm 和 43μm 的铜粉在 140MPa 6 个不同温度烧结时的收缩曲线[43]。在较高温度下，烧结的加速是很明显的。

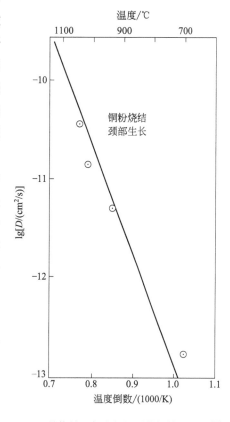

图 5.4　从烧结颈部生长得到的铜扩散系数[29]
纵坐标是扩散系数的对数，横坐标是温度的倒数。发现活化能接近体积扩散活化能

其他参数的研究也增加了对烧结的定量理解。例如 Shaler 专注于烧结铜的孔径尺寸研究，并观察到哪些烧结条件会引起收缩和膨胀[24]。一些学者意识到铜的孔隙数量与孔隙尺寸会随着烧结时间变化[43-45]。烧结有明显的孔隙粗化特征，这从图 5.7 中烧结铜的数据可以明显看出[44]。随着孔隙数量与孔隙率的下降，孔径增加。这样的粗化行为表明，有必要通过材料的整体性能去了解与烧结相关的变化。

1949 年，Alexander 和 Balluffi 发现了晶界处孔隙消失的关键因素[46]。这为烧结模型中晶界扩散和晶粒长大奠定了基础。到 20 世纪 50 年代，已经建立了这种量化研究的基础。这些进展依赖于定量数据，而铜提供了可广泛使用的实验数据和模型基础。原子扩散模型与测量的烧结速率的一致性巩固了烧结理论。反过来，这也解释了强度等性能是如何随烧结参数而改变的[43]。很多定量烧结理论基础都来源于铜烧结实验的数据。在此基础上，建立了坚实的烧结科学框架，在本书后面的章节中会对相关内容加以介绍。

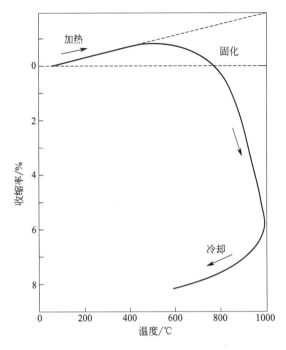

图 5.5 43μm 和 74μm 的铜粉以 4℃/min 速率加热至 980℃（1253K）的膨胀率[28]
首次收缩出现在 500℃（773K）

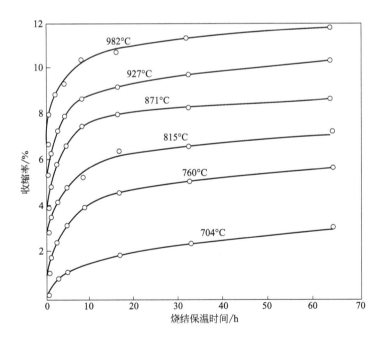

图 5.6 74μm 和 43μm 的铜粉在 140MPa、6 个不同温度烧结时，收缩率与保温时间的关系曲线[43]

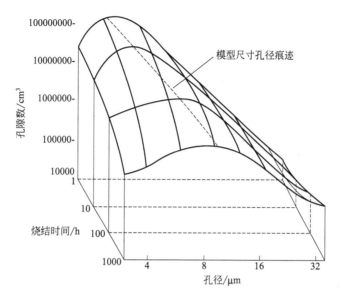

图 5.7　铜在 1000℃（1273K）烧结时的孔径分布曲线[44]

显示了随着烧结时间延长，孔隙率（曲线下的面积）和孔隙数下降，孔隙粗化。显微观察促进了烧结模型的发展

参考文献

［1］　W.D. Coolidge, Ductile tungsten, Trans. Amer. Inst. Elect. Eng. 29 (1910) 961-965.

［2］　B.G. Klugh, The microstructure of sintered iron bearing materials, Trans. TMS-AIME 45 (1913)330-345.

［3］　J.B. Ferguson, Note on the sintering of magnesia, J. Amer. Ceram. Soc. 1 (1918) 439-440.

［4］　R.C. Smith, Sintering: its nature and causes, J. Chem. Soc. Trans. 123 (1923) 2088-2094.

［5］　S.L. Hoyt, Metal carbides and cemented tungsten carbide, Trans. AIME 89 (1930) 9-58.

［6］　C.J. Smithells, A new alloy of high density, Nature 139 (1937) 490-491.

［7］　J.E. Drapeau, Sintering characteristics of various copper powders, in: J. Wulff (Ed.), Powder Metallurgy, American Society for Metals, Cleveland, OH, 1942, pp. 323-331.

［8］　G.H.S. Price, C.J. Smithells, S.V. Williams, Sintered alloys. part I - copper-nickel-tungsten alloys sintered with a liquid phase present, J. Inst. Met 62 (1938) 239-264.

［9］　H.E. Hall, Sintering of copper and tin powders, Met. Alloys 14 (1939) 297-299.

［10］　H.E. White, R.M. Shremp, Beryllium oxide: I, J. Amer. Ceram. Soc. 22 (1939) 185-189.

［11］　C.G. Goetzel, Treatise on Powder Metallurgy, vol. I, Interscience Publishers, New York, NY, 1949, pp. 259-312.

［12］　C.G. Goetzel, Treatise on Powder Metallurgy, vol. III, Interscience Publishers, New York, NY, 1952.

［13］　G.A. Geach, A.A. Woolf, The sintering behavior of organic materials, in: W. Leszynski (Ed.), Powder Metallurgy, Interscience, New York, NY, 1961, pp. 201-206.

［14］　P.D.S. St Pierre, Constitution of bone china: I, high temperature phase equilibrium studies in the system tricalcium phosphate-alumina-silica, J. Amer. Ceram. Soc. 37 (1954) 243-258.

［15］　P. Duwez, H.E. Martin, The powder metallurgy of porous metals and alloys having a controlled porosity, Trans. TMS-AIME 175 (1948) 848-877.

［16］　T.J. Gray, Sintering of zinc oxide, J. Amer. Ceram. Soc. 37 (1954) 534-539.

［17］　C.G. Goetzel, Structure and properties of copper powder compacts, J. Inst. Met. 66 (1940)319-329.

[18] G.F. Huttig, Die Frittungsvorange innerhalb von Pulvern, weiche aus einer einzigen Komponente beste-
hen- Ein Beitrag zur Aufklarung der Prozesse der Metall-Kermik und Oxyd-Keramik, Kolloid Z. 98 (1942)
6-33.

[19] F. Sauerwald, Uber de Elementarvorgange beim Fritten and Sintern von Metallpulvern mit besonderer Be-
rusksichtigung der Realstruktur ihere Oberflachen, Kolloid Z 104 (1943) 144-160.

[20] A.J. Shaler, J. Wulff, Rate of sintering of copper powder, Phys. Rev. 72 (1947) 79-80.

[21] A.J. Shaler, J. Wulff, On the rate of sintering of metal powders, Phys. Rev. 73 (1948) 926.

[22] C. Herring, Diffusional viscosity of a polycrystalline solid, J. Appl. Phys. 21 (1950) 437-445.

[23] J.K. Mackenzie, R. Shuttleworth, A phenomenological theory of sintering, Proc. Phys. Soc 62 (1949) 833-852.

[24] A.J. Shaler, Seminar on the kinetics of sintering, Trans. TMS-AIME 185 (1949) 796-804.

[25] P.E. Wretblad, J. Wulff, sintering, in: J. Wulff (Ed.), Powder Metallurgy, American Society for Metals,
Cleveland, OH, 1942, pp. 36-59.

[26] C.G. Goetzel, Hot pressed and sintered copper powder compacts, in: J. Wulff (Ed.), Powder Metallurgy, A-
merican Society for Metals, Cleveland, OH, 1942, pp. 340-351.

[27] G.C. Kuczynski, Self-diffusion in sintering of metallic particles, Trans. TMS-AIME 185 (1949)169-178.

[28] P. Duwez, H. Martens, A dilatometric study of the sintering of metal powder compacts, Trans.TMS-AIME
185 (1949) 572-576.

[29] J.H. Dedrick, A. Gerds, A study of the mechanism of sintering of metallic particles, J. Appl. Phys.20 (1949)
1042-1044.

[30] T. Okamura, Y. Masuda, Experimental study on the kinetics of sintering metal powder at constant temper-
ature, I, Trans. Japan Inst. Met. 1 (1949) 357-363.

[31] T.P. Hoar, J.M. Butler, Influence of oxide on the pressing and sintering of copper compacts, J. Inst.Met. 78
(1950) 351-393.

[32] A. Duffield, P. Grootenhuis, The effect of particle size on the sintering of copper powder, J. Inst.Met. 87
(1958) 33-41.

[33] H. Mitani, Abnormal expansion of cu-sn powder compacts during sintering, Trans. Japan Inst. Met.3 (1962)
244-251.

[34] P. Duwez, C.B. Jordan, Sintering of Copper Gold Alloys, in: W.E. Kingston (Ed.), The Physics of Powder
Metallurgy, McGraw-Hill, New York, NY, 1951, pp. 230-237.

[35] J. Gurland, J.T. Norton, Role of the binder phase in cemented tungsten carbide-cobalt alloys, Trans. TMS-
AIME 194 (1952) 1051-1056.

[36] E.B. Allison, P. Murray, A fundamental investigation of the mechanism of sintering, Acta Metall. 2(1954)
487-512.

[37] G. Cizeron, P. Lacombe, Influence des phenomenes d' autodiffusion dans le frittage du fer pur d' origine-
carbonyle en dessous et au-dessus du poin, Rev. Metall. 52 (1955) 771-783.

[38] G. Cizeron, P. Lacombe, Influence des chauffages de part et d' autre du point de transformation alpha-
gamma du fer sur les processus d' autodiffus, Rev. Metall. 53 (1956) 819-829.

[39] G. Cizeron, Role de la structure et de l' atmosphere sur la cinetique du frittage du fer carbonyle, Compt.
Rendus 245 (1957) 2047-2050.

[40] G. Cizeron, Influence de la grosseur du grain sur la cinetique du retrait d' agglomeres de ferex-carbonyle
au cours du frittage ene, Compt. Rendus 245 (1957) 2051-2054.

[41] G. Cizeron, Influence d' une double compression sur la cinetique du frittage d' agglomeres de ferex-car-
bonyle, Compt. Rendus 244 (1958) 3060-3063.

［42］　J. Gurland, Observations on the structure and sintering mechanism of cemented carbides, Trans.TMS-
　　　AIME 215 (1959) 601-608.

［43］　R.T. DeHoff, J.P. Gillard, Relationship between microstructure and mechanical properties in sintered cop-
　　　per, in: H.H. Hausner (Ed.), Modern Developments in Powder Metallurgy, 4, Plenum Press, New York,
　　　NY, 1971, pp. 281-290.

［44］　P. Duwez, Diffusion in sintering, Atom Movements, American Society for Metals, Metals Park,OH, 1950,
　　　pp. 192-208.

［45］　A.W. Postlethwaite, A.J. Shaler, Shrinkage of synthetic pores in copper, in: W.E. Kingston (Ed.),The Phys-
　　　ics of Powder Metallurgy, McGraw-Hill, New York, NY, 1951, pp. 189-201.

［46］　B.H. Alexander, R. Balluffi, Experiments on the mechanism of sintering, J. Met. 2 (1950) 1219.

第 **6** 章

烧结过程中的几何轨迹

6.1 概述

烧结将颗粒结合起来，其间伴随着孔隙与晶粒结构的同时变化。这些几何参数变化的趋势是朝能量降低的方向进行。显而易见可以通过减少表面积使表面能降低。随着表面积的减少，颗粒之间的黏结作用增强。对于晶体材料，烧结过程中表面积转变为晶界面积，晶界面积增加。而后随着晶粒长大，孔隙与晶粒数量减少，晶界面积又随之减小。因此，与烧结相关的几何轨迹可以由几个特征变量表征。

许多材料可烧结至接近全致密。使用标准化温度，可以使大多数材料的烧结工艺更加合理。相应的温度可以根据给定材料的绝对熔融温度制定。对于铜，在 1356K 发生熔化，而全致密烧结温度为 1318K，对应的致密化温度系数为 0.972（1318K/1356K）。同样，对于大多数材料，烧结过程中的几何变化是类似的，即使在纳米级尺寸范围也是如此[1]。这导致在烧结中存在相似的几何行为：除了收缩与膨胀参数，微观结构都是相似的。因为烧结过程中存在缓慢的能量释放，允许类似的几何变化轨迹。具有 $1J/m^2$ 表面能的 $1\mu m$ 颗粒，可释放 $6J/cm^3$ 能量，烧结过程可能需要 1h。烧结中能量释放较慢，因此几何变化存在类似的特征。在这一章中，讨论仅限于几何变化。

并不是所有的烧结都是为了实现高的致密度。有时需要某些特定孔隙率和孔隙结构的多孔材料，以适应特定的功能要求。多孔材料的应用包括电容器、轴承、过滤器、消声器、空气净化器及核燃料等。在这种情况下，要求烧结后材料具有必要的强度，但不要求实现致密化。即使没有致密化，烧结过程中微观结构的显著变化，也可增大材料的强度。烧结过程中微观结构的变化如下：

① 烧结颈尺寸增大；

② 晶粒数量减少；

③ 晶粒尺寸增大，某些情况下，上千个晶粒会聚成一个晶粒；

④ 晶粒形状转变为多边形；

⑤ 表面积减少；

⑥ 孔隙率下降。

6.2　烧结的几个阶段

烧结是粉末颗粒转变成为较强固体的过程。根据开始烧结的条件，烧结阶段可能开始于松散或变形的颗粒。这些松散颗粒可以采用注浆成形、流延成形、粉浆浇注、挤压成形、注射成形、低压模压等方式成形，都是采用没有显著加压的方式。材料变形产生较高的初始密度，这与高压力的成形方式有关，如模压成形、冷等静压、施加循环压力成形等。在烧结模型中，假定颗粒为球形，烧结发生在颗粒之间点接触的地方。在这样的条件下，烧结过程的所有阶段都会发生。若烧结初始密度较高，可以跳过烧结早期的几个烧结阶段[2]。

烧结过程分为四个阶段：

① 烧结前，相互接触的颗粒形成较弱的原子结合；

② 初始阶段，烧结颈长大，每个接触点都会扩大，但不会与相邻接触点交互反应；

③ 中间阶段，孔隙变圆，相邻的烧结颈长大并相互作用，形成管状孔隙网络；

④ 最终阶段，孔隙闭合，形成离散的球形或透镜状孔隙。

图 6.1 为四个烧结阶段的示意图。烧结的初始阶段各个颗粒开始接触，其中连接处出现短距离的原子运动。在同一时间，因为晶粒具有相对于彼此随机的晶体取向，所以在颈部开始形成颗粒边界。烧结颈部出现表面凹凸结合的马鞍状结构。图 6.2 是烧结过程中颈部长大的扫描电子显微照片。烧结颈的尺寸可达到 1/3 的粒径，每个烧结颈与相邻颗粒一同长大。假定烧结颈直径为 X，颗粒直径为 D，烧结初期阶段 $X/D \leqslant 0.33$。孔隙结构是开放的，这意味着气体可以渗透到烧结体内。

在烧结的中间阶段，颈部继续扩大并重叠，形成光滑的孔隙。在颈部的晶界面积增大从而影响到邻近的颈部。孔隙仍然是开放的，所以烧结体并不是致密状态（见图 4.46）。晶粒呈现多边形，而且与晶界的接触面是平坦的，同时在相互交联的三维阵列晶粒边缘形成孔隙。通常，颈部尺寸比 X/D 一直增大到 0.5 左右，即中间阶段烧结大约相当于 $0.33 \leqslant X/D \leqslant 0.50$。

当致密化达到临界点时，晶粒边缘的管状孔隙过渡成为晶粒角的球形孔隙。致密化使孔径缩小，而颗粒长大可能使孔隙变长。以一个十二面体颗粒为例说明这个过渡阶段。十二面体有 12 个面、30 个边和 20 个角。每个边缘由 3 个晶粒共享，每个角由 4 个晶粒共享，因此中间阶段每两个管状孔隙（在边缘上）可有效形成一个球形孔隙（在拐角处）。根据瑞利不稳定性，当孔径 d 和晶粒长度 L 满足以下条件时：

$$L \geqslant \pi d \tag{6.1}$$

中间阶段的细长孔隙会过渡成为球形，球形孔径为管状孔隙直径的 3/2。在中间阶段，孔隙率 ε 的计算公式为：

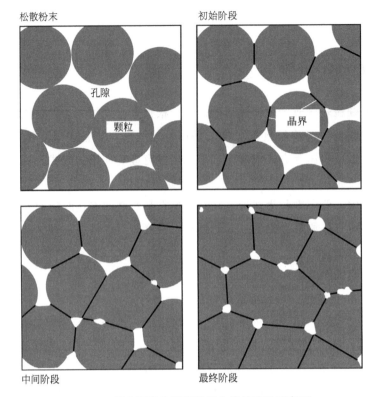

图 6.1 假定颗粒为球形的四个烧结阶段示意图

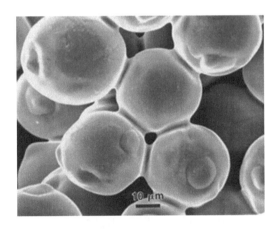

图 6.2 $32\mu m$ 镍球形颗粒烧结颈增长扫描电镜照片

$$\varepsilon = \left(\frac{30}{3}\right)\frac{\pi d^2 L}{4(7.66L^3)} = 1.025\left(\frac{d}{L}\right)^2 \tag{6.2}$$

式中，$30/3$ 是指由 3 个颗粒各自共享 30 个晶粒边缘；$\pi d^2 L/4$ 是每个管状孔的体积；$7.66L^3$ 是十二面体颗粒的体积。$L = \pi d$ 对应于孔隙率为 0.1 或相对密度为 90% 的最终阶段。其他假设预测了孔隙闭合而使相对密度达到理论密度的 $79\% \sim 92\%$[3]。在最终阶段烧结中，晶粒形状朝着 14 面四面体变化，其中 36 个晶粒边缘由 3 个颗粒共享，每 4 个晶粒共享 24 个角。最终烧结阶段的临界转变密度为 92%。

最终阶段的理想情况如图 6.3 所示，十四面体晶粒的 24 个角处都有孔隙，但每个孔隙是由 4 个晶粒共享，因此相当于每个晶粒拥有 6 个孔隙。此时烧结颈已经不能被识别。一般认为，从烧结中期到烧结末期，致密度可以由 90% 增至 92%。封闭孔隙不允许气体渗入其内部，随致密度的增大封闭孔隙增加。实验测量中，致密度为 85% 时孔隙开始封闭，致密度为 92% 时约一半的孔隙被封闭，致密度为 95% 时剩余的孔隙全部成为闭孔。闭孔的变化反映了烧结体结构固有的粒度分布和堆积密度。

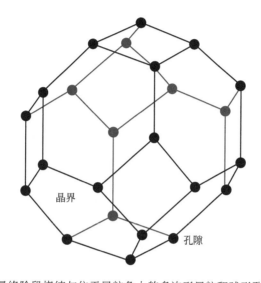

图 6.3　最终阶段烧结与位于晶粒角上的多边形晶粒和球形孔隙比例图

孔隙不连接，所以不可能通过孔隙网络交换气体。该图示意具有六边形和正方形面的混合物的 14 面四面体晶粒

表 6.1 对烧结的各阶段进行了总结，给出了每个阶段有关的近似几何变化。实际烧结中，颗粒存在一定的粒度范围，晶粒接触状况和孔隙形状不易预测。这些对量化理解烧结过程都会有影响。

⊡ **表 6.1　单体颗粒烧结三个阶段的几何变化**

参数	初始阶段	中间阶段	最终阶段
颈球比 X/D	<0.33	0.33~0.5	>0.5
配位数 N_C	<7	8~12	12~14
致密度/%	60~66	66~92	>92
收缩率$(\Delta L/L_0)$/%	<3	3~13	>13
表面积(S/S_0)/%	100~50	50~10	<10
晶粒尺寸比 G/D	≈1	>1	≫1
孔径比 d/G	<0.2	接近常数	缩小

注：X 为烧结颈直径；D 为颗粒直径；N_C 为配位数；$\Delta L/L_0$ 为相对于初始尺寸的尺寸变化，通常称为收缩；S 为比表面积；S_0 为烧结前原子比表面积；G 为晶粒尺寸 d 为孔径。

6.2.1 烧结前——形成接触

烧结在颗粒接触点处开始。较弱的内聚力（如范德华力）使颗粒相互吸引产生弱黏结，接触应力通常估计为 1MPa。初始阶段的烧结扩大了颗粒间的接触。随着烧结颈逐渐变大，需要更多的物质迁移。如果将颈部形状近似为圆形，则颈部体积 V 和颈部直径 X 之间的关系为：

$$V = \frac{\pi X^4}{8D} \tag{6.3}$$

这适用于烧结颈尺寸较小时。当 X 较小时，提供颈部尺寸增量 dX 所需的体积增量 dV 较小，但是随着颈部的持续长大，增加的体积会迅速增大，因为颈部体积的增量变化与颈部尺寸的立方成正比：

$$\frac{dV}{dX} \approx \frac{X^3}{D} \tag{6.4}$$

换句话说，烧结颈较小时，其长大所需要的体积 dV 也小，但烧结颈较大时，其长大则需要更大的颗粒体积。由于需要更大的颗粒体积来实现烧结颈的长大，因此烧结颈的长大速度会随着烧结的进行而减慢。

在实际生产中，大多使用非球形粉末进行烧结。粉体一般具有较宽的粒度分布，而且在烧结之前会先对粉体进行压实。外部压力会重新粉碎颗粒，压缩较大的孔隙，扩大接触点，最重要的是增加每个颗粒的接触点数，即配位数。每个接触点都是一个独立的烧结部位，因此更多的接触点意味着可能实现更高的烧结致密度与更快的烧结速率。在加热过程中，接触点逐渐增大以增加烧结体强度。然而，这种强度的增加有阻碍进一步致密化的倾向，直到达到更高的温度并发生热软化。

在烧结之前，颗粒间彼此的接触是无规则的。随着烧结颈部的长大，在接触面出现晶界。所得到的晶界结构是影响最终致密度的重要因素。

6.2.2 初始阶段——烧结颈长大

接触颗粒之间形成烧结颈，烧结颈长大是烧结初始阶段的重要特征。开始烧结颈尺寸较小，这使得相邻的颈部可以彼此独立地长大。当颈球比 X/D 达到 0.33 时，该阶段结束。在典型的粉末压制中，会有许多位置发生接触。每个接触的烧结颈长大，最终与其相邻的烧结颈融合，覆盖掉之前的烧结颈。

早期模型将烧结颈的鞍形表面近似为直径为 p 的圆，如图 6.4 所示[4]。根据 $(D+p)^2 = D^2 + (X+p)^2$ 形成一个直角三角形，可以近似求得颈部体积、颈部面积和曲率。通过对小圆圈的修正，能够使烧结颈表面积最小化，节省质量并确保平滑的曲率梯度[5-7]。

对于晶体材料，晶界在接触面处形成，并随着颈部扩大而长大。这意味着固-气表面被消除，而固-固（晶界）界面增大。两者都取决于晶体取向，并且晶界随机形成。如果

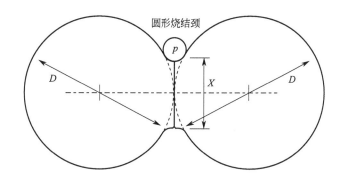

图6.4 两个球体模拟初始阶段烧结颈的几何形状

通过将颈部鞍形表面近似成圆形（设凸形曲面直径为 X，凹形曲面直径为 p），
可以将颈部尺寸和颈部体积联系起来。通过修正几何形状可以将颈部尺寸与烧结收缩率联系起来

烧结缓慢，则在鞍点形成凹槽。但通常较难形成理想的凹槽，因为物质到达颈部的速度要快于形成凹槽所需的时间。固体晶界能量 γ_{SS} 和固-气表面能 γ_{SV} 达到平衡，满足如下关系式：

$$\gamma_{SS} = 2\gamma_{SV}\cos\left(\frac{\varphi}{2}\right) \tag{6.5}$$

式中，φ 是二面角。烧结颈直径 X 与二面角和颗粒直径 D 关系如下：

$$X = D\sin\left(\frac{\varphi}{2}\right) \tag{6.6}$$

随着晶粒长大，颈部尺寸由晶粒尺寸 G 决定，而非颗粒直径 D。晶粒粗化使颈部长大，X 进一步增大。烧结颈形成凹槽意味着烧结颈长大的终止。大多数材料具有的晶界能量较低，并且可以最终烧结到接近全密度。

对于晶体材料，晶界能取决于跨越晶界的取向偏差。某些取向偏差的能量较低，如图6.5所示[8]。因此，颗粒在烧结初始阶段会旋转以获得较高的填充密度和较低的能量[9-11]。初始颗粒的重排如图6.6所示[12]：三个铜颗粒在颈部长大时黏结并旋转，产生新的接触。晶粒旋转速度很慢，约 $0.03°/s$。在某些情况下，重排后的取向是重合的，这意味着接触晶粒和晶体结构之间不存在晶界。否则，晶粒在烧结期间会继续缓慢旋转以获得最低能量。

压坯密度为理论值的 64% 的单个球形颗粒，每个颗粒有 7 个接触点。随着烧结的进行，颗粒收缩，形成新的接触，达到全密度的平均配位值为 14。这些新形成的接触点在初始接触点烧结一段时间之后才开始烧结，这一过程仍然属于初始烧结阶段，即烧结的阶段发生重叠。

大多数的烧结测量与颈球比 X/D 有关。然而，随着颈部长大和重叠，烧结过程的重点转移到烧结中间阶段的孔隙结构变化。

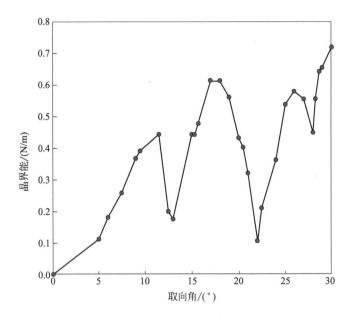

图 6.5 晶界能（N/m 或 J/m²）随着晶体取向角变化的示例图，显示出较优的构型[8]

晶粒旋转方向选择填补空隙的方向，这导致二面角的分布，因为并不是所有的烧结触点具有相同的晶界能量

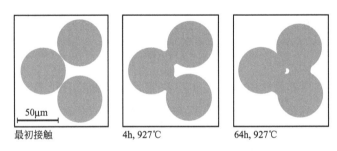

图 6.6 铜球烧结时期拍摄的图像[10]

图中显示了晶粒如何发生旋转，同时形成新的接触点，以降低晶界能量

6.2.3 中间阶段——孔隙球化

在烧结的中间阶段，开孔网络逐渐变得平滑。虽然总孔隙率下降，但随着晶粒长大，孔隙增大。致密化、孔隙球化和晶粒长大在整个烧结过程中持续进行。

在烧结的中间阶段，微观组织结构的最大特点是占据晶粒边缘的球形孔隙。完全致密化后，晶粒形状趋向于十四面体。随着固-固晶界面积的增加，晶粒进一步长大。最终的结果是，孔隙率降低，晶粒数目减少，平均晶粒尺寸增大。界面面积、起始表面积和最终晶界面积的消失或减少是烧结继续进行的驱动力。

对于致密化的烧结体系，在烧结中间阶段可达到约 92% 的致密度。晶粒长大随着孔隙的消失而加速，因此晶粒尺寸逐渐增加并超过初始尺寸。绝大多数的性能优化出现在这一阶段。在中间阶段结束时，孔隙呈闭合球形。

中间阶段的烧结几何状态由位于晶粒边缘的孔隙组成。孔隙不是完美的圆柱体，且尺寸不同，晶粒存在一定的尺寸分布。通常认为晶粒是边缘连接的管状四面体。对于这种几何形状，孔径 d、晶粒尺寸 G 和相对密度 f 有如下关系：

$$f = 1 - 2\pi \left(\frac{d}{G} \right)^2 \tag{6.7}$$

该式给出了孔隙率（$\varepsilon = 1 - f$）、孔径 d 与晶粒尺寸 G 之间的关系，该式的前提是孔隙附着在晶界上。图 6.7 给出了铁在烧结中间阶段的行为[13]。$(d/G)^2$ 是孔隙率的线性函数。之后，在烧结的最终阶段，由于孔隙从晶界分离而使上述关系失效。最小的孔隙优先消失，同时发生孔隙粗大化，形成孔隙长大和孔隙收缩。

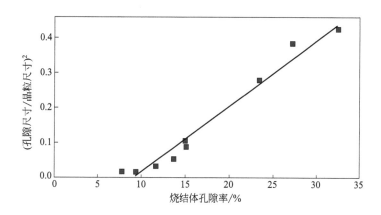

图 6.7　850℃（1123K）烧结铁粉的孔径与晶粒尺寸比的平方（d/G）^{2}相对于孔隙率的曲线图[13]
该行为适用于连接在晶粒边缘上的圆形管状孔隙

6.2.4　最终阶段——孔隙闭合

中间阶段的开孔网络随着孔径的缩小在尺寸上变得不稳定，孔隙长度随晶粒的长大而增长。在致密度为 90%～92% 时，这种不稳定性导致孔隙被挤压成封闭的球形。它类似于将长而薄的液体流变成离散液滴的分解过程。

由于这些闭合孔隙是球形的，所以在显微镜图像横截面中容易被识别。晶粒角上的球形孔隙在减缓晶粒长大方面效果较差。由于孔隙闭合，封闭在其内的气体限制了最终密度。真空烧结由于没有气体填充孔隙，所以通常最终能够实现较高的烧结密度。

在闭合孔隙的形成过程中，孔隙没有剧烈的变化。由于微观结构中存在尺寸梯度，所以孔隙闭合现象仅在一定范围的孔隙率内发生。通常，在孔隙率为 15% 时孔隙开始闭合，当所有的孔隙都闭合时，孔隙率约为 5%。定量显微镜的结果表明，典型的孔隙闭合发生在相对密度 90%～92%。如果忽略晶界能量，则孔隙能够成为球形。使用显微镜进行横截面观察，结果表明孔径显著增加。

在早期的最终阶段烧结模型中，Coble[14] 假设孔隙是球形的，当孔隙位于理想位置时，相对密度 f、孔径 d（假定为球体）、颗粒边界长度 L 的关系如下：

$$f = 1 - \frac{\pi}{\sqrt{2}}\left(\frac{d}{2L}\right)^3 \tag{6.8}$$

颗粒边界长度 L 与晶粒尺寸 G 成比例。假设晶粒为球形，则其晶粒尺寸 $G = 8^{1/2}L$，即 $G = 2.83L$。因此，孔径、晶粒尺寸和相对密度之间的关系会发生变化，如下式表示：

$$d = G\left(\frac{1-f}{2\pi}\right)^{1/3} \tag{6.9}$$

这样，孔隙率（$\varepsilon = 1 - f$）就正比于 $(d/G)^3$。

6.3 界面曲率与能量

烧结过程中的能量释放很小，对于固态相烧结，其量级仅为 $6\mathrm{MJ/m^3}$。相较之下，汽油的能量密度比其高 6000 倍。因此，表面与晶界界面消失涉及的能量释放速度很慢。即使这样，烧结也遵循趋向于达到最低能量的形态这一路径进行。

早期烧结主要是消除曲率梯度，特别是颈部附近的曲率梯度。在烧结的中间阶段，曲率梯度减小，孔隙变得光滑。因此，此时烧结的驱动力是通过消除孔隙和晶粒长大来消除或减少界面面积。

6.3.1 曲率梯度

初始阶段，烧结过程与烧结颈的长大有关。早期的烧结颈长大很快[15]。这可以由图 6.8 所示的不带晶界凹槽的烧结颈的几何形状来显示，当烧结颈快速生长时，不形成二面角[16]。图 6.8 所示为烧结颈部的几何形状，没有晶界槽（当颈部快速长大时，不会形成二面角[16]）。以 z 为中心轴，对称轴为 w、y，则最小能量颈部轮廓为：

$$1 + \sqrt{(w^2 + y^2)} = \cosh(\beta z) + X \tag{6.10}$$

式中，w、y 和 z 是坐标；β 描述了颈部形状，同时受到体积守恒和连续性的约束。颈部具有恒定的曲率梯度，烧结期间有连续的物质传输。

如图 6.9 所示，使用两个垂直的半径 K_1 和 K_2 来表示曲率，该垂直半径 K_1 和 K_2 适合于表面上的任何点。平均曲率 M 是这两者的平均值：

$$M = \frac{1}{2}(K_1 + K_2) \tag{6.11}$$

初始阶段烧结颈部的鞍形面是正曲率和负曲率的混合。曲率表示为：

$$M = \frac{f' + (f')^3 + rf''}{2r\left[1 + (f')^2\right]^{3/2}} \tag{6.12}$$

式中，$z = f(r)$ 将 z 轴与径向距离 r 联系起来。在凹面上，平均曲率为正，基于圆柱坐标系，半径 r 与 w 和 y 坐标关系式如下：

$$r = \sqrt{(w^2 + y^2)} \tag{6.13}$$

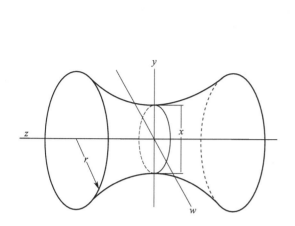

图 6.8　用于计算初始阶段烧结颈曲率半径的几何模型
在这种情况下没有晶界二面角沟槽

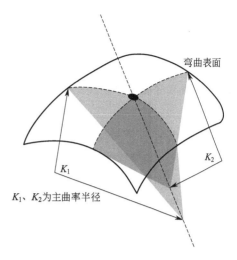

图 6.9　平均曲率的曲面和两个垂直曲率
半径的图示

$$f(r) = \frac{1}{\beta}\cosh^{-1}\left(r - \frac{X}{2} + 1\right) \qquad (6.14)$$

或者

$$f(r) = \frac{1}{\beta}\cosh^{-1}V \qquad (6.15)$$

式中，$V = (r - X/2 + 1)$。如果烧结是通过表面扩散而进行，则在颈部长大期间密度没有变化，所以：

$$\beta \approx \frac{3}{4X^{3/2}} \qquad (6.16)$$

烧结过程中，曲率通过凹面或凸面移动而变平，如图 6.10 所示。换言之，颈部凸起的颗粒通过表面收缩以提供用于颈部长大所需的物质。正常表面任意点的位移 N 取决于表面轮廓 S 的曲率梯度：

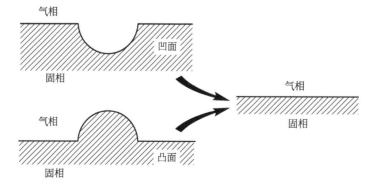

图 6.10　凸面和凹面的物质迁移组合形成平坦表面

$$\frac{dN}{dt} = B \frac{d^2 M}{dS^2} \tag{6.17}$$

式中，参数 B 与质量传输有关，包含表面扩散等；S 是沿着表面测量的距离。值得注意的是，沿表面的平均曲率的二阶导数是早期烧结中物质迁移的主要动力，主要烧结动力是消除曲率梯度。早期烧结分析表明：

$$M = a + bS + cS^2 \tag{6.18}$$

式中，$d^2 M/dS^2 = 2c$，对于任何一个给定的颈部尺寸，它都是常数。颈球比 $X/D =$ $0.05 \sim 0.3$ 时，曲率梯度下降至 $1/10^5$。在较小的烧结颈部，曲率梯度大并主导烧结。随着颈部长大，曲率梯度下降。当颈部尺寸比 X/D 为 0.3（约为初始表面积的一半）时，梯度下降，物质迁移的主要动力变为消除表面积。烧结过程中曲率变化的一个例子——镍粉的烧结如图 6.11 所示[17]，可以看到曲率随致密化而下降。

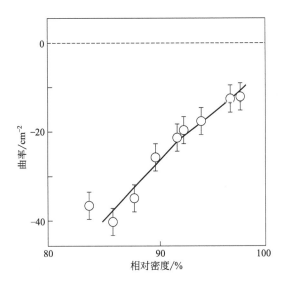

图 6.11 镍在 1250℃烧结致密化过程中微观结构曲率变化的数据[17]

表面曲率影响的另一个方面是应力。假定平面是无应力的，而凸形面处于张应力状态，凹形面处于压应力状态。颈部的鞍形表面则是凹形曲面和凸形曲面的混合。依据广义拉普拉斯方程，应力 σ 与曲率关系如下：

$$\sigma = \gamma \left(\frac{1}{K_1} + \frac{1}{K_2} \right) \tag{6.19}$$

式中，K_1 和 K_2 是表面上的曲率半径；γ 是表面能。对于球形孔隙，两个曲率半径是相同的。在初始阶段，颈部是鞍形表面。因此应力是凹形面（固相外半径）产生的应力和凸形面（固相内半径）产生的应力的综合，有如下关系：

$$\sigma = \gamma \left(\frac{2}{X} - \frac{4D}{X^2} \right) \tag{6.20}$$

上式是烧结应力计算式。对于较小的烧结颈，其应力很大。有时会通过施加外部压力以增加烧结致密度。与烧结应力相比，一般施加的压力较低，影响较小。例如，颈部尺寸比 $X/D=0.1$、表面能为 $1\mathrm{J/m^2}$ 的 $1\mu\mathrm{m}$ 粉末，具有的固有烧结应力为 380MPa，而许多压力辅助烧结装置提供的烧结应力仅有 50MPa。纳米级粉末的自诱导烧结应力提供了一种驱动烧结快速致密化的手段。另一方面，颗粒较大的粉末的烧结应力较小。对于 $30\mu\mathrm{m}$ 的铜粉，其烧结应力与致密度的关系如图 6.12 所示[18]。在这种情况下，烧结应力在 0.1MPa 的数量级。此外，随着表面曲率越来越小，烧结应力随之下降。

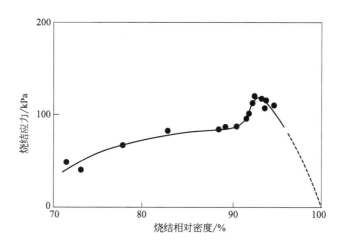

图 6.12 在 950～1150℃（1223～1423K）烧结 $30\mu\mathrm{m}$ 铜粉时，实时测量的致密化过程的烧结应力[18]

6.3.2 界面能量变化

随着烧结的进行，驱动力由曲率梯度的降低转变为界面能的降低。两个明显的因素是表面积的变化和晶界的变化。通常表面能大于晶界能，表面积优先减少，比表面积与烧结密度呈线性关系[19]。

烧结早期，界面面积的减少主要是通过烧结颈部长大。烧结形成的晶界面积决定了随后的晶粒长大。烧结后期，固相-气相界面消除较少，因此晶粒长大是界面面积减少的关键。初始的表面能通过颈部长大转化为晶界能量，然后通过晶粒长大消除晶界能量。

表面能释放 ΔE_S（单位为 J/kg）由表面能 γ_SV 与表面积变化的乘积给出，如下：

$$\Delta E_\mathrm{S}=\gamma_\mathrm{SV}S_0\left(\frac{f-f_\mathrm{G}}{1-f_\mathrm{G}}\right) \tag{6.21}$$

式中，f 是烧结相对密度；f_G 是起始生坯密度；S_0 是起始表面积。同时晶界能量通过形成晶界的方式而增加。比边界能量 ΔE_G（单位为 J/kg）取决于固体-固体界面面积和能量 γ_SS。烧结早期可以近似如下：

$$\Delta E_\mathrm{G}=\frac{3N_\mathrm{C}\gamma_\mathrm{SS}\Delta L}{\rho G L_0} \tag{6.22}$$

式中，$\Delta L/L_0$ 是烧结收缩率；N_C 是晶粒配位数；G 是晶粒尺寸；ρ 是材料的理论密度。这种关系将固体表面能量分成两部分，以区分接触晶粒之间的能量。对于烧结中间阶段，在晶粒边缘的圆柱形孔隙，晶界能量是相对密度 f 的函数[20]：

$$\Delta E_{\mathrm{G}} = \gamma_{\mathrm{SS}} \frac{3.3}{\rho G} \left[1 - 1.6\sqrt{(1-f)} \right] \tag{6.23}$$

式中晶界能量分摊在两个接触晶粒之间。根据晶粒形状和配位数不同，其中常数 1.6 可能会有较小的变化。

致密化能量反映了烧结应力和体积应变的乘积。体积变化率等于由于致密化而发生的体积变化除以初始体积，即 $\Delta V / V_0$。假设质量守恒，体积应变是生坯相对密度除以烧结相对密度的函数：

$$\frac{\Delta V}{V_0} = 1 - \frac{f_{\mathrm{G}}}{f} \tag{6.24}$$

烧结应力作用于压实坯体以引起致密化。如上所示，烧结应力的大小取决于表面能、粒径和烧结颈尺寸。测量表明比较符合线性函数关系[21]：

$$\sigma = \sigma_0 f + c \tag{6.25}$$

式中，σ_0 是斜率；c 表示截距。通过对烧结过程中试样的强度测量发现，热软化是快速致密化之前的重要过程[22]。对于图 6.12 所示铜的数据，$\sigma_0 = 380\mathrm{kPa}$，$c = -196\mathrm{kPa}$。在相对密度 0.52 时试样强度为零，接近文献报道的起始生坯密度。

因此，根据应力和体积应变的公式，可以估计致密化过程中基于单位体积的 ΔE_{D}。将其与表面能释放和晶界产生能量进行比较，都是基于单位质量的能量，需要对密度进行归一化：

$$\Delta E_{\mathrm{D}} = \frac{1}{\rho f} \left(1 - \frac{f_{\mathrm{G}}}{f} \right) (\sigma_0 f + c) \tag{6.26}$$

表面积消失，晶界的生成等影响能量释放与否，通过这些可进行致密化过程的能量释放估计：

$$\Delta E_{\mathrm{D}} = W \left[\Delta E_{\mathrm{S}} - \Delta E_{\mathrm{G}} \right] \tag{6.27}$$

式中，W 是致密化过程中能量损失的比例因子，表示致密化过程中界面能量转化的效率。除材料参数外，W 仅取决于相对密度和晶粒尺寸。这表明分配于晶界的能量（ΔE_{G}）随着晶粒长大而减小，进一步实现致密化。晶粒长大释放能量，有利于致密化。

对于物质迁移以表面传输为主的烧结，烧结颈部长大并且比表面积下降，但密度保持不变。其他模型也有涉及表面积起主导作用的[23-25]。

6.4　微观结构变化

本节详细介绍了烧结过程中发生的微观结构变化，重点是孔隙结构与晶粒结构。烧结中这些变化是连续的，孔隙的存在会阻碍晶界移动并延缓晶粒长大。

6.4.1 晶粒尺寸与形状

颗粒之间形成烧结颈，每个接触平面形成晶界，因此晶界面积增加。图 6.13 所示为 1000℃（1273K）48μm 铜粉烧结时的晶界面积[26]。接触率是固体黏合的一个重要量度，定义为固体颗粒周长的分数。烧结性能如强度、热膨胀和电导率等都随之连续变化。

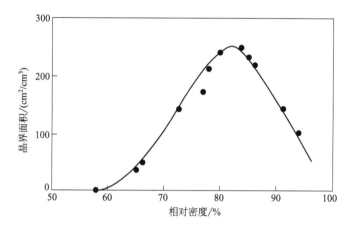

图 6.13 48μm 铜粉在 1000℃（1273K）烧结的烧结密度与单位体积晶界面积函数[26]

烧结初期，随着接触处形成的晶界增加，烧结颈长大加快；但烧结后期的晶粒长大降低了晶界面积

接近全致密时，晶粒长大加快。诱导烧结黏结所需的温度也会引起晶粒粗化。晶粒长大过程涉及跨越晶界的扩散交换，而致密化则涉及晶粒边界的扩散运动。孔隙会减少晶粒接触面积，延缓晶界迁移，使晶粒长大变慢。随着孔隙的消除，晶界面积增加，导致晶粒粗化，因为有更多的界面面积和较少的阻碍。因此，在烧结期间，平均晶粒体积随时间线性增加，晶粒尺寸的立方与烧结时间成正比。

随着接近全密度，晶粒长大加快。烧结结合所需要的温度也会引起晶粒粗化。晶粒长大过程涉及跨越晶界的扩散交换，而致密化则涉及晶粒边界的扩散运动。孔隙会减少晶粒接触面积，延缓晶界迁移，使晶粒长大变慢。随着孔隙的消除，晶界面积增加，进而晶粒粗化，这不仅是由于存在更多的界面面积，而且延迟晶粒长大的作用也在降低。

烧结过程中晶粒-晶粒接触的量度可以由 C_{SS} 来描述，即固体晶粒界面的无量纲常数。C_{SS} 随孔隙率 $\varepsilon = 1 - f$ 而变化，其中 f 是相对密度，如下所示：

$$C_{SS} = 1 - q\sqrt{\varepsilon} \tag{6.28}$$

式中，q 为几何常数，通常为 1.5 左右。

烧结时，孔隙与晶界相结合，晶粒尺寸 G 与孔隙率 ε 的关系式为：

$$G = \frac{\theta G_0}{\sqrt{\varepsilon}} \tag{6.29}$$

式中，G_0 为初始粒度；θ 为 0.6 左右的几何常数。图 6.14 显示了铜烧结的晶粒尺寸随 $1/(1-f)^{1/2}$ 的变化曲线[27]。Bruch 研究中也提到了这一现象[28]。

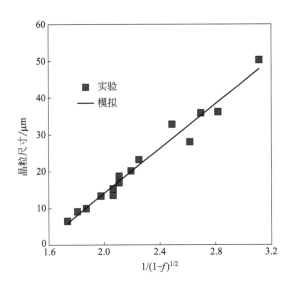

图 6.14 烧结铜相对密度从 60% 到 90% 时，孔隙率平方根的倒数与晶粒尺寸的数据[27]
上述行为遵循 Bruch 所建议的形式

晶粒尺寸 G 与相对密度 f 之间具有相关性，随着致密化的进展，晶粒尺寸迅速增加。图 6.15 是 0.22μm 的氧化铝在 1200～1250℃（1473～1523K）下烧结长达 48h 的曲线图，图中给出了晶粒尺寸与相对密度的关系[29]。对于压力烧结，烧结气氛分压和晶粒尺寸之间的关系是十分重要的，如图 6.16 所示[30]。图中所示为钛烧结的晶粒尺寸变化。

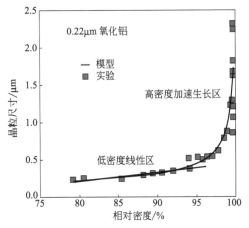

图 6.15 氧化铝的晶粒尺寸与烧结密度的关系[29]
在较低致密度下呈现接近线性的关系，但随着孔隙被消除晶粒尺寸增长率提高；实线对应于式（6.29）

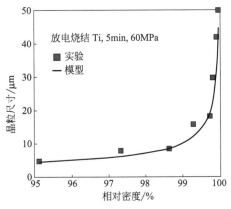

图 6.16 类似于图 6.15，在 60MPa 放电烧结条件下的钛的晶粒尺寸与致密度关系的图[30]
其中各种烧结温度保持 5min；数据符合式（6.29）

烧结晶粒形状为多边形，反映出晶粒的配位数。烧结阶段后期，晶粒形状接近 14 面体。但是，晶粒形状在烧结过程中是变化的。例如，图 6.17 显示了平均边数为 5 的烧结氧化镁晶粒接触面的测量分布[31]。十四面体具有八个六边形面和六个正方形面，每个晶粒平均有 5.14 个边。

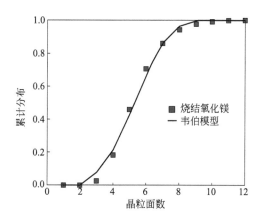

图 6.17　烧结氧化镁的晶粒尺寸韦伯分布[31]

通常在 60% 的初始密度下，起始颗粒配位情况为每个颗粒接近七个接触点，并且在烧结期间逐渐增加。晶粒在烧结过程中粗化，逐渐形成符合一定函数关系的尺寸和形状。固态烧结中晶粒配位数 N_C 可通过下式进行计算：

$$N_C = 2 + 11f^2 \tag{6.30}$$

配位数在全致密情况下接近 13，从烧结中间阶段到最终阶段，配位数的变化在 $10 \sim 12$ 之间。烧结体中开始烧结时配位数低的区域因为结合较弱，有可能产生裂纹。因此，从实用的观点来看，均匀的晶粒分布对于烧结是有利的。

烧结过程中晶粒长大不是随机的。高配位数的晶粒倾向于形成带状微观结构。这是由不均匀的晶界能量与晶体取向所引起的。能量最低原理导致了晶粒烧结期间的择优取向。

晶粒形态和晶粒长大具有相关性。在晶粒粗化过程中，面较少的低配位晶粒更倾向于收缩。由于球体是单位体积表面积最低的三维形状，所以最大的颗粒趋近于球形才会更稳定，而面较少的颗粒不稳定，在烧结期间趋向于消失。高配位数较大的晶粒倾向于形成球形。事实上，晶粒形状是晶粒长大的最佳预测指标。因此，在材料烧结过程中，晶粒形状和晶粒尺寸相关。较大的晶粒具有更多的晶面。

6.4.2　晶粒尺寸分布

烧结材料一般具有相同的晶粒尺寸分布形状，也称为自相似。假设 $F(G)$ 是粒径为 G 的颗粒的累计分数，颗粒尺寸通过等效圆直径或等效球直径来测量。所得的自相似粒度遵循以下分布：

$$F(G) = 1 - \exp\left[\beta\left(\frac{G}{G_M}\right)^M\right] \tag{6.31}$$

式中，G_M 是中值粒度。当 $G = G_M$ 时，因子 $\beta = -\ln2$（或 -0.6931），$F(G) = 0.5$。图 6.18 给出了韦伯粒度模型，适用于钨、氧化锆、氧化铝和氧化镁[20]。利用二维晶粒尺寸数据测量时，指数 M 接近于 2，利用三维晶粒尺寸数据测量时，指数 M 接近 3。与正态分布不同，平均值和中位数大小不一样。

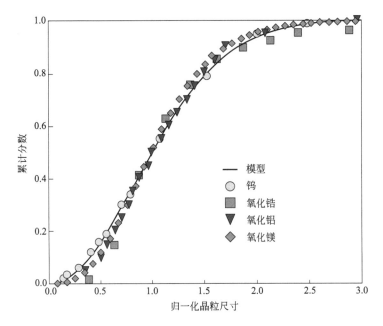

图 6.18　烧结钨、氧化锆、氧化铝和氧化镁的晶粒尺寸分布数据，遵循方程（6.31）的自相似韦伯分布

6.4.3　孔隙结构

早期的烧结过程中孔隙是有角度的多边形，反映出颗粒之间的间隙。烧结过程中，曲率梯度减小，使孔隙趋于圆弧。微观结构从高度凹陷状态转变为平坦结构。

曲率梯度消除对孔隙形成推与拉的作用，使其结构发生改变。有角度的孔隙趋于平滑，小孔隙收缩，大孔隙长大。最终的结果是孔隙的尺寸变化很小，而孔隙率降低。在具有大孔隙和小孔隙的结构中，小孔隙消失，而大孔隙保持稳定。例如，对于 TiO_2 颗粒，16nm 的未团聚颗粒在接近 850℃（1123K）的情况下烧结 30min 相对密度达到 95%[1]；另一方面，如图 6.19 所示，9nm 的颗粒团聚产生 340nm 的团聚体，需要超过 1150℃（1423K）以上温度进行烧结才能达到相同的密度。细粉的团聚抵消了细粉烧结的优势。

粉体团聚体之间的孔隙较大，进而长大；而颗粒之间的孔隙较小，进而收缩。这取决于孔隙周围的晶粒配位情况。如图 6.20 所示，其表面配位有大量晶粒的孔隙会抵抗收缩。这就是部件中较大的孔隙在烧结后能够基本保留的原因，大的孔隙抵抗收缩，同时较小的孔隙消失。

如前所述，烧结中间阶段，管状孔隙在致密化期间塌陷成离散的球形孔隙。测量显示相对密度为 85% 时，孔隙开始闭合。图 6.21 所示为二氧化铀在 1400℃（1673K）烧结时孔隙的封闭过程[32]。随着孔隙率的降低，开孔逐渐变成闭孔，相对密度接近 92% 时，闭孔和开孔数目相当。烧结相对密度接近 95% 时，几乎所有的孔隙都转变为闭孔。

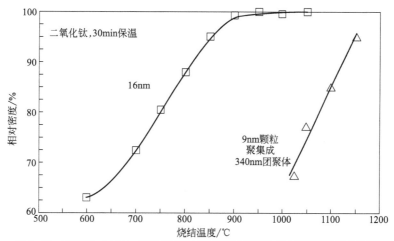

图 6.19　不同尺寸 TiO_2 颗粒烧结时烧结相对密度与烧结温度的关系图[1]

烧结 16nm 和 9nm 粉末时，9nm 粉末聚集成 340nm 的团聚体，由于团聚体之间的大孔隙阻碍了烧结，对烧结有负面影响

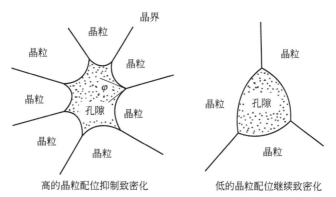

图 6.20　不同尺寸晶粒附着的孔隙产生相应的孔隙形状差异

晶粒配位低的孔隙首先在烧结中收缩，但是较大的孔隙会抵抗烧结致密化，直到晶粒长大达到临界状态

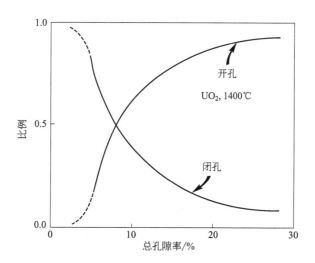

图 6.21　1400℃（1673K）烧结时，开孔或闭孔的分数与总孔隙率的关系[32]

6.4.4 孔径分布

孔径的测量与方法有关。直到烧结的最终阶段,管状孔的尺寸都可以通过长度和直径来测量。如果是横截面,某些孔隙可以沿长度方向测量,而另一些则沿其直径方向测量。然而,要做到对孔隙在二维角度准确测量是很困难的。

如图 6.22 所示,对于 4.5μm 铁粉的烧结[13],在烧结过程中平均孔径变化不大,孔隙率降低,晶粒尺寸增大。致密化过程中孔隙的数量减少,但是当致密度增加时,平均孔径保持不变。然而,如果初始孔隙尺寸分布不均匀,则结构会发散形成大而稳定的孔隙。如图 6.23 所示,团聚粉末之间的较大孔隙与颗粒间的较小孔隙形成了明显的对比。较小的孔隙在烧结早期消除,但较大的团聚孔隙会阻止烧结。此类材料的烧结,需要适当外加压力以确保孔隙结构具有相似的尺寸。

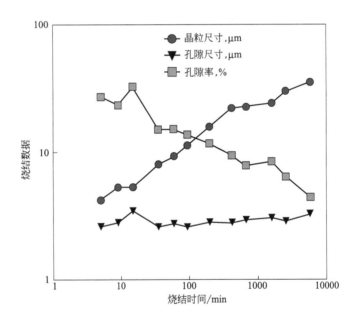

图 6.22 4.5μm 铁粉 850℃(1123K)烧结时,孔隙率、孔径和晶粒尺寸随烧结时间的变化关系[13]
虽然孔隙率下降,晶粒尺寸增加,但孔径保持相对稳定

真空中烧结时,孔隙基本上可以看作空位的集合。小孔隙具有较高的局部空位浓度,当加热时,这些空位扩散到晶界、自由表面或其他界面,最终在那里消失。随着时间的推移,较小的孔隙收缩,但是大孔隙长大。当孔隙中包含气体时,气体压力会阻止孔隙的消除。这种行为如图 6.24 所示[33]。最终烧结密度随着生坯密度的增加而增加,当存在密封孔隙时,密度达到 95% 就不会再增加。此时孔隙中的气体压力 P_G 和孔径 d 的关系如下:

$$P_G = \frac{4\gamma_{sv}}{d} \tag{6.32}$$

式中,γ_{sv} 是固-气表面能。内部气体压力会阻碍烧结应力,导致烧结不能实现完全

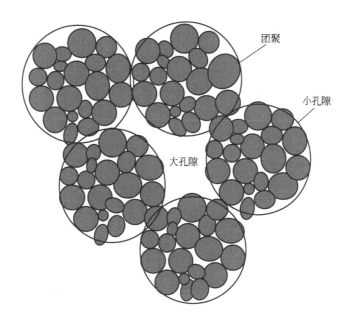

图 6.23　粉体团聚形成两种形态的孔隙，即颗粒间的小孔隙和团聚体之间的大孔隙

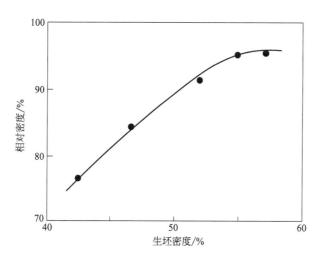

图 6.24　以 5℃/min 升温至 1600℃（1873K）烧结时，MgAl$_2$O$_4$ 尖晶石的烧结相对密度曲线[33]

该图显示烧结密度随着生坯密度的增加而增加

致密化。此外，由于残留的孔隙随着气体压力的降低而粗化，孔隙发生膨胀。因此，烧结时间过长可在最终阶段观察到膨胀，如图 6.25 所示[34]。如果孔隙中留存的气体是不溶的，则孔隙就相当于加压气球，抵抗烧结致密化。较高的温度也会使孔隙膨胀，导致材料膨胀。

空位通过转移至自由表面或晶界处湮灭，致使孔隙收缩。同时，相邻的孔隙通过团聚或通过固体扩散作用而发生粗化。在真空中烧结，所有孔隙都可以消除；但是对于气氛烧结，在未达到全致密时，孔隙就会变得稳定。随着气体压力减小，孔隙会快速长大，最终

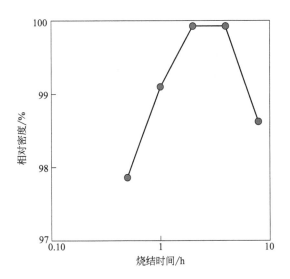

图 6.25 0.1μm 粒径的氧化锌在 1289℃（1562K）烧结不同时间的烧结密度曲线[34]
最初是致密的，但是烧结较长的时间发生膨胀

在烧结过程中发生膨胀。图 6.25 是烧结致密度与烧结时间的关系，烧结时间过长会导致膨胀现象。

在烧结过程中，孔隙通常比较容易附着在晶粒上，重点是保持孔隙与晶界的耦合，即使在移动时，孔隙和晶界之间也存在固定的附着力。该附着力的大小取决于表面能与孔隙的形状。

如同粒度具有分布特征与晶粒形状存在自相似那样，孔径分布也有自相似的情况。孔径 d 的累计分布如下：

$$F(d) = 1 - \exp\left[\beta\left(\frac{d}{d_M}\right)^M\right] \tag{6.33}$$

式中，d_M 是孔隙中位径。因子 $\beta = -\ln2$（或 -0.6931）确保韦伯累计分布给出了适当的中位数，当 $d = d_M$ 时，$F(d) = 0.5$。图 6.26 显示了 35nm 氧化锆粉末在 1200℃（1473K）下烧结 120min 的情况。在这种情况下，中位径为 87nm，约为起始孔径的 3 倍。

通常烧结过程中会同时观察到致密化和组织粗化。虽然也存在不需要致密化的烧结产品，但是结构材料一般都需要进一步的致密化。致密化和粗化速率之间的平衡对于确定最终的烧结性能十分重要。

在晶粒粗化过程中，孔隙长大，而在致密化过程中，孔隙缩小。在大多数情况下，这种致密化和粗化的混合导致较大的孔隙增长，较小的孔隙收缩。高密度的区域孔隙较小。烧结时间较长或高温情况下，具有较大孔隙的材料最终也可致密化。然而，如果孔隙较大或内部存在气体，则会阻碍致密化。相比之下，如果初始颗粒填充形成了理想的单孔隙结构，那么烧结致密化就很快速，烧结需要的温度较低或时间较少。因此要尽量避免颗粒团聚与堆积梯度，因为孔径分布两端的区域是确定致密化与粗化速率的关键因素。

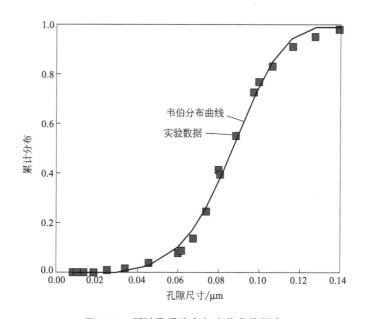

图 6.26 累计孔径分布与韦伯曲线拟合

图中是 35nm 氧化锆粉末（生坯密度 62%）在 1200℃（1473K）烧结 120min 的数据

如表 6.2 所示，配位数在孔隙收缩中十分重要。以较多晶粒为邻的大孔隙会长大，而相邻晶粒数目较少的小孔隙则收缩。一个的极端情况是，具有低颗粒配位数的链状结构会在没有致密化的情况下粗化。小颗粒和大孔隙的组合会促进粗化。

⊡ **表 6.2 烧结过程中致密化和粗化的配位效应**

项目	孔隙配位数（晶粒接触数）	颗粒配位数（颗粒接触数）
致密度	低	高
粗化程度	高	低

6.4.5 孔隙附着晶粒边界

烧结后期，晶粒长大，而附着在晶粒上的孔隙则延缓了晶粒长大。如图 6.27 所示，移动晶界上的孔隙团聚导致晶界移动后产生致密区域，同时移动晶界上积累有较大的孔隙。该图像表现出类似 Burke 报道的微观结构[35]。最终，大的孔隙不能保持在移动晶界上的附着而最终滞留在晶粒内。如图 6.28 所示，小孔隙阻碍晶界的运动导致形成具有凹槽的弓形晶界。在晶界曲率较低的情况下，晶界面积增加比孔隙所占的面积小。但是随着弓形晶界增加，晶粒与孔隙趋向于分离。一旦孔隙脱离晶界，就会发生晶粒的快速长大，通常会使致密化终止。

孔隙附着于晶界的程度取决于孔隙和晶界的相对运动。小孔隙较容易消失或移动，因此孔径与粒径之比是确定附着力的关键因素。由于界面共享降低了整个界面能，所以孔隙和晶界具有结合能。如图 6.29 所示，当孔隙收缩时，结合能降低。当致密化进行时，结合能降低，允许晶粒与孔隙分离。晶粒长大迫使晶界变得弯曲，导致晶界面积增加，晶界保持与孔隙的接触。因此，当晶界与孔隙分离时，达到临界条件。在高孔隙率的烧结中间阶段，孔隙与晶界分离的能量损失较大。致密化过程会减轻这种损失。因此，必须控制晶界迁移率以维持有利于致密化的微观结构。

图 6.27 Burke 研究的烧结后的微观结构[35]

迁移的晶界吸附并积聚孔隙，留下致密的区域

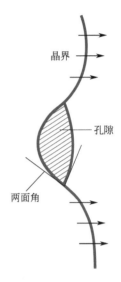

图 6.28 迁移晶界阻止孔隙示意

晶界前后表面之间的曲率差提供了质量

传递和孔隙迁移的梯度

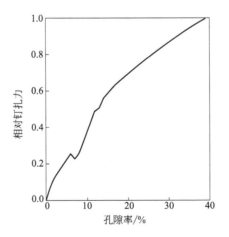

图 6.29 位于晶界上的孔的相对钉扎力与孔隙率的关系

孔隙率为 8% 的点对应于从开孔到闭孔的变化。随着孔隙的消失，附着减少，并不能达到全致密化

最终孔径 d、晶粒尺寸 G 和相对密度 f 之间的关系，通常称为 Zener 关系，如下所示：

$$G = \frac{3d}{8(1-f)} \tag{6.34}$$

实验修正后的关系如下[36]：

$$G = \frac{gd}{R(1-f)} \tag{6.35}$$

式中，参数 R 是附着比（通常测量值为 0.7），表示附着于晶界的孔隙的分数；g 是几何常数，约为 1.33。根据 R 和 g 的值，可以得出 $g/R=1.9$，而 Zener 关系预测了晶粒长大的迟缓。重新梳理这种关系，预测了 d/G，即孔径除以晶粒尺寸，与孔隙率 $\varepsilon=1-f$ 成正比。在图 6.30 中绘制了铜、镍和铁的数据[37]，图中显示出了在烧结最终阶段 Zener 关系的有效性。

孔隙的几何形状取决于接触晶粒的配位数与二面角。配位较多晶粒的孔隙比较稳定。另一方面，配位晶粒数较少的孔隙倾向于收缩。因此，在烧结期间，较大的孔隙最初是稳定的，但晶粒长大最终使这些孔隙变得不稳定。小孔隙最先在烧结中消失。具有高颗粒配位数的大孔隙阻碍致密化，如果没有孔隙的同时长大，晶粒长大最终又会改变这种情况。

随着孔隙结构的破坏，晶粒长大变得更加活跃。孔隙的钉扎效应随着它们的收缩而减小，占据较少的晶界面积。因此，晶粒长大在烧结后期占主导地位。

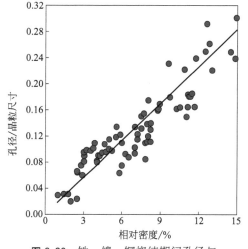

图 6.30　铁、镍、铜烧结期间孔径与
晶粒尺寸比（d/G）的数据[37]
虽然比较分散，但趋势与 Zener 关系一致

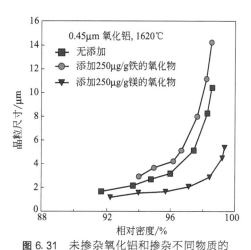

图 6.31　未掺杂氧化铝和掺杂不同物质的
氧化铝烧结实验结果[38]
粒度轨迹遵循公式（6.29）。氧化铁添加剂
加快晶粒长大，氧化镁添加剂阻碍晶粒长大

孔隙与晶界的相互作用决定了最终的烧结密度。在烧结过程中添加剂可以影响晶粒长大，通过改变晶粒长大以辅助最终阶段的烧结。一些添加剂阻碍了晶粒的长大，而另一些添加剂则加速了晶粒长大。图 6.31 给出了氧化铝烧结中的这些变化，图为晶粒尺寸随烧结密度的关系变化[38]。所有这三种情况均遵循方程（6.29）描述的粒度行为。未掺杂的氧化铝用氧化镁改性，可延缓晶粒长大，而铁的氧化物则加速晶粒长大。如果孔隙晶界分离较早，则烧结密度低，晶粒长大。目前有许多方法来控制烧结过程中的孔隙与晶界结合。一种方法是使生坯结构尽可能均匀，均为小孔隙，然后孔隙的收缩快速均匀地发生，几乎没有晶粒长大[39]。另一方面，在孔隙与晶界分离的情况下，孔隙和晶粒各自粗化。因为气体压力随着孔隙增大而降低，而总气体含量保持恒定，烧结密度下降。图 6.32 给出了烧结钛酸钙的情况，对这一现象有明显体现[40]。另一种控制方法是降低烧结温度，

因为致密度增加会引起晶粒长大加速[41]。

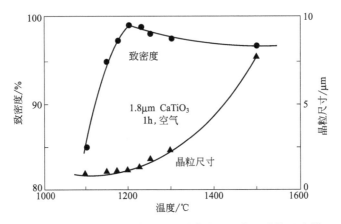

图 6.32 烧结钛酸钙的烧结温度对密度和晶粒尺寸的影响[40]
致密度在较高的温度下下降，但晶粒长大增加

6.5 宏观结构的变化——尺寸与形状

烧结颈部长大会使颗粒间距发生变化，并且在数百万个烧结颈上扩展，从而导致材料的收缩或膨胀。膨胀一般发生在化学反应过程中，如混合 Ni 和 Ti 烧结形成 NiTi。对于一般的系统，烧结会导致致密化。

烧结的一个测量标准是工件尺寸。收缩是与致密化相关的尺寸变化，烧结收缩率 $\Delta L/L_0$ 是尺寸变化除以初始尺寸，其中收缩率是正值。这一变化与颈部尺寸比 X/D 的平方关系如下：

$$\frac{\Delta L}{L_0} = \frac{1}{3.6}\left(\frac{X}{D}\right)^2 \tag{6.36}$$

如图 6.33 中的玻璃烧结数据所示，这种关系随着收缩率的增大而减弱甚至失效[42]。然而，当颈部尺寸比大于 0.5 时，这个关系是准确的。

相关的测量是烧结密度。如果在烧结中质量是守恒的，则烧结密度 f、生坯密度 f_G 和收缩率具有如下关系：

$$f = \frac{f_G}{\left(1 - \dfrac{\Delta L}{L_0}\right)^3} \tag{6.37}$$

对于一定范围的生坯密度及 100％ 和 90％ 的最终烧结密度，关系如图 6.34 所示。通常烧结过程存在高达 16％ 的尺寸变化，甚至在一些陶瓷中观察到 25％ 的尺寸变化。另一方面，某些汽车用铁基合金的烧结收缩率只有 0.1％。

压制压力较高可提高生坯密度，降低烧结收缩率。例如，对于 $63\mu m$ 的铜粉，如果是松散粉末，1020℃（1293K）下烧结 120min 铜粉收缩 4.1％；如果以 600MPa 压实，在相同烧结环境下收缩 2.3％。使生坯密度变化与烧结收缩合理化的方法之一是假定质量恒

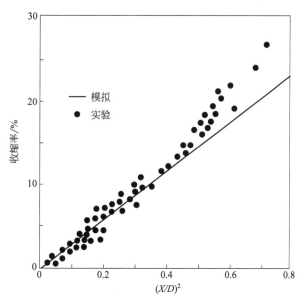

图 6.33 玻璃的烧结颈部尺寸和收缩率关系图 [42]

在烧结的初始阶段和中间阶段，当 X/D 保持在 0.5 以下时，公式（6.37）给出的关系是合适的

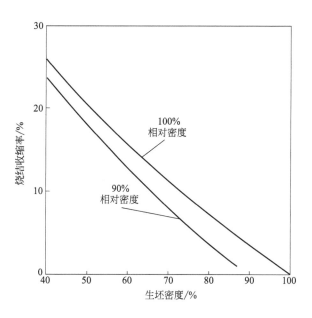

图 6.34 最终烧结密度为 90% 和 100% 时，烧结收缩率、生坯密度
和烧结密度之间的关系，由公式（6.38）给出

定，并重新梳理上述方程：

$$\frac{\Delta L}{L_0} = 1 - \left[\frac{f_G}{f}\right]^{1/3} \tag{6.38}$$

以两种极端的方式来看待收缩率。精密部件制造商努力达到使烧结期间几乎没有收缩。避免收缩可以保留压制的精确尺寸，但可能由于残留的孔隙率而导致强度较低。如果要求收缩尺寸稍大以使最终的烧结材料达到可接受的尺寸，则尺寸的均匀性就会降低。对于高密度、性能优异的材料，烧结过程中需要收缩。因此，根据材料所需的性能，以及它的压缩性，可以实现或避免收缩。

早期烧结致密化概念由 Ivensen 提出[43]。他观察到，对于固定粉末的烧结环境，烧结孔隙体积与起始孔隙体积成比例。因此，烧结致密度 f 随生坯密度 f_G 变化：

$$f = C f_G \left(\frac{1-f}{1-f_G} \right) \qquad (6.39)$$

例如，将 $1 \sim 10 \mu m$ 的镍粉末成形为 $38\% \sim 61\%$ 生坯密度，并加热至 850℃（1123K）保温 60min，在该实验中，常数 $C = 0.285$。修正后的公式如下：

$$\frac{f}{1-f} = C \frac{f_G}{1-f_G} \qquad (6.40)$$

通常，烧结过程中的尺寸变化不是理想的各向同性，所以这种关系仅仅是近似的。多种因素会引起各向异性收缩，包括基体衬底摩擦、重力与不均匀加热等。此外，还有不同成形工艺在起始粉末结构中引起的密度梯度。低密度的区域比高密度的区域容易收缩，导致尺寸不均匀。这一现象在由厚薄不同的区域组成的复杂工件中是十分明显的。

均匀组件的制造需要重复相同的尺寸与形状，每天可达数百万次。组件之间的尺寸变化是一个问题。在烧结致密度几乎恒定的情况下，根据式（6.38），烧结收缩率是生坯密度的立方根的函数。图 6.35 绘制了在 1900℃（2173K）下烧结的钼粉末，保温时间 8h，收缩率与立方根的密度呈线性关系。均匀的工件尺寸取决于均匀的部件质量。为了形成具有可重复的最终尺寸的烧结组件，需要注意组件成形过程中的质量均匀性。

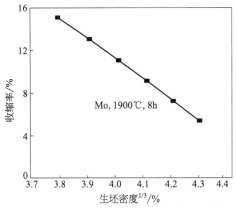

图 6.35 在 1900℃（2173K）下烧结 8h 的钼的烧结数据

图中显示收缩率取决于生坯密度的立方根。图中生坯密度为 55%～79%

烧结可以消除曲率梯度。目前关注的重点是微观结构水平的梯度，其效果也延伸到宏观特征。尖锐的边缘倾向于形成圆形。实际上，如果材料要烧结很长时间，那么由于球体是最低能量的最终形状，所以最终微观结构形状将会改变。

6.6　表面积变化

　　与密度不同，表面积同时适用于烧结过程致密化和非致密化机理的监测，是一种有力手段。在烧结早期，固-气表面积转化为晶界区域。随着晶界增加，晶粒长大加快。致密度接近 85% 时，晶界面积接近峰值，之后随着烧结缓慢致密化过程中晶粒的长大而下降[44]。早期烧结颗粒之间的烧结颈很小，所以增加的晶界面积很小。在烧结后期，在较低的孔隙率状态下，相比于致密化产生的新晶界，晶粒长大除去晶界的速度更快。这些界面面积变化决定了晶粒尺寸与致密度变化的关系，通常在接近全致密时给形成较大的晶粒。

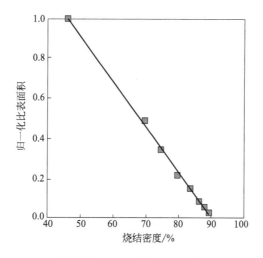

图 6.36　在 1500℃（1773K）烧结时，二氧化铀的烧结密度与比表面积的线性关系图[45]
比表面积归一化为初始表面积

6.6.1　表面积降低

　　比表面积（面积/质量，m^2/g）与烧结致密度成比例下降。图 6.36 所示为二氧化铀（UO_2）在 1500℃（1773K）的烧结[46]。比表面积归一化为起始表面积 S_0，并且在孔隙快形成闭孔时达到零，此时致密度接近 92%。在该图中，随着烧结致密度 f 增加，比表面积 S_M（固-气）与初始表面积 S_0 的值下降：

$$\frac{S_M}{S_0} = a - bf \tag{6.41}$$

初始条件为 $S_M = S_0$，生坯密度为 f_G，根据初始条件可估计为：

$$a = 1 + \frac{b}{f_G} \tag{6.42}$$

　　在达到临界密度 f_C 时，比表面积为零。气体吸收率的测量是在完全致密化之前进行的。不同于定量显微镜能同时测量开孔表面积和闭孔表面积，气体吸收不能测量封闭孔隙的面积。因此，f_C 在 0.85 至 1.0 之间，公式为：

$$f_C = \frac{a}{b} \qquad (6.43)$$

通过显微镜测量的表面积 f_C 与上述公式是一致的，此时 $a=b$，测量能够适用于闭孔与开孔。由式 (6.42) 与式 (6.23) 的组合可以给出：

$$b = \frac{f_G}{f_C f_G - 1} \qquad (6.44)$$

通过气体吸收测量四面体晶粒的比表面积，给出的 f_C 等于 92%。

6.6.2 表面积与烧结密度

比表面积和烧结致密度之间的线性关系是颈部长大、收缩与颗粒堆积协调变化的反映。因此，烧结时的表面积取决于颈球比 X/D 和颗粒配位数 N_C，如下[46]：

$$\frac{S_M}{S_0} = 1 - 0.26 N_C \left(\frac{X}{D}\right)^2 + 0.092 N_C \left(\frac{X}{D}\right)^3 \qquad (6.45)$$

这些因素与烧结密度有关，因此表面积通常表示为烧结密度的直接函数。比表面积为 S_M，初始值为 S_0。图 6.37 为早期烧结结果，显示了 S_M/S_0 作为烧结相对密度 f 的函数，生坯密度分别为 50%、55%、60% 和 65%。当颈部尺寸比达到 0.5 时，每条线终止。到此时为止，表面积和相对密度之间的关系是线性的。

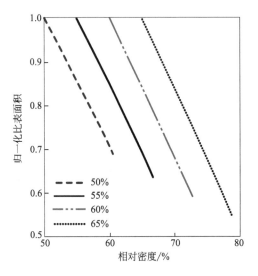

图 6.37 生坯密度分别为 50%、55%、60% 和 65% 时，
材料比表面积与烧结致密度的比较，呈现几乎线性的关系

表 6.3 列出了式 (6.41) 中对应的参数 a 和 b。典型值为 $a=2.9$，$b=3.2$，随着生坯密度的变化而产生较小变化。例如，如果初始生坯密度为 0.62，则对应于松散堆积的单体化球体，$a=3.0$，$b=3.2$。这种组合表明，密度刚好在 94% 以下时孔隙闭合，接近于

使用四面体体积晶粒形状模型预测的孔隙率为 92%。

▣ 表 6.3　表面积与烧结密度、致密度及参数变化

生坯密度 f_G	参数 a	参数 b
0.50	2.5	3.0
0.55	2.7	3.1
0.60	2.9	3.2
0.62	3.0	3.2
0.65	3.1	3.3

6.7　小结

对于许多材料，烧结过程中的几何演变往往遵循相似的变化轨迹。当表面能减小时，许多参数会发生变化。图 6.38 显示了微观结构的变化，包含密度、晶粒尺寸、表面积和孔隙结构特征等。在图 6.38 中，黑色区域是孔隙，在最终阶段显现的细线是晶界。右下角的扫描电子显微镜照片显示了沿着晶界的断裂，说明烧结进入最终阶段。断裂的晶界上存在球形孔隙，这是继续致密化所需的条件。

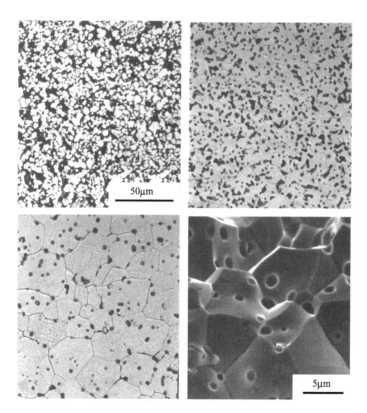

图 6.38　烧结钨的显微照片

显示了孔隙的消除；烧结过程中，孔隙数量减少的过程中，晶粒同时扩大。断裂图像示出了占据晶界均为球形的孔隙

烧结过程涉及界面能量、孔隙收缩和孔隙长大、颗粒黏结和微观结构粗化等复杂的相互作用。固-气表面积随烧结致密化过程线性下降。粒度和孔隙率之间的关系遵循平方根倒数关系。

在烧结后期，表面积不再是烧结过程的主要变化量，晶粒尺寸转变在此过程中十分重要。晶界面积随晶粒长大而增加，然后下降。随着孔隙的消除，晶粒的迁移率增加，并且晶粒尺寸随着较小晶粒的消失而增大。因此，在最终阶段烧结开始后，晶界面积达到峰值，由于孔隙对晶界的钉扎效率降低，晶粒长大加速。

本章内容主要介绍了以下几点：

① 烧结过程中固-气表面积下降；

② 致密化过程中，比表面积随着烧结致密度增加而线性降低；

③ 随着烧结过程进行，烧结颈部长大，体积收缩并产生配位数的变化；

④ 烧结过程中消耗的表面积转化为晶界；

⑤ 粒度分布和孔径分布遵循韦伯分布规律，只需要中位值即可描述该分布过程；

⑥ 晶粒长大取决于固-固接触程度；

⑦ 在致密度接近 85% 时，晶界面积达到峰值；

⑧ 晶粒尺寸与孔隙率平方根的倒数（$1/\sqrt{\varepsilon}$）遵循一定的关系。

参考文献

[1] Z.Z. Fang, H. Wang, Sintering of ultrafine and nanoscale particles, in: Z.Z. Fang (Ed.), Sintering of Advanced Materials, Woodhead Publishing, Oxford, UK, 2010, pp. 434-473.

[2] E.Y. Gutmanas, High-pressure compaction and cold sintering of stainless steel powders, Powder Metall. Inter. 12 (1980) 178-182.

[3] W.S. Slaughter, I. Nettleship, M.D. Lehigh, P.P. Tong, A quantitative analysis of the effect of geometric assumptions in sintering models, Acta Mater. 45 (1997) 5077-5086.

[4] G.C. Kuczynski, Self-diffusion in sintering of metallic particles, Trans. TMS-AIME 185 (1949)169-178.

[5] R.M. German, Z.A. Munir, Morphology relations during bulk-transport sintering, Metall. Trans.6A (1975) 2229-2234.

[6] R.M. German, Z.A. Munir, Morphology relations during surface-transport controlled sintering, Metall. Trans. 6B (1975) 289-294.

[7] J. Bernholc, P. Salamon, R.S. Berry, Annealing of fine powders: initial shapes and grain boundary motion, in: P. Jena, B.K. Rao, S.N. Kahanna (Eds.), Physics and Chemistry of Small Clusters, Plenum Press, New York, NY, 1987, pp. 43-48.

[8] M. Upmanyu, G.N. Hassold, A. Kazaryan, E.A. Holm, Y. Wang, B. Patton, et al., Boundary mobility and energy anisotropy effects on microstructural evolution during grain growth, InterfaceSci. 10 (2002) 201-216.

[9] C.B. Shumaker, R.M. Fulrath, Initial stages of sintering of copper and nickel, in: G.C. Kuczynski (Ed.), Sintering and Related Phenomena, Plenum Press, New York, NY, 1973, pp. 191-199.

[10] G. Petzow, H.E. Exner, Particle rearrangement in solid state sintering, Z. Metall 67 (1976) 611-618.

［11］ O. Lame, D. Bellet, M. Di Michiel, D. Bouvard, Bulk observation of metal powder sintering byX-ray synchrotron microtomography, Acta Mater. 52 (2004) 977-984.

［12］ H.E. Exner, Principles of single phase sintering, Rev. Powder Metall. Phys. Ceram. 1 (1979)7-251.

［13］ R. Watanabe, Y. Masuda, Quantitative estimation of structural change in carbonyl iron powder compacts during sintering, Trans. Japan Inst. Met. 13 (1972) 134-139.

［14］ R.L. Coble, Sintering crystalline solids. 1. Intermediate and final state diffusion models, J. Appl.Phys. 32 (1961) 787-792.

［15］ R.M. German, Analysis of surface diffusion sintering using a morphology model, Sci. Sintering 14(1982) 13-19.

［16］ F.B. Swinkels, M.F. Ashby, Role of surface redistribution in sintering by grain boundary transport,Powder Metall. 23 (1980) 1-7.

［17］ A.S. Watwe, R.T. DeHoff, Metric and topological characterization of the advanced stages of loosestack sintering, Metall. Trans. 21A (1990) 2935-2941.

［18］ E.H. Aigeltinger, Relating microstructure and sintering force, Inter. J. Powder Metall. Powder Tech. 11 (1975) 195-203.

［19］ R.T. DeHoff, R.A. Rummel, H.P. Labuff, F.N. Rhines, The relationship between surface area and density in second-stage sintering of metals, in: H.H. Hausner (Ed.), Modern Developments in Powder Metallurgy, vol. 1, Plenum Press, New York, NY, 1966, pp. 310-331.

［20］ R.M. German, Coarsening in sintering - grain shape distribution, grain size distribution, and grain growth kinetics in solid-pore systems, Crit. Rev. Solid State Mater. Sci. 35 (2010) 263-305.

［21］ R.A. Gregg, F.N. Rhines, Surface tension and the sintering force in copper, Metall. Trans. 4 (1973)1365-1374.

［22］ R.M. German, Manipulation of strength during sintering as a basis for obtaining rapid densification without distortion, Mater. Trans. 42 (2001) 1400-1410.

［23］ F. Amar, J. Bernholc, R.S. Berry, J. Jellinek, P. Salamon, The shapes of first-stage sinters, J. Appl.Phys. 15 (1989) 3219-3225.

［24］ J.V. Kumar, The hypothesis of constant relative responses and its application to the sintering process of spherical powders, Solid State Phen. 8 (1989) 125-134.

［25］ I. Nettleship, M.D. Lehigh, R. Sampathkumar, Microstructural pathways for the sintering of alumina ceramics, Scripta Mater. 37 (1997) 419-424.

［26］ R.T. DeHoff, A. Cell, Model for microstructural evolution during sintering, in: G.C. Kuczynski,A.E. Miller, G.A. Sargent (Eds.), Sintering Heterogeneous Catalysis, Plenum Press, New York, NY,1984, pp. 23-34.

［27］ A.K. Kakar, A.C.D. Chaklader, Deformation theory of hot pressing - yield criterion, Trans.TMS-AIME 242 (1968) 1117-1120.

［28］ C.A. Bruch, Sintering kinetics for the high density alumina process, Ceram. Bull. 41 (1962)799-806.

［29］ H.Y. Suzuki, K. Shinozaki, M. Murai, H. Kuroki, Quantitative analysis of microstructure development during sintering of high purity alumina made by high speed centrifugal compaction process, J. Japan Soc. Powder Metall. 45 (1998) 1122-1130.

［30］ M. Zadra, F. Casari, L. Girardini, A. Molinari, Microstructure and mechanical properties of CP titanium produced by spark plasma sintering, Powder Metall. 51 (2008) 59-65.

［31］ D.A. Aboav, T.G. Langdon, The shape of grains in a polycrystal, Metallog 2 (1969) 171-178.

［32］ S.C. Coleman, W. Beere, The sintering of open and closed porosity in UO_2, Phil. Mag. 31 (1975)1403-1413.

［33］ U.C. Oh, Y.S. Chung, D.Y. Kim, D.N. Yoon, Effect of grain growth on pore coalescence during the liquid phase sintering of $MgO-CaMgSiO_4$ systems, J. Amer. Ceram. Soc. 71 (1988) 854-857.

[34] S.I. Nunes, R.C. Bradt, Grain growth of ZnO in ZnO-Bi$_2$O$_3$ ceramics with Al$_2$O$_3$ additions, J. Amer. Ceram. Soc. 78 (1995) 2469-2475.

[35] J.E. Burke, Recrystallization and sintering in ceramics, in: W.D. Kingery (Ed.), Ceramic Fabrication Processes, John Wiley, New York, NY, 1958, pp. 120-131.

[36] Y. Liu, B.R. Patterson, Particle volume fraction dependence in Zener drag, Scripta Metall. Mater.vol. 29 (1993) 1101-1106.

[37] R. Watanabe, Y. Masuda, Pinning effect of residual pores on the grain growth in porous sintered metals, J. Japan Soc. Powder Metall. 29 (1982) 151-153.

[38] J. Zhao, M.P. Harmer, Sintering of ultra-high purity alumina doped simultaneously with MgO and FeO, J. Amer. Ceram. Soc. 70 (1987) 860-866.

[39] E.A. Barringer, H.K. Bowen, Formation, packing, and sintering of monodisperse TiO$_2$ powders, J. Amer. Ceram. Soc. 65 (1982) C199-C201.

[40] H. Pickup, The densification and microstructure of calcium titanate, in: A.C.D. Chaklader, J.A. Lund (Eds.), Sintering '91, Trans Tech Publ, Brookfield, VT, 1992, pp. 251-258.

[41] I.W. Chen, X.H. Wang, Sintering dense nanocrystalline ceramics without final stage grain growth, Nature 404 (2000) 168-171.

[42] H.E. Exner, G. Petzow, Shrinkage and rearrangement during sintering of glass spheres, in: G.C.Kuczynski (Ed.), Sintering Catalysis, Plenum Press, New York, NY, 1975, pp. 279-293.

[43] V.A. Ivensen, Densification of Metal Powders during Sintering, Consultants Bureau, New York, 1973.

[44] E.H. Aigeltinger, H.E. Exner, Stereological characterization of the interaction between interfaces and its application to the sintering process, Metall. Trans. 8A (1977) 421-424.

[45] W. Beere, The sintering and morphology of interconnected porosity in UO$_2$ powder compacts, J. Mater. Sci. 8 (1973) 1717-1724.

[46] R.M. German, Z.A. Munir, Surface area reduction during isothermal sintering, J. Amer. Ceram.Soc. 59 (1976) 379-383.

第7章

烧结热力学与动力学

7.1 曲率梯度与应力

烧结过程中，颗粒间通过黏结作用来减小曲率梯度、表面积和表面能。烧结初期起主导作用的是曲率梯度的减小[1]。在发生显著的致密化之前，绝大多数的曲率梯度都会消失。实际上，许多材料在烧结过程中几乎没有尺寸的变化，但由于烧结颈部生长，材料强度急剧增加。有些材料会特意保留一定孔隙率，这些材料广泛用于烧结电容器、轴承、过滤器、电池电极、吸声器、渗透装置、离子发生器、铸造型芯和能量吸收等领域。需要注意的是，致密化不是烧结的根本，因为有些材料在烧结过程中并不实现致密化。

曲率梯度主导着颗粒之间早期的颈部生长[2]。在加热时，原子通过随机运动沿曲率梯度移动，且速率逐渐增加。烧结颈部是凹形的（向内弯曲），而颗粒表面是凸形的（向外弯曲）。从根本上说，烧结颈部生长是烧结中重要的共同特征。弯曲的表面会产生应力，凹形颈部区域生长以降低表面张力，而远离颈部的凸形区域则相反。一旦原子发生运动，原子就会随机移动来填充颈部，从而降低应力和应力梯度。因此，原子更加倾向于移动到颈部以使结构更加稳定。

颈部和颗粒的尺寸决定了应力和应力梯度的大小。对于任何曲面，应力随曲率的倒数而变化。颈部生长减小了表面积与曲率梯度，因此颈部生长速率自然随着烧结过程的进行而减慢，颈部则随之长大[3]。然而，随着颈部生长，结合部位的强度越来越高。每个颗粒上存在许多烧结接触，在烧结过程中每个接触点扩大，最终合并成强的结构。

诱导原子运动所需的温度取决于材料本身的特性和粉末粒度。化学稳定性高（测量的升华焓比较高）的材料需要的烧结温度相对更高。实际上，几种物质传递机制在烧结过程中共同作用。他们的相对角色也在变化。例如，当晶体材料烧结时，晶界在颗粒之间的界面处生长，因此晶界面积增加，而表面积减小，这时晶界扩散的作用超过表面扩散。

传输机制详细介绍了原子移动的路径。对于固相烧结，传输机制包括表面扩散、体积扩散、晶界扩散、黏性流动、塑性流动和固体表面的气相传输（蒸发-凝聚）[4,5]。在液相烧结中，主要过程是通过液相扩散。在烧结过程中，物质传递与各种几何传递相结合。当颗粒彼此接触时，烧结发生，此时在触点处存在弱的黏结作用。随着温度的升高，发生初始阶段烧结，其特征是颈部生长，通常致密化现象不显著。实际上，在初始阶段颈部体积小，因此只有很少量的物质发生明显的颈部生长。在烧结的中间阶段，孔隙变圆并且形成相互连接的管状结构。伴随着曲率和表面积的减小，烧结过程缓慢进行。通常在烧结中间阶段的后期会发生晶粒长大，晶粒数目减少，平均晶粒尺寸增大。

当孔隙率降低到约 8％（92％致密度）时，开孔网络尺寸会变得不稳定，这是因为孔径缩小时，由于晶粒长大导致孔变得细长[6,7]。这类似于将长而细的水流变成离散液滴的分散过程。圆柱形的孔塌陷并形成两面凸起的长孔或球形孔。这些孔的分离与破碎表明烧结进入了缓慢致密的最终阶段。气氛烧结中，气体会限制致密化，因此，真空烧结有助于得到更高的烧结密度。

烧结过程中几何转变随微观结构的变化而改变，在烧结阶段之间没有明确的区别。小颗粒团簇可能会首先完成烧结，而大颗粒的区域则可能仍处于初始阶段。烧结的初始阶段要求曲率梯度大，因此必须具有较小的颈部尺寸。初始阶段的颈球比（颈部直径除以粒径）小于 0.3，收缩率低（小于 3％），粒径与初始粒径大致相同。表面积至少为原始值的50％。在中间阶段，孔隙更平滑，致密度通常在理论值的 70％～92％。随着更多的晶粒接触，晶粒长大加速，因此在中间阶段的后期，晶粒的尺寸会远大于初始颗粒尺寸。在该阶段可以观察到孔的增长[8]。在烧结的最后阶段，气孔是球形的闭合孔，晶粒长大明显，总孔隙率小于 8％[9,10]。

本章重点介绍固相烧结，并描述烧结驱动力、物质传递机理和烧结阶段的综合表征。

7.2 气氛中的反应

烧结过程中的膨胀通常是烧结周期后期发生的一个难以预测的问题。它发生在各种材料中——氧化物陶瓷、铜、钢、钨、金属陶瓷和钛-镍合金等。膨胀通常是由最后阶段封闭孔隙中的残留气体膨胀所引起的。其中一个例子是在氢气氛中烧结铜。氧可溶于铜，是常见的杂质。溶解氧与烧结气氛反应产生水汽。与氧不同，水蒸气不溶于铜，因此它作为反应产物填充于孔中。随着反应进行，扩散到孔中的氧会引起材料膨胀，并且在一些情况下可能会发生起泡。图 7.1 是起泡比较严重的烧结拉伸样品的照片。这种溶胀通常与化学反应有关，例如铜熔体在铁晶界（Fe-Cu-C 合金）上的扩散，溶解于铜（Cu-Sn）的锡，与钛（Ti-Ni）反应的镍或混合粉末（Fe-Al）中的不平衡扩散。

烧结起泡现象取决于孔隙中保留的气体，可能的烧结致密化过程如下：

① 在真空中烧结：除了材料产生的反应蒸气以外，对完全致密化并没有阻碍。

② 在可溶性气氛中烧结：气体从材料的孔中渗出，因此抵抗致密化的压力比较小，这取决于在烧结温度下的气体溶解度。

③ 在低溶解度或不溶性气氛中烧结：气体积聚在残留的孔隙中，并随着压力的增加而抵抗致密化，可能导致膨胀。

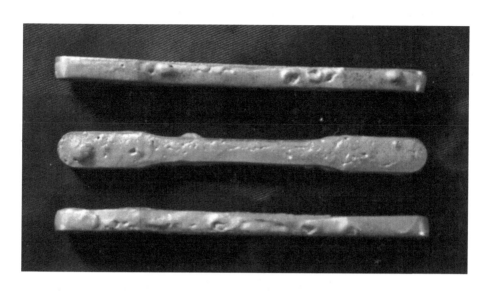

图 7.1　烧结后气体诱导表面水泡的钨合金拉伸试样照片

④ 溶解的物质反应：气体在孔内产生，反应会继续增加不溶性产物的孔隙压力，如二氧化碳或蒸汽的产生。

此外，烧结期间的孔粗化有助于膨胀。在烧结过程中由于聚结和扩散，孔径和晶粒尺寸都增加。由于孔隙压力随孔径的增加而降低，所以气体会占据更多的体积并引起膨胀。

假设烧结中挤压形成了存在于晶粒角上的球形孔隙。孔隙在密度大于约 92% 时以闭孔的形式存在，并且最初被假定为球形。烧结气氛中的气体随着反应产生蒸气而压力增加，同时致密化降低了孔隙率。气体产生和孔隙收缩的竞争使得在孔隙内气体压力 p 等于固体-蒸气表面能 γ_{SV} 的毛细管压力时达到稳定；

$$p = \frac{4\gamma_{SV}}{d} \tag{7.1}$$

式中，d 是孔径。孔隙压力导致不完全致密化。

气孔发生延迟膨胀[11-13]。基于四面体颗粒形状，有效晶粒直径 G 和孔径 d 相关。随着孔隙数量的减少，孔隙粗化[14]，颗粒体积 V_G（固体和孔隙）为：

$$V_G = \frac{\pi}{6}G^3 \tag{7.2}$$

每一个球形孔的体积 V_p：

$$V_p = \frac{\pi}{6}d^3 \tag{7.3}$$

由于晶粒结构的角部有 24 个孔，每个颗粒由四个颗粒共同组成，每个晶粒具有六个孔，因此分数孔隙 ε 为：

$$\varepsilon = 6\left(\frac{d}{G}\right)^3 \tag{7.4}$$

重新整理使得孔径 d 作为孔隙率和晶粒尺寸的函数如下：

$$d = G\left(\frac{\varepsilon}{6}\right)^{1/3} \tag{7.5}$$

在烧结过程中，晶粒生长很活跃，同时伴随着孔径的增加和孔隙率的下降。烧结时晶粒长大具有独特性，烧结晶粒的尺寸 G 取决于起始晶粒尺寸 G_0 和分数孔隙率 ε，如下式所示：

$$G = \frac{\theta G_0}{\sqrt{\varepsilon}} \tag{7.6}$$

通常 θ 约为 0.6，但这取决于加工过程，反映了颗粒生长过程中孔隙与晶界的附着情况。孔隙尺寸与孔隙率之间的函数关系为：

$$d = G_0 \frac{\theta}{6^{1/3}} \varepsilon^{-1/6} \tag{7.7}$$

孔隙尺寸对孔隙率的灵敏度较低，与其六次方根的倒数成正比，反映出后期烧结过程中孔径变化比较小：孔隙率为 4% 时孔径比孔闭合时大 12%，孔隙率为 2% 时大 26%，孔隙率 1% 时大 41%。同时孔的数量减少。在铁的实验中[15]，孔隙率为 7.8%（孔闭合点）的孔径为 $2.94\mu m$；孔隙率为 4.4% 时，孔径为 $3.26\mu m$。孔径增大了 11%，孔隙率下降了 44%。预测的孔径比为 $(0.078/0.044)^{1/6} = 1.10$，与实验测量值几乎相同。

如果气体物质恒定，则孔隙率 ε 和孔隙压力 p 的关系为[16]：

$$\varepsilon p = C \tag{7.8}$$

式中，C 是常数。如果气体不溶于材料，则伴随孔隙气体压力增加的烧结致密化会降低孔隙率。重新整理，ε 孔隙率和孔隙压力 p 之间的关系如下：

$$\frac{\varepsilon}{\varepsilon_C} = \frac{p_C}{p} \tag{7.9}$$

式中，p_C 是孔隙闭孔中的气氛压力；ε_C 是孔隙闭孔时的孔隙率。孔径和孔隙压力之间的关系：

$$\varepsilon^{2/3} = \frac{\varepsilon_C p_C}{4\gamma_{SV} 6^{1/3}} G \tag{7.10}$$

这表明一旦闭合孔隙中存有气体，晶粒长大就会导致孔隙率增加，引起膨胀。

在气孔变圆和晶粒粗化的情况下，孔隙内滞留的气体会延迟致密化，引起膨胀。表面能的毛细作用会导致孔隙收缩，但是内部气体压力会延迟致密化。停止致密化所需的气体量很小。例如，在 1300K、1 个大气压下的烧结过程中，存在孔隙率为 8%、尺寸为 $5\mu m$ 的闭孔的情况下，则当孔隙被压溃，孔隙率达到 0.6% 时，烧结收缩就会终止。对于这个温度下的铜，相当于约 $12\mu g/cm^3$，或约 1.3×10^{-6} 的氧气。在氢气中烧结，氢会与微量氧反应形成蒸汽。只需要百万分之一的残余氧气，就足以抵抗完全致密化。对于大多数关于烧结机理和阶段的讨论，一般处理将忽略被困气体；然而，目前认为气体反应是影响烧结行为的主要因素。

7.3　物质传输机制

传输机制决定了物质在烧结驱动力作用下如何流动。有两种不同类型的机制，都有助于颈部生长。然而，只有体积传质过程才能产生致密化，表面传输不会导致致密化。表面传输过程中，物质被重新定位在孔表面上以降低表面积并减小曲率梯度。体积传输过程中物质从固体中迁移出来并沉积在孔隙上。这些机制通常会协同工作。

传输机制的差异如图 7.2 所示。请注意体积传输过程中的收缩，当物质从内部移动到表面时，球体一起移动。体积传输途径在颈部附近被标记为几条途径。图中未显示黏性流动过程（适用于非晶态材料）。为了方便数学处理，通常假设孔隙是大量的空位积累。烧结机制的经典处理方法是检测空位的运动，这是理解孔隙消除的基础。

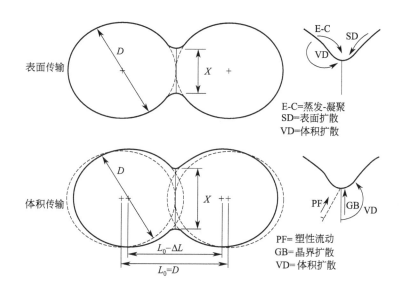

图 7.2　直径为 D 的球体烧结模型中的颈部生长

上图显示了不产生收缩的表面传输机制，通过颈部直径 X 测量颈部生长；

下图为块体传输机制，通过从颗粒之间移动物质以产生致密化

这里考察几种机制。物质流动以空位与原子的交换表示，其中原子沿着颗粒表面（表面扩散）、跨孔隙（蒸发-凝聚）、沿着晶界（晶界扩散）和通过孔隙内部（黏性流动或体积扩散）传输。位错结构在塑性流动和位错攀升、攀移中起着重要作用。此外，空位在孔隙之间迁移导致较大的孔隙生长，而较小的孔隙收缩。

表面传输过程使得颈部生长，但却没有颗粒间隔的变化，因此无收缩、无致密化。物质流动起源于颗粒表面，也终止于颗粒表面。表面扩散通常是烧结早期的主要机理，此时大的表面积仍然存在。此外，表面扩散活化能较低，因此表面原子在较低温度下即可与内部原子开始交互移动[17]。蒸发-凝聚一般不常见，在烧结温度下具有较高蒸气压的材料会发生蒸发-凝聚的过程。

尽管表面物质传输和体积物质传输过程都促进了颈部生长，但正如前面所指出的那样，两者差异很大。通过体积传输烧结进行致密化，因为烧结颈部生长的物质来自材料内部。体积传输机制包括体积扩散、晶界扩散、塑性流动、位错攀移和黏性流动。在位错发挥作用时，加热过程中的塑性流动非常重要。在压坯压制过程中由于加工硬化而产生较高的位错密度时，塑性流动显得尤为重要。由于表面能通常不足以产生新的位错，因此烧结的进行会导致位错密度的降低和塑性流动作用的下降[18]。

非晶态材料的玻璃和聚合物主要是通过黏性流动烧结，其中颗粒聚结速率取决于颗粒尺寸和材料的黏度[19]。当液相在晶界上形成时，将会导致金属的黏性流动[20]。

晶界处的扩散对于大多数晶体材料的致密化是相当重要的，并且通常主导烧结过程中的致密化。两个晶粒的接合点是键合不良的晶界，因此能够提供快速扩散的途径。当材料具有足够的晶界面时，晶界扩散占主导地位。因此颗粒生长和晶界的消除对烧结是不利的[21]。

体积扩散一般在更高的温度下运行，并且在烧结中比较活跃。它是可能的体积传输过程之一，但通常仅在高温下才起主要作用。

颗粒相接触之间的烧结颈是临界区，这是原子沉积以减少表面能的作用点。物质传输过程中，烧结的进展几乎总是与如何相互作用以驱动颈部生长和孔隙变化相关。通过烧结阶段可以评估几何过程[22]。烧结模型主要用于烧结阶段和物质流动机理的特定组合。这是机制和阶段的不规则交叉反映。首先引入物质流动机制，随后关注烧结阶段。然而，在重叠阶段可能同时存在多种烧结机制。

烧结模型假设的是在等温条件下点接触的单个球体。大多数烧结涉及的粉末都是非球形，具有较宽粒度分布，而且是压实粉末。在尺寸差异较大的情况下，随着颗粒间边界的消失，小颗粒吸收到大颗粒中。压实过程使颗粒变形，大孔塌陷，并可能引入位错。此外，烧结涉及几个机制的同时作用。现在对每个过程单独讨论。

7.3.1 黏性流动

忽视晶界，可以得到颈部生长的第一个模型——Frenkel烧结颈生长模型[23]。假设直径为 D 的两个无定形球接触，形成直径为 X 的烧结颈。由于没有晶界，所以烧结颈非常光滑，这在玻璃球或许多聚合物的烧结过程中可以看到。随着温度升高，非晶态材料呈现黏度降低的趋势。在颈部凹形面的应力作用下，物质流动形成烧结黏结作用。因此，高温时在烧结应力的作用下，玻璃和聚合物粉末通过黏性流动而致密化。烧结速率随着温度的升高而增加。如果施加外部应力，则烧结速率与施加的应力呈比例增加。

在有限的温度范围内，黏度 η 随温度变化：

$$\eta = \eta_0 \exp\left[\frac{Q}{RT}\right] \tag{7.11}$$

式中，Q 是活化能；η_0 是指前系数；T 是热力学温度；R 是气体常数。这不是黏度与温度的唯一关系式，但通常可以很好地适应实验数据。

Frenkel 的黏性流动烧结模型假定表面能量耗散与致密化过程达到平衡。随后提出了修正模型，给出了颈球比作为烧结时间 t 的函数：

$$\left(\frac{X}{D}\right)^2 = \frac{3\gamma t}{D\eta} \tag{7.12}$$

式中，γ 是表面能。由于在较高的温度下黏度降低，所以随着温度升高，烧结颈生长速率逐渐增加。图 7.3 为 750℃（1023K）下烧结的钠钙玻璃球的颈部尺寸与时间的平方根之间的关系[24]。这个例子显示了颈球比对粒度、时间、表面能和物质流的依赖性。

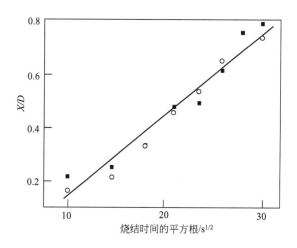

图 7.3 750℃（1023K）下烧结的钠钙玻璃颈球比（X/D）与烧结时间的平方根关系图[24]
插图是为了说明黏性烧结的行为特征

对于体积物质传输过程，烧结收缩与烧结颈尺寸的平方有关，球体中心逐渐接近。最初烧结收缩与颈部尺寸的平方相关，收缩率和保温时间之间呈现出线性关系[25]。图 7.4 为钠钙玻璃烧结收缩率数据[26]。对于最初 8％的烧结收缩率，其行为与时间呈线性关系，但随着烧结过程的驱动力下降，烧结速率自然衰减。

非晶态材料缺乏晶界，所以随着颈部生长的进行，特殊材料可以达到零曲率状态，其中凸面半径和凹面半径相等，但符号相反。这发生在颈球比（X/D）大约为 2/3 或约 11％线性收缩率（$\Delta L/L_0$）时。随着致密化的进展，烧结大幅减缓，这一现象在收缩率与时间的关系图中是显而易见的，并且在 40min 致密化之后烧结变慢。实际结果是，由于曲率梯度消失，所以低密度结构不能通过黏性流动完全致密化。外部压力有助于

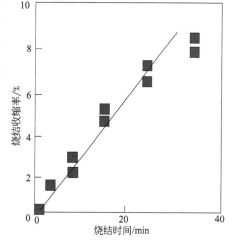

图 7.4 在 670℃（943K）等温烧结时玻璃粉末的烧结收缩率数据[26]
对于早期黏性流动控制的烧结，该关系为线性关系

改善这个问题[27]。作为另一种观点，Zagar[28]推导了黏性流动的等温致密化模型：

$$\lg\left[\frac{\varepsilon}{\varepsilon_0}\right] = -\frac{\gamma t}{D\eta} \qquad (7.13)$$

式中，ε 是烧结后的孔隙率；ε_0 是起始孔隙率。

此外，曲率还与初始孔结构相关，通常颗粒结构并非理想中的均匀分布。因此，不均匀性引起孔结构重排并影响烧结[29]。颗粒上的毛细效应对孔隙的结构有一定影响，对于具有尖角或平面的玻璃颗粒尤其如此。在玻璃烧结过程中，大孔生长，小孔收缩，导致最终残留的孔隙稳定。

早期的烧结模型试图将黏性流动看作扩散蠕变。它是基于扩散率 D_V 和黏度 η 的概念，如下所示：

$$\eta = \frac{kT}{\delta D_V} \qquad (7.14)$$

式中，k 是玻尔兹曼常数；T 是热力学温度；δ 反映了原子尺寸。尽管这种情况比较复杂，但是这一假设创建了一个通用的黏度概念，可用于烧结渗透计算机建模工作[30]。然而，致密化过程通常不会通过体积扩散发生，因此这种简化模型缺乏微观组织结构的数据。对于纯黏稠的材料，这些对烧结的假设并不能正确表达非致密化的表面传输效应。即使如此，数年来，它还是提供了一种模拟烧结致密化的方法。

7.3.2　表面扩散

晶体表面有很多缺陷，包括多余的原子、表面空位、台阶、凸起、扭结和吸附的原子等。尽管宏观上表面可能看起来比较平滑，但在原子尺度上，它是有相当多缺陷的，如图 7.5 所示。在缺陷之间会发生原子运动，例如台阶上的原子（扭结）可能会跳过来填补附近的空位。这属于表面扩散——表面位点之间的原子（或离子或分子）的运动。

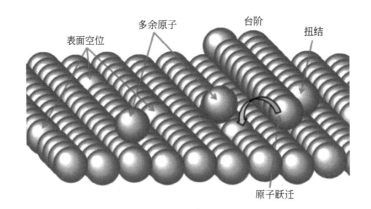

图 7.5　结晶材料的表面

典型的表面扩散包括三个步骤。在第一步中，原子通过表面扭结断开现有的键，这个来源在孔表面。一旦脱落，原子通过随机运动滚过孔表面。原子的跳跃过程通常很快速。

最后，原子附着在一个新的表面，可能再次出现表面空位或扭结。附着位置是一个原子槽，也位于孔表面。由于原子重新定位以产生光滑的表面，所以在颗粒之间没有实质的内部运动，因此没有收缩[31]。尽管原子运动是随机的，但由于缺陷浓度的差异，原子倾向于从凸面迁移到凹面。结果使得曲率减小，有效地使孔隙变圆。颗粒之间的烧结颈部承受较大压力，因此，原子优先扩散至这一部位。在烧结颈部的原子沉积，使得颗粒间产生黏结，并形成两个颗粒相交的晶界，该晶界对后续烧结很重要。之后的烧结，是表面扩散与晶界扩散协同作用[32]。通过晶界扩散发生致密化，而表面扩散重新分布物质可以使孔隙变得平滑。

点缺陷（$P_{点}$）的概率和基体位点间的运动概率（$P_{移动}$）的乘积给出了净扩散迁移率的近似值：

$$M = P_{点}\ P_{移动} \tag{7.15}$$

这两种概率都是热激发的，因此它们具有相似的温度效应：

$$P = P_0 \exp\left[-\frac{Q}{RT}\right] \tag{7.16}$$

式中，Q 是活化能；R 是气体常数；T 是热力学温度；P_0 是材料常数。通过识别表面扩散的各向异性可以进行进一步的改进，但是对于烧结而言，由于所有晶体取向都发生在粉末组合中，因此可以忽略。扩散通量随温度升高而增大。由于缺陷产生和原子运动与温度有关，因此将激活能量 Q_S 与前指数频率因子 D_{OS} 相结合，这样，表面扩散速率为：

$$D_S = D_{OS} \exp\left[-\frac{Q_S}{RT}\right] \tag{7.17}$$

材料内部的扩散源和阱的数量以及运动的难易程度都决定了表面扩散速率。相对于平衡浓度 C_0，曲率确定了一定扩散源和阱条件下的浓度为 C，对于烧结最重要的是局部位置的浓度（曲率）变化。在烧结颈的底部，凹半径是主要的，但是离颗粒很短距离处，凸半径是主要的。浓度随距离和曲率梯度而变化，通过表面扩散来驱动初始烧结颈部生长[33]。

虽然高温能够加速表面扩散，但由于表面积减小，因此会降低其相对贡献。烧结颈部的生长取决于到达颈部表面的原子的体积，即取决于扩散面积和扩散通量。反过来，通量取决于曲率梯度和表面扩散率。所有因素的组合导致表面扩散控制烧结的颈部尺寸是时间、温度和粒度的函数。表面扩散控制烧结由 Kuczynski[34] 首先提出，随后成为其他研究者热衷的研究方向[2,35-38]。

晶体取向会影响表面扩散。然而，通常考虑的是忽视特定晶体取向的情况下的平均扩散速率。吸附的原子等影响表面扩散速率，特别是在低温下，所以烧结通常发生在吸附物质起作用较小的温度下。

在加热至烧结温度的过程中，表面扩散最为活跃。与其他扩散方式相比，表面扩散的活化能通常较低。因此，它在较低的温度下开始并且是起主要作用，此时具有高的表面积和很小的晶界面积（后者随着颗粒间生长而增加）。由于表面积被消耗，所以表面扩散的重要性会逐渐下降。

表面扩散主要适用于材料早期的烧结。它取决于许多因素，对初始表面积（颗粒大小）、表面杂质和温度都很敏感。Fe、Ni、Ag、Cu 和 Pd 等金属通过表面扩散的方式完成早期烧结，许多陶瓷如 SiC、Al_2O_3、MgO、FeO 和 TiO_2 等，也倾向于以表面扩散的方式主导早期烧结。随着烧结的进行，表面积的减少会降低表面扩散的相对作用。

7.3.3　体积扩散

晶体材料中，体积扩散涉及与空位的原子交换，也称为晶格扩散。在任何温度下，都有一个平衡空位浓度。热作用导致原子运动，使得颗粒足以跳入空位。图 7.6 体现了烧结过程原子和空位之间的位置变化。在烧结过程中，孔隙被认为是大的空位簇，将空位扩散到周围的基体中，并将原子反向扩散至孔中。这是烧结过程中的体积扩散。烧结过程中孔隙率降低，中值孔径增加。早期烧结概念假定体积扩散会影响有效黏度。

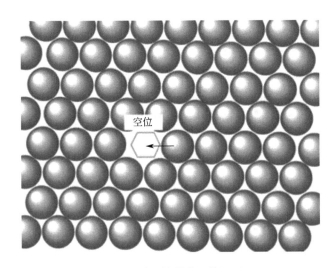

图 7.6　体积扩散的二维图示
该图描述了空位和原子位置的交换。在烧结过程中，每个原子通常每秒钟改变 6 次位置

除原子之外，扩散物质也可能是离子（例如 NaCl 中的 Cl^-）或冰中的水分子。在体积扩散期间原子数不变，但是在孔隙、晶界、界面和位错处存在空位的产生和消除。原子从某一源头运动到凹槽部位，将不规则的尖端消除，填满凹坑。烧结同样如此，物质从凸出的外表面移动到凹面，即颗粒之间的颈部。

当原子从晶体内部跃迁到孔表面时，晶体内部产生空位。所产生的空位由晶体内原子的随机位置移动。在烧结温度下，原子振动速率为 10^{14} 次/s。这些振荡中只有少数会发生与空位的原子交换，但是在合适的烧结温度下每个原子每 0.1s 就会移动一个新位置。因此，原子和空位之间存在恒定运动和交换。孔隙作为空位的集合渗透到晶体结构中，该过程可以体积扩散的烧结模型描述。然后，空位在基体内部、位错、晶界、表面或界面处湮灭。晶粒边界是有效的空位集合，晶粒可以填补这些空缺[39]。

体积扩散烧结中发生如图 7.7 所示的空位运动。第一条路径是烧结颈表面的原子通过颗粒内部运动，随后在另一侧的颗粒表面出现，导致颈部表面的物质沉积。这个过程是从表面传输到表面，因此没有致密化或收缩。这一过程称为体积扩散黏附，以将其与更重要的致密化过程区分开来。这是一个单纯的表面传输过程，过程中没有致密化。虽然理论上有了研究进展，但在烧结实践过程中几乎没有发生这种情况的证据。

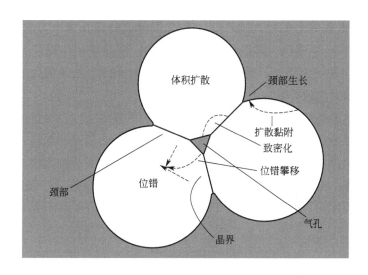

图 7.7　烧结过程中体积扩散的三种不同路径

包括扩散黏附（孔隙和孔在孔表面）、致密化（空位来源于物质内部孔隙，最终消失在晶界）、

位错攀移（空位来源是孔隙，消失在错位）

　　第二条路径称为体积扩散致密化。这是一个物质内部的传输过程，涉及从颈部表面到晶粒间边界的空位流动。当然，这需要烧结颈生长和晶界的出现，通常是通过扩散的方式。体积扩散将物质从晶界传播到孔隙，有效地将空位从孔隙移动到晶界的缺陷区域并湮灭。这一过程发生致密化和体积收缩，因为原子层沿着颗粒接触点移动并重新定位在孔表面上。因此，随着烧结，颗粒间的黏结作用增加，颗粒中心越来越近。这个过程中颗粒内部需要通过晶界的调节、旋转或滑动来消除空位[40]。两相界面是多相材料中空位湮灭的有效位置。因此，当晶界或界面消失时，烧结停止。

　　第三种体积扩散机制，空位与位错相互作用，从孔隙中分离，通过位错攀移而湮灭。在原位热透射显微镜下观察，加热过程中看到了这一过程[41]。该过程通过在烧结之前增加位错密度来观察，可以得到更为明显的结果[42]。由于在烧结期间位错不是一成不变的，所以在加热过程中与位错攀移相关联的体积扩散影响会慢慢降低。在每种情况下，空位路径都与原子通量方向相反。

　　体积扩散速率取决于三个因素：温度、组成元素和应力。应力由表面曲率或外部压力引起。温度的作用是提供空位生成和空位-原子相互运动的能量。在两种或多种原子物质的化合物中，化学计量是另外一个因素。组合稍有变化会导致空位密度变化，从而影响体积扩散。这在离子固体中尤其如此。压力会改变平衡空位浓度，因此压应力作用下的表面倾向于具有较少的孔隙以减小体积，张应力力下的表面具有较多的空位以增加体积并且松弛应力。曲率梯度会产生空位浓度梯度，引起体积扩散，烧结后最终消除梯度和曲率差异。

曲面下的空位浓度 C 取决于该表面的两个垂直面的曲率半径：

$$C = C_0 \exp\left[-\frac{Q_{VF}}{RT}\right]\left\{1 - \frac{\gamma\Omega}{RT}\left(\frac{1}{R_1} + \frac{1}{R_2}\right)\right\} \tag{7.18}$$

式中，C_0 是指数前空位浓度项；Q_{VF} 是空位形成的活化能（与材料的熔融温度相关）；R 是气体常数；T 是热力学温度；γ 是表面能；Ω 是摩尔体积。表面越弯曲，那么 R_1 和 R_2 越小，空位浓度越高，而平衡表面反映出 R_1 和 R_2 是无限大的。另一种方法是确定与浓度梯度相对应的有效应力梯度。

通过体积扩散的烧结黏结生长反映了原子和空位的顺序交换。对于凹面，空位浓度高于平衡浓度，而对于凸面，空位浓度低于平衡浓度。颗粒表面是凸起的，而烧结颈是凹陷的，因此两者之间存在空位浓度梯度。物质产生流动的作用是去除浓度梯度，就像水按照重力梯度流动一样。结果是空位从颈部流出或原子流到颈部。在原子和空位移动过程中，空位浓度梯度引起体积扩散发生烧结。Fick 第一定律可以用于解释烧结率：

$$J = -D_V \frac{\partial C}{\partial x} \tag{7.19}$$

式中，J 是单位时间单位面积的原子（或空位）的通量；D_V 是体积扩散率；∂C 是在距离 ∂x 处的空位浓度变化。颗粒尺寸的作用是明显的，因为较小的颗粒对应于较短的距离。如前所述，体积扩大取决于空位的数量和空位的流动性，都取决于组分和温度。表达式如下：

$$D_V = D_{V0} \exp\left(-\frac{Q_V}{RT}\right) \tag{7.20}$$

式中，D_{V0} 是指数前频率因子；Q_V 是活化能；R 是气体常数；T 是热力学温度。

另外，化学计量数也会影响空位浓度，特别是在离子材料中。体积扩散的总通量是由热诱导的空位和化学计量变化发生产生的过量空位的组合[43]。若过量的离子空位与缓慢移动的物质组合，则可能加速烧结。化学计量效应可通过改变原始化合物配方或调整工艺气氛或化学添加剂控制。例如，在烧结氧化铀（UO_2）时，超化学计量的氧含量（每个铀离子对应 2.02 个氧离子）就可以提供较高的密度。

在烧结后期，孔隙变得光滑，接近球形，可以看作是空位的集合。相邻的气孔之间的尺寸差异会导致空位浓度梯度。大孔隙是空位的集合，小孔隙则可以看成是空位，导致发生大孔的生长和小孔的消除[44]。想要得到高的烧结密度，重要的是避免孔隙中包裹气体并维持诸如晶界等空位湮没位置，以避免在烧结过程中产生孔的粗化。因此，通过控制晶粒长大，并控制孔与晶界的配合就可以实现完全致密化。

虽然体积扩散在高温下非常活跃，但是其对烧结的贡献较小。对于具有较大比表面积的细粉尤其如此。表面扩散通常在加热初期更为活跃，因此常见的情况是通过表面扩散的早期颈部生长和随后的晶界扩散致密化[45,46]。然而，体积扩散控制了几种化学氧化物 [BeO、CaO、CeO_2、Cr_2O_3、CuO、TiO_2、UO_2、Y_2O_3 和 ZrO_2] 的烧结过程[47]。

7.3.4　晶界扩散

晶界扩散对烧结致密化非常重要，它主导着大多数金属和许多化合物的烧结。由于颗粒随机接触导致晶粒取向不一定相同，因此在每个颗粒之间的烧结颈处会形成晶粒边界。晶界本质上是重复的位错的集合。晶界的缺陷特性允许物质沿着该界面流动，晶界扩散的活化能通常介于表面扩散和体积扩散之间。虽然晶界相当狭窄，可能只有五个原子宽，但它是促进致密化的主要传输途径[48]。

早期研究发现，烧结是通过晶界实现的[49,50]。确实，晶界迁移通常被认为是金属烧结的主要过程。通常，晶界扩散会与其他传输过程协同发挥作用，这使得对于研究主导的烧结机理变得较为复杂[51-53]。可以通过控制烧结条件，来实现烧结中单一传输过程的研究，例如通过两阶段加热来减弱表面扩散，同时增强晶界扩散。

晶界扩散取决于单位体积的晶界面积。随着表面积的降低和表面扩散效果的下降，同时出现的新的晶界增加了晶界扩散的作用。在中间阶段烧结过程中晶界面积达到顶峰。由于粉末压块由大量的晶界构成，因此忽略扩散速率与取向的差异，并进行平均化假设是合理的。

晶界扩散控制烧结的理论由 Coble 提出[54,55]。随后的模型[56-59] 将这一概念应用于收缩和致密化。当通过晶界扩散烧结时，物质从晶界处迁移并沉积在颈部表面。颗粒间的晶界和颗粒内部的晶界可以充当空位湮没点。物质沿着颗粒边界流动并沉积在颈部表面上。如果不发生表面扩散，烧结过程中晶界扩散会使物质形成一个小山状[60]。通常，表面扩散会协同作用将物质重新均匀分布在颈部表面。

晶界扩散对杂质、晶体取向和烧结温度比较敏感。扩散速率遵循 Arrhenius 关系。通常晶界宽度是未知的，假定为 5～10 个原子直径的标准值。热激发的晶界扩散系数（m³/s）与扩散时间和标准晶界宽度 δD_B 的关系如下：

$$\delta D_B = \delta D_{B_0} \exp\left[-\frac{Q_B}{RT}\right] \tag{7.21}$$

式中，Q_B 是激活能量；D_{B_0} 是指数前频率。因此，与以 m²/s 为单位的其他扩散率不同，晶界扩散还含了晶界宽度，因此以 m³/s 为单位。

晶粒长大和晶界扩散机理类似原子跃迁。穿过晶界的原子回引起晶粒尺寸变化，而沿着边界移动的原子回引起致密化。晶粒长大和致密化的过程非常相似。此外，这两个过程也紧密结合在一起。因此，随着烧结的进行，晶粒尺寸同时增大。

7.3.5　位错运动——攀移与滑移

塑性流动，即应力下的位错运动，是烧结理论中较难的方面。很多实验和计算提供了烧结过程中位错运动的证据。根据实验设计，在初始加热时期位错结构发生改变。有两个特点：空位吸收导致位错攀移[18]；表面应力引起位移滑移[61]。

当烧结应力超过材料在烧结温度下的流动应力时，即发生位错滑移。位错可能参与烧结提供物质传输，特别是粉末在压制过程产生较高的初始位错密度的情况下。这一结果已通过使用具有高初始位错密度的变形铁粉实验进行了说明[62]。与退火后的粉末相比，冷加工粉末烧结更快。

在位错攀移期间，位错与烧结过程中的空位相互作用：来自孔隙的空隙被位错吸收（当移动到平行滑移平面时）。致密化通过体积扩散发生，但附近的位错可以充当靠近烧结颈部的空位阱。因此，随着位错消失，位错密度减少，这一过程将被减弱。Schatt 和 Friedrich[63] 通过研究发现，由于位错攀移，致密化率（孔隙率 ε 的变化除以时间 t 的变化）发生改善，孔隙率的消除率如下：

$$\frac{d\varepsilon}{dt} = \frac{\sigma \Omega D_V}{RT\lambda^2} \tag{7.22}$$

式中，σ 是孔隙表面应力；Ω 是原子体积；D_V 是扩散系数；R 是气体常数；T 是热力学温度；λ 是位错之间的平均间距。因此，在烧结前的塑性流动与表面应力共同作用下，由颈部积聚的位错引起的烧结体积扩散率增加了近 100 倍。

有限元分析表明，早期烧结应力超过流变应力[64]。最大剪切应力发生在颈部表面附近。当颈部生长时，剪切应力逐渐下降，最终降低到材料的流动应力以下。在这一点上，错位参与致密化的作用就变得很小。因此，在烧结早期，当压实应力和热应力能够增加烧结应力的阶段，塑性流动就显得很重要。但随着加热的进行，位错密度下降，因此后期烧结过程作用就不太重要了。塑料流动过程在快速加热、小颗粒和压力环境下都比较明显。

在多晶材料中，位错运动也是由加热过程中的相变引起的。在 Al_2O_3、Ag、CaF_2、CoO、Cu、Fe、MgO、$NaCl$、Ni、Pb、ThO_2、Ti、W 和 Zn 的加热过程中可以直接观察到塑性流动，而在等温条件下则无法看到。

7.3.6 蒸发-凝聚

烧结过程中，气体传输将原子从孔表面重新定位到颈部表面区域，而不发生致密化[25]。最终的结果是随着颈部在接触颗粒之间的生长，总表面积减少。由于原子在自由表面上进行运动，所以颗粒之间的中心距离没有变化。当烧结期间表面积消耗时，表面部位的原子分数下降。蒸气压 P 取决于热力学温度 T：

$$P = P_0 \exp\left(-\frac{Q}{RT}\right) \tag{7.23}$$

式中，P_0 是指数前常数；Q 是蒸发活化能；R 是气体常数。蒸气压随温度升高而升高，导致更多物质传输使孔隙平滑，并清除表面积。在烧结期间的多孔材料中，优先从凸起的颗粒表面发生蒸发。由于蒸气压稍微降低，优先沉积在凹颈处。

通常蒸发-凝聚在烧结过程中并不十分重要，因为大部分材料在烧结温度下的蒸气压都很低。因此，这一作用经常被忽略。如果蒸发传输发生在蒸气压力较高的细粉末材料的烧结上，例如 $NaCl$、PbO、TiO_2、H_2O、Si_3N_4、BN 和 ZrO_2 等，起作用较为明显。通常，在烧结期间质量减少的材料往往也表现出蒸气传输。

可通过烧结气氛增强蒸发-凝聚促进烧结。在钨的烧结中，蒸发-凝聚随氧、水和卤化物浓度而变化。在许多情况下，卤化物有效地诱导蒸气传输[64-66]。图 7.8 说明了通过 HCl 掺杂气氛烧结促使氧化锆（ZrO$_2$）烧结的显著变化[66]。在空气中烧结促使烧结致密化，而在 HCl 掺杂的气氛中烧结传输转变为蒸发-凝聚。后一种方法消耗系统的烧结能量，而不发生致密化。

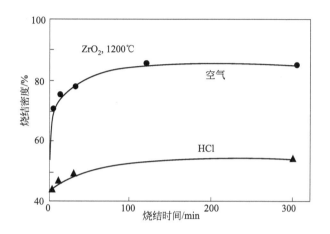

图 7.8　氧化锆烧结密度与烧结时间的关系数据[66]

分别在 1200℃（1473K）的空气中烧结和在空气中掺杂 HCl 烧结以促进蒸发-凝聚传输

受表面能量所限制，颈部生长有一个极限尺寸，可以由二面角 φ 来表示。因此，颈部尺寸受如下晶粒尺寸的限制：

$$X = G\sin\left(\frac{\varphi}{2}\right) \tag{7.24}$$

一旦气相传输达到由二面角定义的颈球比（X/G），则进一步的颈部生长就取决于晶粒长大。根据传输过程，晶粒尺寸的增大通常取决于烧结时间的立方根。

在烧结后期，由于二面角的限定，孔隙形状变为凸透镜状。晶粒长大引起晶界迁移，气孔保持附着并缓慢移动，同时对晶界施加阻力。最终阶段的致密化取决于晶粒长大以及孔在晶界上的附着。蒸气传输为这一进程提供了一种手段。然而，通常晶界与孔隙分离，在颗粒内部会留下"搁浅"的球形孔。

7.4　动力学关系

烧结过程中存在多种物质传输机制，根据物质来源可分为表面传输和体积质量传输。后者对致密化有贡献，但两者都有助于颗粒黏合。表面扩散是最常见的表面传输过程，晶界扩散是最常见的体积质量传输过程。对于大多数材料，气相传输贡献很小，经常被忽略。在反应性气氛（包括氢气、氧气、卤化物和水）中，蒸气压高会在烧结过程中引起表面积损失而不产生致密化。

在升温到烧结温度期间，塑性流动主导物质传输过程，并且涉及位错攀移（通过空位湮灭）和可能的位错滑移。在等温烧结过程中，塑性流动只是一个暂时的非持续过程。

对于非晶态材料，通过黏性流动进行烧结。随着温度的升高，黏度下降。由于不存在晶界或二面角，所以黏结流动烧结可以持续到消除曲率梯度。如果初始填充密度高，则在消除曲率梯度之前会发生颈部重叠，实现完全致密。在低生坯密度下，致密化过程终止时可能不会达到全密度。颗粒粒度小、生坯密度高、烧结温度高和烧结时间长都可以改善致密化。

晶体材料在烧结期间通过体积质量传输过程实现致密化，主要是通过晶界扩散[21,47]。由孔隙排出的空位通过在晶体内部或沿着晶界扩散，逐渐填充孔隙。空位在晶界、位错、相边界或其他界面上被消除。在曲率较高的凹形面，空位的排放量很高，可以快速实现早期烧结。体积扩散需要一定的活化能，晶界扩散的活化能较低，而且由于晶界上偏析物质的存在，这通常使得晶界扩散成为主要的致密化过程。离子化合物中的扩散随着化学计量的变化而变化，所以微量的掺杂或组分的变化都可以显著改善烧结速率。在某种意义上，液相烧结的优势是使晶界偏析达到极限，液膜是非常快的传输路径，比晶界传输更为重要。

通常，表面扩散在烧结的最初阶段比较活跃；但是，致密化则依赖于晶界扩散[67,68]。考虑到与体积扩散相比，晶界扩散的活化能较低，因此颗粒间的边界是物质流向颈部的有效途径。晶界处的第二相富集在某些情况下可以显著改变烧结速率。例如，活化烧结可以将烧结速率提高100倍以上[69]。

烧结期间空位的湮灭通常与位错攀升和晶界旋转等相结合。此外，晶界扩散需要与表面扩散协同作用，以避免晶界在表面形成突起。因此，烧结涉及多个扩散机制，在微观结构从颗粒转变为烧结体的过程中，其主导机制随着阶段的不同而变化[70]。计算机模拟提供了推导研究这些机制的手段。

第6章介绍了烧结过程中从松装粉末到致密产品的几何变化。下面将详细描述烧结各阶段的动力学。

7.4.1 初始阶段

该阶段的曲率梯度在颗粒上一定距离内从凸起部位移动到凹陷部位。曲率梯度驱动初始阶段的烧结。初始烧结包括几种不同的物质传输，通常是几种共同作用的结果。根据Fick第一定律来确定物质通量与曲率梯度的关系。在烧结微观结构的每个点，烧结速率通过物质运动过程中原子的迁移率来决定，颈部生长取决于烧结颈（到达率低于出发率）的大量积累：

$$\frac{dV}{dt} = JA\Omega \tag{7.25}$$

式中，J 是原子通量；A 是物质分布的黏合面积；Ω 是单个原子或分子的体积。曲率梯度决定了物质的流动，通过原子迁移或沉积来改变颈部的尺寸和形状。反过来，随着迁移或沉积过程的进行，曲率梯度逐渐减小，物质通量下降。高温可以促进物质传输过程，进而促进颈部生长。在驱动力的作用下，同时有许多过程在进行。因此，烧结速率的准确计算依赖于数值模拟技术。

将烧结过程简化为单一的物质传输机制，然后用烧结模型来估计烧结行为。最常见的是颈部尺寸收缩模型。对于颈部生长，在等温（恒温 T）条件下，颈球比 X/D（烧结颈直径除以粒径）作为烧结时间 t 的函数：

$$\left(\frac{X}{D}\right)^n = \frac{Bt}{D^m} \tag{7.26}$$

这里 B 是由材料和几何常数组成的参数，如表 7.1 所示。该表还列出了指数 n 和 m 的典型值。颗粒尺寸相关性系数 m 被称为 Herring 缩放定律指数[71]。虽然以整数表示，但指数随着烧结程度而变化。例如，一些用于表面扩散烧结的模型给出的 n 值高达 7.5。参数 B 受材料属性如扩散等的影响，因此取决于温度：

$$B = B_0 \exp\left[-\frac{Q}{RT}\right] \tag{7.27}$$

式中，R 是气体常数；T 是热力学温度；B_0 由表 7.1 所示的材料参数如表面能和原子尺寸组成。

⊡ 表 7.1 初始阶段烧结公式 $[(X/D)^n = Bt/D^m]$

机制	n	m	B
黏性流动	2	1	$3\gamma/(\eta)$
塑性流动	2	1	$9\pi\gamma b D_V/(RT)$
蒸发-凝聚	3	2	$(3P\gamma/\rho^2)(\pi/2)^{1/2}[M/(RT)]^{3/2}$
体积扩散	5	3	$80 D_V \gamma \Omega/(RT)$
晶界扩散	6	4	$20\delta D_B \gamma \Omega/(RT)$
表面扩散	7	4	$56 D_S \gamma \Omega^{4/3}/(RT)$

注：D_V 为体积扩散率，m^2/s；D_S 为表面扩散率，m^2/s；D_B 为晶界迁移率，m^2/s；P 为蒸气压，Pa；M 为摩尔物质，kg/mol；Ω 为原子体积分数，m^3/mol；η 为黏度，Pa·s；γ 为表面能，J/m^2；b 为伯格斯矢量，m；R 为气体常数，J/(mol K)；T 为热力学温度，K；ρ 为理论密度，kg/m^3；δ 为晶界宽度，m。

由方程(7.26)和方程(7.27)表示的烧结颈尺寸模型在初始阶段烧结结束前都是合理的。参数 B 中嵌入的扩散系数具有显著的温度敏感性。普通材料的频率因子和活化能可以在其他表格中找到。然而，这种概念只是近似的，与数值解相比，典型误差为 10%~20%，而且由于大多数粉末具有尺寸分布，烧结过程中自然会出现颈部尺寸的变化。

虽然只是近似，但等温颈部生长模型还是说明了一些关键因素。较小的颗粒可以更快地烧结。表面扩散和晶界扩散对粒径具有最高的敏感性，因此相对于其他过程，颗粒较小时，他们的作用会被增强。由于温度出现在指数项中，所以即使是较小的温度变化也会产生很大的影响。最后，随着曲率梯度的减小，时间的重要性会减弱。

体积质量传输过程既能减小颗粒间的间距（收缩），同时也有助于颈部生长，因此会导致比较紧密的收缩。当颗粒中心相互接近时，致密化会引起新的颗粒接触，从而延缓了颈部生长。由于通过时间、温度或粒径的函数来监测尺寸的变化相对容易，所以收缩率是初始阶段烧结的重要参数。等温收缩过程中，收缩率与时间的关系如下：

$$\left(\frac{\Delta L}{L_0}\right)^{n/2} = \frac{Bt}{D^m} \tag{7.28}$$

式中，$\Delta L/L_0$ 为相对于初始长度的烧结收缩率。收缩率是负值，但通常忽略符号。图 7.9 显示了两个温度下收缩率与时间的对数线图，可以用来描述这种行为[25]。斜率为 $n/2=2.5$，对应于体积扩散。

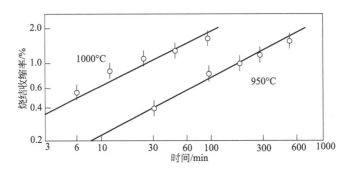

图 7.9　两种温度下 $100\mu m$ 铜粉的烧结收缩[25]

该对数收缩率与对数时间曲线由式(7.28) 预测

维度变化与致密化和密度变化有关，因此检测收缩率是有用的。尺寸变化是对颈部尺寸的体积测量，需要重复进行微观测量。烧结时对于收缩有两种截然不同的要求：

① 一些精密部件的制造商努力在烧结期间不产生收缩，因此利用最终尺寸设计成型工具。在烧结之前通过使用高成形压力产生致密化。这在成型有色金属汽车发动机部件中是常见的，例如使用 Fe-Cu-Ni-C 钢的油泵、连杆、滑轮和定时齿轮。

② 其他制造商设计的产品，在烧结中会产生重大尺寸变化，预计收缩率为 15％～25％。这在硬质合金粉末中比较常见，此时生坯密度不能压制太高，例如由 WC-Co 形成的硬质合金切削工具、采矿尖端和拉丝模具。

如果烧结过程中没有发生收缩，制品尺寸就会保持压制时的尺寸，但是诸如强度等性质会由于残余孔隙率而降低。收缩率决定了加工尺寸，这是为了最终的烧结材料达到可接受的尺寸。如果想要得到密度高、性能好的材料，那么烧结过程中需要收缩。例如，外科手术用的材料就要求较高的致密度，这些材料中孔隙内被血液污染是不可接受的。因此，根据材料要求的性能及相应的易压程度，控制在烧结中产生或避免收缩。

表面积是描述烧结过程的另一种手段。表面积也是松装条件下的性质，适用于细粉。表面积的损失取决于颈球比和颗粒间的协调性，因为每个颗粒接触面都将导致表面能的降低。在烧结的早期阶段，采用与收缩率类似的表面积降低参数 $\Delta S/S_0$ 描述烧结与时间 t 的关系：

$$\left(\frac{\Delta S}{S_0}\right)^V = Ct \tag{7.29}$$

式中，$\Delta S/S_0$ 是表面积相对于初始表面积的变化率；C 是与 B 成比例的动力学项，因此它包括物质传递参数和其他因素，如表 7.1 所示；指数 V 近似等于 $n/2$。为了说明表面积的减少，图 7.10 给出了在 1010℃（1283K）下烧结的 $100\mu m$ 和 $70\mu m$ 铜球的表面积随时间的变化数据，图中的数据都是取的对数。如预期的那样，烧结行为表现为等温阶段表面积随时间逐渐湮灭，与式(7.29) 的结果相一致。

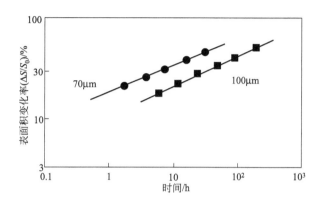

图 7.10　两种粒度的铜粉在 1010℃（1283K）　H_2 气氛烧结时，
表面积随时间的变化曲线（数据均经过对数处理）

类似的法则同样适用于非球形颗粒[72]。而且确实针对不同形状的颗粒存在不同的模型，诸如球对平面、线对平面、线对线、针对平面、刀刃对刀刃、刀刃对平面、针尖对针尖等。这些模型有相似之处。这样，可以采取几种措施，一些关键点如下：

① 初始烧结比较快；

② 凸形面与凹形面的曲率梯度是驱动力；

③ 初始物质流量由表面扩散控制；

④ 初始颈部生长不产生明显收缩；

⑤ 表面积减少的传输过程占主导地位；

⑥ 随着颈部生长，晶界扩散的重要性增加；

⑦ 颈部生长是初期烧结的基本形式。

7.4.2　中间阶段

烧结的初始阶段，颈部生长比较活跃，在微观结构中曲率梯度比较明显，但是收缩比较小，致密化程度比较低。随着颈部的生长，曲率梯度越来越小，在烧结的中间阶段通过相邻颈部的融合进一步消除孔隙。在三维空间中，随着凸形表面的消失，孔隙逐渐转变为管状结构。在烧结的中间阶段，颈部合并并在烧结体中产生管状结构。颈部生长是烧结初期的重点，但尺寸变化不那么明显，所以关注的重点是孔隙结构。图 7.11 显示了烧结 10min（a）和 190min（b）的玻璃粉末压块的计算机断层扫描图像[73]，可以观察到孔隙的变化[73]，即孔的数量减少，曲率减小，孔径增加，而结构致密化。

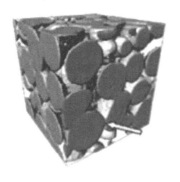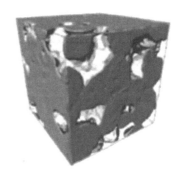

图 7.11 在 720℃（993 K）烧结 10min（a）和 190min（b）玻璃粉末压块的计算机断层扫描图像[73]

颈部生长和致密化伴随着曲率的减小和孔隙的长大

在中间阶段最为明显的是致密化过程。在图 7.12 所示的二维微观组织结构中可以明显看到凹面和凸面的结合。对于图 7.13 中烧结时间较长的同种材料来说，经过烧结，明显消除了曲率和表面积。这些图像中图 7.12 对应于中间阶段的开始，图 7.13 对应于中间阶段的结束。在此过渡期间，由于同时进行孔隙的变圆和孔隙的消除，因此强度等性能显著提高。这个阶段表面能的降低成为烧结驱动力，因为此时曲率梯度已经很小。中间阶段与烧结最终阶段的区别在于孔隙如何相互连接。

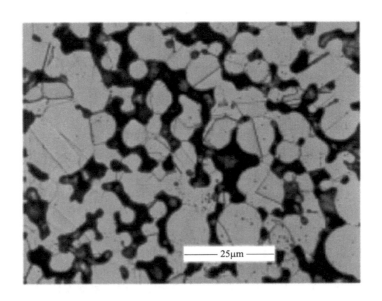

图 7.12 从初始阶段过渡到中间阶段的烧结过程中不锈钢粉末的横截面显微照片

黑色区域是孔隙，初始阶段的颈部生长伴随着凹形面和凸形面的混合

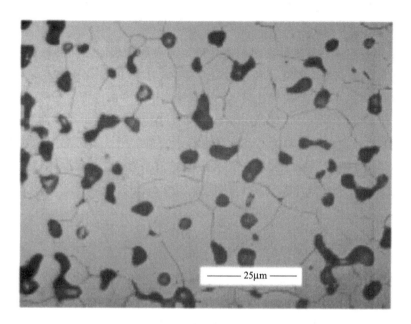

图 7.13 与图 7.12 相同不锈钢粉末较高烧结密度的界面显微图像

孔隙减小，孔隙更宽，颗粒增大

烧结计算假设圆柱形孔位于晶粒边缘上。如图 7.14 所示，位于晶粒边缘的圆柱形孔隙假设为理想的几何形状（参考第 6 章内容）。晶界位于颗粒间颈部，孔结构在晶粒边缘形成网络。原料中的粒度分布导致了中间阶段的孔径分布。类似于粒度分布，孔径分布在烧结中变得自相似。这意味着同时进行的孔隙收缩和孔隙粗化达到了平衡。烧结后期，随着材料接近全密度，晶粒形状成为接近 12 边形或 14 边形的多边形，并在晶粒边缘处有圆柱形孔。在二维横截面中，孔隙和十四面体形状的晶粒的连通性并不明显。

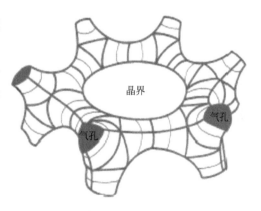

图 7.14 中间阶段烧结孔结构示意图

含有晶界的烧结颈与晶粒结合，管状毛孔在颈部周围

孔隙和晶界是中间阶段烧结的主要焦点。在孔隙几何形状改变的烧结期间，孔径 d、晶粒尺寸 G 和致密度 f 之间的近似关系由下式给出：

$$f = 1 - \pi \left(\frac{d}{G} \right)^2 \tag{7.30}$$

通常情况下，如果孔径没有变化，晶粒尺寸与孔隙率的平方根成反比。致密性取决于孔径和晶粒尺寸的变化。通常，经过中间阶段，孔会保持附着在晶界上。只要二面角小于 $120°$，与孔隙分离相关的能量损失就很高。因此，致密化速率取决于孔隙扩散：

$$\frac{\mathrm{d}f}{\mathrm{d}t} = JAN\Omega \tag{7.31}$$

式中，N 是单位体积的孔数；A 是孔面积；J 是单位时间单位面积的扩散通量；Ω 是原子体积。

使用 Fick 第一定律计算扩散通量，需要确定晶界和孔表面之间的浓度梯度。如前所述，空位浓度 C 随着曲率而变化。浓度的变化值除以位置的变化距离就是驱使扩散的浓度梯度。在中间阶段，曲率取决于孔径 d，微观结构中最弯曲的面。

空位阱位于晶界的中心，这里存在等于 C_0 的平衡空位浓度。孔表面具有较高的空位浓度。从空位到空位阱的距离约为 $G/6$，其中 G 是晶粒尺寸。扩散通量取决于浓度梯度，浓度变化（$\Delta C = C - C_0$）乘以距离（$G/6$）就是扩散系数 D_V（假设体积扩散）。物质流过的区域 A 也取决于孔径 d 和粒度 G，估计为 $A = \pi dG/3$。因此，致密化速率 $\mathrm{d}f/\mathrm{d}t$ 计算为：

$$\frac{\mathrm{d}f}{\mathrm{d}t} = \frac{g\gamma_{SV}\Omega D_V}{RTG^3} \tag{7.32}$$

式中，f 是相对密度；t 是时间；g 接近 5（取决于几何假设，如晶粒形状和如何测量晶粒尺寸-截距，面积或体积）。由于致密化与晶粒尺寸的立方体成反比，所以较小的颗粒有助于致密化，部分原因是较小的颗粒意味着更尖锐的弯曲孔。

假定烧结过程中是通过体积扩散致密化，每个晶面由两个晶粒共享。在中间阶段烧结期间，晶粒长大导致尺寸增大，致密化速率变慢。特征晶粒体积随时间线性增加，其中 K 是取决于材料、温度和杂质的速率参数。

晶粒长大速率参数是热激发量，可以反映跨越晶界的扩散的活化能。通常它与晶界扩散的活化能相似，只是由于孔迁移率和杂质阻碍效应作用略有不同[74-76]。综合因子给出了致密度的变化规律[9,77]：

$$f = f_1 + B_1 \ln\left(\frac{t}{t_1}\right) \tag{7.33}$$

式中，f 是烧结相对密度；f_I 是中间阶段开始时的相对密度（通常约为 0.7）；B_I 是速率项；t 是总烧结时间；t_I 是中间阶段开始的时间。速率项 B_I 包括表面能、扩散、原子体积、孔隙曲率和温度。该关系预测烧结密度与烧结时间的对数成比例。

类似的形式也适用于通过晶界扩散控制的致密化。晶界对致密化发挥了很大的作用。较小的颗粒可以增加曲率，使扩散距离更小，并延缓晶粒长大。温度是一个主要因素，如图 7.15 所示的 $45\,\mu\mathrm{m}$ 铜粉的数据[78]。这里给出的数据相对于 750℃ 和 1000℃（1023K 和 1273K）相对密度随烧结时间的对数关系，致密化率随温度升高而升高。

中间阶段也有其他烧结模型，只不过是假定的曲率梯度、晶粒长大速率、空位平衡或扩散路径等参数具有差异[79,80]。一些模型可以同时处理致密化、表面积和孔隙曲率[81]。通常，实验得到的致密化速率比预测的要快，因为模型假定微观结构是均匀的。这种模型的一个重要属性是烧结速率和晶粒尺寸之间的反比关系。

在中间阶段发生较大的表面积减少，表面积的损失率取决于表面积大小：

$$\frac{\mathrm{d}S}{\mathrm{d}t} = S^\alpha \tag{7.34}$$

式中，dS/dt 是表面积损失率；α 取决于传输机制；S 是剩余的表面积。表面在中间阶段烧结结束时基本消耗完，剩下的孔隙均为闭合孔。

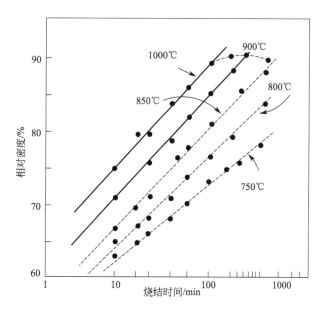

图 7.15　铜烧结中间阶段各温度下的烧结密度[78]

随着孔隙的分解，晶粒尺寸变大，中值粒径随时间线性增加。例如，图 7.16 所示为 900℃（1173K）铜晶粒尺寸的立方相对于保温时间的烧结数据[82]。

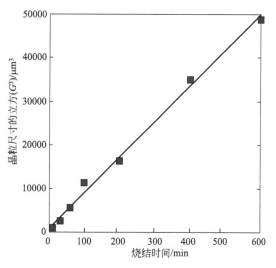

图 7.16　在 900℃（1173K）烧结时铜的晶粒长大[82]
晶粒体积（晶粒尺寸的立方项）随烧结时间线性增加

孔隙钉扎在晶界处会减缓晶粒长大，但随着孔隙率的下降，这种作用也随之减小。随着烧结颈部的扩大，晶界增加，但随着晶粒长大，晶界面积减小。在约 85％ 的相对密度时，晶界面积达到峰值，之后晶粒长大加速。

在烧结过程中，最希望的是孔附着在晶界处以维持致密化并延缓晶粒长大。致密化过程取决于体积扩散和晶界扩散。由于晶界充当了空位湮没位点，位于晶界的孔隙比孤立孔隙消失得快。同时晶界提供孔之间的传输通道，并能使孔粗化。

在中间阶段烧结过程中，表面转移是有活性的，提供了孔变化所需能量，并有助于晶粒长大过程中的孔迁移。然而，与初始阶段一样，孔隙中空位与原子的迁移不会导致致密化或收缩。

7.4.3 最终阶段

烧结最终阶段的特征是致密化速率下降，微观结构粗化加速。由于孔隙闭合，通常在最后阶段孔隙数量减少但平均尺寸增加。封闭孔隙没有明显的迁移，而是在最后阶段开始时逐渐发生转变。当孔径减小时，逐渐形成闭孔，晶粒长大引起孔长度的拉伸以闭孔。这种情况的细节在第 6 章中已介绍过，这一过程发生时，孔隙率约为 8％。微观组织结构变化导致孔隙率从 15％孔隙率逐渐变化到 5％。最初气孔是球形的，但是晶界能量通常会导致凸透镜状气孔。

烧结在最后阶段要慢得多，因为曲率梯度和表面能都大大降低。孔隙和晶粒的粗化阻碍了致密化。最初，孔附着到晶粒角，产生理想的微观组织结构。图 7.17 中的扫描电子显微镜断口形貌图在晶界上显示出几乎球形的孔，证明了预期的凸透镜形状。

图 7.17 火花烧结碳化钽的断口形貌，显示出在最终阶段烧结中位于晶界的孔

在烧结过程中，晶界上的孔隙吸收原子并产生空位。致密度、孔隙率、孔径和晶粒尺寸几个量是相关的。孔隙与晶界结合减小了总的晶界面积。这样孔隙与边界的结合能随着孔隙率和孔径的增加而增加。随着致密化进程，孔和晶界之间的结合能下降，最终允许留

下残留孔隙的晶粒长大。

晶粒长大、孔隙收缩或生长的相对速率和孔迁移等都取决于致密化过程。通常活化能是相似的，特别是对于致密化和晶粒长大。因此，仅使用温度调节烧结参数比较困难。快速的晶粒长大倾向于使孔远离晶界，导致缓慢的致密化和残留的孔隙率。或者，高孔隙迁移率将孔隙结构保持在一起，导致快速最终实现全密度。小孔是最有利于烧结的，它们常常通过表面扩散或蒸发-凝聚来迁移。但是，通常，晶界迁移率大于孔隙迁移率，导致最终阶段烧结过程中的细孔阻滞和延迟晶粒长大，只要孔保持附着于晶界即可。

比较表面扩散和晶界扩散速率，是预测完全致密化倾向的一种手段：

$$\varGamma = \frac{D_{S}\gamma_{SS}}{300 D_{B}\gamma_{SV}} \tag{7.35}$$

式中，D_{S} 是表面扩散速率；D_{B} 是晶界扩散速率；γ_{SS} 是晶界能；γ_{SV} 是固体-蒸气表面能。当 $\varGamma$ 小于 1 时，全致密是可能的。当晶粒尺寸迅速增加时，致密化不完全。

改进致密化模型的最终阶段考虑了滞留在孔隙中的气体对致密化的阻滞作用[67,83]。如果没有施加外部压力，则致密化主要取决于晶界扩散：

$$\frac{\mathrm{d}f}{\mathrm{d}t} = \frac{a\Omega\delta D_{B}}{RTG^{3}}\left(\frac{4\gamma_{SV}}{d} - P\right) \tag{7.36}$$

式中，f 是相对密度；t 是保温时间；a 是等于 5 的几何常数；Ω 是原子体积；δ 是晶界宽度（假定为原子尺寸的 5 倍）；D_{B} 是扩散系数；R 为气体常数；T 为热力学温度；G 为晶粒尺寸；γ_{SV} 为固体-蒸气表面能；d 为孔径；P 为孔隙气体压力。通常，晶界宽度包括在扩散频率因子中：

$$\delta D_{B} = \delta D_{B_{0}}\exp\left[-\frac{Q_{B}}{RT}\right] \tag{7.37}$$

式中，Q_{B} 是晶界扩散活化能；$D_{B_{0}}$ 是晶界扩散的频率因子。

外部压力（来自热压、热等静压、烧结锻造或火花烧结）导致与外部压力成比例的附加项，因为其作用随孔隙率的增大而增大。

在烧结后 1h，晶界和孔之间的孔二面角使得孔变成透镜状。颗粒生长取决于孔的相对附着和迁移率。大的孔隙不能在移动的晶界上保持附着，因此会滞留在晶粒的内部。一旦晶界脱离孔，就会发生快速晶粒长大。优质的烧结可以通过延缓晶粒长大或增加孔隙迁移率来实现边界上的孔附着。与晶粒尺寸相比，小的孔径是有益的。

7.5　工艺过程变量

几种可调节加工变量会影响到烧结。温度、时间、粒度和压力的相对作用取决于材料。一些材料以表面扩散为主，而其他材料主要依赖于晶界扩散。早期烧结模型只假设一种机制。烧结是一种多重机理共同作用的过程，各过程的物质通量相加就可以确定瞬时速率[81,84]。在评估烧结速率时，存在以下几个独立参数：材料组成、粒度、压坯密度、加热速率、烧结温度、保温时间。

烧结过程涉及多个因素的相互作用和多种传输机制的组合。相互作用、物质传递、烧结阶段和微观组织结构变化的复杂性最好能够用计算机模拟来处理。最初，这些预测是以烧结图的形式进行的，但近期主要是根据主烧结曲线来设想。两者都将在第 14 章中探讨。从根本上讲，每种方法的建立都依赖于对该机制中过程变量如何响应的理解，并汇总每个参数单独的贡献。

7.5.1 温度

温度是烧结变量中最重要的参数。烧结模型涉及热活化过程，因此测量的任何烧结参数 Y（例如颈部尺寸比、表面积减小或收缩）都取决于 Arrhenius 关系中的指数温度项：

$$Y^n = \frac{C}{T} \exp\left[-\frac{Q}{RT}\right] \tag{7.38}$$

式中，T 是热力学温度；Q 是与材料的熔化温度有关的活化能；R 是气体常数；C 是材料和几何常数的集合。与指数温度项相比，指数前温度项的影响相对较弱。参数 Y 是烧结过程中几个控制因素之一，例如收缩率、密度、致密化、表面积变化或颈部尺寸，每个因素都具有适当的时间指数 n。在恒定速率加热实验中可以看到这种情况，其中数值随温度升高稳定增加。图 7.18 给出了在氢气中以 $10\,^\circ\!\text{C}/\text{min}$ 加热的 $4\mu\text{m}$ 铁和镍粉末（对应于 Fe-2Ni）混合物的示例图。通过膨胀测量法测得烧结收缩率，以烧结收缩率对温度作图。当铁经过 $910\,^\circ\!\text{C}$（1183K）的相变

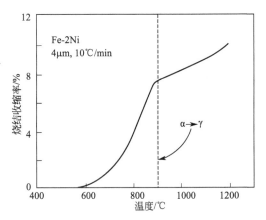

图 7.18 恒定速率加热时 Fe-2Ni 的烧结收缩率从 α 相变为 γ 相后烧结收缩率降低

时，烧结行为就会发生变化。相对于 γ 相（面心立方），较低温度的 α 相（体心立方）表现出更高的扩散速率，导致收缩率显著降低。

在温度范围比较窄时，可以将式(7.38)中的指数前温度项忽略，这时式(7.38)可以以对数形式给出：

$$\ln Y^n \approx \ln A - \frac{Q}{RT} \tag{7.39}$$

以 $\ln Y$ 对 $1/T$ 作图，直线的斜率与 Q/nR 成比例。斜率包括时间指数，时间指数又依赖于机制和测量，例如，如果烧结过程是通过颈球比 X/D 来衡量并且通过体积扩散来控制，则 $n=5$。图 7.19 给出了氧化铝恒定速率加热过程中表面积减少和收缩率的两个示例[67]。通过平行等温试验可以得到表面积减少和收缩率对时间的变化关系，从而求出活化能。这对于了解温度变化对烧结的影响至关重要。

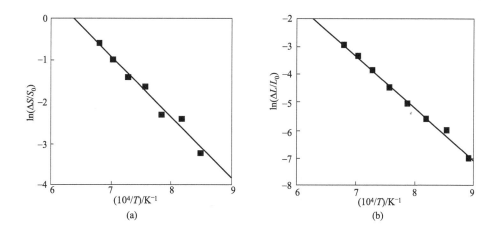

图 7.19　氧化铝恒定速率 (5℃/min) 加热过程中表面积减少（a）和收缩率（b）的数据[67]

图中的表面积减少和收缩率取的是对数，为了得到表观活化能，横坐标取的是热力学温度的倒数

7.5.2　时间

烧结时间是一个重要变量，因为在烧结温度下保温时间长可以促进烧结，但时间过长会导致微观组织结构快速粗化。烧结时间的影响通常比烧结温度要小，这在图 7.20 中可以很明显看到。图 7.20 显示了 3 个温度下颈部尺寸的平方相对于时间的变化[85]。通常与时间呈幂律关系：

$$速率 = t^z \tag{7.40}$$

指数 z 在 0.1～0.5 之间，与表 7.1 中给出的时间指数有关。烧结速率取决于诸如晶粒尺寸的其他因素。通常长时间烧结所带来的微观结构粗化对于烧结所预期的材料性能是

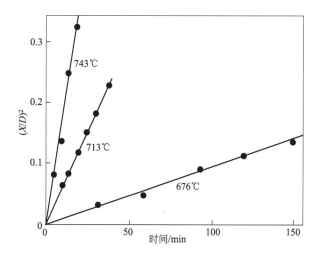

图 7.20　在三个温度下玻璃由球体烧结到平板状过程中颈球比平方与保温时间关系[85]

该行为与黏稠流动控制烧结一致

不利的。烧结时间过长对于烧结体性能来讲往往适得其反，有时为了保证烧结后材料性能，在最终烧结温度下工业烧结时间可能短至 10min。

7.5.3　升温速率

升温速率实际上是时间和温度组合得到的参数。加热速率快通常能抑制表面扩散，从而在高温下引起更大程度的烧结致密化。另一方面，快速加热减少了烧结温度以下的时间，可以减少净收缩。同时，通过快速加热还可减少晶粒生长。通常，以 2～10℃/min 的速率进行缓慢加热比较好，这样可以减少由于不均匀的热传递而导致的部件翘曲，但是对于小而薄的构件，可以使用一些新颖的加热技术来快速加热。

7.5.4　颗粒尺寸

中值粒径是粉末最重要的特性。通常，颗粒尺寸是基于颗粒的体积或质量，而显微镜或激光散射可以测量颗粒的数量。中值粒径的意义是，以此为界，一半的颗粒粒径比该值大，另一半的颗粒粒径比该值小。

如图 7.21 所示[86]，以 5℃/min 的恒定加热速率烧结不同粒径（0.05μm、5μm 和 50μm）的镍，作出相对密度相对于烧结温度的变化曲线。可以看到，随着颗粒粒径的减小，烧结的起始温度降低，且较小粒径的颗粒在所有温度下都更加致密。

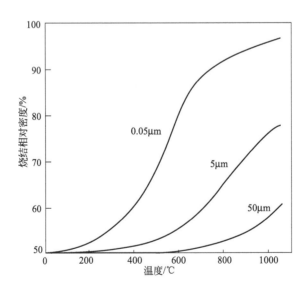

图 7.21　三种镍颗粒以恒定速率（5℃/min）烧结时，相对密度与温度的关系[86]

与粉末相关的其他因素对烧结也有影响，经常被忽略的是存储在粉末中的应变能。研磨粉末在加热期间释放储存的应变能（位错、缠结），从而提高烧结速率。烧结退火消除了缺陷和多余的位错，这种瞬间的效果是可以测量的，且能在烧结中发挥作用[87,88]。同样，烧结过程对致密化未必一定有利[89]。例如，复合材料在烧结后强度能够得到提高，但却难以达到完全致密化。

7.5.5 生坯密度

通常，在烧结之前，生坯密度可在一定范围内调节。生坯密度过低，材料不易处理。通常来讲，振实密度是生坯密度可能达到的最低起点。有文献说明[90]，在非常高的压力下，压坯有可能实现接近100％的致密度，但由于在加工和冲压能力方面的实际限制而不经常使用。生坯密度是影响烧结的一个因素，通常生坯密度比较高时能实现更好的烧结性能，这一点已在许多材料中得到了证明。简单地说，生坯密度高可产生更多的颗粒-颗粒接触（更多的烧结颈部形成和生长），得到更小的孔径（更高的曲率），这两个因素都能驱动烧结过程更快。

7.6 小结

烧结涉及材料的致密化与组织的粗化。虽然对于许多材料来讲，致密化是烧结的重要结果，但并不是所有材料的烧结都会实现致密化。许多材料通过表面扩散或蒸发-凝聚形成烧结黏结，但却不引起致密化。一些烧结产品需要特意避免致密化（保留孔隙），但是一般在结构材料中会期望致密化，因为残余孔隙会导致性能的降低。烧结时，致密化与粗化之间的平衡决定了微观组织的结构与性能。即使没有尺寸变化，烧结也会导致表面积减小，晶粒尺寸增大和压块的强化，并且可能伴随着孔结构的变化。

孔径是烧结微观结构的量化体现。孔隙在组织粗化过程中生长，但在致密化作用下收缩。在这种综合作用下，通常是较大的孔隙生长，而较小的孔隙收缩。在烧结时间较长或高温下，即使较大的孔隙最终也可能消失。然而，有几种情况会稳定孔隙，阻碍完全致密化，有时过长的烧结时间还会导致孔隙的膨胀。

如果颗粒填充均匀，形成了理想的单孔结构，则烧结就比较快速，仅需要较低的烧结温度或较短的烧结时间。这是由于颗粒填充均匀能够避免颗粒聚集或减小填充梯度。因为粒径分布中，不论是粒径非常大还是粒径非常小的部分，对于致密化和粗化速率都有至关重要的影响。

本章概述了不同烧结阶段的物质传输过程和微观组织结构变化。本书第14章将会介绍，这些复杂的过程通常使用计算机模拟来解决，以处理同时存在的多种机制。本章内容作为支持这些模拟的基本概念，是十分必要的。图7.22演示了实际的烧结路径，绘出了以5℃/min加热时，粒径为0.14μm的氧化铝的表面积减少与烧结收缩率的关系[67]。如果完全通过表面扩散实现烧结，就不会产生收缩，数据将显示为垂直线（见图7.22）。另一方面，如果完全通过晶界扩散控制发生烧结，则表面积减小和收缩率将沿着图7.22中标记的晶界扩散控制线变化。实验数据处于二者中间路径，说明两种机制在同时起作用。

在烧结中经常遇到这种多重机制，可以通过计算机模拟来处理。

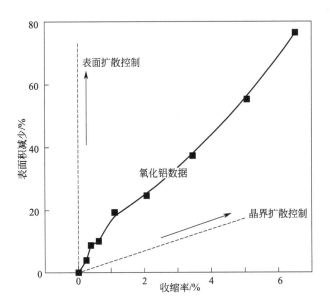

图 7.22 粉末粒度为 0.14μm 的氧化铝在恒定加热速率下烧结时表面积减少与收缩率的关系图[67]
图中展示了两个理想路径，一个是表面扩散控制，另一个是晶界扩散控制。
烧结数据处于中间值表明两种机制都有助于烧结

参考文献

[1] H. Djohari, J.I. Martinez-Herrera, J.J. Derby, Transport mechanisms and densification during sintering I, viscous flow versus vacancy diffusion, Chem. Eng. Sci. 64 (2009) 3799-3809.

[2] P. Schwed, Surface diffusion in sintering of spheres on planes, Trans. TMS-AIME 191 (1951) 245-246.

[3] A. Shimosaka, Y. Ueda, Y. Shirakawa, J. Hidaka, Sintering mechanism of two spheres forming a homogeneous solid solubility neck, Kona (21) (2003) 219-233.

[4] F. Thummler, W. Thomma, The sintering process, Metall. Rev. 12 (1967) 69-108.

[5] R. M. German, Thermodynamics of sintering, in: Z. Z. Fang (Ed.), Sintering of Advanced Materials, Woodhead Publishing, Oxford, UK, 2010, pp. 3-32.

[6] H. Kuroki, H.Y. Suzuki, G. Han, K. Shinozaki, Effect of pore morphology on driving force for pore closure in sintered materials, Sci. Sintering 32 (2000) 69-72.

[7] C. F. Yen, R. L. Coble, Spheroidization of tubular voids in alumina crystals at high temperatures, J. Amer. Ceram. Soc. 55 (1972) 507-509.

[8] A. P. Greenough, Grain boundaries and sintering, Nature 166 (1950) 904-905.

[9] R. L. Coble, Sintering crystalline solids. 1. Intermediate and final state diffusion models, J. Appl. Phys. 32 (1961) 787-792.

[10] J. W. Noh, S. S. Kim, K. S. Churn, Collapse of interconnected open pores in solid-state sintering of W-Ni, Metall. Trans. 23A (1992) 2141-2145.

[11] I. Amato, The effect of gas trapped within pores during sintering and density regression of ceramic bodies, Mater. Sci. Eng. 7 (1971) 49-53.

[12] F. N. Rhines, C. E. Birchenall, L. A. Hughes, Behavior of pores during the sintering of copper compacts, Trans. TMS-AIME 188 (1950) 378-388.

[13] Y. J. Lin, K. S. Hwang, Swelling of copper powders during sintering of heat pipes in hydrogen containing atmospheres, Mater. Trans. 51 (2010) 2251-2258.

[14] T. K. Gupta, R. L. Coble, Sintering of ZnO: 2, density decrease and pore growth during the final stage of the process, J. Amer. Ceram. Soc. 51 (1968) 525-528.

[15] R. Watanabe, Y. Masuda, Quantitative estimation of structural change in carbonyl iron powder compacts during sintering, Trans. Japan Inst. Met. 13 (1972) 134-139.

[16] R. M. German, K. S. Churn, Sintering atmosphere effects on the ductility of W-Ni-Fe heavy metals, Metall. Trans. 15A (1984) 747-754.

[17] W. R. Rao, I. B. Cutler, Initial sintering and surface diffusion in Al_2O_3, J. Amer. Ceram. Soc. 55(1972) 170-171.

[18] Y. I. Boiko, Y. E. Geguzin, V. G. Kononeknko, F. Friedrich, W. Schatt, Theory and technology of sintering, thermal, and chemicothermal treatment processes, Powder Metall. Metal Ceram. (1980)675-682 vol. 19.

[19] A. R. Boccaccini, E. A. Olevsky, Anisotropic shrinkage during sintering of glass-powder compacts under uniaxial stresses-qualitative assessment of experimental evidence, Metall. Mater. Trans. 28A (1997) 2397-2404.

[20] R. M. German, Supersolidus liquid-phase sintering of prealloyed powders, Metall. Mater. Trans.28A (1997) 1553-1567.

[21] S. J. L. Kang, Sintering densification, Grain Growth, and Microstructure, Elsevier Butterworth-Heinemann, Oxford, UK, 2005.

[22] C. A. Handwerker, J. E. Blendell, R. L. Coble, Sintering of ceramics, in: D. P. Uskokovic, H. Palmour, R. M. Spriggs (Eds.), Science of Sintering, Plenum Press, New York, NY, 1980, pp. 3-37.

[23] J. Frenkel, Viscous flow of crystalline bodies under the action of surface tension, J. Phys. 9 (1945) 385-391.

[24] M. Godinho, E. Longo, E. R. Leite, R. Aguiar, In Situ observation of glass particle sintering, J. Chem. Edu. 83 (2006) 410-413.

[25] W. D. Kingery, M. Berg, Study of the initial stages of sintering solids by viscous flow, evaporationcondensation, and self-diffusion, J. Appl. Phys. 26 (1955) 1205-1212.

[26] A. R. Boccaccini, R. Kramer, Experimental verification of a stereology-based equation for the shrinkage of glass powder compacts during sintering, Glass Tech. 36 (1995) 95-97.

[27] M. N. Rahaman, L.C. De Johghe, Sintering of spherical glass powder under a uniaxial pressure, J. Amer. Ceram. Soc. 73 (1990) 707-712.

[28] L. Zagar, Theoretical aspects of sintering glass powders, in: M.M. Ristic (Ed.), Sintering-New Developments, Elsevier Scientific, New York, NY, 1979, pp. 57-64.

[29] M. Nothe, K. Pischang, P. Ponizil, B. Kieback, J. Ohser: Study of particle rearrangement during sintering process by microfocus computer tomograph (micro-ct); Proceedings PM2004 Powder Metallurgy World Congress, vol. 2, European Powder Metallurgy Association, Shrewsbury, UK, 2004, pp. 221-226.

[30] M. W. Reiterer, K. G. Ewsuk, J. G. Arguello, An arrhenius type viscosity function to model sintering using the Skorohod-Olevsky viscous sintering model within finite element code, J. Amer. Ceram.Soc. 89 (2006) 1930-1935.

[31] R. T. DeHoff, A general theory of microstructural evolution by surface diffusion, Sci. Sintering 16(1984) 97-104.

[32] F. B. Swinkels, M. F. Ashby, Role of surface redistribution in sintering by grain boundary transport, Powder Metall. 23 (1980) 1-7.

[33] A. Moitra, S. Kim, S. G. Kim, S. J. Park, R. M. German, Investigation on sintering mechanism of nanoscale powder based on atomistic simulation, Acta Mater. 58 (2010) 3939-3951.

[34] G. C. Kuczynski, Self-diffusion in sintering of metallic particles, Trans. TMS-AIME 185 (1949) 169-178.

[35] N. Cabrera, Note on surface diffusion in sintering of metallic particles, Trans. TMS-AIME 188(1950) 667-668.

[36] J. G. R. Rockland, On the rate equation for sintering by surface diffusion, Acta Metall. 14 (1966) 1273-1279.

[37] B. Y. Pines, A. F. Sirenko, Sintering kinetics of wire and spherical granules by surface diffusion, Fizik Metal. Metall. 28 (1969) 832-836.

[38] J. W. Bullard, Digital image based models of two dimensional microstructural evolution by surface diffusion and vapor transport, J. Appl. Phys. 81 (1997) 159-168.

[39] S. Arcidiacono, N.R. Bieri, D. Poulikakos, C.P. Grigoropoulos, On the coalescence of gold nanoparticles, J. Multi. Flow 30 (2004) 979-994.

[40] A. P. Sutton, R. W. Balluffi, General aspects of interfaces as sources/sinks, Interfaces in Crystalline Materials, Clearndon Press, Oxford, UK, 1995, pp. 599-621

[41] L. L. Hall, C. S. Morgan, Observation of dislocations occurring during sintering, J. Amer. Ceram.Soc. 54 (1971) 55.

[42] C. C. Fatino, J. S. Hirschhorn, Effect of strain on the loose sintering of stainless-steel powder, Trans.TMS-AIME 239 (1967) 1499-1504.

[43] M. J. Bannister, W.J. Buykx, The sintering mechanism in UO_{2+x}, J. Nucl. Mater. 64 (1977) 57-65.

[44] A. J. Markworth, On the coarsening of gas-filled pores in solids, Metall. Trans. 4 (1973) 2651-2656.

[45] H. Ichinose, H. Igarashi: Contributions of Volume and Surface Diffusion in High Temperature Sintering of Copper; Proceedings 1993 Powder Metallurgy World Congress, Part 1, Y. Bando and K. Kosuge (Eds.), Japan Society Powder and Powder Metallurgy, Kyoto, Japan, 1993, pp. 349-352.

[46] J. C. Wang, Analysis of early stage sintering with simultaneous surface and volume diffusion, Metall.Trans. 21A (1990) 305-312.

[47] R. M. German, Sintering Theory and Practice, Wiley-Interscience, New York, NY, 1996.

[48] G. C. Kuczynski, The mechanism of densification during sintering of metallic particles, Acta Metall.4 (1956) 58-61.

[49] L. Seigle, Role of grain boundaries in sintering, in: W.D. Kingery (Ed.), Kinetics of High-Temperature Processes, John Wiley, New York, NY, 1959, pp. 172-178.

[50] M. Tikkanen, The part of volume and grain boundary diffusion in the sintering of one-phase metallic systems, Plansee. Pulvermet. 11 (1963) 70-81.

[51] W. Zhang, I. Gladwell, Sintering of two particles by surface and grain boundary diffusion-a three dimensional model and numerical study, Comp. Mater. Sci. 12 (1998) 84-104.

[52] Z. He, J. Ma, Constitutive modeling of alumina sintering: grain size effect on dominant densification mechanism, Comp. Mater. Sci. 32 (2005) 196-202.

[53] J. Svoboda, H. Riedel, Quasi-equilibrium sintering for coupled grain boundary and surface diffusion, Acta Metall. Mater. 43 (1995) 499-506.

[54] R. L. Coble, Initial sintering of alumina and hematite, J. Amer. Ceram. Soc. 41 (1958) 55-62.

[55] W. S. Coblenz, J. M. Dynys, R.M. Cannon, R. L. Coble, Initial stage solid state sintering models, a critical analysis and assessment, in: G.C. Kuczynski (Ed.), Sintering Processes, Plenum Press, New York, NY, 1980, pp. 141-157.

[56] D. L. Johnson, A general model for the intermediate stage of sintering, J. Amer. Ceram. Soc. 53(1970) 574-577.

[57] K. Breitkreutz, K. Haedecke, Method for determining activation energies of shrinkage processes during sintering, Part 1; theoretical model for superimposed processes, Powder Metall. Inter. 14(1982) 160-163.

[58] G. N. Hassold, I.W. Chen, D. J. Srolovitz, Computer simulation of final stage sintering: I, model,kinetics, and microstructure, J. Amer. Ceram. Soc. 73 (1990) 2857-2864.

[59] H. N. Chng, J. Pan, Cubic spline elements for modelling microstructural evolution of materials controlled by solid-state diffusion and grain boundary migration, J. Comp. Phys. 196 (2004) 724-750.

[60] E. E. Adams, D.A. Miller, R.L. Brown, Grain boundary ridge on sintered bonds between ice crystals, J. Appl. Phys. 90 (2001) 5782-5785.

[61] H. Zhu, R.S. Averback, Sintering processes of two nanoparticles: a study by molecular dynamics simulations, Phil. Mag. Lett. 73 (1996) 27-33.

[62] S. Siegel, A. Elshabiny, W. Hermel, Sinterbeschleunigung durch mechanisches Aktivieren von Eisenpulver, Z. Metall. 75 (1984) 911-915.

[63] W. Schatt, E. Friedrich, Sintering as a result of defect structure, Cryst. Res. Tech. 17 (1982)1061-1070.

[64] R. D. McIntyre, The effect of HCl-H_2 sintering atmospheres on the properties of compacted iron powder, Trans. Quart. Amer. Soc. Met. 57 (1964) 351-354.

[65] D. W. Readey, Vapor transport and sintering, in: C.A. Handwerker, J.E. Blendell, W. Kaysser (Eds.), Sintering of Advanced Ceramics, Amer. Ceramic Society, Westerville, OH, 1990, pp. 86-110.

[66] M. J. Readey, D. W. Readey, Sintering of ZrO_2 in HCl atmospheres, J. Amer. Ceram. Soc. 69(1986) 580-582.

[67] S. H. Hillman, R. M. German, Constant heating rate analysis of simultaneous sintering mechanisms in alumina, J. Mater. Sci. 27 (1992) 2641-2648.

[68] J. Pan, A. C. F Cocks, S. Kucherenko, Finite element formulation of coupled grain boundary and surface diffusion with grain boundary migration, Proc. Royal Soc. London A 453 (1997) 2161-2184.

[69] R. M. German, Z. A. Munir, Enhanced low-temperature sintering of tungsten, Metall. Trans. 7A (1976) 1873-1877.

[70] P. Redanz, R. M. Mcmeeking, Sintering of a BCC structure of spherical particles of equal and different sizes, Phil. Mag. 83 (2003) 2693-2714.

[71] C. Herring, Effect of change of scale on sintering phenomena, J. Appl. Phys. 21 (1950) 301-303.

[72] P. M. Raj, W. R. Cannon, 2-D sintering of oriented ellipses by grain boundary and surface diffusion: a numerical study of the shrinkage anisotropy, in: R.M. German, G.L. Messing, R.G. Cornwall(Eds.), Sintering Science and Technology, The Pennsylvania State University, State College, PA, 2000, pp. 393-398.

[73] D. Bernard, D. Gendron, J.M. Heitz, J.M Heintz, S. Bordere, J. Etourneau, First direct 3d visualisation of microstructural evolutions during sintering through X-ray computed micro tomography, Acta Mater. 53 (2005) 121-128.

[74] A. H. Heuer, The role of MgO in the sintering of alumina, J. Amer. Ceram. Soc. 62 (1979) 317-318.

[75] T. W. Sone, J. H. Han, S.H. Hong, D. Y. Kim, Effect of surface impurities on the microstructure development during sintering of alumina, J. Amer. Ceram. Soc. 84 (2001) 1386-1388.

[76] L. Montanaro, J. M. Tulliani, C. Perrot, A. Negro, Sintering of industrial mullites, J. Europ. Ceram.Soc. 17 (1997) 1715-1723.

[77] R. L. Coble, Intermediate-stage sintering: modification and correction of a lattice-diffusion model, J. Appl. Phys. 36 (1965) 2327.

[78] R. L. Coble, T. K. Gupta, Intermediate stage sintering, in: G. C. Kuczynski, N. A. Hooton, C. F. Gibbon (Eds.), Sintering and Related Phenomena, Gordon and Breach, New York, NY, 1967, pp. 423-441.

[79] W. Beere, The second stage sintering kinetics of powder compacts, Acta Metall. 23 (1975) 139-145.

[80] W. Beere, The intermediate stage of sintering, Met. Sci. J. 10 (1976) 294-296.

[81] J. D. Hansen, R.R. Rusin, M.H. Teng, D.L. Johnson, Combined-stage sintering model, J. Amer.Ceram. Soc. 75 (1992) 1129-1135.

[82] A. K. Kakar, A.C.D. Chaklader, Deformation theory of hot pressing-yield criterion, Trans. TMSAIME 242 (1968)

1117-1120.

[83] A. J. Markworth, On the volume diffusion controlled final stage densification of a porous solid, Scripta Metall. 6 (1972) 957-960.

[84] D. L. Johnson, Sintering kinetics for combined volume, grain boundary and surface diffusion, Phys. Sintering 1 (1969) B1-B22.

[85] G. C. Kuczynski, Study of the sintering of glass, J. Appl. Phys. 20 (1949) 1160-1163.

[86] R. A. Andrievski, Compaction and sintering of ultrafine powders, Inter. J. Powder Metall. 30(1994) 59-66.

[87] Q. Wei, H.T. Zhang, B.E. Schuster, K.T. Ramesh, R.Z. Valiev, L.J. Kecskes, et al., Microstructure and mechanical properties of superstrong nanocrystalline tungsten processed by high pressure torsion, Acta Mater. 54 (2006) 4079-4089.

[88] C. C. Fatino, J. S. Hirschhorn, Effect of strain on the loose sintering of stainless-steel powder, Trans.TMS-AIME 239 (1967) 1499-1504.

[89] A. F. Whitehouse, T. W. Clyne, Cavity formation during tensile straining of particulate and short fiber metal matrix composites, Acta Metall. Mater. 41 (1993) 1701-1711.

[90] E. Y. Gutmanas, High-pressure compaction and cold sintering of stainless steel powders, Powder Metall. Inter. 12 (1980) 178-182.

第8章

微观组织的粗化

8.1 概述

8.1.1 特性

微观结构粗化是烧结的固有特征。由于界面之间存在能量差异［微观结构（如不同尺寸的晶粒或孔隙）之间确实存在小的能量差异］，组织发生粗化。因为单位体积的能量随晶粒尺寸的倒数而增大，所以较小的孔隙和晶粒有凝聚成较大孔隙或晶粒的倾向。微观结构之间的界面可以是晶界、液相膜、第二相或孔隙。通常在烧结过程中应该关注平均（或中值）特征尺寸，最应关注的是晶粒长大，其次也应关注孔隙的长大[1-9]。

对于晶粒长大而言，重点是烧结粉体内的晶粒。这些晶粒在烧结前就已经存在了。在成形过程中，粉体是能够流动的离散固体。另一方面，晶粒是具有特定晶体取向的固相。烧结后，该结构由彼此相邻的晶粒组成。烧结颗粒变成晶粒的过程中，其特征是在界面能降低驱动下晶粒的长大。因此随着晶粒的尺寸增加，晶粒的数量减少。但液相烧结是一个例外，在液相烧结过程中，固相溶解在新形成的液相中达到溶解度极限后析出，所以固相的尺寸会稍低于初始值。

在烧结期间，平均晶粒尺寸 G_M 增加，晶粒数 N_G 减少：

$$N_G G_M^3 = 常数 \qquad (8.1)$$

因此，烧结的最终状态理论上是一个大晶粒，但是这样的结果需要多年的烧结。

对于孔隙而言，气相的可压缩性意味着其体积不是一成不变的。烧结过程中最终阶段的细孔粗化通常会产生膨胀[10]。

由于晶界能量低于表面能，因此烧结首先通过颗粒烧结颈部的生长将表面转化为晶界，然后通过粗化减小晶界面积或消除晶界。大晶粒吞噬邻近的小晶粒，就像大鱼吞食小鱼一样。

晶粒生长的一个机制是通过合并将一个颗粒直接吸收到与其相邻的颗粒中。当两个晶粒以低角度结晶取向接触时，优先发生长大[11-17]。如果不是低角度结晶取向，则需要晶粒旋转与相邻晶粒的取向达到一致，从而去除晶界并允许晶粒融合。图 8.1 体现出了这一过程。初始晶粒接触时晶体取向是随机的。由于晶体的取向不同，因此在颈部形成晶界。随后，如果晶粒旋转成合适的晶体取向，则晶界被消除[18-20]。图 8.2 是在 W-Ni 合金烧结期间发生的几种合并现象的扫描电子显微照片[21]。由于晶粒尺寸不均匀，所以在微观结构中，会有几种情况更有利于合并，通常是较小的颗粒融进较大的颗粒中。

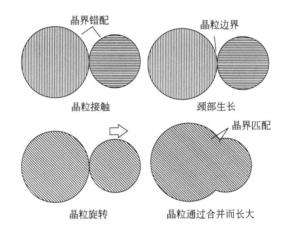

图 8.1 烧结过程中晶粒聚结的示意图

两个晶粒在烧结期间接触，并在接触点发生晶界生长结合。通过晶粒旋转消除晶界，

通常是较小的晶粒旋转，然后两个晶粒融合在一起形成一个晶粒

图 8.2 W-Ni 合金液相烧结样品的扫描电子显微镜照片

图中显示了在聚结点处几个晶粒合并的实例，在合并处晶界消失

微观结构粗化也通过界面-晶界、液相膜或气相间的原子交换发生。图 8.3 体现出在这些扩散机制中，大晶粒的生长以吞噬小晶粒为代价。除了跨晶界的传输外，还观察到诸如表面扩散、第二相的传输或气相输送等途径。大晶粒长大明显会导致晶粒的数目减少。

当然，颗粒也可能在较小颗粒的一个界面处生长，同时在较大颗粒的另一界面处收缩。

由于晶粒体积与晶粒尺寸的立方成正比，所以当晶粒尺寸增加到两倍时，就相当于晶粒数量减少到原来的 1/8。相应地，气孔也发生变化，孔隙率和孔数通常减少，但是孔径趋于与晶粒尺寸成比例增长。

在粗化期间，不同于晶粒体积的恒定，孔的体积并不恒定。比起小孔隙，较大的孔隙具有更低的压力，因此当两个小孔合并时，所得到的孔隙压力较低，总体积较大。因此，同时进行的孔隙消失和孔隙生长，使得孔径轨迹变得复杂[22-27]。粗化也导致晶粒形状的变化和第二相的长大。烧结的一个关键方面是气孔与晶界的相互作用，在结构变化中，二者同时运动并发生尺寸变化。理想的状况是气孔附着在晶界上并随晶界移动[28,29]。

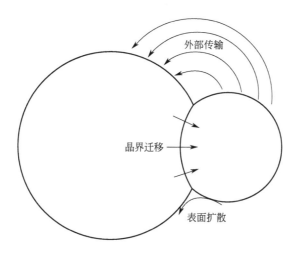

图 8.3　由扩散控制的晶粒粗化
质量传递从较小晶粒到较大晶粒，最终较小晶粒消失
该图显示可能的机制为晶界迁移、表面扩散和通过气相或液相的传输

8.1.2　重要性

粗化的数学处理起源于 19 世纪 90 年代。1909 年诺贝尔奖获得者 Wilhelm Ostwald（威廉·奥斯特瓦尔德）模拟出胶体悬浮液尺寸随时间的变化模型。在烧结过程中，影响黏结和致密化的条件也会引起微观结构粗化，但这个过程与悬浮液非常不同。在 Ostwald 熟化中，没有致密化也没有固体接触。相比之下，烧结涉及固体结合和致密化，体积不守恒。随着烧结致密化的进行，晶粒接触面积增加。因此，晶粒尺寸随烧结密度而变化。图 8.4 给出了通过热压和电火花烧结氧化锆的一个例子[30]。颗粒尺寸随密度的增加而增加，而颗粒尺寸的轨迹却与烧结方法几乎无关。

微观结构在决定烧结体性能方面的重要性仅次于致密度。残余孔隙会通过减小承载横截面积而降低强度，晶粒尺寸也是一个重要因素。例如，当烧结氧化铝的晶粒尺寸从 $0.8\mu m$ 增加到 $6.9\mu m$ 时，其强度降低到原来的 1/8。虽然烧结黏结和致密化可以改善性能，但粗化也会降低许多性能。因此，过度烧结材料性能会下降。图 8.5 给出了在

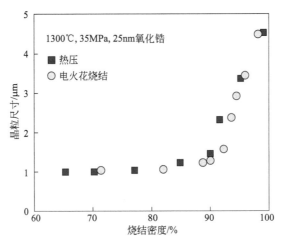

图 8.4 热压和电火花烧结 25nm 氧化锆的粗化轨迹[30]

由于微观结构的变化是烧结致密化中所固有的，所以固结技术都是适用的

1480℃（1753K）烧结的 95％（质量分数）钨合金的实例[31]。合金在烧结 90min 后相对密度为 99.8％，此时其强度达到峰值。然后发生晶粒粗化，在 90～600min 之间晶粒尺寸从 30μm 长大到 45μm。同样，在烧结 90min 后延伸率为 22％，延展性最高，而烧结 600min 后延伸率下降为 14％。致密化和晶粒增长竞争：在烧结时间较短时，致密化可改善力学性能，但是烧结时间过长时，微观结构粗化会产生相反的效果。

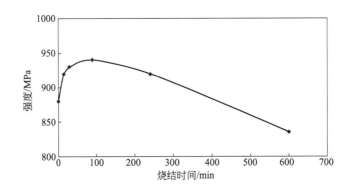

图 8.5 1480℃烧结钨合金（95W-3.5Ni-1.5Fe）的强度数据[31]

烧结时间较短时强度比较高；随着烧结时间延长，微观结构的粗化降低了性能

8.1.3 相互作用

在烧结过程中，微观组织粗化并最终趋向于形成一种自相似的特性。对于给定的材料，这意味着微观结构看起来是相似的，但有一点例外，随着烧结时间的推移尺寸逐渐增大。简单来说，微观结构保留了常见的形貌排列。例如，对于学生而言，成绩经常是正态分布。这是一个双参数分布，需要有关平均值和标准差的信息。在烧结中，晶粒尺寸分

布同样具备自相似特征。平均尺寸增加，但平均值周围的归一化状态保持不变。这意味着如果粗化速率是已知的，则分布是可预测的。

晶粒长大取决于温度、时间和组成。长大主要发生在跨越边界的扩散。晶界上的孔隙是界面缺失的区域，通常不参与晶粒粗化。此外，晶粒长大减少了晶界的相互作用。

8.2　晶粒粗化

8.2.1　晶粒长大速率

在烧结过程中，添加剂会影响晶粒的长大：能够形成固溶体的添加剂通常会加速晶粒的长大；能够形成第二相的添加剂通常会延缓晶粒的长大。

这反映出添加剂对质量传输速率的影响。与烧结后晶粒尺寸相关的是晶粒长大速率参数。它对温度和成分十分敏感。

烧结粗化导致平均晶粒体积随烧结时间线性变化。假设晶粒尺寸为 G，其尺寸变化率 dG/dt 取决于其质量传输发生的表面积（与尺寸的平方 G^2 成正比），并且尺寸变化归一化为平均尺寸（$\Delta G/G_M$，其中 $\Delta G = G - G_M$）为[32]：

$$\frac{dG}{dt} = \frac{hK\,\Delta G}{G^2 G_M} \tag{8.2}$$

式中，h 是几何常数；K 是速率参数，m^3/s。速率参数是综合考虑了原子量、传输速率和成分的数值。在这个概念中，单个晶粒的尺寸变化与所谓平均场理论中的平均粒度有关。在该统计中，小于平均尺寸的晶粒在减少（负增长），而大于平均尺寸的晶粒在增加。观察表明，晶粒尺寸变化取决于相邻晶粒的大小[33]。有时小于平均尺寸的颗粒也会生长，大于平均尺寸的颗粒也会缩小，这取决于周围的颗粒尺寸。

对式（8.2）积分可以得到以时间为自变量的平均粒度函数。粒度 G 随时间 t 的变化关系如下：

$$G^N = G_0^N + Kt \tag{8.3}$$

式中，G_0 为初始粒度，对应的时间 $t=0$；K 为速率参数，$\mu m^3/s$；用于烧结时通常 $N=3$，所以晶粒体积与时间成正比。图 8.6[34] 中铜的烧结晶粒尺寸数据给出了一个实例。该图为对数-对数图，给出的实线斜率为 $1/3$。

晶粒长大速率参数取决于温度，如下：

$$K = K_0 \exp\left[-\frac{Q_{GG}}{RT}\right] \tag{8.4}$$

式中，R 是气体常数；T 是热力学温度；K_0 是频率因子。因为晶粒长大也取决于原子传输，所以类似于扩散。这样，晶粒长大的活化能 Q_{GG} 类似于烧结的活化能。这意味着粗化和烧结是同时进行的。然而，烧结密度首先达到最终值，而晶粒长大则需要持续很长时间。

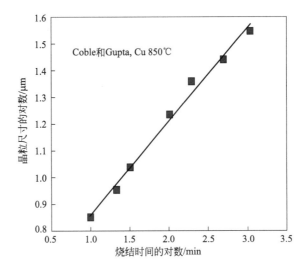

图 8.6 等温烧结下，晶粒尺寸的对数与烧结时间的对数的关系[34]

该曲线对应的是烧结中典型的立方晶粒长大规律

式(8.3) 和式(8.4) 给出了计算晶粒长大活化能的方法。通过计算可以得到在不同温度下达到给定晶粒尺寸（例如 $50\mu m$）所需的时间。图 8.7 给出了 MgO 粗化过程中时间的对数与热力学温度的倒数之间的关系[35]。对于 1% 和 2% 的钒含量，活化能均为 260kJ/mol，但达到 $50\mu m$ 粒度的时间是不同的。对于两种体系，平均晶粒体积与烧结时间之间都表现出线性关系。

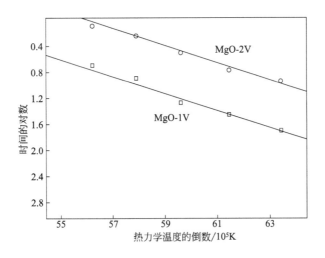

图 8.7 两种氧化镁烧结达到 $50\mu m$ 的晶粒尺寸时，时间的对数相对于热力学温度倒数的变化关系

计算得到晶粒长大活化能为 260kJ/mol[35]

一般来说，含有两种不同固相的体系，其晶粒长大较为缓慢[36,37]。这是因为晶粒接触减少，其过程类似于孔隙阻碍粗化的情况。

某些材料不遵循上述 G^3 与时间成正比的关系。这些材料晶粒尺寸与烧结时间的关系是平方关系，即 $G^2 \sim t$，与表面能的各向异性相关联晶粒表面平坦表示由有限的表面生长位点可以遏制晶粒长大。例如，在 WC-Co 烧结中，初始晶粒长大快速，而加入控制晶粒长大添加剂可使晶粒长大较慢，形成多边形晶粒[38-41]。

8.2.2 孔隙率、液相与气相的影响

随着孔隙的消除，晶粒长大加速。如果在烧结过程中施加高压，则致密化就会在烧结过程中占主导地位。因此，超高压固相烧结是降低烧结温度并阻碍晶粒长大的手段之一。

晶粒长大对添加剂十分敏感，如液相、蒸气和第二相等。如前所述，含有两种不同固相的系统，其晶粒长大较慢。即使如此，晶粒尺寸长大依然与孔隙率的平方根呈反比关系，如图 8.8 中三种不同的氧化铝体系中所展示的那样[42]。三个系统的情况分别是：纯氧化铝；MgO 掺杂氧化铝，在烧结期间延缓晶粒长大；FeO 掺杂氧化铝，在烧结期间加速晶粒长大。尽管斜率不同，但是三种系统都显示，孔隙率与晶粒长大有密切关系。

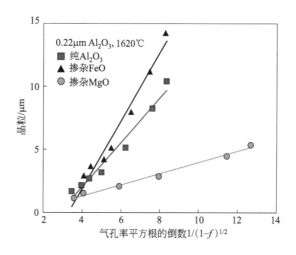

图 8.8 三种氧化铝晶粒尺寸与气孔率的关系[42]

孔隙阻碍晶粒粗化，是因为它们阻碍了质量传输。在加热过程中，孔隙率很大，固相黏结作用比较小，所以晶界生长较慢，因此界面面积很小。在烧结结束时情况相反：与致密化相关的固相-固相界面面积增加，使得晶粒粗化。在形成固相黏结之前，早期烧结过程中的扩散速率可能很高，晶粒长大缓慢。

粗化的一个基本要素是速率参数。烧结期间，对于一个固相、液相和气相共存的普通系统，通常其中一种界面占主导地位。晶粒尺寸增大与速率参数 K 成比例。随着界面面积变化，速率参数同时也在发生变化。因此，认为 K 是常数是错误的，因为它在烧结过程中是变化的。实际的速率参数 K 取决于各界面的贡献[43]：

$$K = C_{SS} K_{SS} + C_{SL} K_{SL} + C_{SV} K_{SV} \qquad (8.5)$$

在该模型中，C 代表连续性或分别的界面面积（下标 SS 表示固相-固相界面，下标

SL 表示固-液界面，下角 SV 表示固相-气相界面），每个界面都有相应的速率参数。界面区域由 $C_{SS}+C_{SL}+C_{SV}=1$ 界定，但数值会在烧结过程中发生变化。气孔减少了晶粒与晶粒间的接触，即固相-固相界面面积减小（C_{SS} 减小），因此烧结初期粗化速率较慢。随着颈部生长，晶界面积增加，固相-气相表面转化为晶界。因此，烧结早期 C_{SS} 几乎是相对密度的线性函数。

在液相烧结中，只要固相溶于液相，固相-液相速率参数 K_{SL} 就是粗化的主要参数。一般固相速率参数 K_{SS} 很小，通常被忽略。以上介绍是假设没有显著的气相输送，但是在卤化物气氛中的烧结，气相传输会占主导地位[44-47]。在液相烧结中，晶粒长大速率参数归一化为 Ostwald 熟化速率（K_0），并给出公式如下：

$$K_0 = \frac{qD_S S\Omega\gamma_{SL}}{RT} \tag{8.6}$$

式中，几何常数 $q\approx 7$；D_S 是固相在液相中的扩散系数（与温度之间遵循 Arrhenius 关系）；S 是固相在液相中的溶解度；Ω 是固相摩尔体积；γ_{SL} 是固-液表面能；R 是气体常数；T 是热力学温度。相应的晶粒长大速率参数取决于液相体积分数 2/3 次幂的倒数。忽略孔隙，固-液晶粒长大速率参数为[43]：

$$K_{SL} = \frac{K_0}{(1-V_S)^{2/3}} \tag{8.7}$$

式中，V_S 是固相体积分数。固相体积分数为 $V_S=1-V_L$，V_L 是液相的体积分数。同时，随着液相含量（体积分数）从 5% 变化到 15%，速率参数增大两倍以上。根据式(8.7)绘制出几个系统的速率参数，如图 8.9 所示。

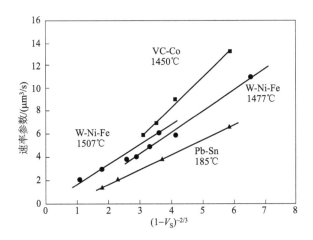

图 8.9 各种液相烧结材料的晶粒长大速率参数

液相含量对粗化的影响可以通过重力方向上的粒度梯度来观察。由于密度差引起固液分离（假定固相比液相更致密），部件顶部的晶粒尺寸小于底部的晶粒尺寸[48-50]。这是因为重力液相含量梯度变化，反过来又改变了粗化速率参数。

对于固相不溶于液相的液相烧结情况，仍然会发生粗化。在这种情况下，固相-液相传输的速率参数为零，但固相-固相传输贡献不为零，仍发生粗化[51]。

在烧结过程中，作为粗化机制的气相传输经常被忽略。在某些情况下，气相传输对粗化有重要贡献[44-47,52-54]。当烧结过程中进行致密化时，气体在孔隙中聚集。对于不溶性气相，孔隙压力在烧结的最后阶段增加，直到在接近全密度的程度时孔收缩终止。稳定的孔隙会减缓的晶粒长大，而且可以聚结或粗化引起膨胀。

对于含氧化铅或锌的材料，或活性气态化合物（如卤化物等），高压会导致气相输送显著增加。因此，即使在致密化停止时，在烧结过程中气-固界面对粗化的贡献也存在。通过气相传输的孔隙运动使晶粒长大。对于大多数材料，孔隙对于晶粒粗化而言是无意义的，因此，即使固相-气相接触面积 C_{SV} 大，较小的固相-气相速率参数 K_{SV} 也决定了固相-固相传输机理为主导。如果在孔隙中存在活性气相物质，气相传输贡献就会比较显著。即使致密化较慢，也能产生晶粒粗化和孔隙粗化[55]。

当气相输送占主导地位时，未致密化时也能发生晶粒粗化。例如，在 1200℃（1473K）的空气中烧结 0.2μm 的二氧化钛（TiO_2）100min，烧结密度为理论值的 76％。在 HCl 蒸气中烧结得到 45％密度（基本上为生坯密度），然而，晶粒粗化使得晶粒尺寸生长到 6μm，而在空气中烧结时晶粒尺寸仅为 1μm。气相传输对致密化没有贡献，但是会增强结构粗化。在这种情况下，质量损失是蒸气诱导粗化的一个迹象。晶粒体积随时间线性增加，但致密度仍然很低。

孔隙迁移发生在活性孔隙蒸气中，允许从凹面蒸发并在较平坦的表面上冷凝。弯曲的孔隙使物质从一个表面蒸发并在相反的表面上冷凝。

8.2.3　稳定的晶粒形状

早期粗化模型假定晶粒为球形。实际上，晶粒是具有平坦接触面的近似球形的多面体。例如，图 8.10 是烧结氧化锌晶粒的微观结构的扫描电子显微镜照片，显示晶粒外形是晶界（晶粒间接触的平坦位置）与圆形边缘的混合。在晶粒粗化期间，收缩的晶粒较小，近似球形，而长大的晶粒较大，为多面体。

晶粒长大确保了晶粒尺寸分布和晶粒形状分布方式的自相似特征。较大的晶粒具有更多的面，因此晶粒尺寸和晶粒形状相关[56-58]。晶粒形状具有分布性，就像粒度分布一样。较小的晶粒的晶面较少，而较大的晶粒的晶面更多。对于同一类的晶粒，即所有晶粒具有相同数目的晶面 N，晶粒尺寸的累计分布遵循韦伯分布。例如，所有 10 面晶粒的平均值大小和该中位数的分布相关。面数 N 越大，N 面晶粒的中值粒径越大。N 面晶粒的二维中值粒径遵循如下简单的关系[59]：

$$L_N = L_{50}(N-2) \tag{8.8}$$

式中，L_{50} 是所有晶粒的中值晶粒尺寸。较小的晶粒因为收缩而具有较少的接触晶粒。对于三维微观结构，中值粒径 G_{50} 与晶粒配位 N 之间的关系为[60]：

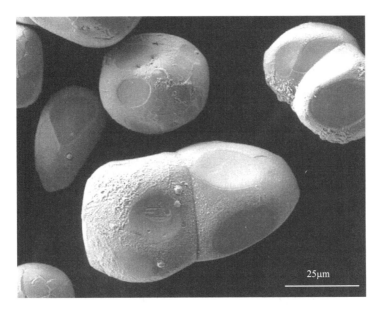

图 8. 10　烧结后 ZnO 晶粒的扫描电子显微镜照片

平面表示晶粒之间的晶界

$$G_N = G_{50} \left(\frac{N}{N_{50}} \right)^2 \tag{8.9}$$

式中，G_N 是具有 N 个面的三维晶粒的平均晶粒尺寸［对于二维分析的方程（8.8）］。对于二维测量，中值粒度表示为晶粒面的线性函数。

晶粒形状分布像晶粒尺寸一样，也是自相似的，它符合指数累计分布，如下：

$$F(N) = 1 - \exp \left[-0.7 \left(\frac{N}{N_{50}} \right)^M \right] \tag{8.10}$$

式中，$F(N)$ 是二维中具有多达 N 个面的晶粒的累计分数；N_{50} 是晶粒面的中位数，通常在全密度时接近 6。

在烧结过程中，颗粒接触扩大到的极限由二面角所决定，其中晶粒之间接触的直径由颈部直径 X 所限定，这在图 8.11 中的晶粒表面上表现为椭圆形。结合尺寸与晶粒直径 G 成正比：

$$X = G \sin \left(\frac{\varphi}{2} \right) \tag{8.11}$$

式中，φ 是由界面能量确定的二面角。颈部尺寸与晶粒尺寸一起生长，而晶粒形状取决于固相密度。

8. 2. 4　稳定的分布

烧结晶粒尺寸分布最终变成相似的形式，与起始粒度分布几乎无关，这称为自相似[61,62]。早期粗化模型预测了晶粒尺寸分布的狭窄，但后续的包括凝聚和其他粗化结构

图 8.11 断面显示了颈部尺寸以及它如何影响晶粒尺寸和二面角

模型更符合实验结果[43,63]。

如前所述,在晶粒粗化期间,跟踪晶粒尺寸可以预测晶粒的尺寸分布。累计晶粒分布发现,最大晶粒尺寸比中位径约大 3 倍。这与 Ostwald 的熟化理论有不一致之处[64,65]。关于烧结材料几何分布的详细介绍可以参考第 6 章。

8.3 孔隙结构变化

当微观结构中特征尺寸存在差异时,不同位置的能量差异也会引起粗化。由于孔隙存在尺寸分布,因此孔隙会在烧结期间粗化,最终通过致密化而消失。经过初始状态之后,孔隙会产生自相似的分布特征。孔结构的变化取决于相对孔径。当在真空中烧结时,孔隙是空位的集合。小孔可以导致较高的局部空位浓度,当加热时,这些空位扩散到颗粒边界、自由表面或界面,最终被消除。因此,自由表面附近的孔隙消失,而内部孔隙则逐渐粗化,最终导致烧结部件的密度不均匀。

由于包裹在孔隙中的气体在加热时会发生膨胀,使情况变得复杂。最大的难题来自不溶性的气体。在这种情况下,孔隙相当于加压气囊,阻碍致密化。高温会扩大气囊的作用,导致烧结件膨胀。如果气相可溶于固相,就能够使小孔收缩,同时大孔生长。孔径粗化导致孔隙中的气体压力降低和烧结件膨胀,如图 8.12 中烧结早期密度对时间的数据所显示的。固有的 ZnO 蒸气压力增加了孔隙率[66]。

对于压制成形的粉末,在粉末团聚体内部具有小孔,不同的团聚体之间存在大孔。这些孔结构大小不同的材料难以烧结。最终较小孔隙逐渐消失,较大孔隙逐渐长大[67]。

孔隙在高温下会球化。在延性材料中,最初经过压制孔是平坦的,但是在加热时,孔

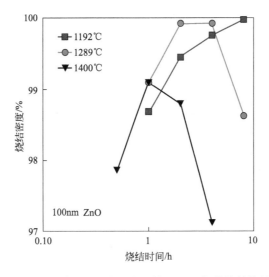

图 8.12 在不同时间和温度下处理的 100nm 氧化锌的烧结密度

图中显示了在较高温度下产生膨胀的条件[66]

隙球化，伴随垂直于压缩轴线的收缩而沿着压缩轴线膨胀。这种不均匀收缩导致工件变形。

8.4 粗化过程中的相互作用

较小尺寸的晶粒其单位体积的界面能量较大。晶粒长大过程会减少晶界能量。晶界的运动取决于跨越边界的扩散速率。同时，附着到晶界的孔隙可能表现出以下几种情况：延缓晶粒长大，引起晶界弯曲（由于孔隙的阻力）；具有较好移动性的孔隙移动，并伴随晶界迁移粗化；孔隙脱离晶粒边界，独自留在晶粒中。

烧结过程的早期，孔隙会阻碍晶粒的长大。晶界移动会遭遇到小孔的阻力，而晶粒长大需要通过晶界移动实现。孔隙通过体积扩散、表面扩散或蒸发-凝聚而移动[68]。随着孔隙的消除，晶粒长大速率会增加到一个临界点，在这个速率下晶界可以摆脱孔隙。晶粒上的孔隙比晶粒内的孔隙收缩得快[69]。因此，避免晶界与孔隙分离是加热过程中的目标。

较大的孔隙不能随着晶界移动，因此它们会滞留下来。另一个方面是孔隙周围的晶粒数量，比晶粒尺寸较小的孔比较理想。孔隙的移动性取决于孔隙周围物质的传输过程，主要有表面扩散和蒸发-凝聚。而晶界迁移率取决于跨越边界的物质传输。二者都是热激活过程，具有相似但不相同的活化能。一旦晶粒开始长大，较大的晶粒就会扫过细微的结构，留下滞留的孔隙。孔隙率最终下降到约 5% 以下。

晶粒长大与孔隙附着对致密化起重要作用，因此控制晶界和孔隙的迁移率就显得至关重要。添加剂是控制移动性的常用手段，特别是添加剂能够偏聚到晶界的时候。向 Al_2O_3 添加 0.1%（质量分数）的 MgO 就是一个很好的例子，MgO 能够减缓晶粒增长。另一方面，向 Al_2O_3 中添加 FeO 则具有相反的效果。如果添加 MgO，MgO 发挥优势的关键条件取决于 CaO 杂质的含量。钙离子会偏聚到晶界并形成黏性晶界相。当 MgO：CaO 比超过临界值时，可避免 CaO 偏聚，得到具有全密度的烧结件[70]。

纳米级粉末可以降低烧结温度。例如钨粉末，若使用 31nm 粉末，在 825℃（1098K）就可监测到烧结的发生，16nm 的粉末是 725℃（998K），9nm 的粉末是 625℃（898K）。随着温度的降低，晶粒长大速率逐渐降低，因此纳米级粉末会产生新的特性。当颗粒尺寸改为较小的尺寸 D_N 时，烧结温度也需要改变为较低的温度 T_N，以适应该尺寸变化，从而获得与原来的 T_0 温度相同的烧结性能，如下所示：

$$T_N = \frac{1}{\dfrac{1}{T_0} - \dfrac{Rm}{Q}\ln\left(\dfrac{D_N}{D_0}\right)} \tag{8.12}$$

式中，R 是气体常数；Q 是活化能；m 是与机理相关的粒径常数，通常为 $3\sim4$。粒度较小时，降低烧结温度，可获得等效的烧结程度，但晶粒长大程度会比较小，因为在较低温度下晶粒长大的速率参数也较小。

由于配位能较低，因此孔极易聚集在晶粒边界附近。当烧结密度较高时，孔隙会团聚在最大的晶粒边界。孔团聚在晶粒边界的概率是随机分布的 5.7 倍。因此，晶粒尺寸 G、孔径 d 和相对密度 f 之间的关系如下：

$$\frac{G}{d} = \frac{K}{\psi(1-f)} \tag{8.13}$$

式中，ψ 表示附着在晶界上的孔与随机分布的孔的比例；K 是几何常数。对于不同的材料，ψ 的值范围为 $1.7\sim5.7$，并且在烧结期间基本恒定。

令人好奇的是，烧结致密化过程会导致孔径的增加[71,72]。由于致密化速率取决于孔径的倒数，所以孔径增大会减慢致密化过程。通常，晶粒尺寸与孔径之比需要大于 2，以维持致密化。因此，具有宽孔径分布的团聚粉末更难以烧结。也就是说，较小的孔隙、较高的生坯密度和窄的孔径分布能够使烧结快速致密化。因此，颗粒粒度分布窄时被证明更容易烧结[73]。

对于晶粒尺寸小、孔隙率低的体系，孔隙流动性 M_P 的计算如下：

$$M_P = \frac{\pi\delta\Omega D_S S_{SV} S_{GB}}{4RT(1-f)^2} \tag{8.14}$$

式中，Ω 是原子体积；δ 是晶界宽度；D_S 是表面扩散系数；R 是气体常数；T 是热力学温度；f 是相对密度；S_{SV} 为固相-气相的表面或界面面积；S_{GB} 为晶界面积。在烧结中间阶段，形状因子 B 约为 70。随着孔径增加，孔隙会与晶界分离，这是由于几乎没有孔能够阻碍晶界的生长。孔隙产生的阻碍晶界生长的能力随着致密化过程的进行而逐渐降低。微观结构中晶粒尺寸和孔径的自然变化会产生一系列使孔隙和晶界分离的条件，从而导致微观结构内孔隙分离不均匀。

8.5　小结

当两种固相共存时，需要对粗化速率作出修正。第二相可能是弥散颗粒、增强纤维或不溶性液相。不溶相会阻碍晶粒的长大，因为第二相脱离晶界时，晶界面积会增加。为了说明这一原理，图 8.13 中显示了相关的微观结构，包括孔、液相、弥散颗粒以及孔与晶界的分离。

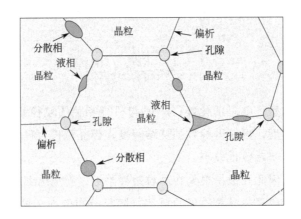

图 8.13　可能影响烧结过程中微观结构粗化的多界面示意图
该图显示了孔隙、偏析、弥散颗粒和液相膜。因为必须理解这些因素的相互作用，
所以预测粗化过程是十分困难的

在理想条件下粗化是可以避免的。将单分散球形粉末填充在一个理想阵列中，可避免孔隙和晶粒粗化[74,75]。微观结构的不平衡会引起粗化，大颗粒吞噬小颗粒，最终"富者更加富有"。

晶粒尺寸与孔径的比值是一个重要的控制参数。大的孔隙生长，因此在压坯过程中形成的缺陷几乎不可能通过烧结除去，需要压力辅助烧结才有可能去除。另一方面，与晶粒尺寸相比，较小较均匀的孔隙比较理想，且有可能实现全致密。烧结性能可以反映微观结构的粗化情况。烧结时间过长或烧结温度过高时，材料的性能下降，这表明了微观结构的粗化。

参考文献

[1]　G. F. Bolling, Remarks on sintering kinetics, J. Amer. Ceram. Soc. 48 (1965) 168-169.

[2]　A. Mocellin, W. D. Kingery, Microstructural changes during heat treatment of sintered Al_2O_3, J. Amer. Ceram. Soc. 56 (1973) 309-314.

[3]　J. Gurland, Observations on the structure and sintering mechanism of cemented carbides, Trans.TMS-AIME 215 (1959) 601-608.

[4] J. A. Varela, O. J. Whittemore, M. J. Ball, Structural evolution during the sintering of SnO_2 and SnO_2-2 mole % CuO, in: G.C. Kuczynski, D. P. Uskokovic, H. Palmour, M.M. Ristic (Eds.), Sintering ' 85, Plenum Press, New York, NY, 1987, pp. 259-268.

[5] A. Xu, A. A. Solomon, The effects of grain growth on the intergranular porosity distribution in hot pressed and swelled UO_2, in: J.A. Pask, A.G. Evans (Eds.), Ceramic Microstructures ' 86, Plenum Press, New York, NY, 1988, pp. 509-518.

[6] A. V. Laptev, S. S. Ponomarev, L. F. Ochkas, Solid-phase consolidation of fine-grained WC-16% Co hardmetal, J. Adv. Mater. 33 (3) (2001) 42-51.

[7] H. Han, P. Q. Mantas, A. M. R. Senos, Sintering kinetics of undoped and Mn-doped zinc oxide in the intermediate stage, J. Amer. Ceram. Soc. 88 (2005) 1773-1778.

[8] D. J. Chen, M.J. Mayo, Densification and grain growth of ultrafine 3 mol. % Y_2O_3-ZrO_2 ceramics, Nano. Mater. 2 (1993) 469-478.

[9] J. L. Shi, Relation between coarsening and densification in solid-state sintering of ceramics:experimental test on superfine zirconia powder compacts, J. Mater. Res. 14 (1999) 1389-1397.

[10] Y. J. Lin, K.S. Hwang, Swelling of copper powders during sintering of heat pipes in hydrogen containing atmospheres, Mater. Trans. 51 (2010) 2251-2258.

[11] E. G. Zukas, H. Sheinberg, Sintering mechanisms in the 95% W-3.5% Ni-1.5% Fe composite, Powder Tech. 13 (1976) 85-96.

[12] H. Y. Kim, S. H. Lee, H. G. Kim, J. H. Ryu, H.M. Lee, Molecular dynamic simulation of coalescence between silver and palladium clusters, Mater. Trans. 48 (2007) 455-459.

[13] K. Z. Y. Yen, T.K. Chaki, A dynamic simulation of particle rearrangement in powder packings with realistic interactions, J. Appl. Phys. 71 (1992) 3164-3173.

[14] S. Arcidiacono, N. R. Bieri, D. Poulikakos, C. P. Grigoropoulos, On the coalescence of gold nanoparticles, Inter. J. Multi. Flow 30 (2004) 979-994.

[15] M. Yeadon, J. C. Yang, R. S. Averback, J. W. Bullard, J. M. Gibson, Sintering of silver and copper nanoparticles on (001) copper observed by in situ ultrahigh vacuum transmission electron microscopy, Nano. Mater. 10 (1998) 731-739.

[16] S. Takajo, W. A. Kaysser, G. Petzow, Analysis of particle growth by coalescence during liquid phase sintering, Acta Metall. 32 (1984) 107-113.

[17] G. Petzow, S. Takajo, W.A. Kaysser, Application of quantitative metallography to the analysis of grain growth during liquid phase sintering, in: J.L. McCall, J.H. Steele (Eds.), Practical Applications of Quantitative Metallography, Amer. Society for Testing and Materials, Philadelphia, PA, 1984, pp. 29-40.

[18] L. Froschauer, R. M. Fulrath, Direct observation of liquid-phase sintering in the system ironcopper, J. Mater. Sci. 10 (1975) 2146-2155.

[19] L. Froschauer, R.M. Fulrath, Direct observation of liquid-phase sintering in the system tungsten carbide-cobalt, J. Mater. Sci. 11 (1976) 142-149.

[20] W. J. Huppmann, R. Riegger, Modeling of rearrangement processes in liquid phase sintering, Acta Metall. 23 (1975) 965-971.

[21] Y. Liu, R.G. Iacocca, J. L. Johnson, R.M. German, S. Kohara, Microstructural anomalies in a W-Ni alloy liquid phase sintered under microgravity conditions, Metall. Mater. Trans. 26A (1995) 2484-2486.

[22] L. J. Perryman, P. J. Goodhew, A description of the migration and growth of cavities, Acta Metall.36 (1988) 2685-2692.

[23] C. V. Santilli, S.H. Pulcinelli, J.A. Varela, J.P. Bonnet, Effect of green compact pore size distribution on the

sintering of alpha-Fe$_2$O$_3$, in: D.P. Uskokovic, H. Palmour, R.M. Spriggs (Eds.), Science of Sintering, Plenum Press, New York, NY, 1989, pp. 519-527.

[24] N. Wade, M. Ohara, O. Suda, Heterogeneous sintering behavior of injection molded SUS304 steel, J. Japan Soc. Powder Powder Metall. 40 (1993) 384-387.

[25] R. M. German, M. Bulger, The effects of bimodal particle size distribution on sintering of powder injection molded compacts, Solid State Phen. 25 (1992) 55-61.

[26] N. Shinohara, M. Okumiya, T. Hotta, K. Nakahira, M. Naito, K. Uematsu, Morphological changes in process related large pores of granular compacted and sintered alumina, J. Amer. Ceram. Soc. 83 (2000) 1633-1640.

[27] I. M. Robertson, G.B. Schaffer, Suitability of nickel as alloying element in titanium sintered in solid state, Powder Metall. 52 (2009) 225-232.

[28] Y. Liu, B. R. Patterson, Frequency of pore location in sintered Al$_2$O$_3$, J. Amer. Ceram. Soc. 75 (1992) 2599-2600.

[29] B. R. Patterson, Y. Liu, Quantification of grain boundary-pore contact during sintering, J. Amer. Ceram. Soc. 73 (1990) 3703-3705.

[30] J. Langer, M. J. Hoffmann, O. Guillon, Electric field-assisted sintering in comparison with the hot pressing of yttria stabilized zirconia, J. Amer. Ceram. Soc. 94 (2010) 24-31.

[31] R. M. German, A. Bose, S. S. Mani, Sintering time and atmosphere influences on the microstructure and mechanical properties of tungsten heavy alloys, Metall. Trans. 23A (1992) 211-219.

[32] M. Hillert, On the theory of normal and abnormal grain growth, Acta Metall. 13 (1965) 227-238.

[33] W. J. Boettinger, P. W. Voorhees, R. C. Dobbyn, H. E. Burdette, A study of the coarsening of liquidsolid mixtures using synchrotron radiation microradiography, Metall. Trans. 18A (1987) 487-490.

[34] R. L. Coble, T.K. Gupta, Intermediate stage sintering, in: G. C. Kuczynski, N.A. Hooton, C. F. Gibbon (Eds.), Sintering and Related Phenomena, Gordon and Breach, New York, NY, 1967, pp. 423-441.

[35] G. C. Nicholson, Grain growth in magnesium oxide containing a liquid phase, J. Amer. Ceram. Soc. 48 (1965) 525-528.

[36] H. Gleiter, B. Chalmers, Grain boundary melting, High-Angle Grain Boundaries, Pergamon Press, Oxford, UK, 1972, pp. 113-126.

[37] D. M. Owen, A.H. Chokshi, An evaluation of the densification characteristics of nanocrystalline materials, Nano. Mater. 2 (1993) 181-187.

[38] T. Tanase, Development of high performance carbide tools, J. Japan Soc. Powder Powder Metall. 54 (2007) 243-250.

[39] P. Maheshwari, Z.Z. Fang, H. Y. Sohn, Early Stage sintering densification and grain growth of nanosized WC-Co powders, Inter. J. Powder Metall. 43 (2) (2007) 41-47.

[40] H. R. Lee, D.J. Kim, N.M. Hwang, D. Y. Kim, Role of vanadium carbide additive during sintering of WC-Co: mechanism of grain growth inhibition, J. Amer. Ceram. Soc. 86 (2003) 152-154.

[41] A. Adorjan, W. D. Schubert, A. Schon, A. Bock, B. Zeiler, WC grain growth during the early stages of sintering, Inter. J. Refract. Met. Hard Mater. 24 (2006) 365-373.

[42] H. Y. Suzuki, K. Shinozaki, M. Murai, H. Kuroki, Quantitative analysis of microstructure development during sintering of high purity alumina made by high speed centrifugal compaction process, J. Japan Soc. Powder Powder Metall. 45 (1998) 1122-1130.

[43] P. Lu, R. M. German, Multiple grain growth events in liquid phase sintering, J. Mater. Sci. 36 (2001) 3385-3394.

[44] R. D. McIntyre, The effect of HCl-H$_2$ sintering atmospheres on the properties of compacted iron powder, Trans. Quart. Amer. Soc. Met. 57 (1964) 351-354.

[45] R. D. McIntyre, The effect of HCl-H$_2$ sintering atmospheres on properties of compacted tungsten powder,

Trans. Quart. Amer. Soc. Met. 56 (1963) 468-476.

[46] M. J. Readey, D.W. Readey, Sintering TiO$_2$ in HCl atmospheres, J. Amer. Ceram. Soc. 70 (1987) C358-C361.

[47] T. Quadir, D.W. Readey, Microstructure development of zinc oxide in hydrogen, J. Amer. Ceram. Soc. 72 (1989) 297-302.

[48] C. M. Kipphut, A. Bose, S. Farooq, R.M. German, Gravity and configurational energy induced microstructural changes in liquid phase sintering, Metall. Trans. 19A (1988) 1905-1913.

[49] J. L. Johnson, A. Upadhyaya, R. M. German, Microstructural effects on distortion and solid-liquid segregation during liquid phase sintering under microgravity conditions, Metall. Mater. Trans. 29B (1998) 857-866.

[50] J. L. Johnson, L.G. Campbell, S. J. Park, R. M. German, Grain growth in dilute tungsten heavy alloys during liquid phase sintering under microgravity conditions, Metall. Mater. Trans. 40A (2009)426-437.

[51] J. L. Johnson, R. M. German, Solid-state contributions to densification during liquid phase sintering, Metall. Mater. Trans. 27B (1996) 901-909.

[52] M. J. Readey, D. W. Readey, Sintering of ZrO$_2$ in HCl atmospheres, J. Amer. Ceram. Soc. 69 (1986) 580-582.

[53] P. Wynblatt, N. A. Gjostein, Particle growth in model supported metal catalysts - 1. Theory, Acta Metall. 24 (1976) 1165-1174.

[54] I. H. Moon, J. H. Kim, M. J. Suk, K.M. Lee, J. K. Lee, Observation of W particle growth in a W powder compact during sintering in a non-reducing atmosphere, J. Mater. Syn. Proc. 1 (1993)309-315.

[55] D. W. Readey, D. J. Aldrich, M. A. Ritland, Vapor transport and sintering, in: R.M. German, G. L. Messing, R. G. Cornwall (Eds.), Sintering Technology, Marcel Dekker, New York, NY, 1996, pp. 53-60.

[56] D. Weaire, Some remarks on the arrangement of grains in a polycrystal, Metallog 7 (1974)157-160.

[57] D. A. Aboav, The arrangement of grains in a polycrystal, Metallog 3 (1970) 383-390.

[58] M. Blanc, A. Mocellin, Grain coordination in plane sections of polycrystals, Acta Metall. 27 (1979) 1231-1237.

[59] D. A. Aboav, T. G. Langdon, The shape of grains in a polycrystal, Metallog 2 (1969) 171-178.

[60] A. Tewari, A. M. Gokhale, R. M. German, Effect of gravity on three-dimensional coordination number distribution in liquid phase sintered microstructures, Acta Mater. 47 (1999) 3721-3734.

[61] Z. Fang, B. R. Patterson, M. E. Turner, Influence of particle size distribution on coarsening, Acta Metall. Mater. 40 (1992) 713-722.

[62] Z. Fang, B. R. Patterson, Experimental investigation of particle size distribution influence on diffusion controlled coarsening, Acta Metall. Mater. 41 (1993) 2017-2024.

[63] R. M. German, Coarsening in sintering-grain shape distribution, grain size distribution, and grain growth kinetics in solid-pore systems, Crit. Rev. Solid State Mater. Sci. 35 (2010) 263-305.

[64] R. T. DeHoff, A geometrically general theory of diffusion controlled coarsening, Acta Metall. Mater. 39 (1991) 2349-2360.

[65] L. Zeng, B. R. Patterson, Growth path envelope analysis of ostwald ripening, Advances in Powder Metallurgy and Particulate Materials, vol. 2, Metal Powder Industries Federation, Princeton, NJ, 1993, pp. 195-202.

[66] T. Senda, R. C. Bradt, Grain growth of zinc oxide during the sintering of zinc oxide-antimony oxide ceramics, J. Amer. Ceram. Soc. 74 (1991) 1296-1302.

[67] W. H. Rhodes, Agglomerate and particle size effects on sintering yttria-stabilized zirconia, J. Amer. Ceram. Soc. 64 (1981) 19-22.

[68] W. Villanueva, G. Amberg, Some generic capillary driven flows, Inter. J. Multi. Flow 32 (2006) 1072-1086.

[69] J. E. Burke, Role of grain boundaries in sintering, J. Amer. Ceram. Soc. 40 (1957) 80-85.

[70] S. I. Bae, S. Baik, Critical concentration of MgO for the prevention of abnormal grain growth in alumina, J. Amer. Ceram. Soc. 77 (1994) 2499-2504.

[71] R. Watanabe, Y. Masuda, Pinning effect of residual pores on the grain growth in porous sintered metals, J. Japan Soc. Powder Metall. 29 (1982) 151-153.

[72] J. Zheng, J. S. Reed, Effects of particle packing characteristics on solid-state sintering, J. Amer. Ceram. Soc. 72 (1989) 810-817.

[73] T. S. Yeh, M.D. Sacks, Effect of green microstructure on sintering of alumina, in: C.A. Handwerker, J.E. Blendell, W.A. Kaysser (Eds.), Sintering of Advanced Ceramics, American Ceramic Society, Westerville, OH, 1990, pp. 309-331.

[74] E. A. Barringer, R. Brook, H.K. Bowen, The sintering of monodisperse TiO_2, in: G. C. Kuczynski, A. E. Miller, G. A. Sargent (Eds.), Sintering and Heterogeneous Catalysis, Plenum Press, New York, NY, 1984, pp. 1-21.

[75] E. A. Barringer, H. K. Bowen, Formation, packing, and sintering of monodisperse TiO_2 powders, J. Amer. Ceram. Soc. 65 (1982) C199-C201.

第 9 章

液相烧结

9.1 概述

大多数粉末的烧结过程都涉及液相的形成。如果操作适当，液相会迅速地黏结颗粒。液相烧结通常从混合粉末颗粒开始，它们其中至少一种保持固相，而另一种形成液相。该项技术很早就出现了，而且广泛应用于多个领域，例如青铜轴承、氮化铝热沉材料等材料和构件。液相烧结的主要用途之一是制备硬质材料，例如 TiC-Ni 和 WC-Co。液相烧结的关键优势来自液相的扩散，其扩散速率通常比固态扩散速率快几百到几千倍。通过液相烧结，大部分产品都能烧结至全致密，所以这项技术在烧结材料中很受欢迎，甚至很多材料若不使用液相烧结就难以制造。

持续的液相烧结意味着只要峰值温度保持不变，液相就会一直存在。图 9.1 给出了液相烧结微观组织的一个示例。这是添加硼的不锈钢烧结体系，在颗粒之间形成了液相。它

图 9.1 在真空烧结不锈钢的液相烧结过程中，硼在烧结时形成液相的显微组织，其中液相填补了固相颗粒之间的孔隙

主要应用于五金领域，例如工业气体系统的阀门和配件。它的结构主要由固相颗粒与烧结颈组成，而液相凝固填充了颗粒之间的间隙，因此，该结构不会存在孔隙。在液相烧结过程中发生了一系列变化，以去除孔隙，并将固相颗粒被黏结成烧结骨架。

广义的液相烧结包括持续液相烧结、瞬间液相烧结、反应性液相烧结和超固相线烧结等。其特点如下：

① 持续液相烧结。混合粉末，固相溶于液相，液相微溶于固相。例如 WC-Co，烧结形成金属切削工具。

② 瞬间液相烧结。混合粉末，液相溶于固相，烧结后期液相消失。例如铜锡，烧结形成多孔青铜轴承。

③ 反应性液相烧结。混合粉末，高放热反应，化学计量产品。例如 $MoSi_2$ 用于炉内加热元件。

④ 超固相线烧结。预合金粉末，固相溶于液相，液相溶于固相。例如工具钢，用于耐磨损领域。

每一种液相烧结都可以用于商业化，大约 90％的粉末冶金商业产品的烧结过程中都涉及液相的形成。

9.2　相关概念的发展

早期烧结的陶瓷是由晶体氧化物颗粒和玻璃状基体的混合物组成的。在高温状态下玻璃软化，形成一种黏稠的液体，促使烧结体致密化。这种工艺有时被称为黏性相烧结，因为烧结体的致密化依赖于黏性玻璃相的形成[1]。

后来随着烧结定性与定量研究的发展，液相烧结产生了一些重要进展，总结如下[2-9]。

液相烧结一般从混合粉末或研磨后的粉末开始。材料体系的组成和烧结温度以相图为基础，如图 9.2 所示。对于液相烧结，有利的属性是固相在液相（新形成的熔体）中的溶解度增加，而液相在固相中的溶解度降低，且随着添加剂的增加，液相线与固相线温度降低。因为扩散速率随着熔融温度而变化，所以熔融温度的下降能使烧结发生明显的改善。较高的温度在液相的数量和扩散速率上起着双重作用，因此温度是一个关键的控制参数。液相烧结中液相较多有助于致密化，但过量的液相会导致烧结体变形；烧结过程中最常见的是液相体积不超过 15％，这样既能够起到液相烧结的作用，且有利于稳定地保持烧结体的形状。

图 9.3 中列出了液相烧结的过程。烧结从混合粉末开始，在加热过程中形成液相，然后液相扩散到固相颗粒之间，溶解-加热过程中形成烧结黏结体。固相溶解形成了固相颗粒和润湿液相的半固态黏稠混合物。由于润滑的颗粒、润湿的液相与毛细管力的作用，颗粒结构进行重排。在毛细管力的作用下，颗粒聚集在一起，形成颗粒接触与液态黏结，如图 9.4 所示。颗粒重排引起了较高的堆积密度，释放液相充填剩余的孔隙。较小的颗粒可

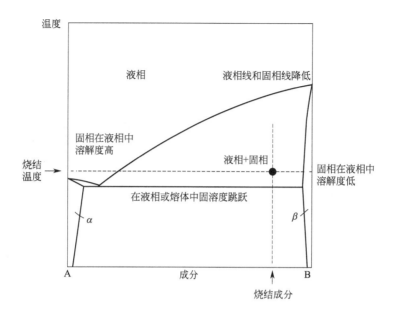

图 9.2　一个假设的二元相图，显示了在 B 组元中添加 A 有利于液相烧结

以产生较高的毛细管应力，1μm 的颗粒产生的毛细管应力最高可达到 100 MPa。这种大的局部应力使结构变得越来越致密[10]。

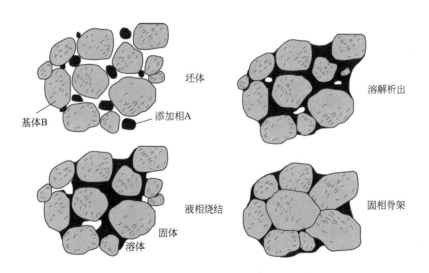

图 9.3　液相烧结（LPS）过程中微观组织变化的示意图

烧结开始于混合粉末和颗粒之间的孔隙。在加热过程中低熔点组元形成熔体并扩散时，固体颗粒重新排列。
随后的致密化伴随着晶粒长大。对于许多烧结件，液相中的扩散会加速晶粒形状变化并促进孔隙消失

通常固相在液相中时可溶的，所以能够在液相内迅速移动。快速扩散导致烧结致密化，晶粒长大，晶粒形状改变。随着烧结的进行，烧结体逐渐致密化，并导致产生孤立的孔隙，如图 9.5 所示。此时固相颗粒是黏合在一起的，液相填充于颗粒之间的孔隙内。

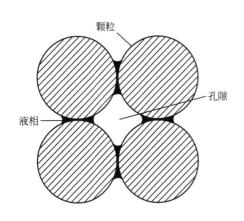

图 9.4 在颗粒接触处形成不稳定的液相结合，
所产生的毛细管力促使晶粒重排，
同时提供形成烧结颈之前的强度

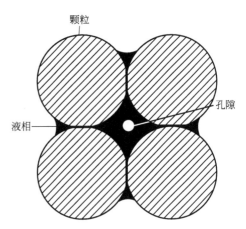

图 9.5 随着致密化的进行，固相颗粒黏结、
液相填充孔隙。当孤立的球形孔隙塌陷时，
形成缆索状

如图 9.6 所示，致密化过程可以分为 3 个阶段，这些阶段有些部分是重合的。在加热过程中，早期发生固相烧结并产生致密化。在液相开始形成后，发生快速致密化。随着液相的扩散，溶解-析出变得活跃。最后，固相烧结占主导地位，达到完全致密。

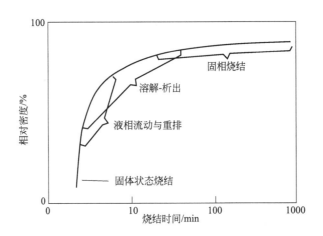

图 9.6 液相烧结中有相互重叠部分的烧结阶段示意图
早期的固相扩散由化学梯度引起，可在短时间内产生致密化；当液相产生后，
促使颗粒重排，紧接着发生溶解-析出过程；最终的固相骨架的烧结过程较慢。
颗粒大小、液相含量以及其他因素都会影响这条曲线的位置和形状

在烧结收缩过程中，孔隙具有较高的表面能，因此能够优先被填充。如果固相可溶于液相，那么固相在液相中的扩散是很迅速的。在液相烧结过程中，通过溶解-析出而引起的晶粒尺寸变化十分显著，溶解-析出同时还会引起颗粒的重塑。一旦发生固相结合，就会形成固相骨架，此时仍会继续发生致密化，而液相则停留在固相颗粒之间的孔隙内，孔隙充满液相，液相随温度的下降而凝固。最终的固相骨架是足够致密的。

在许多产品中，液相中的扩散会加速颗粒形状的改变，并有利于孔隙的去除。

实际的微观组织变化路径依赖于固-液溶解度。最常见的有以下几种情况：

① 由于固相在液相中有溶解度，所以新形成的液相会润湿固相颗粒。

② 固相颗粒部分溶解于液相中，达到溶解度极限。

③ 液相在固相中的溶解度低。

④ 与添加剂的固态合金化导致固相线和液相线的降低。

这些特性在相图中很明显，如前面的图 9.2 所示。情况①对应溶解度从固溶体到液相的变化；在烧结温度下，从固相的溶解度中来看情况②非常明显；情况③对应的是峰值温度下固相中不同种类液相的溶解度较低时；情况④对应液相偏析到颗粒间边界的情况。

液相烧结过程中所发生的事件取决于液相量。如果没有液相，则只有固相烧结发生。当液相含量较高时，一旦液相形成并流动填补孔隙，体系就会发生致密化。在这两种极端情况之间会有一系列的现象，如图 9.7 所示。其细节取决于系统的特性，后面进行讨论。

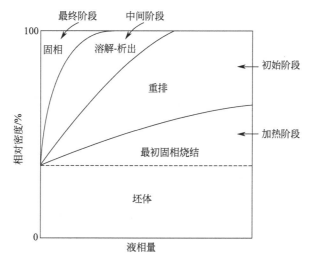

图 9.7　相对密度和液相量的相互作用图
可以观察到致密化过程中液相量是如何起作用的

由于液相烧结能够快速致密化，所以可用于制造硬质材料，而通过其他形式来制造硬质材料则非常困难。WC-Co 体系就是一个典型的例子，在接近共晶温度 1310℃（1583K）时体系中形成液相。这样，通过颗粒重排、溶解-析出与固相骨架烧结，碳化钨晶粒能够烧结致密，且具有优异的硬度和耐磨性。

除了混合粉末之外，使用合金粉末也可以形成液相烧结。在峰值温度下可形成半固态结构。这种方法用于工具钢、不锈钢、钴铬合金、镍合金等材料体系。另一个例子是在加热过程中形成瞬时液相，然后溶解固相。铜锡轴承是这样形成的，银汞齐（填料）也是如此。有些体系是不溶的，如 Mo-Cu、Co-Cu、WC-Ag、WC-Cu 和 W-Cu。这里，固相骨架形成，液相填充孔隙，但液相对致密化率起的作用非常小。

9.3 微观组织的发展

液相烧结为复合材料微观组织的调整提供了许多机会。本节将介绍一些例子。

9.3.1 典型的微观组织

材料的微观组织是体现加工工艺的一个重要标志。随着颗粒的结合与粗化，微观组织也在不断地变化。事实上，液相烧结"最终"的微观组织是没办法看到的，能观察到的只是一个不断变化的结构。通过长时间的烧结，最终会得到一个个被液相包围的单个晶粒。图 9.8 所示为液相量为 20%（体积分数）、接触角为 20°时的情况[11]。在此之前，微观组织由其孔隙率、孔径和晶粒尺寸所表征。典型的烧结 1h 或更短时间时，烧结体是由小颗粒以及围绕颗粒周围的液相所构成的混合物。通过选择性分离，可以辨别到液态网状结构，给出的结构如图 9.9 所示。在烧结过程中，这种显微组织发生了显著的变化。固体界面的移动速率在 $\mu m/s$ 的范围内，晶界处的液体渗透速率在 $\mu m/s$ 的范围内，固相粗化的速率在 $\mu m^3/s$ 范围内。这样，使微米大小的颗粒长大成毫米大小的颗粒需要数以年计的时间。在一个典型的烧结周期内，成千上万的颗粒凝聚在一起形成一个晶粒。

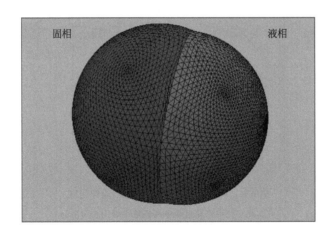

图 9.8 基于最低能量构型的液相烧结最终微观组织的一个示例[11]
计算的最低能量体系中液相量为 20%（体积分数），接触角为 20°。液相的形成与
取代导致能量最低。另一种最低能量构型是由位于固相颗粒中的液相球体组成，
在本章稍后展示的微观组织可以明显看出这些特征

烧结的微观组织决定着材料的性能。液相烧结模型与材料的组成、工艺及性能有关。均匀的坯体结构可以促进烧结[12]。液相的数量和位置也至关重要。最有效的是使液相位于固相颗粒之间的界面上，使用粉末涂层的方法能够达到这一目的[13-16]，添加合金元素可以改善润湿性，促进扩散或材料硬化。

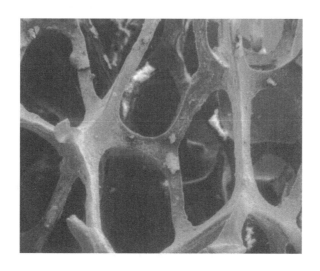

图 9.9　固相颗粒溶解去除后所得到的液相凝固网状结构的扫描电子显微镜照片

9.3.2　接触角与二面角

接触角和二面角都会影响液相烧结。接触角取决于固-液-气三相的平衡。液相在固相上的扩展，使得液-固界面和液-气界面取代了固-气界面。图 9.10 对比了接触角（接触角也被称为润湿角）为 θ 时，润湿性良好与较差的情况。它是由三个界面的能量平衡来定义的，即 γ_{SV}、γ_{SL} 和 γ_{LV}：

$$\gamma_{SV} = \gamma_{SL} + \gamma_{LV} \cos\theta \qquad\qquad (9.1)$$

式中，下标 S、L、V 分别代表固相、液相和气相。该接触角取决于溶解性或固相表面化学性质[17-19]。例如，在 TiC-Ni 中加入 Mo 可以使接触角从 30° 降到 0°。一个低的接触角可以诱导液相在固相颗粒上扩展，提供毛细管力，促进致密化。对于小颗粒而言，接触压力可以与压力辅助烧结相媲美[20]。

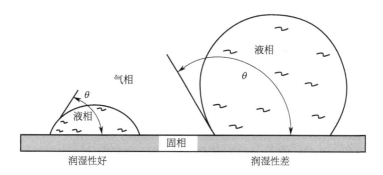

图 9.10　液相在水平固相面上的润湿行为对比

图中显示，低的接触角有助于润湿，而高的接触角不利于润湿。在液相烧结中的致密化需要
低的接触角，以确保固相颗粒能够被有效地结合在一起

由于微观组织包含不同的晶粒尺寸、晶粒形状、孔径、孔隙形状和液相含量，因此会形成一系列的毛细管力。润湿液相会趋向于达到最低能量配置，因此润湿固相颗粒时，会优先流进较小的孔隙和侵蚀晶粒边界。一旦液相形成，就会发生颗粒的瞬时重排产生致密化[21,22]。而热流与坯体内的熔化则进行得比较缓慢。

接触角高意味着润湿性差，此时会发生图 9.11 所示的液相从孔隙中渗出的现象。图 9.11 是液相烧结中对固相颗粒润湿性不好的液相滴在固相表面的一张图片。因此，液相烧结取决于接触角，液相的形成可能会导致致密化（接触角小，润湿性较好时），也可能会导致膨胀（接触角大，润湿性较差时）。

类似于接触角，二面角 φ 也对应一个表面能平衡状态。在这种情况下，可以观察到晶粒边界相交的液相。如图 4.10 所示，固液表面能的垂直分量 γ_{SL} 与晶界能 γ_{SS} 的平衡关系如下：

$$2\gamma_{SL}\cos(\varphi/2) = \gamma_{SS} \tag{9.2}$$

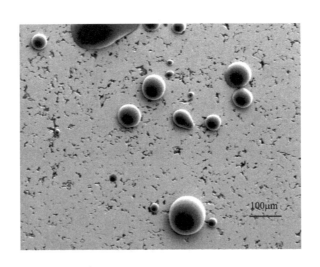

图 9.11 液相对固相表面不润湿时的扫描电子显微镜照片
显示出液相在表面以小球体的形式渗出

若固-固表面能与固-液表面能的比值相对较高（＞1.8），那么二面角接近 0°，液相会渗透进入固相颗粒边界。

一些固-固接触会形成具有取向差的晶体，产生很低的颗粒表面能和高的二面角。这些接触点通过旋转聚结使得颗粒不断生长。由于晶界能量随着晶体取向差和化学分离作用而不断变化，所以二面角的变化有一个分布的范围。图 9.12 绘出了不同碳含量（分别含 0.5% C 和 1% C）的 Fe-10Cu 体系相图的二面角分布[23]。在液相烧结温度下，碳溶于铁。很明显，二面角分布在微观组织内并且随着碳含量的变化而变化。在晶界上找到液相的极端值（0°二面角或者非常大角度的二面角）是很有可能的，这取决于颗粒的接触情况。

低的二面角和低的接触角度可以促进液相烧结，通常这是由于固相溶于液相。

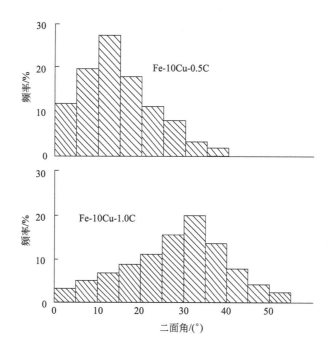

图 9. 12 不同碳含量的 Fe-10Cu 体系液相烧结时二面角的分布[23]

在烧结温度下碳溶于固相铁，它增加了二面角。如以上两个图所示，

二面角是一个分布参数，它取决于晶粒接触时的取向差

9.3.3 体积分数

在烧结过程中液相量通常在 5％～15％。随着固相含量增加，固相黏结作用增加。固相颗粒黏结所形成的刚性骨架有利于保持烧结工件的形状。图 9.13 是 3 种不同固-液比时，液相烧结后的圆柱试样照片。三种情况都实现了全致密，但固体含量越低，塌陷程度就越大。

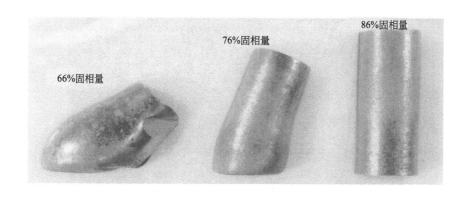

图 9. 13 钨合金的液相烧结

图中给出的是不同固相量的情况，所有试样都已烧结至全致密。

显然，固相含量为 86％的试样可以有效抵制烧结形状畸变通常情况下液相量越高，达到全致密的速度越快。在图 9.14 中的氧化铝-玻璃混合物密度随时间的变化就是一个很好的例子[24]。在烧结温度为 1600℃（1873K）时，随着液相的出现，烧结密度逐渐增加。

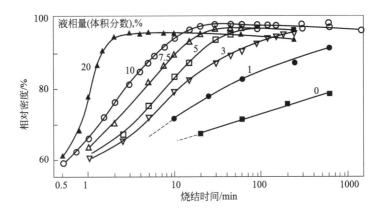

图 9.14 粒度为 3.6μm 的氧化铝与玻璃的混合物在 1600℃（1873K）

烧结时，相对密度与烧结时间的对数关系[24]

液相（玻璃）的体积分数由 20% 向 0 变化时，烧结相对密度呈现出逐渐降低的趋势

9.3.4 孔隙、孔径和孔位置

如果工艺适当，孔隙会比颗粒更小，这在图 9.15 中很明显。预测的孔隙结构的几何形状是理想状态，但是通常会存在不均匀性，主要特征由颗粒决定。因为湿润，较小的孔隙首先被填充，并延缓大孔的填充[25,26]。最终导致平均孔径增加，而孔隙率和孔隙数

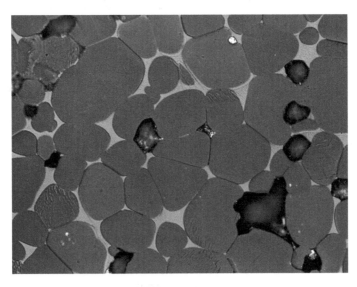

图 9.15 液相烧结过程中的经过淬火形成的组织

值得注意的是孔隙位于致密化过程中的固-液界面

量减少。由于孔隙存在浮力，孔隙会逐步向上迁移到达烧结件的顶部。

如果形成熔体的颗粒很大，就会形成大孔隙。图 9.16 是在大颗粒熔化向外扩展时进行淬火得到的显微图。在长时间烧结的情况下，会导致膨胀[27,28]。当液相在固相中有一定溶解度时，更容易引起膨胀。如果孔隙内没有气体存在，在烧结时大孔隙会较晚被填充[29]。在液相烧结过程中，由于晶粒长大，会出现临界晶粒尺寸和孔隙尺寸的组合，之后液相流动来填充大孔。当晶粒与孔隙的尺寸比合适时，这种情况就会发生：

$$\frac{G}{d} = \frac{\gamma_{SS}}{2\gamma_{SV}} = \cos\left(\frac{\varphi}{2}\right) \tag{9.3}$$

式中，φ 是二面角。晶粒尺寸随着烧结时间增加而增大，晶粒长大会延迟较大气孔被液相填充。孔隙被填充后如同图 9.17 所示的液相池。由于液相的强度较低，所以上述结构通常被认为是缺陷。

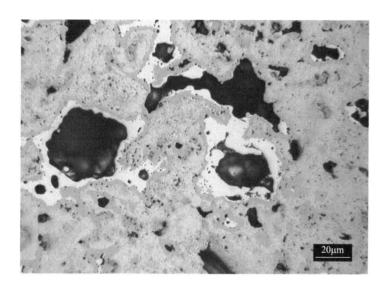

图 9.16 添加的第二相熔融并流入邻近毛细管形成的孔隙
图中是 Cu-10% Sn 的显微图，显示锡颗粒先开始熔融，然后孔隙（深色）
被熔融的锡包围，并在铜界面形成反应层

孔隙中残留的气体会抑制最终致密化。由气体填充的孔是球形的，反映了表面能与孔隙内气体压力的平衡：

$$P_G = \frac{4\gamma_{LV}}{d_P} \tag{9.4}$$

通常通过施加外部压力或在真空中烧结来密封孔隙。

在液相烧结过程中，孔隙通常从不规则的孔隙变成管状孔，大约会有 5%～8% 的孔隙发生球化。最终的孔隙闭合情况取决于晶粒生长过程中的液相量。遗憾的是，一些体系表现出反应延迟的情况，在孔隙内产生了不溶性气体。图 9.18 中液相烧结莫来石（$3Al_2O_3 \cdot 2SiO_2$）就是一个例子[30]。图中最大密度对应的是开孔封闭的 1300℃（1573K），接着在更高温度下，气体填充的闭孔发生了膨胀。

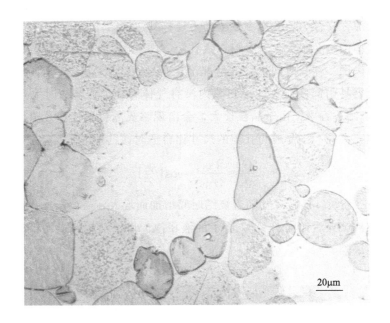

图 9.17 在液相烧结过程中当液相充满孔隙时会形成液相池

图中是 90W-7％ Ni-3％Fe 体系在 1470℃（1743K）烧结 30min 的情况。晶粒长大为液相进入孔隙创造了条件

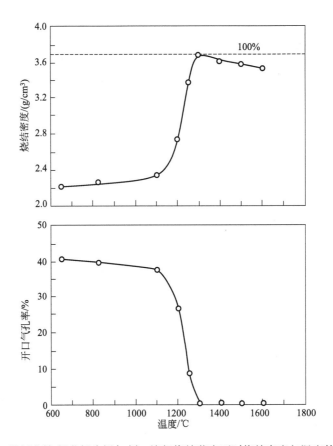

图 9.18 以氧化锆-氧化铝为添加剂，液相烧结莫来石时烧结密度与温度的关系 [30]

在大约 1300℃（1573K），当开孔消失时，烧结体密度达到最高，但在更高的温度下，由于气体被困在封闭孔隙内而发生膨胀

9.3.5 晶粒形状

液相烧结微观组织的晶粒形状取决于液相量、二面角和表面能的各向异性。颗粒间由于接触产生一个平坦面。固相含量高，颗粒的配位数比较高，可以产生更多接触面，而形状和连通性则取决于二面角[31,32]。实际上，晶粒尺寸取决于烧结时间，而晶粒形状取决于液相量与二面角。

随着固相含量的增加，释放的液相填充孔隙，与之相应的是晶粒形状的变化。在烧结期间晶粒尺寸和形状在溶解-析出过程中发生变化。大晶粒开始粗化，小晶粒也慢慢消失。当固-液表面能为各向同性和液相含量超过约 30％ 时，除了接触面外，晶粒都是球形的。在液相含量较低的情况下，晶粒发生变形并释放液相，以填补孔隙。在液相含量非常低的情况下，致密化过程需要显著的变形，以消除孔隙。图 9.19 中晶粒形状的调节就是很明显的一个例子。可以明显看到少量的残余气孔，且大多数的晶粒不是球形的。

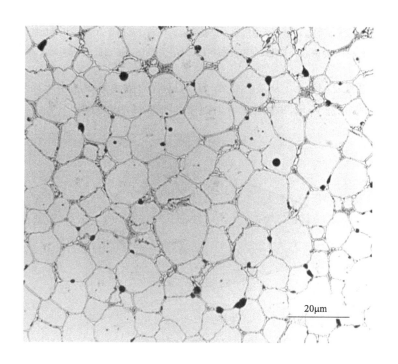

图 9.19 液相量低时，液相烧结的钢组织，晶粒产生变形，呈多圆角多边形状，
从而能够相互配合实现最小孔隙率

非球形颗粒产生的另一个原因是固-液表面能的各向异性。在液相烧结过程中，晶粒趋向于最低能量配置。如果表面能随晶体取向而变化，那么晶粒会朝着较低的能量方向生长[33]。图 9.20 是表示这种现象的二维图，绘制计算出了晶粒形状与相对表面能的函数。在表面能各向异性的情况下，晶粒的形状会呈现多角状。因此这样形状的晶粒是表面能各向异性的标志，其中低能量晶面是有利的。

在液相烧结硬质合金过程中，具有平面结构的晶粒是非常普遍的。WC 晶体结构得到

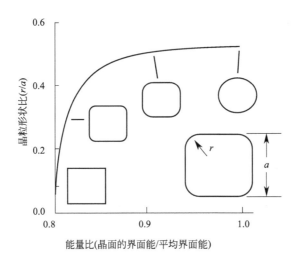

图 9.20 晶粒形状随表面能各向异性的变化[33]

这些二维图说明了最低能量构型的晶粒形状,以及晶粒如何随着晶面界面能/平均界面能的比值变化。

该图还说明了锋锐的边缘是如何随着角半径 r 与平面间距 a 的比值(r/a)改变而出现

的是棱柱形,如图 9.21 所示。从液相烧结 WC-Co 后的微观组织图中可以看到呈不规则的切片棱柱状,如图 9.22 所示。在剖面中出现了各种各样的颗粒形状。

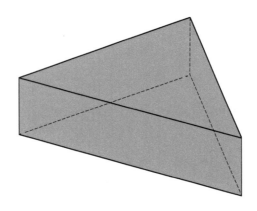

图 9.21 六方晶倾向于形成图中所示的棱柱形。液相烧结的 WC-Co 的
显微组织显示这样随机排列的边缘为平面的晶粒

9.3.6 粒度分布

液相烧结后的晶粒尺寸分布呈现自相似的特征。早期的研究结果发现,晶粒的分布比简单平均场粗化概念(mean field coarsening concepts)预期的更为宽泛。如表 9.1 所述,晶粒结构往往与模型假设相差较大。研究过程中将晶粒长大机制与随机截面孤立起来得到的结果是有缺陷的。虽然早期模型假设晶粒是孤立的球形,但实际的微观组织却是由非球形晶粒所组成的[34]。

图 9.22 烧结 WC-Co 的显微组织截面图，说明棱形碳化物晶粒出现在随机的剖面中

⊡ **表 9.1** 微观组织模型中的假设和现实的对比

参数	假设	液相烧结中的实际情况
晶粒形状	球形	圆形或多角形
骨架结构	孤立	高度连接
晶粒间距	均匀	有分布
颗粒聚集	忽略	相当普遍
粒径测量	晶粒直径	随机截距
粒度分布	正态,对数正态	韦伯分布

晶粒之间烧结颈长大导致颗粒聚集，这是液相烧结固有的现象。因此，聚合是晶粒结构演变的一部分[35,36]。另一个问题涉及的是假定每个晶粒周围都有扩散场。每个晶粒表现出的长大或收缩取决于其所处的局部环境，而不是平均场[37]。

在液相烧结中晶粒尺寸分布是自相似的，与起始粒径分布无关[38,39]。烧结晶粒尺寸分布收敛到相同的特征形状。中位尺寸决定了归一化参数或尺度参数，给出的累计分布函数 $F(L)$ 如下，L 为截距尺寸：

$$F(L)=1-\exp\left[\ln\left(\frac{1}{2}\right)\left(\frac{L}{L_{50}}\right)^{N}\right] \tag{9.5}$$

式中，L_{50} 表示中位尺寸，有一半都是小晶粒。当测量的尺寸是截距尺寸时，指数 N 接近 2，测量的是三维晶粒尺寸时，N 接近 3。

9.3.7 晶粒间距、数量和界面面积

晶粒间距对于材料的力学性能很重要，因为通常情况下材料的韧性由基质相提供。完全致密时晶粒之间的平均间距 λ 可以通过显微镜测量：

$$\lambda = \frac{V_L}{N_L} \tag{9.6}$$

式中，V_L 是液相的体积分数；N_L 是每单位采样扫描线长度下所含的晶粒数。如果忽略固-固晶粒接触（即颗粒间无间距的情况），那么该距离会偏向更高值。由于颗粒间距只取决于每单位测量长度下晶粒的数目，因此应该考虑到零间距的情况。晶粒平均截距尺寸（与真实三维晶粒尺寸成正比）与零孔隙率时的平均截距有关，如下式所示：

$$L = \frac{1}{N_L} - \lambda \tag{9.7}$$

晶粒间距随晶粒尺寸而变化，通常与烧结时间的立方根成正比。图 9.23 给出了在 1800℃（2073K）下液相烧结 NbC-Fe 的数据，说明了晶粒间距会随时间增加而增加[40]。液相量增多会更进一步增加晶粒间距。

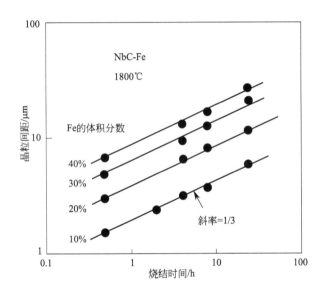

图 9.23 在 1800℃（2073K）下液相烧结 NbC-Fe 晶粒间距的数据[40]

晶粒生长随时间的立方根而变化，晶粒间距遵循同样的变化规律；颗粒间距离随液相量的增加而增加

同样地，随着时间的推移，晶粒的数量逐渐减少。在液相烧结中，晶粒尺寸通常随着时间的立方根而增加，因此，单位体积内的晶粒数（晶粒密度）随着时间的延长而下降，如图 9.24 所示，图中给出了三个温度下 NbC-Fe 的液相烧结数据。与此同时，单位体积的固-液界面面积随着烧结时间的立方根而减小，如图 9.25 所示，图中给出的是 Fe-30Cu 的数据[41]。

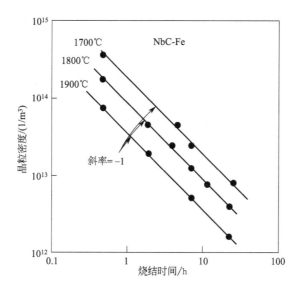

图 9.24　1700～1900℃（1973～2173K）液相烧结 NbC-Fe 时，晶粒密度与烧结时间的关系[40]

由于平均晶粒体积随时间的增加而增大，作为时间的逆函数，根据固体质量守恒定律可知晶粒数量密度下降

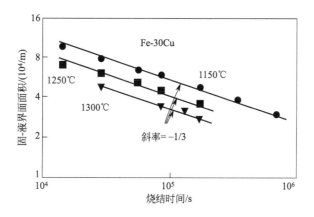

图 9.25　三个温度液相烧结 Fe-30Cu 时，固-液界面面积与烧结时间的关系[41]

不同的温度得到的斜率类似

9.3.8　烧结颈尺寸与形状

在液相烧结中晶粒间的接触生长与固相烧结中烧结颈的生长方式类似。固相烧结中，烧结颈持续增长，直到达到一个稳定的尺寸，这个尺寸由晶粒尺寸和二面角所决定。因此，尽管晶粒在生长，但颈部尺寸与晶粒尺寸的比值是稳定的。由于晶粒边界的晶体取向不同，因此会产生接触尺寸的变化。烧结颈尺寸和晶粒尺寸的同步二维测量提供了一个测量二面角的方法。

接触晶粒中心之间的距离 δ，取决于晶粒尺寸 G 和二面角 φ，如下式所示：

$$\delta = G\cos\left(\frac{\varphi}{2}\right) \tag{9.8}$$

如果二面角的角度为零，则 $\delta = G$。许多固-固接触涉及不同尺寸的颗粒。在这种情况下，随着大晶粒吞并较小的晶粒，晶粒边界弯曲有利于晶粒的聚结。这一现象贯穿于整个烧结过程，但在液相形成后最为明显。

液相烧结过程中最终颈球比会达到一个恒定值。在长时间的烧结中，烧结颈的生长速度取决于晶粒长大的速度。通常情况下，平均晶粒尺寸随着时间的立方根而增大，烧结颈尺寸的长大也显示了类似的关系（$X \propto t^{1/3}$），这与固相烧结中颈部生长一样。

9.3.9　固相骨架的测量

液相烧结中形成的骨架是一个相互交织的网状结构，微观组织取决于固-液比。固相含量高可以使颗粒接触的配位数增多。当固相体积分数接近 50% 时，配位数接近 5；固相体积分数为 100%（无液相）时，配位数高达 14。三维配位数 N_C 取决于固相体积分数 V_S 与二面角 φ，如下所示：

$$V_S = -0.83 + 0.81 N_C - 0.056 N_C^2 + 0.0018 N_C^3 - 0.36 A + 0.008 A^2 \qquad (9.9)$$

式中，$A = N_C \cos(\varphi/2)$。

晶粒的配位数很难测量，所以通常采用邻近或连接晶粒的二维测量[42]。假设 C_{SS} 为微观结构中邻近晶粒间的相对固-固界面积，它由微观结构的界面积所决定：

$$C_{SS} = \frac{S_{SS}}{S_{SS} + S_{SL}} \qquad (9.10)$$

式中，S_{SS} 表示每个晶粒的固-固表面积；S_{SL} 表示每个晶粒固-液（基质）表面积[43]。C_{SS} 可以通过定量显微镜，基于测试线 N 的每单位长度的截距数来测量：

$$C_{SS} = \frac{2 N_{SS}}{2 N_{SS} + N_{SL}} \qquad (9.11)$$

式中，下标 SS 表示固-固之间截距；SL 表示固相-基质（固化的液相）之间间距；2 为因数，这个因数很有必要，因为固-固颗粒的边界只计算了一次，但是却被两个晶粒共用。

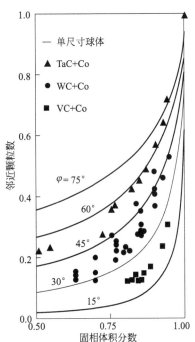

图 9.26　二面角从 15°变化到 75°时，邻近颗粒数与固相体积分数的关系[44] 为了进行比较，图中给出了三种碳化物体系的实验结果，但这些体系中不是单尺寸晶粒

在液相烧结过程中，颗粒的邻近颗粒数是变化的，但最终趋向于一个稳定值，这个值反映的是颗粒的固相体积分数和二面角，与晶粒尺寸几乎无关。图 9.26 显示了固相体积分数、二面角、单尺寸球体的邻近颗粒数三者之间的关系，并采用三种硬质合金体系的数据进行了比较[44]。VC-Co 体系具有较低的二面角和较低的邻近颗粒数。在全致密时，邻近颗粒数 C_{SS}、固相体积分数 V_S 和二面角 φ 之间的关系如下：

$$C_{SS} = V_S^2 (0.43\sin\varphi + 0.35\sin^2\varphi) \tag{9.12}$$

当晶粒变形比较严重时这种关系是不准确的。图 9.27 绘出了固相含量为 80% 时邻近颗粒数与二面角的关系。已经证明邻近颗粒数对力学性能（与微观结构相关）比较有用。

还有一个相关的参数是晶粒连接数。它是二维截面中观察到的每个晶粒平均的晶粒-晶粒连接数。晶粒连接数 C_G 取决于配位数 N_C 和二面角 φ：

$$C_G = \frac{2}{3} N_C \sin\left(\frac{\varphi}{2}\right) \tag{9.13}$$

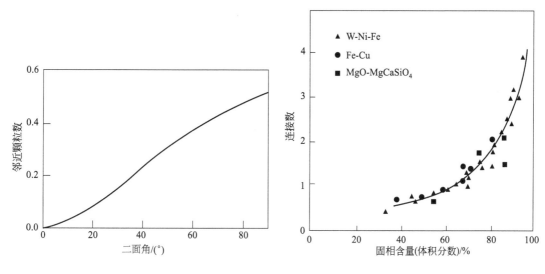

图 9.27　固相含量为 80%（体积分数）时，邻近颗粒数与二面角的关系

图 9.28　3 种液相烧结材料的晶粒二维连接数与固相含量的关系

一个典型的晶粒配位数为 6，固相含量为 60%，二面角为 60°，在横截面上有 2 个接触点。因为有部分平面垂直通过晶体骨架，所以晶粒的微观组织将分布在这个平均范围内。图 9.28 阐述了这一行为，图中绘出了 3 种液相烧结材料的晶粒二维连接数与固相含量的关系。

连通性在解释液相烧结过程中的抗变形性方面是有效的[45]。在烧结早期，固体颗粒之间的结合增强，因此连续性会随着时间的推移而增加。界面能的任何变化都会改变二面角和邻接度。因此，连续性在第一次熔体形成时下降，之后随时间的延长而恢复到平衡状态。

晶粒之间结合的部分生长形成刚性骨架结构。与骨架结构形成有关的一个概念是潜在的渗透。这里指的是连续的固相黏结链。如果没有足够的连接强度，结构是不稳定的，所以连接强度是保持稳定的一个条件。在达到渗透极限时，晶体的配位数是 1.5，但在液相烧结过程中每个晶体需要至少 3 个接触点，才能达到足够的刚度以抵抗变形，这对应于约 30% 的固相体积分数[46]。

9.3.10　分析中的敏感因素

微观组织测量时，通过尺寸、形状以及各相之间的关系来描述各相的数量、分布及其组成。液相烧结是一种归一化的处理过程。虽然烧结开始时取决于坯体，但在烧结过程中，烧结的微观组织会趋向于一个共同的特征。对于大多数体系来说，孔隙率下降，小孔隙首先消失，平均孔径增加，而晶粒也开始变形，固相结构产生致密化并释放液相，以填补较小的孔隙。尽管在烧结开始时的条件有很大的差异，但烧结后的材料往往是相似的。表9.2对照了液相烧结的微观组织中一些特点的组合。

⊡ **表9.2 液相烧结过程中的平均微观组织参数**

项目	W-8Mo-7Ni-3Fe	WC-8Co	Fe-50Cu	W-7Ni	Mo-46Cu
烧结工艺	1480℃ 2h	1400℃ 1h	1200℃ 1h	1540℃ 1h	1400℃ 1h
液相量(体积分数)/%	14	12	40	30	50
孔隙率/%	0.4	0	10	2	12
晶粒尺寸/μm	17	3	38	35	10
二面角/(°)	15	—	22	27	100
C_{SS}	0.52	0.39	—	—	—
C_G	—	—	0.9	0.2	3.2

界面能够影响显微组织的演变。界面能在液相一开始形成时就会发生变化，且对偏析和温度很敏感，它们在烧结过程中还会不断地发生变化[47]。微观组织取决于工艺条件，在烧结体的不同位置可能会形成不同的微观组织。令人好奇的是，对于这些影响因素所出现的争议并没有适当的数据来解决。根据冻结的显微组织可以得到正确的理解，冻结的显微组织可以避免溶解度或界面能随温度的变化。否则，给出的微观组织对应的是"烧结后"的条件，不代表"烧结过程中"的条件。在晶界薄膜处的研究中也经常会出现分歧。慢速冷却导致溶解度降低与不同地点的偏析，从而导致沉积在晶界的凝固液相成分偏析。缓慢冷却会影响晶界层，而淬火时发现晶界几乎不受基体（液相）的影响。如果没有合适的工艺条件，液相烧结的过程就很难实现。

9.4 预烧结阶段

一旦熔体形成，微观组织会迅速地产生变化。液相出现之前的微观组织类似于固相烧结。在液相烧结过程中，液相形成前，诸如小粒径等有利于致密化的因素也有助于加快致密化。混合粉末的溶解特性和化学梯度也可能产生协同作用。

9.4.1 化学作用

不同组分形成的混合粉体代表的是一种非平衡条件。在预烧结阶段，微观组织处于不平衡状态。对于混合粉末的致密化，相图提供了第一手数据。表9.3总结了观察到的几种二元金属在烧结时发生的尺寸变化。如果形成的液相溶解到固相中，那么就会观察到膨胀现象。

⊡ 表 9.3　二元混合粉末的溶解度和尺寸变化的观测值

固相	添加相	温度 /℃	尺寸变化
Al	Zn	500	膨胀
Cu	Al	600	膨胀
Cu	Sn	760	膨胀
Cu	Ti	950	收缩
Fe	Al	1300	膨胀
Fe	B	1200	收缩
Fe	Sn	800	膨胀
Fe	Ti	1300	收缩
Mo	Ni	1400	收缩
Ti	Al	700	膨胀
W	Fe	1100	收缩
W	Ni	1100	收缩

像 W-Cu 体系这样互不相溶（溶解度小于 10^{-3} 或 0.001％原子分数时）的体系称为非相互作用体系。在这样的体系中，颗粒尺寸是致密化的主导因素。当溶解度大于 0.001％（原子分数）时是化学梯度在起作用。体系在添加相中的溶解度高，而在液相中的溶解度低，这种情况是有利于烧结致密化的，这样的体系有 WC-Co 或 W-Ni-Fe 等。另一方面，如果液相在固相中的溶解度高，在烧结时会导致膨胀，例如 Cu-Sn 体系。

在加热过程中，混合粉末的化学梯度会促进固相烧结。添加烧结活化剂，能够显著促进固相烧结。当固相骨架的致密化比较困难时，上述方法特别有效。例如 W-Cu 体系就是这样一个例子。W-Cu 体系的致密化通常需要在高温下烧结，但是高温下铜会蒸发，而加入 0.3％的钴就能够促进烧结致密化。

9.4.2　微观组织变化

在液相形成之前，密度、烧结颈尺寸、晶粒尺寸就已经发生了较大的变化。粒径决定了几个参数——曲率梯度、毛细管应力与扩散距离。通常颗粒在微米尺寸范围内变化，以确保快速致密化。在液相形成之前，固相烧结给出了烧结颈的颈球比（X/D）和烧结收缩率（$\Delta L/L_0$），符合以下通用关系：

$$\left(\frac{X}{D}\right)^n = K_1 \frac{1}{D^m} \tag{9.14}$$

$$\left(\frac{\Delta L}{L_0}\right)^n = K_2 \left[\frac{t}{D^m}\right]^2 \tag{9.15}$$

式中，t 是等温烧结时间；常数 m 和 n 由烧结机制所决定，最常见的值是 $m=4$，$n=6$。由于烧结与颗粒尺寸的逆相关性，所以较小的颗粒在液相生成之前会产生显著的收缩。

新形成的液相会溶解固相，使晶粒尺寸减小。图 9.29 绘出了 W-5Ni-2Fe 体系加热期间，粒度变化的数据。在以 10℃/min 的升温速率加热 150min 的过程中，对不同的节点分别进行淬火，然后做等温处理。在液相形成之前，固体颗粒生长时间将近 150min，非常缓慢。在液相形成时，晶粒的尺寸有小幅度降低，一旦液相开始扩散，晶粒就开始快速长大。

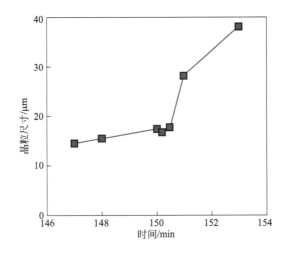

图 9.29 在以 10℃/min（前 150min）加热到 1500℃（1773 K）过程中，

W-5Ni-2Fe 晶粒尺寸与烧结时间之间的关系

在 150min（或 1500℃）时，进行等温处理。液相形成之前，晶粒长大是很缓慢的，

在液相形成后，晶粒尺寸有一个小幅度的下降，然后快速生长

液相烧结过程中，致密化速率 $\mathrm{d}f/\mathrm{d}t$ 与相对密度 f、晶粒尺寸 G、晶粒生长速率 $\mathrm{d}G/\mathrm{d}t$ 之间的关系如下：

$$\frac{\mathrm{d}f}{\mathrm{d}t}=K_3\frac{(1-f)^k}{G^m} \tag{9.16}$$

$$\frac{\mathrm{d}G}{\mathrm{d}t}=K_4\frac{1}{G^n(1-f)^l} \tag{9.17}$$

式中，指数 k、l、和 m 分别代表不同的机制；K_3 和 K_4 是几何参数和材料系数的集合。在密度低和晶粒尺寸小的条件下，致密化过程更快；而在密度高和晶粒尺寸小的条件下，晶粒生长速度更快。

9.5 液相形成

熔融的液相会溶解固相，导致晶粒边界的优先侵蚀。新形成的液相会溶解晶界。对固相的润湿归因于固相在液相中有溶解度。润湿会诱导液相扩散来填充毛细管孔和渗透晶粒边界，使晶粒发生重排。

9.5.1 固相黏结分离

在加热过程中形成的固相黏结会被新生成的液相所溶解[48-50]。这在图 9.30 中可以看到。图 9.30(a) 是 Fe-Cu 混合粉末加热到低于铜熔点时的一个横截面，铜为离散颗粒。图（b）成分相同，但加热温度略高于铜的熔点。液相的铜已经扩散和渗透到了铁的烧结体中。当液相渗透速度从 $0.1\mu m/s$ 到 $2\mu m/s$ 时，初始的烧结黏结就会发生分离。

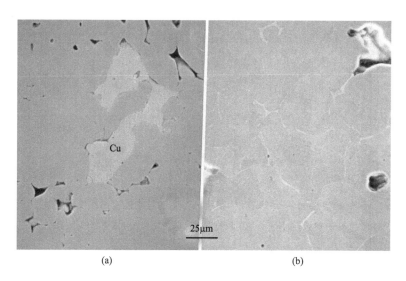

(a)　　　　　　　　　　　　　(b)

图 9.30　Fe-8Cu 体系 1075℃（熔体形成之前）形成的晶界被 1110℃（熔融后）新形成的液相所渗透
(a) 1075℃；(b) 1110℃

之所以发生液相渗透是由于在固体溶解过程中表面能的变化，这可以归纳成一阶导数方程：

$$\frac{d\gamma_{SL}}{\gamma_{SL}}=\frac{d\varphi}{\varphi}\frac{\varphi}{2}\tan\left(\frac{\varphi}{2}\right)$$ (9.18)

相对二面角的变化与固-液表面能（与固相在液相中的溶解有关）成比例。晶界的渗透需要二面角的变化满足 $d\varphi=-\varphi$，如下：

$$\frac{d\gamma_{SL}}{\gamma_{SL}}=-\frac{\varphi}{2}\tan\left(\frac{\varphi}{2}\right)$$ (9.19)

固-液表面能的微小变化就能使得液相渗透晶界。例如，一个 30°的二面角只需要固-液表面能降低 7%就能发生晶界渗透。

新形成的液相开始扩散填补小孔隙，并且优先渗透颗粒边界。在扩散过程中的溶解反应降低了固-液界面能量，使其低于平衡值。这造成了二面角的瞬间降低，使得液相渗透晶界。一个很明显的例子就是液相在晶粒边界的残留，图 9.31 给出了一个链状的微观组织。在液相形成和扩散后，固-液体系接近平衡，在晶界上留下了岛屿状的形状。

非相互作用体系，如 W-Cu 和 Al_2O_3-Ni，固相在液相中及液相在固相中都没有溶解度。溶解性的缺失会降低烧结的化学驱动力。同样，在液相形成时，由于缺少相互作用，润湿性低，几乎不发生重排。

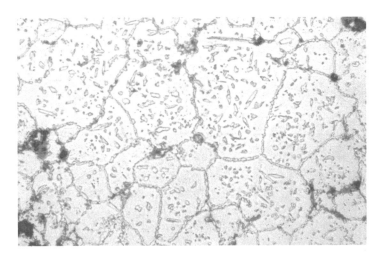

图 9. 31 Fe-7% Ti 体系烧结得到的链状微观组织图
液相形成后沿晶界渗透，紧接着液相膜在晶界处被分成离散的岛屿状

9.5.2 晶粒重排

晶粒间的液相渗透使得晶体结构转换为一种半固态状。在大多数情况下，液相润湿固相，在液相形成时发生致密化。毛细管力来自液相的润湿，产生的接触力近似为：

$$F_{\mathrm{C}} = 5\gamma_{\mathrm{LV}}D \tag{9.20}$$

式中，F_{C} 是接触力（分布在接触区域）；γ_{LV} 是液相的表面能；D 是颗粒直径。毛细管力诱导颗粒聚集在一起发生重排。

晶粒重排引起的致密化程度取决于接触角，如图 9.32 所示。在这个图中提到了三种情况。a. 接触角小，毛细力将颗粒拉在一起，使它们收缩。b. 接触角和液相量平衡，液相形成时不发生尺寸的变化。c. 接触角大，诱导颗粒分离，烧结体膨胀。因为通常粉末压坯会达到 60% 的相对密度，约 40% 的液相足以流入孔隙产生完全致密化。如果发了颗

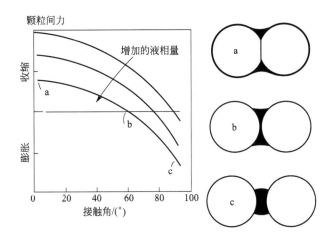

图 9. 32 润湿液相的接触角低时，诱导颗粒靠近和形成平面，
导致烧结收缩，而接触角高时会引起膨胀和使颗粒分离

粒重排，则需要的液相量更低，约 30% 的液相就能达到完全致密。

非球形颗粒提供了额外的诱导重排，因为润湿液相能够产生一个重排的转矩，使得颗粒间尽量以平整面相接触。

9.6 溶解-析出

接触晶粒在液相扩展后相互结合在一起。毛细管力促使颗粒接触，扩散引起烧结颈生长。假设固相能够溶于液相，则固相扩散以及在液相中的扩散都是比较迅速的。固体微观组织的出现，使得烧结件产生一定刚度。否则，液相烧结就无法制造出保持一定形状的工件。在固相烧结中，随着烧结颈的长大，烧结颈生长和致密化速率逐渐变得缓慢。如果没有足够的液相来填充所有的孔隙，那么就会依赖于液相扩散来持续致密化。如果固相不能溶于液相，则致密化主要通过更慢的固相骨架的致密化作用进行。因为颗粒在液相中的移动速率与固相相比是数量级的增加，因此只要固相溶解于液相，溶解-析出就会起到主要的作用。

溶解-析出是由三个阶段组成的传质过程[3,4,8,9]：

① 固相在液相中开始溶解，通常优先从高能量颗粒的表面、凸起或受压力区域、小颗粒等开始溶解[51]。

② 溶解的固相在液相中分散[52]。

③ 液相中溶解的固相优先在凹陷区域或较大的颗粒表面等不稳定区域沉积，导致晶粒长大[53]。

烧结颈长大、孔隙填充和组织粗化是溶解-析出的结果。过程中伴随着颗粒形状的调节，它们的扩散步骤相同。图 9.33 是在 1150℃（1423K）下液相烧结 Fe-20Cu 期间得到的微观结构数据[54]。随着孔隙率的增加，晶粒尺寸和烧结颈尺寸也增加，并且由于粗化导致颗粒与烧结颈数量下降。溶解-析出会同时改变多种特征。

通常液相扩散是控制步骤，但对于有棱角的颗粒而言，表面原子或析出点的限制作用使得界面作用成为控制步骤。通常初始过程是扩散控制，但一旦形成平面晶粒，随后就会变为界面控制。球形颗粒是扩散控制的特征，角状晶粒是界面控制的特征。通常曲面的缺陷比较多，而平面晶面缺陷较少。大多数的液相烧结体系由扩散控制，至少一部分是溶解-析出过程。

9.6.1 颗粒形状改变

图 9.34 中给出了通过溶解-析出导致的致密化示意图。关键的变化有晶粒数量减少、晶粒尺寸增加以及晶粒形状改变。晶粒形状的改变会提高颗粒的密度，释放液相填充孔隙。晶粒形状的变化降低了整个体系的界面能，因为孔隙的气体表面能大于由于固-液界面增加产生的界面能[55]。这个过程类似于石匠用填满石板的方法减少砂浆用量。最终在全致密时形成类球形的多面体颗粒。液体含量较低会导致更大的颗粒形状改变。如果压坯完全浸没在熔融液相中，它会吸收更多的液相，晶粒形状会变得更加接近球形。

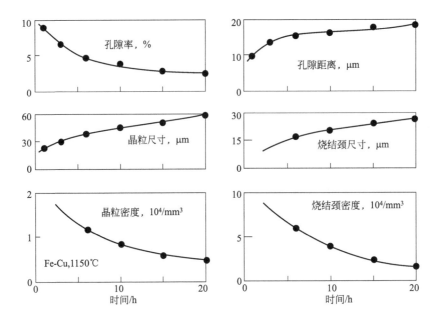

图 9.33 溶解-析出控制的致密化过程中发生的几种变化[54]

图中显示的是 1150℃（1423K）烧结 Fe-20Cu 的数据。图中显示了孔隙率、晶粒尺寸、
单位体积的晶粒数、孔隙距离、烧结颈尺寸以及烧结颈密度的变化

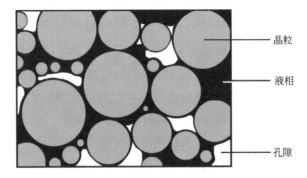

图 9.34 在溶解-析出致密化过程中微观组织的改变

晶粒长大，晶粒形状改变释放液相填充孔隙

9.6.2　致密化

对于大多数液相烧结体系，如果没有烧结颈生长和颗粒形状调整，就没有足够的液相达到全致密。溶解-析出是使结构致密的一种方法，其中有三种起作用的机制：紧密接触、小颗粒溶解、固相黏结（通过沿接触界面的迁移）[49,56,57]，如图 9.35 所示。

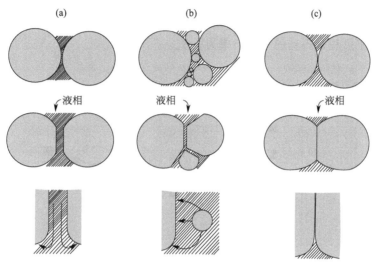

图 9.35　液相烧结中通过溶解-析出致密化过程中，颗粒形状改变和烧结颈生长的三种机制
（a）紧密接触（产生平面）；（b）小颗粒溶解；（c）固相黏结

第一种机制是紧密接触。润湿液相促使颗粒聚集在一起，在接触点产生压应力。这种应力作用在接触点引起固相溶解，并在远离接触点的区域产生沉积。致密化来自颗粒的吸引[58]。在液相中的扩散是控制步骤。对于小颗粒，接触应力很大，所以紧密接触占主导地位。紧密接触不能解释晶粒的长大和晶粒数目的减少。

第二种机制涉及小颗粒的溶解和在大颗粒上的沉积。在形状变化的同时，小颗粒逐渐消失，大颗粒生长。液相中的扩散是主要的传输机制。颗粒尺寸增大，但没有明显的收缩。这种机制只能解释与固体颗粒堆积有关的致密化。

第三种机制涉及晶粒通过液相膜的扩散而形成颗粒间的生长[59]。颗粒间的接触区域扩大，导致晶粒形状变化，同时烧结体收缩。除了聚集外，该机制不涉及晶粒粗化，但它确实需要晶界交界区液相内的析出物再分配。

这三种机制在固相来源、运输路径、晶粒增长和致密化等方面各不相同。它们共同作用于溶解-析出过程，控制晶粒形状调节、晶粒长大、致密化。事实上，液相烧结过程中，在一定的升温速率、峰值温度和保温时间范围内，晶粒尺寸和密度变化往往遵循一个共同的轨迹[60-62]。在扩散控制生长的情况下，晶粒保持圆形，并涉及大量的原子运动，所以对于可溶解或沉积的界面位置数量没有限制[4,63]。在复杂的硬质合金烧结（如 WC、TiC、VC 或 TaC）中观察到的则是界面控制[64]。在这些情况下，由于反应位点数量的限制，界面移动变慢，晶粒表面变平。

早期由扩散控制的溶解-析出致密化过程中，烧结收缩率 $\Delta L/L_0$ 如下[4,65]：

$$\left(\frac{\Delta L}{L_0}\right)^3 = \frac{g_1 \delta_L \Omega \gamma_{LV} D_S t C}{RTG^4} \tag{9.21}$$

在这个方程中，δ_L 是晶粒之间的液相层厚度；γ_{LV} 是液相表面能；Ω 是固相原子体积；D_S 是固相在液相中的扩散系数；C 是液相中的固相浓度；t 是时间；R 是气体常数；T 是热力学温度；G 是固相颗粒的尺寸（随着烧结时间变化，通常是 $G^3 \propto t$）；g_1 是常数，约为 192。图 9.36 绘出了溶解-析出过程中收缩率与时间的对数关系[5,66]。对于扩散控制的溶解-析出过程，得到的曲线斜率为 1/3。

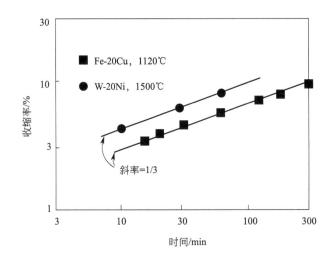

图 9.36 Fe-20Cu 和 W-20Ni 体系扩散控制的溶解-析出过程中，烧结收缩率与时间的对数关系，斜率为 1/3[5, 66]

对于界面控制的过程，一种修正公式为：

$$\left(\frac{\Delta L}{L_0}\right)^2 = \frac{g_2 \kappa \Omega \gamma_{LV} t C}{RTG^2} \tag{9.22}$$

式中，κ 是反应速率常数；g_2 是一个数值为 16 的常数。式(9.22)中没有扩散速率的影响，这是由于是反应位点决定了收缩率。

这两种情况都是，温度更高，颗粒更小，以及固相在液相中溶解度更大时，致密化速率更快。小尺寸晶粒对致密化有利，这可以由图 9.37 中的液相烧结氧化铝-玻璃的致密化数据所证明[24]。该模型存在的一个问题是，虽然实验可以证明液相对致密化有影响，但却无法预测液相量是如何影响致密化的。

沿晶粒接触晶处进行的晶界扩散是一种可能的致密化机理。预测的烧结颈生长速率与固相晶界扩散模型相同。因为与液相扩散系数相比，固相扩散系数低，所以固相烧结只有在固相不溶解于液相的情况下才比较明显，例如，由 Mo-Ag、Mo-Cu、W-Cu、SiC-Al、WC-Ag 制备电触头和散热片（热沉材料），都属于这种情况。

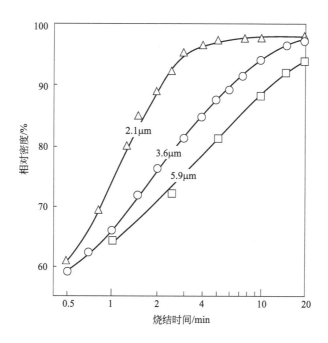

图 9.37 液相烧结氧化铝-玻璃体系时，相对密度与烧结时间的关系
液相玻璃的量为 10% （体积分数），图中展示了小颗粒对致密化的促进作用[24]

9.6.3 烧结颈生长与烧结体收缩

在新的液相形成后，通过溶解-析出发生烧结颈长大。最初的烧结颈生长速率快，但随后减慢，最终停止。等温条件下，烧结颈的生长类似于固相溶解于液相的条件下晶界扩散控制的固相烧结：

$$\left(\frac{X}{G}\right)^6 = \frac{g_3 D_S C \gamma_{SL} \Omega t}{RTG^3} \tag{9.23}$$

式中，X 是烧结颈直径；G 是粒径；g_3 是一个常数，约为 160；D_S 是固相在液相中的扩散系数；C 是液相中的固相浓度；γ_{SL} 是固-液界面能；Ω 是原子体积；t 是烧结时间；R 是气体常数；T 是热力学温度。许多参数对温度十分敏感，特别是具有主导作用的扩散系数。

如果烧结颈被覆盖，那么液相含量就不再是一个重要因素。由于最初对二面角的变化不灵敏，所以这个模型在初始黏结时有用。最终，烧结颈尺寸达到一个稳定尺寸，这取决于二面角。设晶粒尺寸为 G，烧结颈直径为 X，平衡烧结颈球比在图 9.38 中给出。烧结颈的大小可以基于晶体取向和晶粒尺寸变化进行预测。

烧结颈长大后，大颗粒和小颗粒结合引起晶粒边界发生弯曲。图 9.39 对二面角为 60°、晶粒尺寸比分别为 1.0、0.7、0.5 和 0.3 的情况进行了说明。随着晶粒尺寸的减小，烧结颈尺寸与较大晶粒尺寸的比值在减小，而与较小晶粒尺寸的比值在增大。弯曲的晶界提供了颗粒聚结的驱动力[36]。

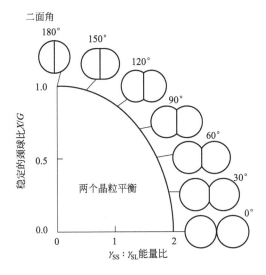

图 9.38 稳定的颈球比（X/G）与固-液表面能比值间的关系
图中给出了预测的两个颗粒的连接

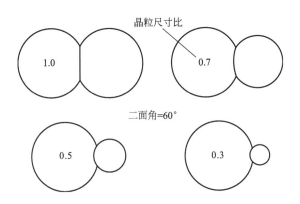

图 9.39 二面角为 60°、晶粒尺寸比分别为 1.0、0.7、05 和 0.3 时的平衡晶界
随着晶粒尺寸比的减小，烧结颈尺寸与大晶粒尺寸之比减小。晶界曲率半径越大，晶粒聚结的驱动力越大

　　收缩发生在烧结颈的长大期间，所以烧结颈尺寸方程往往转化为收缩方程，预测收缩率随着烧结时间的立方根增加。在液相烧结中，烧结颈的生长是有限制的，这取决于二面角的大小。对于一个 60°的二面角，烧结颈 $X/G=0.5$ 时，对应的收缩率为 6.25%。对于一个 23°的二面角，对应的收缩终止于烧结颈增长 1%之后。一旦达到烧结颈尺寸比例的限制，X/G 就保持不变，烧结颈的进一步增长依赖于晶粒长大。

9.6.4 聚结

　　润湿诱导颗粒接触。非晶颗粒能凝聚在一起是因为没有晶界。对于晶体来说，颗粒与低角度晶界晶粒接触的概率为 5%~10%，晶粒旋转产生聚结。

聚结的驱动力是晶界曲率。晶界曲率半径 r 取决于二面角 φ、晶粒尺寸 G_1 和 G_2（G_1 大于 G_2）：

$$r = \cos\left(\frac{\varphi}{2}\right)\left[\frac{G_1 G_2}{G_1 - G_2}\right] \qquad (9.24)$$

在曲率驱动下，小颗粒旋转并被吸收到大颗粒，大小颗粒的组合有利于聚结。可能的传输路径有几种，包括晶界迁移、晶界上液相薄膜的溶解-析出、小晶粒与大晶粒之间的溶解-析出，以及晶粒旋转成方向一致。液相含量高有利于晶粒旋转，固体含量高有利于固相扩散。

孔隙也会进行合并。浮力驱动孔隙向工件顶部迁移。浮力驱动的孔隙迁移导致较大的孔隙往往位于工件顶部附近，而且在某些情况下，会形成表面气泡。同时，孔隙粗大化导致孔隙数目减少。由于内部压力与孔径成反比，所以在孔隙长大过程中，其体积也会发生变化。这样，由于聚结孔隙的体积增大，导致宏观的膨胀，如图 9.40 中液相烧结 MgO-CaMgSiO$_4$ 的数据所示[67]。气体在液相中的扩散是孔隙长大的主要途径[68]。

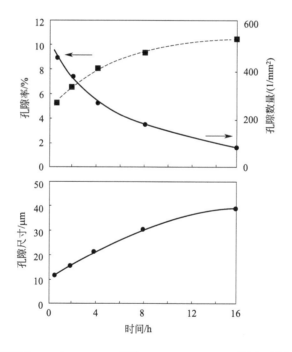

图 9.40　在氮气气氛中 1600℃（1873K）烧结 MgO-CaMgSiO$_4$ 时溶解-析出期间发生的膨胀
通过气体在液相中的扩散，孔隙率增加，孔隙数量减少，孔隙尺寸增加，
由于孔隙压力随孔隙的增大而减小，从而产生膨胀

在微重力液相烧结实验中已经收集到孔隙粗化的证据。由于没有重力的作用，因此孔隙凝聚成粗大孔隙。图 9.41 是 1507℃、180min 微重力条件下烧结 W-15Ni-7Fe 材料时所得到的结果，显示了通过孔隙合并形成的两个粗大孔隙。

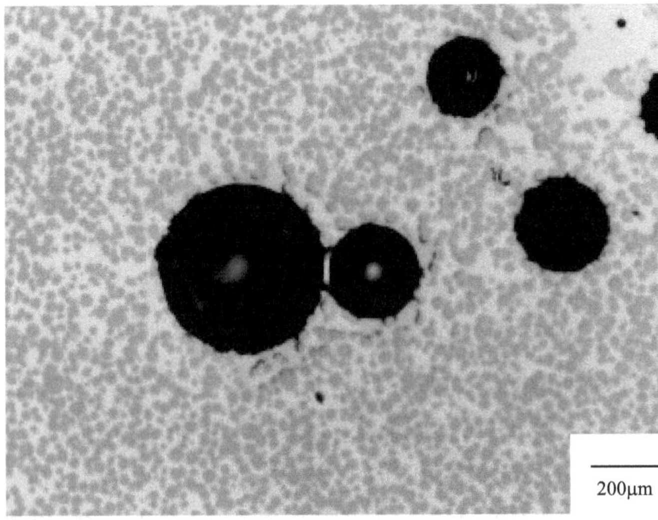

图 9.41 微重力液相烧结合金时，光学显微镜下捕获到的大孔隙

9.6.5 晶粒生长

对于液相烧结，晶粒粗大模型很复杂，这是由于存在几种不同的界面，而且随着界面的增大或减小传输速率不同。早期的模型假定这个过程是一种平均行为，所以一个晶粒的生长速率或收缩率是颗粒的尺寸与平均值的函数。然而，与晶粒相邻的局部环境是一个主要因素。一些较大的晶粒收缩，一些较小的晶粒长大。

晶粒长大速率随着晶粒形态的变化而变化。在晶粒变为多面体前，其增长是很迅速的。通过增加能够偏析到固-液界面的成分来降低活性位点数量，晶粒的增长有可能进一步变化。烧结前将 VC 添加到 WC-Co 体系中，效果十分明显。同样，由两种固相组成的体系显示，中间成分能够抑制晶粒的生长，图 9.42 所示的 MgO-CaO-Fe$_2$O$_3$ 体系证明了这一点[69]。

9.6.6 孔隙填充

孔隙填充优先发生在毛细作用较强的区域，因此较小的孔隙首先被填充。压坯密度高的区域，孔隙较小，因此较早被填充。只有当晶粒尺寸增大时，较大的气孔才会被填充。图 9.43 描述了液相进入大孔隙的过程。孔隙填充取决于毛细管力，而对于小颗粒，液相则保留在颗粒之间。最终晶粒长大到一个有利的状态，使得液相进入孔隙[70]。从数学上讲，孔隙填充是否发生取决于孔隙-液相-晶粒接触的液面半径 r_m：

$$r_m = \frac{G}{2}\left[\frac{1-\cos\alpha}{\cos\alpha}\right] \tag{9.25}$$

式中，G 是晶粒直径；α 是从晶粒中心到固-液-气接触点的二面角角度，如图 9.43 所示。实际上，当孔径和弯液面半径相同时发生孔隙填充，接触角低比较有利[26]。填充的结果是在微观组织中形成液相池。如果晶粒生长取决于时间的立方根，则可以估算填充粗大孔隙的时间。

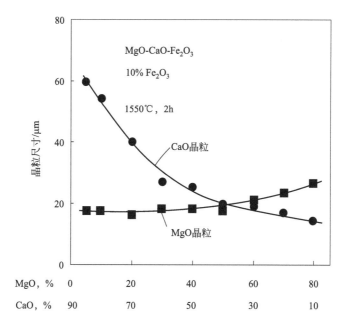

图 9.42 通过在 MgO-CaO 体系添加 Fe_2O_3 抑制晶粒生长[69]

显示了在两种固体混合物烧结过程中，添加相降低晶粒粗化，形成较小的烧结晶粒尺

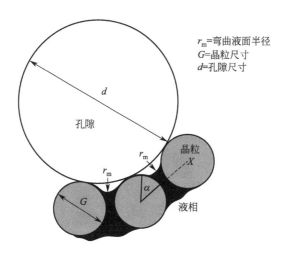

图 9.43 大孔隙的填充取决于孔径大小和晶粒尺寸，当晶粒生长到弯曲液面半径达到有利于
液相流入大孔隙的条件时，就会发生填充

　　粗大的孔隙是一种加工缺陷，一般都要避免。同样，被填充的粗大孔隙，称为液相池，也是缺陷。这些大孔来源于燃烧聚合物的残留孔隙、填充或成形缺陷、反应生成的气体或团聚粉体。

9.7　最终固相骨架烧结阶段

液相烧结的最终阶段涉及固相骨架的缓慢致密化以及晶粒之间液相的填充。即使在完全致密之后，晶粒的增长仍在继续。被困在孔隙中的气体会减缓致密化，并且通常会引起烧结体膨胀。对于溶解度低的体系，如 Mo-Cu，致密化由固相烧结速率与液相填充孔隙决定。在液固互溶体系中，固相骨架致密和溶解-析出导致致密化。

在最终阶段，孔隙是孤立的球状体，烧结体的总体积孔隙率小于 8%。在这种情况下，致密化速率由下式给出：

$$\frac{\mathrm{d}f}{\mathrm{d}t}=\frac{12D_S C\Omega}{RTG^2}\beta\left\{\frac{4\gamma_{\mathrm{LV}}}{d}-P_G\right\} \tag{9.26}$$

式中，f 是相对密度；t 是等温时间；D_S 是固相在液相中的扩散系数；C 是固相在液相中的溶解度；Ω 是固体的原子体积；R 是气体常数；T 是热力学温度；G 是晶粒尺寸；d 是孔隙尺寸；γ_{LV} 是液-气表面能；P_G 是孔隙内气体压力；参数 β 是孔隙密度因子，由下式给出：

$$\beta=\frac{\pi N_V G^2 d}{6+\pi N_V G^2 d} \tag{9.27}$$

式中，N_V 是单位体积的气孔数。如果想实现全致密，最好避免有气体的气氛。例如氩气等惰性气体能稳定孔隙，随着时间的推移，孔隙变粗，可能在工件的表面起泡。

9.8　瞬态液相烧结

如果液相在固相中溶解，随着时间的推移，液相会消失，这个过程称为瞬态液相烧结。例如，铜和镍混合粉加热超过铜的熔点时会形成固溶体[71,72]。最后的组织是单相固体，如图 9.44 所示。在烧结期间依赖于瞬态液相的几个实例有：Al_2O_3-MgO-SiO_2、$BaTiO_3$-TiO_2、Cu-Al、Cu-Sn、Fe-Al、Fe-Mo-C、Fe-P、Fe-Si、Fe-Ti、Ni-Cu、Ni-Ti、Si_3N_4-AlN-SiO_2，以及其他混合粉末。

一个常见的例子是牙科填充用的银汞合金。填充时，将银基合金粉与液体汞混合，并在几分钟内液体消失之前将其压缩成牙腔形状。如果没有压力，也没有使用大颗粒，那么大孔隙就会仍然残留。因此，对于牙科填充物，混合物通常被压缩以确

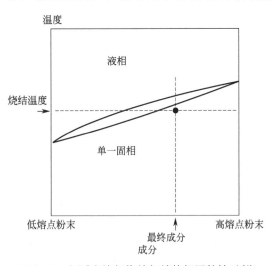

图 9.44　与瞬态液相烧结相关的相图特性示例

图中显示了固态区域的成分和温度，
但在加热过程中，低熔点粉末会熔化

保孔隙闭合。青铜轴承是另一种应用的实例，它是将低熔点的锡与铜混合，加热到锡的熔化温度，熔化的锡溶于铜而形成青铜，在原来锡颗粒位置上形成孔隙。

瞬态液相烧结过程中发生的现象：

① 熔体形成之前通过互扩散而发生膨胀；

② 熔体形成；

③ 熔体由原来的位置向形成的孔隙扩展；

④ 固-固接触的熔体渗透；

⑤ 固相颗粒重排；

⑥ 溶解-析出引起致密化；

⑦ 伴随溶体减少，扩散均匀化（凝固）；

⑧ 伴随持续固相烧结形成刚性固相结构。

这些步骤取决于颗粒大小、组成、加热速率、最高烧结温度等参数。

熔体的扩散导致孔隙形成。如果初始密度高，则液相流动受到抑制。初始均匀性越大，粉末结构中的溶胀度越大，液相持续时间越少[73]。孔隙填充是通过短时间内抑制液相，最终得到孔隙粗大的组织。

在短暂的液相烧结中，与其他工艺参数相比，加热速率是一个主要因素。膨胀发生在加热过程中，加热速率越慢，膨胀越严重。这是由于在峰值温度时形成的液相很少，导致扩散均匀化。液相量和持续时间决定了收缩情况。液相体积 V_L 与添加剂浓度 C 以及加热速率 dT/dt 之间的关系如下：

$$t - \left(\frac{V_L}{\xi C}\right)^{1/3} = \kappa \left[T_L \frac{dT}{dt}\right]^{1/2} \tag{9.28}$$

式中，ξ 和 κ 是常数；T_L 是液相生成温度。在液相形成之前快速加热会抑制固相扩散，导致更好的致密化。

液相含量随使用粉末颗粒粒径的减小而减少。根据相图，固相扩散在添加剂颗粒周围可以形成中间化合物。这抑制了随后的互扩散。中间化合物的厚度随着时间的平方根的增加而增大，导致逐步膨胀。但对于强放热反应来说，压坯是自加热。在这种情况下，一旦反应启动，调节升温速率是没有意义的。

升温速率快、粒径较小、添加剂含量较低，能够得到较佳的力学性能。然而，在加热过程中孔隙形成是一个主要的难题。如果孔隙粗大，在烧结的平衡过程中它们会保持稳定。当然这也是使用瞬态液相烧结成形多孔轴承的意图。

9.9　超固相线烧结

液相促进快速致密化。在超固相线液相烧结中，初始粉末是一种合金，当加热时，每个颗粒内都形成液相。在超固相线液相烧结中，致密化是一种黏性流动过程。这是因为在颗粒内部形成的液相将颗粒分成一个固体晶粒和液态晶界组成的混合物。因为内部熔化，甚至大颗粒会表现出快速致密化。这个过程主要应用于如不锈钢、镍基合金、钴铬合金、工具钢等合金材料[74]。

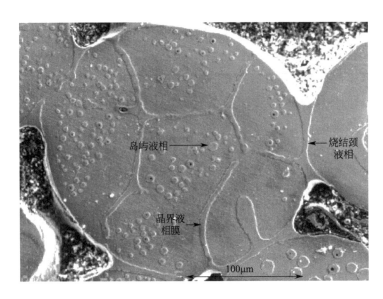

图 9.45 超固相线液相烧结青铜时对刚超过固相线温度的试样进行淬火获得的显微组织

可以看到，在烧结颈、晶界以及晶粒内（离散岛屿状）三个位置观察到了液相

照片显示液相会使颗粒碎片化。图 9.45 是在液相形成温度 863℃（1136K）对一个大型青铜件淬火所得到的显微组织照片。液体颗粒边界膜以及颗粒内部的液囊很明显。液桥在颗粒之间形成，产生毛细管压力，使软化结构致密。润湿的晶界软化结构，以几乎瞬时的方式使快速黏性流动致密化，这与传统的液相烧结不同。

9.9.1　致密化机理

超固相线液相烧结致密化过程类似于黏性流动烧结。如图 9.46 所示，预合金颗粒液相核形成于微粒的烧结颈、晶粒内和晶界。这种组合使固相颗粒呈糊状，一旦有足够的液相形成，沿晶界的毛细管压力就会诱导产生致密化。温度越高，形成的液相越多，固液混合物的黏度相应降低，使得烧结加速。液相过多时体系会变形，所以需要适当的温度平衡，以促进致密化，且避免变形。图 9.47 中的镍合金数据说明了温度的重要作用。合金掺硼在 980℃（1253K）下在晶界形成液相，导致快速致密化。

达到临界温度后不久，致密化发生。长时间的高温可能会造成对致密化不利与性能的降低。例如，对于镍基高温合金，在 30min 内达到 97% 相对密度，60min 内达到 99% 相对密度，但当加热超过 60min 时，会造成密度下降。图 9.48 说明了保温时间的作用。这些数据是从工具钢在 1220～1260℃（1493～1533K）烧结，保温 3min 或 10min 得到的[75]。对于更高的烧结温度（约 1260℃），保温时间的影响将变得很小。

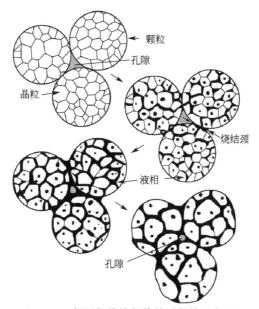

图 9.46 超固相线液相烧结过程的示意图

其中加热到固相线温度的多晶颗粒形成液相并软化半固体结构，从而使液固混合物快速地致密化

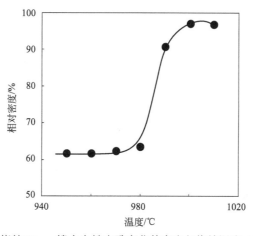

图 9.47 超固相线液相烧结 $70\mu m$ 镍合金粉末致密化的密度与烧结温度（保温 15min）之间关系

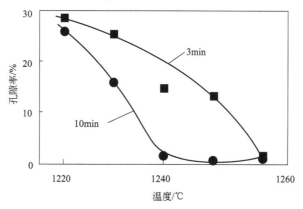

图 9.48 在 1220～1260℃（1493～1533K）保温 3min 或 10min 超固相线液相烧结工具钢时，

孔隙率与烧结温度的关系[75]

这样的数据表示了粉末在超过一定温度范围时熔化的特性。快速致密化发生在加热到固相线温度以上。当然，软化并引起快速致密化的液相膜也有助于晶粒的快速长大。这种行为在图 9.49[76] 中可以看到。这是在 1230～1240℃（1503～1513K）、保温 1～100min 烧结工具钢的数据，在最佳温度范围内的液相量是 20％～40％（体积分数）。过高的温度会产生过多的液相，降低黏度，使工件扭曲。

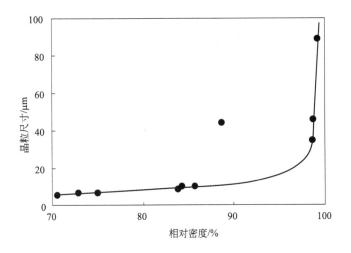

图 9.49 1230～1240℃、保温 1～100min 烧结工具钢时，晶粒尺寸与相对密度的关系[76]

在超固相线液相烧结中，伴随着致密化，晶粒边界形成的液相有助于晶粒长大。

这种行为与其他烧结过程类似，其中的晶粒尺寸与孔隙率分数倒数的平方根成正比

9.9.2　颗粒属性

超固相线烧结适合于大颗粒的致密化。与经典的液相烧结相比，经典的液相烧结依赖于 1μm 或更小的颗粒。但对于超固相线烧结，即使是颗粒为 500μm 的粉末，也可以达到全致密。当粉末颗粒为 80μm 或更小时，对于许多体系来说超固相线烧结也是有效的。一个重要因素是形成粉末时的凝固速度。较小的颗粒很快冷却雾化，并有利于形成致密化所需的晶粒边界液相。

9.9.3　致密化模型

致密化需要在晶界上形成液相膜。对于直径为 D 的颗粒，晶粒尺寸和薄膜厚度决定了覆盖晶界所需的液相量。当液相量增加覆盖晶界时，会表现出一个从固态黏性流动到半固态黏性流动的转折。因此，一旦有足够的液相形成，烧结收缩速率就会增加。

致密化取决于两个参数，α 和 φ_C，这里 α 被称为耗散能，φ_C 表示黏性流动临界固相分数。

$$\alpha = \frac{\gamma_{LV} t}{D \eta_0}$$

$$(9.29)$$

和

$$\varphi_C = 1 - \frac{g_S \delta F_C}{2G(1-F_I)g_V} \tag{9.30}$$

式中，F_C 是液相覆盖晶界的分数；F_I 是晶粒内液相的分数；G 是晶粒尺寸；g_V 和 g_S 是几何常数，取决于颗粒的形状；t 是等温烧结时间；D 是起始粒径；η_0 是液相黏度。半固态黏度 η 与固相分数 φ 之间的关系是：

$$\eta = \frac{\eta_0}{(1-\varphi/\varphi_C)^2} \tag{9.31}$$

给出了烧结相对密度：

$$f = \frac{f_0}{\left[1-\frac{3}{4}\alpha(1-\varphi/\varphi_C)^2\right]^3} \tag{9.32}$$

式中，固相分数 φ 是成分和温度的函数。较高的温度会增加液相的体积分数并诱导快速致密化。α 为一个比较大的值，表示一旦有大量的液相形成，密度会急剧增加。致密化的起始温度由固相临界体积分数 φ_C 决定。如果 φ_C 的数值低，液相开始形成后不久就会发生致密化。密度随温度的变化曲线由 α 所决定，而致密化开始的温度则是由 φ_C 决定，通常大约是 20%～40%（体积分数）的液相。

9.10 反应性液相

一些混合粉末在加热时会产生反应烧结，也称为自蔓延高温合成。通常这种反应是难以控制的，会产生多孔化合物，在硼化物、碳化物、氮化物、硫化物、氧化物、氢化物、铝化物或硅化物等多个体系中都会出现这样的反应。启动反应需要加热，但一旦点燃了反应，它自己就会传播。在扩散控制反应的动力学模型中，相关的反应分数 β 与等温反应时间 t 的关系如下：

$$1-(1-\beta)^{\frac{1}{3}} = \Gamma t^{1/2} \tag{9.33}$$

因子 Γ 是依赖温度的扩散参数。

由混合粉末反应烧结得到形状记忆合金 NiTi 的加热过程，是一个非常有意思的体系[77]。致密化需要一个理想化的坯体微观组织。如果一个反应物被隔离，那么它就形成一种流动的液相（液囊），流入周围的固体，留下一个孔。另一方面，由两组分相互交织的网络状均匀坯体微观组织也会导致致密化。

由于放热反应产生能量，试样自加热可达 1200℃ 或者远高于临界温度。最初的反应是不对称的，熔体首先形成，产生一种燃烧波通过试样传播。在燃烧波前面的多孔粉末被加热来启动反应，所以反应速度取决于传热。已被测量的速度高达 150mm/s，但较慢的速率更为典型。图 9.50 给出了 Ni-Al 粉末的燃烧波速与成分的关系。峰值速度对应的是 Ni-Al 金属间化合物。

通过坯体微观组织与加热条件可以实现对反应的控制。在启动前预热坯体能够促进峰值温度的到达，提高致密化，而加入惰性颗粒，包括反应产物，则能够减缓反应和降低峰值温度。这都有助于保持坯体的形状。

反应性液相烧结在发生反应的同时实现致密化[78-81]。此时烧结所需的热量由合成反应所传递。在最理想的情况下，提供持续的热脉冲，以确保足够的时间和温度来烧结。因此，具有高表面积的小试样由于热损失严重，难以采用这种方法来实现。

到目前为止，只有少数材料是用反应液相烧结制备的，例如 WC、Ni_3Al、NiAl、$MoSi_2$、Fe-Al 和 TiB_2 等。图 9.51 所示是无压力反应烧结 Ni_3Al 的显微组织。在这种情况下，通过控制大小颗粒的比例，能够在坯体中形成一个镍和铝相互连接的结构。遗憾的是，反应性液相烧结对元件的尺寸很敏感。随着元件表面面积与体积比值的变化，热损失也会变化，从而导致最佳加热速率改变。

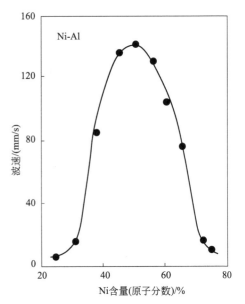

图 9.50 镍-铝粉末的反应烧结燃烧波速随 Ni 含量的变化

说明了成分如何影响升温速率。峰值速度对应于 NiAl 金属间化合物烧结期间的最大放热

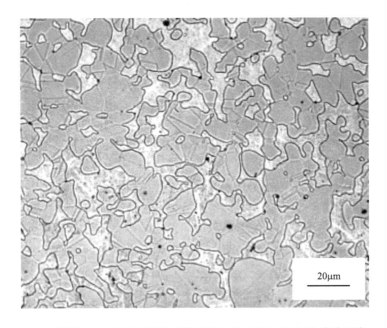

图 9.51 烧结 Ni_3Al 混合元素粉末加热到大约 600℃（873K）产生反应。一旦液相形成并开始传播，反应和烧结会同时发生，形成反应烧结

9.11　熔浸烧结

液相烧结的另一个例子是使用非致密的坯体来制备复合材料，通过在烧结过程中渗透液相而达到全密度，这一工艺在历史上曾被称为烧结铸造。有两种形式：

● 两步法——先将固体烧结成一个骨架，然后在第二阶段再进行一次加热形成液相，渗透到固相骨架。

● 一步法——叠层的坯体在固体烧结加热过程中形成的熔体渗入到刚形成的烧结骨架中。

该复合材料的微观组织基本上全致密，从图 9.52 中可以明显看出，固相结构内充满了液相。润湿性是诱导孔隙的毛细管填充的重要因素。在润湿性差的情况下，需要外部的压力来迫使渗透，例如氮化硼和铝[82,83]。

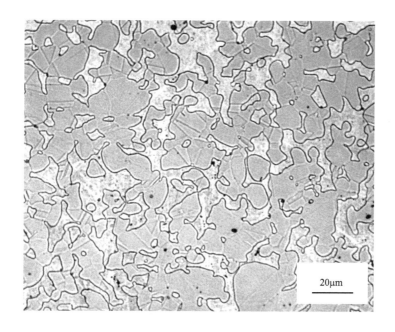

20μm

图 9.52　熔浸烧结包括烧结固相骨架与用液相填充孔隙，图中是以因瓦合金（Fe-36Ni）
作为固相骨架，银作为液相

主要应用体系有 SiC-Al、Cr-Cu、CdO-Ag、Fe-Ag、TiC-Ni、W-Cu、Mo-Ag、W-Ag、TiC-Fe 以及 WC-Cu。在熔体形成前，可以调节颗粒大小以烧结形成固相骨架。否则，液相形成时坯体会发生变形。

液相渗透要求具有至少 10％孔隙率的连通孔隙。熔体通过外表面流经孔隙。熔体形成后，渗透的深度 h 随时间 t 的平方根变化如下：

$$h = \left(\frac{dt\gamma_{LV}\cos\theta}{4\eta} \right)^{1/2} \tag{9.34}$$

式中，d 为孔隙直径；γ_{LV} 是液-气表面能；θ 是固液接触角；η 是液相黏度。

其中一个变例是反应熔浸，熔浸液相与固相反应，类似于瞬态液相烧结。例如金刚石骨架与液体硅渗透。该产品是金刚石颗粒在碳化硅基体中的复合材料，硅与金刚石反应形成碳化硅。这种材料表现出优异的耐磨性能，但过程却难以控制。

9.12　活化液相烧结

在烧结比较缓慢的情况下，可以用活化剂来促进扩散[84]。例如，在 W-Cu 体系中，铜与钨之间几乎没有溶解度，所以即使超过铜的熔化温度，烧结也很缓慢。如果使用更高的温度促进钨的烧结，就会导致铜的蒸发。通过加入约 0.3% 的钴能够促进钨的活化烧结，且不与铜液反应。固相与存在于固相之间孔隙中的液相同时发生烧结。主要的传输过程经由活化烧结实现。钴的加入增加了一个快速界面传输的路径，即使是在铜液存在的条件下也能够促进固相烧结。

为了起到活化液相烧结的作用，该活化剂一定不能溶于液相。类似的过程是加入活化剂的熔浸烧结。它是在渗透剂填充孔隙之前将固相骨架烧结固定。当固相骨架致密化进行很困难时，熔浸烧结特别有效。

活化液相烧结或活化熔浸烧结的例子有 W-Cu 和 W-Ag 等[85]。通常高温骨架烧结是通过添加活化剂得到的。一个应用的实例是利用钨-青铜-铁混合粉末烧结制备的高密度霰弹，以铁作为固相钨的催化剂。因为活化剂不被液相所溶解，所以能留在固相界面，使得这些体系有效烧结。

9.13　实践方面

在烧结过程中，除了典型的烧结时间、温度外，液相烧结对于生坯密度、原料粉末粒度和液相均匀性也特别敏感。液相是在熔融状态下流动的。涂层粉末是确保均匀液相形成的一种方法[86,87]。通过适当的设计，使膨胀与收缩相互补偿，就有可能实现零尺寸变化，对于形状复杂的工件，这种方法是十分理想的。此外，坯体的均匀性至关重要，因为在烧结过程中，工具压力梯度的影响会大于烧结引起的尺寸变形。

对于液相烧结来说，原料粉末的颗粒尺寸非常重要。较小的颗粒更适用液相烧结，超固相线液相烧结也是如此。但对于需要控制孔隙率的材料却是例外。对于持续的液相烧结，收缩率与颗粒大小呈负相关。图 9.53 描绘了小颗粒能够促进致密化，这一点长期以来已被公认[88,89]。然而，晶粒粗大化是快速的，因此，烧结后便失去了小尺寸颗粒的优势。例如，对于 WC-12Co，使用 11～32nm 的颗粒，在 1400℃（1673K）烧结后几乎达到全致密（99.52%），晶粒尺寸已经长大为 1.25μm。

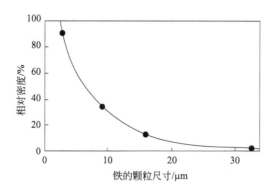

图 9.53　在 1150℃（1423K）液相烧结 Fe-22Cu、保温 10min 所得到的烧结致密化与
铁粉的粒度之间的关系[88, 89]

颗粒越小，形成的毛细管力越大，传输的距离也越短，这样就会加速液相烧结

9.14　小结

　　当混合粉末颗粒被加热到熔体形成温度以上时，可能会发生两种现象。当液相在固相中溶解时，会发生膨胀，这在需要形成多孔结构材料时是有用的。液相烧结的典型情况是固相溶于液相，这能够有力地促进致密化。

　　对于大多数液相烧结，致密化是最终目标。根据液相量不同，致密化所需要的阶段可能会有所差异，但一般都会经历颗粒重排、溶解-析出、固相骨架烧结等阶段。通常形成液相能够缩短所需要的烧结时间。在涉及详细的烧结过程时，诸如颗粒尺寸、生坯密度、加热速度、液相量、保温时间、工艺过程的气氛等因素也很重要。

　　液相烧结模型通常将这个过程分为一系列的步骤，但实际上这些步骤会有重叠。没有液相时，只有较慢的固相烧结发生。一旦形成了液相，液相就会流动来填充固相颗粒之间的孔隙。毛细管力结合固-固溶解，使颗粒快速重排。接下来开始发生溶解-析出和固相骨架的烧结。通过溶解-析出，发生致密化与晶粒长大，随着晶粒尺寸和晶粒距离的增加，孔隙全部被填充。固相通过在液相中的扩散以及在凸面上的沉积，使晶粒形状的变化，释放液相填充孔隙。

　　初始的化学梯度与生坯密度的均匀性对初始烧结阶段是非常重要的。液相烧结的整体理念已经成功归纳于致密化、晶粒生长、变形、强度演变等参数[60,61,90-94]。这些观点被集成到工艺模拟中来预测烧结体尺寸、形状、密度、晶粒尺寸、变形和强度等。

参考文献

[1]　S. Kemethmuller, M. Hagymasi, A. Stiegelschmitt, A. Roosen, Viscous flow as the driving force for the densi-fication of low-temperature Co-Fired ceramics, J. Amer. Ceram. Soc. 90 (2007) 64-70.

[2]　F. V. Lenel, Sintering in the presence of a liquid phase, Trans. TMS-AIME 175 (1948) 878-896.

[3] H. S. Cannon, F. V. Lenel, Some observations on the mechanism of liquid phase sintering, in: F. Benesovsky (Ed.), Plansee Proceedings, Metallwerk Plansee, Reutte, Austria, 1953, pp. 106-121.

[4] W. D. Kingery, Sintering in the presence of a liquid phase, in: W. D. Kingery (Ed.), Ceramic Fabrication Processes, John Wiley, NY, 1958, pp. 131-143.

[5] W. D. Kingery, Densification during sintering in the presence of a liquid phase 1. Theory, J. Appl. Phys. 30 (1959) 301-306.

[6] D. Kingery, M. D. Narasimhan, Densification during sintering in the presence of a liquid phase 2. Experimental, J. Appl. Phys. 30 (1959) 307-310.

[7] V. N. Eremenko, Y. V. Naidich, I. A. Lavrinenko, Liquid Phase Sintering, Consultants Bureau, New York, NY, 1970.

[8] R. M. German, Liquid Phase Sintering, Plenum Press, New York, NY, 1985.

[9] R. M. German, P. Suri, S. J. Park, Review liquid phase sintering, J. Mater. Sci. 44 (2009) 1-39.

[10] K. S. Hwang, R. M. German, F. V. Lenel, Capillary forces in the early stage of liquid phase sintering, Rev. Powder Metall. Phys. Ceram. 3 (1986) 113-164.

[11] J. Fikes, S. J. Park, R. M. German, Equilibrium states of liquid, solid, and vapor and the configurations for copper, tungsten, and pores in liquid phase sintering, Metall. Mater. Trans. 42B (2011) 202-209.

[12] E. Liden, E. Carlstrom., L. Eklund, B. Nyberg, R. Carlsson, Homogeneous distribution of sintering additives in liquid-phase sintered silicon carbide, J. Amer. Ceram. Soc. 78 (1995) 1761-1768.

[13] A. Nakajima, G. L. Messing, Liquid phase sintering of alumina coated with magnesium aluminosilicate glass, J. Amer. Ceram. Soc. 81 (1998) 1163-1172.

[14] B. Ozkal, A. Upadhyaya, M. L. Ovecoglu, R. M. German, Comparative properties of 85W-15Cu powder prepared using mixing, milling, and coating techniques, Powder Metall. 53 (2010) 236-243.

[15] K. Flemming, K. P. Wieters, B. Kieback, The sintering behavior of coated particles, in: D. Bouvard (Ed.), Proceedings of the 4th International Conference on Science, Technology and Applications of Sintering, Institut National Polytechnique de Grenoble, Grenoble, France, 2005, pp. 21-24.

[16] J. Konstanty, Powder metallurgy diamond tools, Elsevier, Amsterdam, Netherlands, 2005.

[17] R. Oro, M. Campos, C. Gierl, H. Danninger, J. M. Torralba, Atmosphere effects on liquid phase sintering of PM steels modified with master alloy additions, Proceedings PM 2010 World Congress, Florence Italy, European Powder Metallurgy Association, Shrewsbury, UK, 2010.

[18] G. B. Schaffer, J. Y. Yao, S. J. Bonner, E. Crossin, S. J. Pas, A. J. Hill, The effect of tin and nitrogen on liquid phase sintering of Al-Cu-Mg-Si alloys, Acta Mater. vol. 56 (2008) 2615-2624.

[19] M. Humenik, N. M. Parikh, Cermets: I, fundamental concepts related to microstructure and physical properties of cermet systems, J. Amer. Ceram. Soc. 39 (1956) 60-63.

[20] K. S. Hwang, R. M. German, F. V. Lenel, Capillary forces between spheres during agglomeration and liquid phase sintering, Metall. Trans. 18A (1987) 11-17.

[21] L. Froschauer, R. M. Fulrath, Direct observation of liquid-phase sintering in the system ironcopper, J. Mater. Sci. 10 (1975) 2146-2155.

[22] A. Belhadjhamida, R. M. German, A model calculation of the shrinkage dependence on rearrangement during liquid phase sintering, Advances in Powder Metallurgy and Particulate Materials - 1993, vol. 3, Metal Powder Industries Federation, Princeton, NJ, 1993, pp. 85-98.

[23] S. J. Jamil, G. A. Chadwick, Investigation and analysis of liquid phase sintering of Fe-Cu and Fe-Cu- C compacts, Powder Metall. 28 (1985) 65-71.

[24] O. H. Kwon, G. L. Messing, Kinetic analysis of solution-reprecipitation during liquid phase sintering of alu-

mina, J. Amer. Ceram. Soc. 73 (2) (1990) 275-281.

[25] T. M. Shaw, Model for the effect of powder packing on the driving force for liquid phase sintering, J. Amer. Ceram. Soc. 76 (1993) 664-670.

[26] D. Y. Yang, D. Y. Yoon, S. J. L. Kang, Abnormal grain growth enhanced densification of liquid phase sintered WC-Co in support of the pore filling theory, J. Mater. Sci. 47 (2012) 7056-7063.

[27] P. Lu, X. Xu, W. Yi, R. M. German, Porosity effect on densification and shape distortion in liquid phase sintering, Mater. Sci. Eng. A318 (2001) 111-121.

[28] N. K. Xydas, L. A. Salam, Transient liquid phase sintering of high density Fe_3Al using Fe and Fe_2Al_5-$FeAl_2$ powders, Part 2 - densification mechanism, Powder Metall. 49 (2006) 146-152.

[29] S. M. Lee, S. J. L. Kang, Theoretical analysis of liquid phase sintering pore filling theory, Acta Mater. 46 (1998) 3191-3202.

[30] M. D. Sacks, N. Bozkurt, G. W. Scheiffele, Fabrication of mullite and mullite-matrix composites by transient viscous sintering of composite powders, J. Amer. Ceram. Soc. 74 (1991) 2428-2437.

[31] P. J. Wray, The geometry of two-phase aggregates in which the shape of the second phase is determined by its dihedral angle, Acta Metall. 24 (1976) 125-135.

[32] W. Beere, A unifying theory of the stability of penetrating liquid phases and sintering pores, Acta Metall. 23 (1975) 131-138.

[33] R. Warren, Microstructural development during the Liquid-Phase sintering of two-phase alloys with special reference to the NbC/Co system, J. Mater. Sci. 3 (1968) 471-485.

[34] A. Tewari, A. M. Gokhale, R. M. German, Effect of gravity on three-dimensional coordination number distribution in liquid phase sintered microstructures, Acta Mater. 47 (1999) 3721-3734.

[35] R. M. German, Grain agglomeration in solid-liquid mixtures under microgravity conditions, Metall. Mater. Trans. 26B (1995) 649-651.

[36] W. A. Kaysser, S. Takajo, G. Petzow, Particle growth by coalescence during liquid phase sintering of Fe-Cu, Acta Metall. 32 (1984) 115-122.

[37] W. J. Boettinger, P. W. Voorhees, R. C. Dobbyn, H. E. Burdette, A study of the coarsening of liquidsolid mixtures using synchrotron radiation microradiography, Metall. Trans. 18A (1987) 487-490.

[38] Z. Fang, B. R. Patterson, M. E. Turner, Influence of particle size distribution on coarsening, Acta Metall. Mater. 40 (1992) 713-722.

[39] R. M. German, E. A. Olevsky, Modeling grain growth dependence on the liquid content in liquidphase sintered materials, Metall. Mater. Trans. 29A (1998) 3057-3067.

[40] S. Sarin, H. W. Weart, Kinetics of coarsening of spherical particles in a liquid matrix, J. Appl. Phys. 37 (1966) 1675-1681.

[41] A. N. Niemi, T. H. Courtney, Microstructural development and evolution in liquid-phase sintered Fe-Cu alloys, J. Mater. Sci. 16 (1981) 226-236.

[42] N. Limodin, L. Salvo, M. Suery, F. Delannay, Assessment by microtomography of 2D image analysis method for the measurement of average grain coordination and size in an aggregate, Scripta Mater. 60 (2009) 325-328.

[43] J. Gurland, The measurement of grain contiguity in two-phase alloys, Trans. TMS-AIME 212 (1958) 452-455.

[44] R. Warren, M. B. Waldron, Microstructural development during the liquid-phase sintering of cemented carbides I. Wettability and grain contact, Powder Metall. 15 (1972) 166-180.

[45] A. Upadhyaya, R. M. German, Shape distortion in liquid-phase-sintered tungsten heavy alloys, Metall. Mater. Trans. 29A (1998) 2631-2638.

[46] A. V. Shatov, S. S. Ponomarev, S. A. Firstov, R. Warren, The contiguity of carbide crystals of different shapes

in cemented carbides, Inter. J. Refract. Met. Hard Mater. 24 (2006) 61-74.

[47] J. L. Cahn, J. R. Alcock, D. J. Stephenson, Supersolidus liquid phase sintering of moulded metal components, J. Mater. Sci. 33 (1998) 5131-5136.

[48] A. Eliasson, L. Ekbom, H. Fredriksson, Tungsten grain separation during initial stage of liquid phase sintering, Powder Metall. 51 (2008) 343-349.

[49] S. Farooq, A. Bose, R. M. German, Theory of liquid phase sintering: model experiments on W-Ni- Fe heavy alloy system, Prog. Powder Metall. 43 (1987) 65-77.

[50] S. Pejovnik, D. Kolar, W. J. Huppmann, G. Petzow, Sintering of Al_2O_3 in presence of liquid phase, in: M. M. Ristic (Ed.), Sintering - New Developments, Elsevier Scientific, New York, NY, 1979, pp. 285-292.

[51] G. W. Greenwood, The growth of dispersed precipitates in solutions, Acta Metall. 4 (1956) 243-248.

[52] N. M. Parikh, M. Humenik, Cermets: II, wettability and microstructure studies in liquid-phase sintering, J. Amer. Ceram. Soc. 40 (1957) 315-320.

[53] L. P. Skolnick, Grain growth of titanium carbide in nickel, Trans. TMS-AIME 209 (1957) 438-442.

[54] R. Watanabe, Y. Masuda, The growth of solid particles in Fe-20 wt. % Cu alloy during sintering in the presence of a liquid phase, Trans. Japan Inst. Metals 14 (1973) 320-326.

[55] W. J. Huppmann, The elementary mechanisms of liquid phase sintering 2. Solution - reprecipitation, Z. Metall. 70 (1979) 792-797.

[56] M. N. Rahaman, Kinetics and mechanisms of densification, in: Z. Z. Fang (Ed.), Sintering of Advanced Materials, Woodhead Publishing, Oxford, UK, 2010, pp. 33-64.

[57] D. J. Srolovitz, M. G. Goldiner, The thermodynamics and kinetics of film agglomeration, J. Met. 47 (3) (1995) 31-36.

[58] J. E. Marion, C. H. Hsueh, A. G. Evans, Liquid phase sintering of ceramics, J. Amer. Ceram. Soc. 70 (1987) 708-713.

[59] G. H. Gessinger, H. F. Fischmeister, H. L. Lukas, A model for second-stage liquid-phase sintering with a partially wetting liquid, Acta Metall. 21 (1973) 715-724.

[60] S. J. Park, J. M. Martin, J. F. Guo, J. L. Johnson, R. M. German, Grain growth behavior of tungsten heavy alloys based on the master sintering curve concept, Metall. Mater. Trans. 37A (2006) 3337-3346.

[61] S. J. Park, J. M. Martin, J. F. Guo, J. L. Johnson, R. M. German, Densification behavior of tungsten heavy alloy based on master sintering curve concept, Metall. Mater. Trans. 37A (2006) 2837-2848.

[62] S. J. Park, S. H. Chung, J. M. Martin, J. L. Johnson, R. M. German, Master sintering curve for densification derived from a constitutive equation with consideration of grain growth - application to tungsten heavy alloys, Metall. Mater. Trans. 39A (2008) 2941-2948.

[63] S. Sarin, H. W. Weart, Factors affecting the morphology of an array of solid particles in a liquid matrix, Trans. TMS-AIME 233 (1965) 1990-1994.

[64] H. E. Exner, Ostwald-reifung von ubergangsmetallkarbiden in flussingem nickel und kobalt, Z. Metall. 64 (1973) 273-279.

[65] O. H. Kwon, G. L. Messing, A. Theoretical, Analysis of solution-reprecipitation controlled densification during liquid phase sintering, Acta Metall. Mater. 39 (1991) 2059-2068.

[66] W. J. Huppmann, H. Riegger, Liquid phase sintering of the model system W-Ni, Inter. J. Powder Metall. Powder Tech. 13 (1977) 243-247.

[67] U. C. Oh, Y. S. Chung, D. Y. Kim, D. N. Yoon, Effect of grain growth on pore coalescence during the liquid phase sintering of $MgO-CaMgSiO_4$ systems, J. Amer. Ceram. Soc. 71 (1988) 854-857.

[68] R. M. German, K. S. Churn, Sintering atmosphere effects on the ductility of W-Ni-Fe heavy metals, Metall.

Trans. 15A (1984) 747-754.

[69]　J. White, Sintering of oxides and sulfides, in: G. C. Kuczynski, N. A. Hooton, C. F. Gibbon (Eds.), Sintering and Related Phenomena, Gordon and Breach, New York, NY, 1967, pp. 245-269.

[70]　S. J. L. Kang, K. H. Kim, D. N. Yoon, Densification and shrinkage during liquid phase sintering, J. Amer. Ceram. Soc. 74 (1991) 425-427.

[71]　D. M. Turriff, S. F. Corbin, L. M. D. Cranswick, M. J. Watson, Transient liquid phase sintering of copper-nickel powders in situ neutron diffraction, Inter. J. Powder Metall. 44 (6) (2008) 49-59.

[72]　D. M. Turriff, S. F. Corbin, Quantitative thermal analysis of transient liquid phase sintered Cu-Ni powders, Metall. Mater. Trans. 39A (2008) 28-38.

[73]　C. M. Kipphut, R. M. German, Alloy phase stability in liquid phase sintering, Sci. Sintering 20 (1988) 31-40.

[74]　R. M. German, Supersolidus liquid phase sintering part I, process review, Inter. J. Powder Metall. 26 (1990) 23-34.

[75]　S. Takajo, M. Nitta, M. Kawano, Behavior of liquid phase sintering of high speed steel powder compacts, J. Japan Soc. Powder Metall. 36 (1986) 398-401.

[76]　S. Takajo, M. Kawano, M. Nitta, W. A. Kaysser, G. Petzow, Mechanism of liquid phase sintering in Fe-Cu, Cu-Ag and high speed steel, in: S. Somiya, M. Shimada, M. Yoshimura, R. Watanabe (Eds.), Sintering '87, 1, Elsevier Applied Science, London, UK, 1988, pp. 465-470.

[77]　M. Whitney, S. F. Corbin, R. B. Gorbet, Investigation of the mechanisms of reactive sintering and combustion synthesis of NiTi using differential scanning calorimetry and microstructural analysis, Acta Mater 56 (2008) 559-570.

[78]　Z. A. Munir, Synthesis of high temperature materials by self-propagating combustion methods, Ceram. Bull. 67 (1988) 342-349.

[79]　A. Bose, B. H. Rabin, R. M. German, Reactive sintering nickel-aluminide to near full density, Powder Metall. Inter. 20 (3) (1988) 25-30.

[80]　K. Taguchi, M. Ayada, K. N. Ishihara, P. H. Shingu, Near-net shape processing of TiAl intermetallic compounds Via Pseudo HIP-SHS route, Intermetallics 3 (1995) 91-98.

[81]　L. C. Pathak, D. Bandyopadhyay, S. Srikanth, S. K. Das, P. Ramachandrarao, Effect of heating rates on the synthesis of Al_2O_3-SiC composites by the self-propagating high temperature synthesis (SHS) technique, J. Amer. Ceram. Soc. 84 (2001) 915-920.

[82]　J. M. Molina, R. Prieto, M. Duarte, J. Narciso, E. Louis, On the estimation of threshold pressures in infiltration of liquid metals into particle preforms, Scripta Mater. 59 (2008) 243-246.

[83]　H. S. L. Sithebe, D. Mclachlan, I. Sigalas, M. Hermann, Pressure infiltration of boron nitride preforms with molten aluminum, Ceram. Inter. 34 (2008) 1367-1371.

[84]　J. L. Johnson, R. M. German, A theory of activated liquid phase sintering and its application to the W-Cu system, Advances in Powder Metallurgy and Particulate Materials, vol. 3, Metal Powder Industries Federation, Princeton, NJ, 1992, pp. 35-46.

[85]　N. C. Kothari, Factors affecting tungsten-copper and tungsten-silver electrical contact materials, Powder Metall. Inter. 14 (1982) 139-159.

[86]　S. C. Colbeck, Sintering and compaction of snow containing liquid water, Phil. Mag. A 39 (1979) 13-32.

[87]　V. Yaroshenko, D. S. Wilkinson, Phase evolution during sintering of mullite/zirconia composite using silica coated alumina powders, J. Mater. Res. 15 (2000) 1358-1366.

[88]　W. D. Kingery, Sintering in the presence of a liquid phase, in: W. D. Kingery (Ed.), Kinetics of High Temperature Processes, John Wiley, New York, NY, 1959, pp. 187-194.

[89] F. V. Lenel, Sintering with a liquid phase, in: W. E. Kingston (Ed.), The Physics of Powder Metallurgy, McGraw-Hill, New York, NY, 1951, pp. 238-253.

[90] R. Bollina, S. J. Park, R. M. German, Master sintering curve concepts applied to full density supersolidus liquid phase sintering of 316L stainless steel powder, Powder Metall. 53 (2010) 20-26.

[91] G. Sethi, S. J. Park, R. M. Johnson, German: Linking homogenization and densification in W-Ni- Cu alloys through Master Sintering Curve (MSC) Concepts, Inter. J. Refract. Met. Hard Mater 27 (2009) 688-695.

[92] G. A. Schoales, R. M. German, Combined effects of time and temprature on strength evolution using integral work-of-sintering concepts, Metall. Mater. Trans. 30A (1999) 465-470.

[93] S. J. Park, R. M. German, Master curves based on time integration of thermal work in particulate materials, Inter. J. Mater. Struct. Integ 7 (2007) 128-147.

[94] D. C. Blaine, S. J. Park, P. Suri, R. M. German, Application of work of sintering concepts in powder metallurgy, Metall. Mater. Trans. 37A (2006) 2827-2835.

第 10 章

加压烧结

10.1 外加压力的作用

烧结很难使天然耐高温的材料致密化。通常情况下，烧结驱动力来源于小颗粒的表面能。外部压力能够增加烧结驱动力，进而使材料更快的致密化。因此，加压烧结能促进难烧结材料的致密化。

烧结内压力 σ_s 正比于表面能 γ_{SL} 与微观尺寸 G（通常为晶粒尺寸）的比值：

$$\delta_s = \frac{g\gamma_{SL}}{G} \tag{10.1}$$

式中，g 为数值接近于 4 的几何参数。一个表面能为 $2J/m^2$ 的 $40\mu m$ 大小的颗粒，烧结压力约为 $0.2MPa$（2 个大气压）。正是这个压力使颗粒聚合在一起。烧结时施加外部压力是对烧结压力的补充。在烧结初期，外部压力在颗粒接触处形成应力集中，大大提高了内部烧结压力。内部烧结压力的提高使烧结所需温度降低。

加压烧结技术提高了难烧结材料的密度[1]，也提高了性能，因此，加压烧结被用于对材料性能要求苛刻的航空航天、生物医学、电子等领域。很多用于高温环境的材料都是复合材料，耐高温复合材料的烧结也非常困难。因此，加压烧结通常被用于制造高性能材料，应用于要求苛刻的环境。

材料的性能得到提高主要是由于加压烧结消除了材料内部孔隙。而且，事实证明，工具钢中微观组织的均匀性有很高的价值。用传统工艺加工所形成的硫化物等材料内部的夹杂物，会使材料的力学性能产生很大的各向异性。图 10.1 显示了含有夹杂物的锻钢沿着流动方向有纵向的痕迹。在这种情况下，拉伸强度沿不同的方向呈现出明显的差异，变化量可达 150%。

这样的缺陷可以通过加压烧结方法消除，无论是人造膝盖还是油井钻探工具，加压烧结都得到了广泛应用。

包括复合材料的多种材料也都依赖于加压烧结。热学性能不稳定的陶瓷和需要注意微观组织粗大化的材料特别关注加压烧结。例如，纯 WC 很难成形，但在加压烧结的

图 10.1　锻钢的显微图片

显示出 MnS 纵条在微观组织中沿轧制方向形成一条线，这种夹杂物可导致材料性能的各向异性。

加压烧结可避免这种缺陷产生，使材料性能均匀

条件下可以实现。同样地，Si_3N_4 和其他氮化物陶瓷在氮超压环境下烧结就很稳定。事实上，由于在烧结过程中加压增加了成本，因此加压烧结大部分被用于高附加值的材料和器件。

为了更好地理解加压烧结，致密化速率可以表示为：

$$\frac{\mathrm{d}f}{\mathrm{d}t}=\frac{(1-f)}{(1-f_0)}B\left[\frac{g\gamma_{SV}}{G}+P_E-P_G\right] \tag{10.2}$$

式中，f 为相对密度；t 为时间；f_0 为初始相对密度；B 为热力学活化质量传输参数，由质量传输机理决定；P_E 是有效的外部压力；P_G 为气孔中气体压力；g 为几何参数；γ_{SV} 为表面能；颗粒尺寸 G 给出了微观组织的大小。当达到全密度时，致密化速率等于 0。参数 B 由材料属性决定，与温度呈指数关系。

在烧结初期，由于微观组织中颗粒接触面积都很小，所以外部压力在微观组织中形成应力集中。有效压力 P_E 是外加压力的若干倍。因此，致密化速率由外加压力决定。图 10.2 中铜和氧化镁的数据可以证实这一点。数据显示，在保压 30min 条件下，烧结密度随着外部压力的增加而增大[2]。在烧结之前，密度反映出材料内部粉末的压制效果。烧结初始致密化后，开始进行较慢的扩散作用。这样，如图 10.3 所示，致密化速率会随着时间的延长而下降。

综上所述，加压烧结显示出几种重要的特点：

① 外加压力在材料内部颗粒间小的接触区上形成应力集中。

② 开始时，由于材料内部的塑性流动，材料致密化速率随压力增大而升高。

③ 致密化速率随时间的延长而下降。

④ 致密化速率随密度的增加而下降。

⑤ 在致密化后期扩散占主导作用，因此温度非常重要。

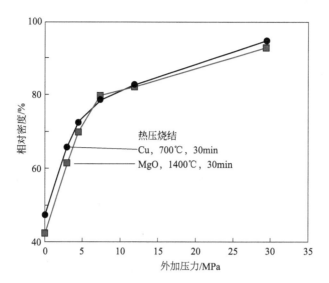

图 10.2　热压铜和氧化镁（铜在 700℃，氧化镁在 1400℃）的相对密度与外加压力的对应关系，
显示出烧结过程中高压的优势[2]

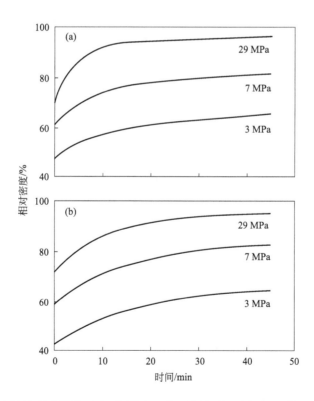

图 10.3　热压铜和氧化镁在三个不同外加压力下烧结时相对密度与时间的对应关系[2]
（a）Cu，700℃；（b）MgO，1400℃

⑥ 致密化与微观组织尺寸、颗粒大小和晶粒尺寸有关。

⑦ 来源于表面能的烧结压力所占比例很小。

⑧ 气孔中的气体会阻碍致密化进行。

10.2 热软化

加热时材料强度变低，这就意味着高温条件下，材料在较低的压力下就会发生塑性流动。例如，图 10.4 为 316 不锈钢在实验温度下屈服强度的变化。不锈钢在 1400℃（1673K）左右熔化，一旦熔化其强度就会消失。这种特性可以应用于加压烧结，如果温度足够高，即使是很小的压力也能使材料致密化。除了一些金属间化合物、石墨和非氧化物陶瓷，几乎所有材料在高温下强度都会下降。对于全致密材料，其强度是加工参数的函数，如下所示[3]：

$$\sigma = (A + B\varepsilon^n)\left[1 + C\ln\left(\frac{d\varepsilon^*}{dt}\right)\right]\{1 - T_H^m\} \tag{10.3}$$

式中，A、B、C、n 和 m 是材料的特定常数；ε 是塑性应变；$d\varepsilon^*/dt$ 是无量纲化的应变速率（实际上标准化的应变速率为 $1/s$）；T_H 是同系温度，等于温度与熔融温度（热力学温度）的比值。如图 10.4 所示，温度灵敏度系数 m 通常为 1。热软化的重要性在于，在足够高的温度下，即使在很小的压力下也能通过塑性流动使粉末有效致密化。

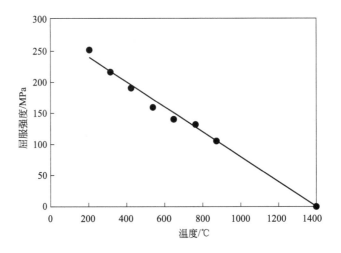

图 10.4 316 不锈钢的热软化行为

屈服强度与温度近似成直线关系，这种热软化行为在加压烧结过程中非常重要

热软化就是使难以固结的粉末在高温下变软，这也是加压烧结的基础。玻璃的烧结就是一个很好的例子。玻璃在室温下硬而脆，且不易变形；在高温下，适量的压力很容易就能使其加工成形。同样地，材料在高温下变软，可塑性提高，进而很容易烧结。从图 10.5 中可以得知，由于温度和压力的共同作用，铁粉在热压下相对密度可达到 99%。热软化作用可明显低所需压力。

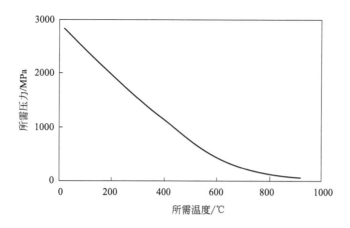

图 10.5　150μm 铁粉热压烧结相对密度达到 99% 所需的温度和压力条件[4]
材料致密化过程中，较高温度下软化材料所需的压力较小

图 10.6 为低合金钢 Fe-2Ni 在恒压条件下不同温度烧结的密度。高温下塑性流动能使材料快速固结。加压烧结的优势在于，存在传统烧结（无压烧结）中所没有的大量塑性流动。

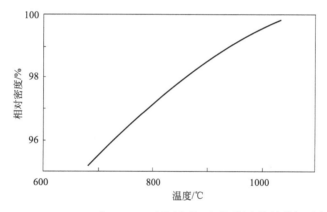

图 10.6　150μm Fe-2Ni 在 440MPa 恒压条件下不同温度烧结的相对密度[5]

10.3　压力效应

加压后，颗粒在接触处形成应力集中。即使施加很小的压力，接触部位的有效压力也可能很大，因此相应的致密度变化非常明显。随后接触面积不断扩大，直到在工艺温度下局部压力低于屈服强度。

10.3.1　应力集中

当压力作用到粉末压坯时，颗粒接触处就会产生应力集中。塑性流动使材料迅速致密化。同样地，在蠕变过程中，接触应力会提高塑性流动。刚开始时，接触应力比外加压力大得多。接触应力相对于外加压力的有效压力取决于密度。有效压力与外加压力的比值 $P_E/$

P_A 随接触面的大小而改变。如图 10.7 所示，压力沿 7 个晶间接触点传播。材料中的切应变会诱导颗粒滑动（例如热压），此时接触直径 X、晶粒直径 D 与相对密度 f 的关系如下：

$$\left(\frac{X}{D}\right)^2 = 1 - \left[\frac{f_0}{f}\right]^{2/3} \qquad (10.4)$$

对于无切变的纯静压，例如热等静压，其相应的关系如下：

$$\left(\frac{X}{D}\right)^2 = \frac{1}{3}\left[\frac{f-f_0}{1-f_0}\right]^{2/3} \qquad (10.5)$$

实验结果显示这两个关系式得到的烧结颈尺寸比会稍微偏高[6]。Kumar 发现一种方法[7]，就是固-固接触面积 S_R 随相对密度 f 变化：

$$S_R = -\lg\left[\frac{(1-f)f_0}{(1-f_0)f}\right] \qquad (10.6)$$

给出压力比为：

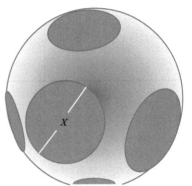

图 10.7 加压烧结过程中
球形晶粒的缩略图

接触点处的应力集中会在晶粒
表面形成平面型化学键。X 为接触直径。
每个晶粒中接触点的数量由相对密度
决定，在全致密时约 13 或 14 个

$$\frac{P_E}{P_A} - \frac{1}{S_R} \qquad (10.7)$$

式中，f_0 为坯体密度。Ashby 等[8,9] 使用了不同的关系式：

$$\frac{P_E}{P_A} = \frac{1-f_0}{f^2(f-f_0)} \qquad (10.8)$$

这可得到一个较高的有效压力。图 10.8 对式(10.7) 和式(10.8) 中 P_E/P_A 随相对密度的变化进行了对比分析。在相对密度较低的情况下，晶粒接触处的压力至少被放大了 10 倍。

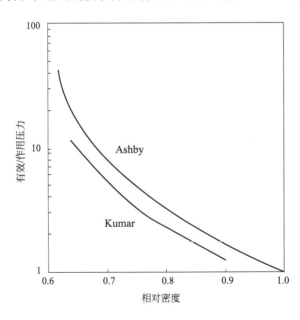

图 10.8 初始密度为 60% 的材料在两个模型中有效压力和作用压力的比与相对密度的对应关系

在增大压力的条件下，伴随着烧结颈的增大，颗粒配位数提高。在烧结过程中，接触面越多，颗粒结合的机会就越多。有 14 个接触面的十四面体被假定为全密度晶粒形状，但是如果没有切应变诱导晶粒重排，最终的配位数只能达到 12。加压烧结过程中，压力、温度和时间是使粉末体致密化的重要参数。在温度较高、时间较短的条件下，压力的作用非常显著。

10.3.2　塑性流动

初始加压时，在颗粒间的微小接触处，外加压力形成应力集中，超过了材料的屈服强度。因此在致密化的初期阶段主要是塑性流动。由于晶粒重排和塑性流动，粉末致密化不断进行，直到粉末间的接触应力低于材料的屈服强度。低温条件下，材料的屈服强度很高，所以需要 GPa 数量级的压力才能使材料在低温完全致密化。例如，图 10.9 为室温下工具钢粉末在不同外加压力下所达到的密度。没有加热时，3GPa 的压力能使材料的密度接近 99%。在这种情况下，晶粒尺寸也没有变化。因此，高压固结的一个优势在于它可以避免晶粒粗化，此时晶粒尺寸随密度的变化很平缓。加热可以减少致密化所需的压力。在对应温度下通过塑性流动使材料完全致密化所需的外加压力（P_A）约为材料屈服强度 δ_γ 的 3 倍：

$$P_A \geqslant 3\delta_\gamma \tag{10.9}$$

同样，通过塑性流动得到的最终相对密度取决于外加压力 P_A[8]：

$$f = \left[\frac{(1-f_0)P_A}{1.3\sigma_\gamma} + f_0^3\right]^{1/3} \tag{10.10}$$

式中，f_0 为初始粉末密度。此公式在相对密度小于 0.9 时适用。

对于密度更高的具有闭孔的材料，受塑性流动所限的相对密度可估算为：

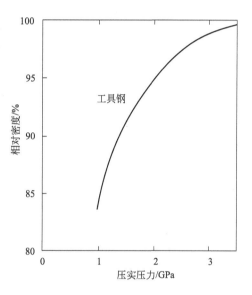

图 10.9　工具钢粉末的相对密度与压实压力的对应关系

在外加高压条件下，可以通过塑性流动实现致密化

$$f = 1 - \exp\left[-\frac{3P_A}{2\sigma_\gamma}\right] \tag{10.11}$$

屈服强度 σ_γ 可矫正材料的热软化效应。图 10.10[10] 给出了低合金钢（Fe-2Ni-5Mo-0.5C）和不锈钢（Fe-18Cr-8Ni-2Mo）的数据。

在固结温度下使材料通过塑性流动达到完全致密化所需的外加压力大约为材料屈服强度的 3 倍[11]。然而，几乎没有工具材料能够承受这样高的压力和温度的组合。因此，热软化的作用可以降低烧结所需的温度。例如，粉末坯料首先进行加热，然后再进行热压，对于工具钢来说通常如此。

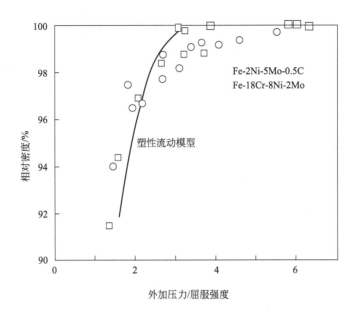

图 10.10 低合金钢（4650）和不锈钢（316L）的相对密度与外加应力归一化到屈服强度的对应关系与式(10.11)的模型进行了对比

10.3.3 颗粒加工硬化

对于晶体材料来说，塑性变形会导致加工硬化，由于材料内部的位错不断增加与缠结，使其强度和硬度不断增大。同时，高温下材料内部的扩散作用也会使得这些位错缠结产生松弛，导致材料产生回复，进而减少形变阻力。通常情况下，在温度达到熔点（热力学温度）的 30％时，硬化形变开始回复（或开始松弛）。因为材料的固结温度很高，所以其加工硬化一般不是重点。而且，松弛是一种随时间而变化的现象，因此在晶粒接触处，使加工硬化松弛的时间 τ 随温度 T 的升高而减少：

$$\tau = \tau_0 \exp\left[-\frac{Q}{RT}\right] \tag{10.12}$$

式中，τ_0 是材料松弛时间常数；Q 是类似于体积扩散的激活能；R 是气体常数 8.31J/(mol·K)。由于烧结温度远高于回复温度，且烧结周期较长，因此颗粒加工硬化通常被忽略。塑性流动引起致密化的过程中，所施加的最大压力是关键因素。

10.4 扩散与蠕变

扩散和压力作用的结合会使材料产生蠕变（材料在低于其屈服强度的压力下，随时间变化发生的形变）。除了生坯密度和晶粒尺寸，影响蠕变的主要因素为温度-压力-时间。蠕变现象的发生是由于原子从受压缩的晶粒结构区域（晶粒接触处）移动到受拉伸的区域（孔洞）。原子传输机理包括晶格扩散、晶界扩散和耦合位错运动的扩散。对于大部分的加压烧结技术，蠕变是材料致密化的重要过程[12]。

通常情况下 $\mathrm{d}f/\mathrm{d}t$ 代表相对密度 f 的瞬时变化。设粉末压坯的初始密度为 f_0，则在等温条件下，材料致密化速率取决于孔隙率 $(1-f)$、温度和微观组织：

$$\frac{\mathrm{d}f}{\mathrm{d}t} = \frac{(1-f)}{(1-f_0)} B \left[\frac{4\gamma_{\mathrm{SV}}}{d} + P_{\mathrm{E}} \right] \tag{10.13}$$

式中，P_{E} 是有效压力；γ_{SV} 是固-气表面能；d 是气孔大小；B 是多项影响因素的总称，取决于微观组织。关于原子传输机制会在下文中详细讲解。孔隙率 $(1-f)$ 越大，致密化速率也就越快，随着孔隙率的降低，致密化速率也会下降，因此需要用 $(1-f)/(1-f_0)$ 来描述致密化。致密化速率可内在地反映出原子移动速率。

在固定温度下，致密化速率随压力的增加而增大。图 10.11 是掺杂有 0.02％氧化镁、颗粒大小为 0.3μm 的氧化铝粉末在 1630℃（1903K）下烧结的致密化速率[13]。致密化速率与压力基本上呈线性关系。外加应力为零时，由于粉末表面能作用，致密化速率并不是零。然而，外加应力的作用是最重要的。

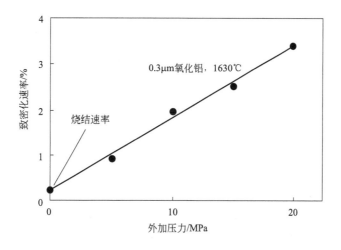

图 10.11　粒径为 0.3μm 的氧化铝粉末在 1630℃（1903K）条件下的致密化速率[13]
表明致密化速率的增加可能来源于外界附加应力

根据上面式(10.13) 可知，孔隙率越小，致密化速率越低。这是微观组织粗化导致的扩散传输距离增大和随烧结进行化学键扩大导致的接触应力减小，两者综合作用的结果。图 10.12 可以说明这一现象。图 10.12 为碳化钽在热压条件下密度随时间的变化曲线[14]。从图中可以看出，在短时间内，曲线很陡，说明致密化速率很高；但是随着时间的延长，曲线变得平缓，致密化速率减缓。同时注意温度的影响，较高的温度可以增加原子传输速率，提高烧结效果。

在加压烧结过程中，会有 3 种扩散过程导致蠕变，其中原子的行为与无压固相烧结类似。但加压烧结时外加压力会形成从受压缩表面到受拉伸表面的扩散梯度。在烧结的最后阶段，即使有外加压力，充满气体的孔隙也会阻碍致密化的进行。如果外加压力大于气孔中气体的压力，气孔就会缩小，但不会消失。如果材料在没有外加压力下再次受热，气孔会重新出现[15]。这种损害常被称为热诱导孔隙，是加压烧结材料的一个有害特征。

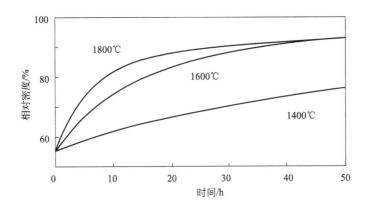

图 10.12 碳化钽在 30MPa 压力不同保温温度下，相对密度与保温时间的对应关系[14]

开始时致密化速率随温度增加而增大

10.4.1 体积扩散蠕变

对于由体积扩散控制的致密化过程，压力作用下的蠕变将材料从受压缩的接触处移动到受拉伸的气孔表面沉积点。蠕变的实质是空位和原子的移动。空位的数量和原子的移动速率都是由温度决定的。这样，在高温高压条件下，材料的致密化速率较大。在压力和温度共同作用下的烧结，也就是加压烧结条件下，早期的模型就是假定粉末是一种黏性体[4,16-19]。

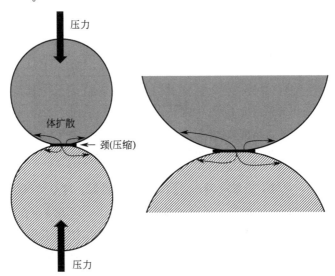

图 10.13 压应力作用下，两个颗粒接触的模式图

表示了烧结颈的晶界和压缩区域的体积扩散作用下，导致的体积扩散蠕变致密化原理

实际上的烧结过程更加复杂。烧结刚开始时，塑性流动使晶间接触面积不断增大，但是由于接触面积增大导致有效压力下降，之后便是扩散占主导作用。在最后阶段，扩散蠕变控制气孔的消失。受蠕变控制的体积扩散常被称为 Nabarro-Herring 蠕变，当空位受压

力梯度诱导从受压界面流向受拉界面时，该蠕变发生。图 10.13 为质量传递过程示意图，质量传动从接触面开始，穿过晶格，在离开烧结颈的气孔表面沉积。空位流动沿相反的方向进行，在晶界处消失。

受体积扩散控制的收缩率模型 $\mathrm{d}(\Delta L/L_0)/\mathrm{d}t$ 如下[20]：

$$\frac{\mathrm{d}\left(\dfrac{\Delta L}{L_0}\right)}{\mathrm{d}t}=\frac{13.3\Omega D_{V_0}\exp\left[-\dfrac{Q_V}{RT}\right]}{RTG^2}\frac{(1-f)}{(1-f_0)}\left(\frac{4\gamma_{SV}}{d}+P_E\right) \tag{10.14}$$

式中，T 是热力学温度；R 为气体常数；Ω 是原子体积；D_{V_0} 是体积扩散频率因子；Q_V 是体积扩散激活能；G 是晶粒尺寸；γ_{SV} 是气固表面能；f 是相对密度；f_0 是初始相对密度；d 是气孔尺寸；P_E 是有效压力。随着接近全致密，收缩速率逐渐降低为零。体积扩散对温度十分敏感，在较高温度下，致密化速率增加很快。

空位在晶界处消失是体积扩散蠕变的关键。空位向晶界的流动导致了晶界的旋转或迁移。一个典型的情况就是，表面能在 $1\sim2\mathrm{J/m^2}$ 的范围时，微观组织尺度约为 $0.1\sim20\mu\mathrm{m}$。因此，与弯曲的气孔表面有关的内部烧结压力为 $1\sim20\mathrm{MPa}$。如前面图 10.11 氧化铝的数据显示，为获得较大的致密化速率，需要有较高的有效压力。

10.4.2　晶界扩散蠕变

大部分晶体粉末是通过晶界扩散烧结，在加压烧结中也是如此。晶界在晶粒接触处形成，是质量传输的快速通道，特别是应力梯度存在的情况下，更是能够提高传输速率[21,22]。在加压烧结中，烧结体的收缩率是依靠沿晶界收缩，晶界只有几个原子的厚度。物质沿晶界流动的模式如图 10.14 所示。晶界厚度取决于分离膜和夹杂物，但是对于纯净物来说，晶界厚度约为 $5\sim10$ 个原子层。由晶界扩散决定烧结收缩率 $\mathrm{d}(\Delta L/L_0)$ 如下[23-26]：

$$\frac{\mathrm{d}\left(\dfrac{\Delta L}{L_0}\right)}{\mathrm{d}t}=\frac{47.5\delta\Omega D_{B_0}\exp\left[-\dfrac{Q_B}{RT}\right]}{RTG^2}\frac{(1-f)}{(1-f_0)}\left(\frac{4\gamma_{SV}}{d}+P_E\right) \tag{10.15}$$

式中，f 是相对密度；f_0 是初始相对密度；T 是热力学温度；R 是气体常数；δ 是晶界宽度；Ω 是原子体积；D_{B_0} 是晶界扩散频率因子；Q_B 是晶界扩散激活能；G 是晶粒大小；γ_{SV} 是气-固表面能；d 是气孔大小或是类似的微观组织尺度特征；P_E 是有效压力。有效压力是根据外加压力和相对密度计算得到的。数据显示，随着致密化的进行，致密化速率不断下降。晶界扩散对温度十分敏感。

具有较大晶界面积的小晶粒对加压烧结十分敏感，因为小晶粒具有大量活性晶界，且传输距离小。在这种情况下晶界扩散非常重要。图 10.15 是不同粒径粉末在 50MPa、1200℃（1473K）条件下烧结 1h，得到的氧化铝的烧结数据。粒度越小，致密化程度越高，这是因为晶粒尺寸决定着扩散距离。

晶界处的液相膜和玻璃相可以提供快速扩散的路径。已证实，对于多数陶瓷来说，这样的薄膜对材料的致密化非常重要[27,28]。图 10.16 给出了添加不同量氧化钇的氮化硅在

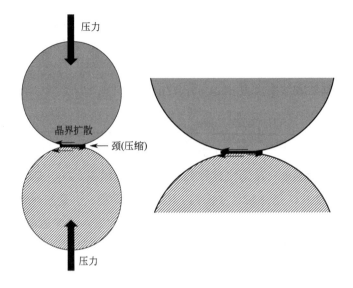

图 10.14 与图 10.13 相似，晶界扩散蠕变将质量从接触区运到气孔表面，通过晶界扩散进行

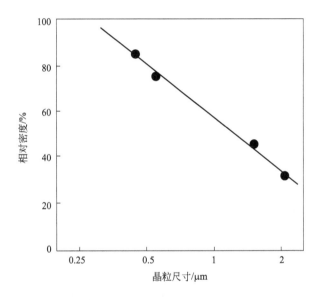

图 10.15 氧化铝粉末在 1200℃（1473K）、50MPa 条件下保温 1h 的烧结数据

在烧结过程中晶粒尺寸越小，晶界面积越大。晶粒尺寸越小，运输距离越近，曲线弯曲越陡，扩散可用的晶界越多

加压烧结后孔隙率的数据，烧结工艺参数为 1800℃（2073K），90MPa，保温 3h[29]。氧化钇在晶界处的偏析导致快速扩散，使得最终的孔隙率降低。

10.4.3　位错攀移和幂律蠕变

位错攀移是一个包含体积扩散和位错运动的高温蠕变过程。高温高压下，位错蠕变非常活跃[9,30,31]。由于开始的塑性流动使位错数量增加，因此最初时形变速率很高。原子从晶界移动到位错的距离比移动到一个自由表面要短。因此，由位错攀移速度决定的致密

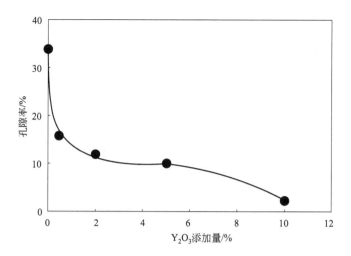

图 10.16　添加不同量氧化钇的氮化硅在加压烧结 (1800℃, 90MPa, 3h) 后孔隙率[29]

晶界处偏析形成的黏性相有助于烧结致密化

化速率可以用一个幂律蠕变模型所描述，收缩速率 d($\Delta L/L_0$)/dt 为[32,33]：

$$\frac{\mathrm{d}\left(\dfrac{\Delta L}{L_0}\right)}{\mathrm{d}t} = \frac{CbUD_{V_0}\exp\left[-\dfrac{Q_V}{RT}\right]}{RT} \frac{(1-f)}{(1-f_0)}\left(\frac{P_E}{U}\right)^n \tag{10.16}$$

式中，C 是材料常量；T 是热力学温度；R 是气体常数；b 是伯氏矢量（约为原子间隔大小）；D_{V_0} 是体积扩散频率因子；Q_V 是体积扩散所需的激活能；U 是切变模量；f 是相对密度；f_0 是起始相对密度；P_E 是有效压力。这种情况下收缩速率不依赖于晶粒尺寸，且压力很高以至于固-气表面能可以忽略。指数 n 与应变速率敏感度有关。

在很多情况下，这个模型都可以有效地解释实验数据。例如，材料在加压烧结过程中，压力和蠕变应变速率遵循 $n=2$ 的规律时发生的超塑性流动。这是一个特殊情况，发生在具有稳定的小晶粒（<1μm）的两相微观组织中，例如高碳钢与陶瓷-陶瓷复合材料。

由各种机制引起的致密化速率的线性组合可以给出总体致密化速率，与有限元法得到的黏度近似[34-36]。瞬时速率对时间积分可以预测最终密度、成分尺度或微观组织。在这方面虽然有了许多修正，但是基本特征是明显的，且能够与实验数据很好地相符。

10.4.4　液相和黏滞相

液相可以实现快速扩散，因此晶粒间的晶界处的液相或非晶相可以加速加压过程中的致密化。图 10.17 显示了这个优势，图中为含有 20%（体积分数）液相的镍基高温合金的烧结收缩率与外加压力的关系[37]。收缩率随着外加压力呈线性增长。0.4MPa（大约 4 个大气压）的较小外部压力就能显著改变材料的烧结性能。

还有一种利用液相进行固结的方法，是在真空下烧结到闭孔状态，随后通过热脉冲对工件加热，同时施加压力，固相线温度时在晶界处形成液相，使材料快速致密化。这实质上是超固相线液相烧结。

对于固相颗粒与液相或玻璃相的混合相来说，固-液-气混合相黏度 η 随成分而改变，如下：

$$\eta = \frac{\eta_0 \exp[-a(1-f)]}{\left(1-\dfrac{\varphi}{\varphi_C}\right)^2} \qquad (10.17)$$

式中，η_0 是非晶相的黏度；φ 是固相系统的分数；φ_C 是发生黏性流动的临界分数（约为0.2）。如果 φ 超过临界值，就没有变形产生。对于固体颗粒与黏性液相的混合物，黏性相为固体颗粒的滑动提供润滑，促进黏性流动。如果固体颗粒发生分解，黏性相就显得非常重要，包含金刚石的体系就是一个例子。较高温度下的黏度降低有利于致密化。而且，系统黏度取决于固-液比和孔隙率，因此，气孔消失时黏度增加。压力越大致密化越快。

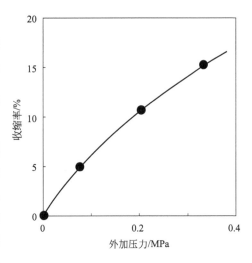

图 10.17 镍基高温合金粉末的烧结收缩率[37]
在加压烧结过程中液相可以提高传输速率。
图中粉末被加热到 1280℃，保温 75min，
其中液相体积分数为 20％

对于晶界相含液相的结晶固体或者纯非晶粉末的致密化，黏性流动可促使致密化的进行。液相不能承受剪切应力，这样，黏性材料致密化速率正比于有效压力 P_E：

$$\frac{\mathrm{d}f}{\mathrm{d}t} = \frac{3P_E(1-f)}{4\eta(1-f_0)} \qquad (10.18)$$

式中，f 是相对密度；f_0 是初始相对密度；η 是体系的黏度。黏度和扩散率呈负相关——高扩散率对应低黏度。

黏性相和剪应力的结合诱导晶粒重排，外部压力补充毛细作用力。对于固相通过液相进行扩散的情况，收缩率如下[38]：

$$\frac{\Delta L}{L_0} = \left(\frac{g\delta D_L C\Omega t}{G^3 RT}\right)\left(\frac{4\gamma_{LV}}{d} + P_E - P_p\right) \qquad (10.19)$$

式中，g 是数值常数；δ 是晶粒间的液态膜厚度；D_L 是液相中的扩散速率，随温度变化；C 是固相在液相中的溶解度；Ω 是固相的原子容积；t 是烧结时间；G 是固体晶粒尺寸；R 是气体常数；T 是热力学温度；γ_{LV} 是液-气表面能；d 是孔隙直径；P_E 是有效压力；P_p 是气孔中的气体压力。此模型仅对多孔情况有效，这是由于当达到完全致密化时，收缩结束。收缩和收缩率与密度和致密化速率有关，这在第 7 章用几何模型介绍过。

10.4.5 反应和放热过程

在一些混合粉末中会发生反应，形成化合物。放热反应放出的热量对烧结体有利。应用外部压力的烧结通常包括反应热等静压、放热热压、反应准等静压、反应挤压、脉冲放电压力燃烧烧结、快速烧结、加压自蔓延高温合成等。这对于金属间化合物、化合物、复合材料的烧结来说，是很好的方法[39-42]。

例如，钛和硼粉末的混合物在密封状态、100MPa 压力下，被加热到 700℃（973K），生成致密的 TiB_2。在加热过程中，放热反应释放出 293kJ/mol 的热量用于自加热，因此反应过程中的峰值温度会超过炉的设定温度。通过反应加压烧结的方法可制成晶粒尺寸为 $5\mu m$，具有超高硬度的工件。如果有过量的钛，就会形成含有二硼化钛的钛基复合材料。

也有采用爆炸反应的，但爆炸产生的冲击波会破坏晶粒界面，导致碎片的产生。这种方法通常应用于陶瓷、复合材料和金属间化合物[43]。在合成高温复合材料并同时使其致密化的过程中，这种方法可产生最大的功效，例如 Al_2O_3-TiC 的合成。在 30MPa、1750℃（2023K）条件下，氧化铝、钛和石墨的混合物可反应生成碳化物。合成反应放出的热量促进了加压条件下反应产物的致密化。放出的热量、工件质量与热容决定了峰值温度，热损失取决于工件表面积与体积之比。遗憾的是，这个过程很难精确测量，因此仍有很多令人好奇之处。

还有一种方法是烧结过程中在材料中通入气体。例如固结过程中氮化铝的形成。另外一个例子是在氮气气氛中加压烧结，如用氮来增强钢。含有金属的材料在高压氢气下烧结，可以提高其致密化。

10.4.6　电场

压力可以加速烧结致密化进程。有一种方法可追溯到 19 世纪 90 年代后期，是利用电流在加压粉末颗粒间放电来促进致密化。这种方法最初时被称为放电烧结[44]，当其在放电机加工行业中开始应用时，它被改称为放电等离子烧结[45]。后来的结果显示，并没有等离子体，因此严格说来放电烧结可能更为合适，但现在有一些术语仍在使用[46]：电流激活压力辅助烧结；电流辅助烧结；电脉冲辅助固结；放电致密化；电固结；电场辅助烧结技术；电场效应活化烧结；压力等离子体固结；脉冲放电烧结；脉冲电流烧结；放电等离子体烧结；放电烧结。

在加热和致密化过程中，由于材料导电性的差异，其控制变得复杂。在固结工艺刚开始时，即使金属粉末是电的不良导体，但随着致密化的进行，它们也变得导电。有时候，块体材料致密化后导电性变得很好，以至于难以对它准确加热。另一方面，绝缘体材料需要依赖模具对其加热。对于有氧化物涂层的材料，例如氧化铝，情况更加复杂，但是材料在 0.3℃/s 升温到 600℃、40MPa 保温 30min 的条件下进行放电烧结，密度可以达到 99.7%。热压烧结也能达到这种效果，对比强度和延伸率，放电烧结材料分别为 93MPa 和 48%，而热压烧结材料为 90MPa 和 50%。放电烧结能使材料在很短的时间内达到较高的性能，可能是因为表面膜的破坏。两种方法在完全致密化时都能达到类似的性能。

放电烧结技术的优势在于快速加热，短时间保温，以及可能的电场诱导扩散[45-51]。前两项在许多热固结方法中也可能实现。例如，在热压中可通过放热反应、感应加热和电容放电实现快速加热。同样地，热等静压过程仅需 1min。放热反应热压和热等静压都不需要电流，时间很短，且能提供晶粒细小的密致材料[51-57]。通过快速加热，可以避免较低温度的表面扩散，从而可以携带更多的表面能到高温，高温时晶界扩散能够起到更大作用。

在放电烧结领域，对于一些新现象的推测以及尚不明确的作用主要源自以下方面[58]：

① 晶界结构发生变化，例如界面的形成与迁移。

② 改变晶界移动和偏析。

③ 电迁移促进扩散。

在放电烧结中，可以促进电迁移扩散的电流密度通常需要超过 $1000A/cm^2$。作为加速原子迁移的方法，首先假设的是电迁移[59]。对扩散作用的促进程度取决于由于电场 E 引起的原子漂移速度 v：

$$v = \frac{DZeE}{kT} \tag{10.20}$$

式中，D 是材料的固有扩散系数，随温度改变；Z 是依赖于材料的试验因素，测量值约为 0.1；e 是电荷量（1.6×10^{-19}C）；k 是玻尔兹曼常数；T 是热力学温度。

对于铜来说，800℃（1073K）时，其体积扩散率为 $2.5 \times 10^{-15} m^2/s$，在 1s 内原子的平均位移是 $0.123\mu m$，当 5V 的电压施加到 3mm 厚的块样上时，电场为 1.67×10^3 V/m，因此由电迁移附加的位移是 $4.5 \times 10^{-6} \mu m$。这是微不足道的（约为 0.004%）。然而，在放电烧结开始时，小颗粒块体将电流集中到较高的水平，这种电流集中能够促进颗粒黏合。随着烧结颈的长大，电流密度下降，上述效果便会减小或消失。然而，电子流仍会对积累空位起作用，导致大孔的生长。通常情况下，烧结过程中的扩散流量取决于浓度梯度，但电迁移增加了新的内容，包括电荷、电场和迁移率[60]。主要的电迁移从 1s 或更高的直流脉冲开始，但是许多工作采用的都是 2～3ms 的脉冲，不会引起电迁移。

当电压梯度较大时，即使没有外加压力，也可以得到较小的晶粒尺寸[61]。晶界膜优先与电场发生相互作用。对于诸如硬质合金或金刚石这样的亚稳材料，固结时会发生分解，分解量随时间、温度、压力这三者的变化如下[62]：

$$\frac{dx}{dt} = \beta \exp \left[-\frac{E + p\Delta V}{RT} \right] \tag{10.21}$$

式中，x 是已分解量（质量分数）；t 是时间；T 是温度；E 是分解活化能；p 是压力；ΔV 是活化体积；R 是气体常数；参数 β 是速率常数，取决于气氛成分（氩气、氧气、空气之类的）。例如，根据结晶取向，金刚石的分解活化能为 728～1159kJ/mol，活化体积为 $10cm^3$/mol。对于像金刚石这样不稳定的材料来说，这个模型显示，可通过放电烧结，用尽可能短的时间，较低温度进行烧结。然而，当接近全致密时，电流浓度下降，这种相对于热压或其他固结方法的优势便会消失。众所周知，放电烧结最大的优势就是快速加热。

10.5 多种机制控制的致密化速率

加压烧结的特点可以结合致密化示意图进行理解，其中多种机制共同作用决定了总体效果[1,8,63]。致密化示意图包括塑性流动、蠕变和扩散过程的图解组合，主要是基于生坯密度、颗粒大小、温度、压力和时间这些参数。

为了绘制加压烧结致密化示意图，需要对初始结构进行定义，并对每种机制的质量流动进行分析[9,34,64,65]。将速率叠加可以得到烧结颈尺寸、收缩、气孔大小、晶粒尺寸的净变化和相关的参数。简单地说，相对密度 f 可计算如下：

$$f = f_0 + \left[\frac{(1-f_0)P_A}{1.3\delta_\gamma} + f_0^3\right]^{1/3} + \int_0^t \sum \frac{\mathrm{d}\left(\frac{\Delta L}{L_0}\right)}{\mathrm{d}t}\mathrm{d}t \tag{10.22}$$

初始密度为 f_0，固结过程通过一个与时间无关的模式——塑性流动发展，然后以一种时间相关的方式获得进一步发展。这种时间相关的方式基于蠕变机制、体积扩散、晶界扩散和幂次定律蠕变等所叠加得到的收缩速率。在致密化过程中，各项贡献相对会发生改变，例如由于晶粒长大和致密化而发生变化。瞬时速率是对时间的积分。

这些模型可通过计算机模拟实现。早期一些模拟是针对烧结颈尺寸，但之后的计算逐渐转入对密度、工件的尺寸与形状以及最终缺陷进行预测。这些缺陷主要是由不均匀加热或者粉体的变形引起的[66,67]。

压力辅助烧结的整体工作可以通过一个包含关键工艺变量的单曲线进行致密化预测[68]。图 10.18 为热压的实例曲线。参数 θ 是基于时间-温度的积分：

$$\theta = \int_0^t \frac{1}{T}\exp\left[-\frac{Q}{RT}\right]\mathrm{d}t \tag{10.23}$$

式中，T 是热力学温度；t 是时间；R 为气体常数；Q 是表观活化能。这个积分反映出密度变化、热软化、扩散和蠕变、晶粒长大和其他因素对致密化的联合效应，所有因素都被集中在一个参数中。对于氧化铝来说，加热速率为 $30\sim150℃/\mathrm{min}$ 时，释放出的表观活化能为 $290\mathrm{kJ/mol}$。

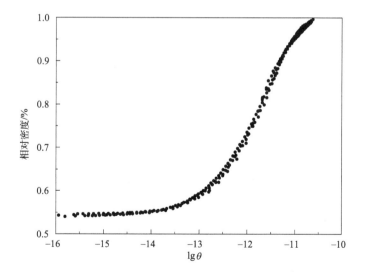

图 10.18　颗粒大小为 $0.15\mu\mathrm{m}$，初始相对密度为 55% 的氧化铝的热压烧结数据

烧结在 50MPa 外加压力下进行，用不同加热速率（$30\sim150℃/\mathrm{min}$）加热到 1200℃（1473K），

且保温 15min。图中给出了相对密度与时间-温度的积分的对应关系

10.6 密度与机理图

致密化示意图就是加压烧结过程中工艺特征的图形演示[9,69-71]。瞬时质量流可通过对每一种贡献进行计算并对时间积分得到。输入几个参数来描述材料、粉末和加工条件，结果就是对应加工参数的密度图。图 10.19 给出了两个这样的图，分别是 $50\mu m$ 的工具钢在恒定温度和恒定压力下的固结密度图。蠕变和塑性流动是烧结中最重要的部分，在图中均描绘出了轮廓。图 10.19（a）是温度恒定在 1200℃（1473K），分别保温 0.25h、0.5h、1h、2h 或 4h 时，烧结致密度随压力的变化曲线。在该温度下，一旦外加压力增大，材料致密化就很快。典型的固结条件是 200MPa，在这个压力下可以快速致密化。边界线就是运输机制相同的区域（但是贡献率不一定是 50％，因为其他过程也很活跃）。图 10.19（b）对应于外加压力 100MPa 时不同温度的情况，例如在 1100℃时材料在 1h 内能达到全致密。在短时间内，尤其在低温下，蠕变决定了致密化。

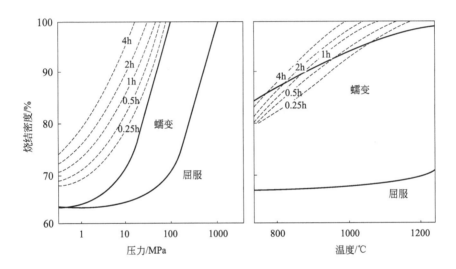

图 10.19 $50\mu m$ 的工具钢在恒定温度和恒定压力下的固结密度图

(a) 1200℃（1473K）分别保温 0.25h、0.5h、1h、2h 或 4h，烧结密度与外加压力的对应关系；
(b) 100MPa 固定压力下保压 0.25h、0.5h、1h、2h 或 4h，烧结密度与温度的对应关系

也可以通过评估工艺变量之间的相互影响来优化加压烧结。例如，如图 10.20 所示，合适的温度和压力组合可使 $50\mu m$ 和 $100\mu m$ 的工具钢粉末达到 99％的烧结密度。颗粒尺寸也很重要，尺寸小的粉末略有优势。然而，烧结温度的作用最大。

图 10.21 给出了相似的致密化示意图，使用 $10\mu m$ 粉末制成钛铝金属间化合物（Ti_3Al）。图中显示了使 $10\mu m$ 粉末达到全致密的温度和压力条件，显示降低温度和压力时，烧结所需的时间会更长。晶界扩散占主导地位，特别是在较低温度下。

以上这些密度计算，以及相关的模型常被用来预测晶粒尺寸、最终形状、工件尺寸和缺陷[72-74]。

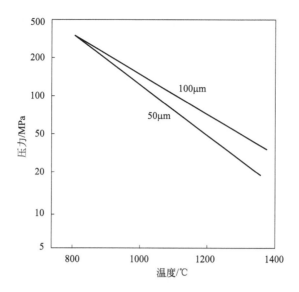

图 10.20　两种颗粒大小不同的工具钢粉末类似的热压图像

图中展现了 1h 内达到 99% 致密度所需要的温度

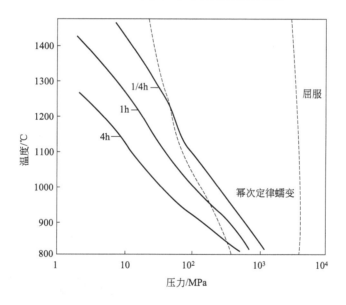

图 10.21　加压烧结颗粒粒径为 10μm，初始密度为 62% 的钛铝合金粉，致密化过程中的温度-压力图

图中的等温等压线表明烧结周期较长时需要的温度或压力更低

10.7 微观组织演化

微观组织对烧结材料的性能有重要作用，它是仅次于密度的第二大因素。即使在全致密的情况下，材料的力学性能仍由晶粒大小、缺陷和界面偏析所决定。加压烧结可以去除气孔，但是它在尺寸控制方面比较弱，会出现微观组织粗化的问题。另外加压烧结常在模具或容器中进行，模具和容器可能会污染材料。表面污染物通常表现为局部大颗粒和反应产物[47]。

在加压烧结过程中，压力能够促使晶粒接触从而加快晶粒长大。图 10.22 为氧化铝在 1300℃（1573K）保温 1h 固结过程中的晶粒长大[75]。晶粒尺寸变大是因为压力能诱导早期的大晶粒接触，直到晶粒长大发生。

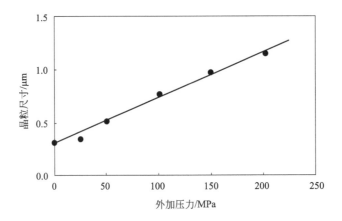

图 10.22 氧化铝在 1300℃（1573K）保温 1h 进行烧结时，晶粒尺寸与外加压力的对应关系[75]

高压能够增加晶粒接触，使晶粒尺寸更大，获得更高的密度

快速致密化工艺可以减少微观组织粗化的时间，可以阻碍或防止相反应或相分解，从而改善微观组织。这是放电烧结的一个主要优点。另一方面，必须控制污染物的来源。小颗粒的表面膜是一个难题，有时是因暴露在空气中引起的。如果表面富集杂质，不希望的析出相就会优先在颗粒边界形成[76]。图 10.23 显示了粉末热等静压时出现的这种特征。微观组织中不存在气孔，但氧化物聚集在颗粒边界，形成断裂路径，导致材料性能降低。图 10.24 给出了致密铁基合金优先在颗粒边界失效的例子。通常这种合金会表现出较好的延展性，具有韧窝断裂面。但由于颗粒边界优先受到杂质污染，材料的性能可能会变得很差。如果发生了这种情况，即使是加压烧结使材料达到全致密也难以保证材料优异的性

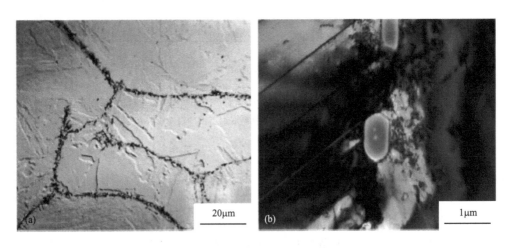

图 10.23 热等静压铁合金的显微图片

（a）存在于颗粒边界上的优先析出物（低倍数图）；（b）单个 TiC 析出物的透射电镜图像

能。通常固结过程中的剪切力有助于破坏这些表面膜，从而有利于材料的性能。

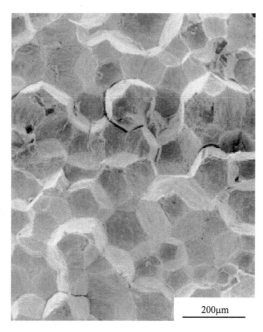

图 10.24　热等静压到全致密的铁基合金断裂面的扫描电镜图像
因颗粒边界优先析出物没有延展性而很容易断裂

工具材料中的污染物是个令人忧心的问题。图 10.25 对比了利用加压烧结的钢内部和表面同样放大倍数的微观组织。材料外表面被污染后，由于浓度梯度的存在，性能出现不

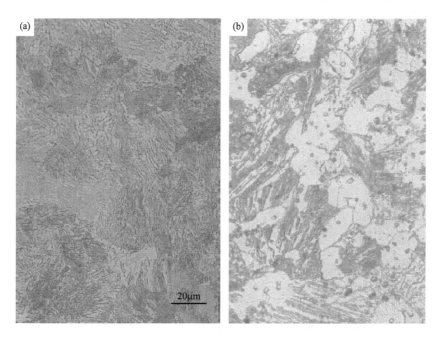

图 10.25　同一加压烧结体中的两个区域微观组织
（a）材料的内部结构；（b）材料被污染的表面区域

同。类似的问题也会出现在有晶界膜的化合物中。晶界膜在冷却处析出，并导致脆弱相连续层的生成，尽管材料是全致密的，但其抗断裂性能会大大减弱[77,78]。

10.8 加压技术

施加外部压力可以加速烧结过程。加压方式很多，加压方式不同压力状态也不同，例如无剪切力的等静压，具有很好剪切力的热挤压等。常见的加压方法有：

① 热等静压。用热气体加热和加压；粉末在软质容器中密封，或在热气加压前烧结成闭孔状态。

② 烧结-热等静压。分两个阶段，第一阶段在真空条件下烧结到闭孔状态，接下来在第二阶段中通过炉子加压直至气孔塌陷。

③ 单轴热压。对模具中的粉末以高压、低应变速率沿同一轴线加压，同时进行加热。

④ 镦锻。单轴方向对粉末压坯施加高应变速率的压力，并产生横向流，通常使用具有足够强度的初步烧结材料，以防止断裂。

⑤ 烧结锻造。以低压和低应变速率的方式施加单轴压力，在烧结过程中提供剪切应力，使材料变形和致密化。

⑥ 颗粒锻造。对模具中加热的颗粒（石墨或陶瓷）单向加压，从而为嵌入颗粒剂的加热粉末提供准静态压力。

⑦ 热挤压。将加热的粉末通过狭窄的模具，使其形成直壁的几何结构，通常使用初步烧结的多孔粉末坯体。

⑧ 放电烧结。类似于热压，使电流通过模具与粉末进行加热，加热速率很快，且是单轴压缩。

加压烧结技术采用温度和压力组合来去除气孔。净成形可以用来制造最终尺寸和形状的构件以消除机械加工。图 10.26 给出了工序的原理图。横坐标是实际温度与熔化温度之比，纵坐标是在该温度下外加压力与屈服强度之比。高温条件下需要的压力较小，高压条件下需要的温度较低。合适的工艺参数、小的颗粒尺寸、高压和高温有助于快速致密化。可以获得全致密的工艺参数的组合有很多[1,49,79-84]。

我们的目的是为了理解致密化，尤其是理解复合材料的致密化。复合材料本质上难以烧结，因此其加压烧结更加引人注目。对于包含化学反应的系统，一个比较合理的方法是先引发反应，然后加压，以避免不均匀性。因此，一些加工技术是在加热后再加压。

10.8.1 应力状态和应变速率

加压烧结时，在致密化过程中应力状态会发生变化，这会影响颗粒的移动和尺寸变化。平均压力或流体静应力决定了气孔收缩，控制着致密化速率。切应力通过滑移诱导颗粒重排，使大孔塌陷，同时破坏颗粒表面膜。图 10.27 对比了切应力与静压状态下气孔的

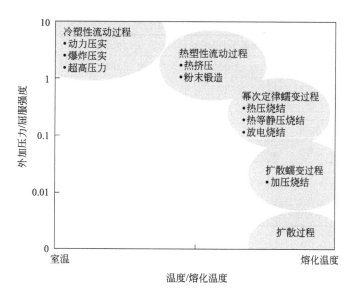

图 10.26　不同的加压烧结方法对应的相对温度（温度与熔化温度之比）

和相对压力（外加压力与屈服强度之比）

第三个轴是时间，如果扩散过程慢就需要更多时间，较低温度下会发生快速的致密化过程

塌陷。切应力引起的尺寸不均匀变化是一个劣势，也就意味着最终工件形状的精度不够高。即使如此，因为颗粒切变可以使材料具有很高的力学性能，粉末锻造仍被广泛应用。

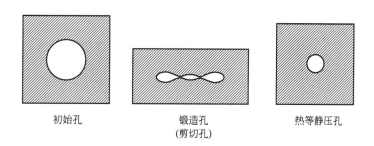

图 10.27　在加压烧结过程中，不同的应力状态使圆孔发生的不同变化

通常情况下，切应力（如锻造）可使气孔产生更多的拖尾效应，但仍是不均匀致密化；

静压闭合可使气孔收缩而不产生新的烧结黏结

表 10.1 对几种主要的加压烧结方法进行了对比分析。图 10.28 中的示意图简单说明了这些方法的压力状态。注意到三维压制和热压（以及其他准静态方法，例如颗粒锻造）本质上是相同的应力状态，致密化效果相等。

⊡ **表 10.1　加压烧结方法的对比**

工艺	峰值温度/℃	峰值压力/MPa	应力状态	最小保持时间/min	应变速率
单轴热压	至 2200	100	压缩,有些剪切	15～60	低
热等静压	至 2200	200	等静压	60～120	很低
烧结-热等静压	至 1500	20	等静压	60	很低

工艺	峰值温度/℃	峰值压力/MPa	应力状态	最小保持时间/min	应变速率
电火花烧结	2200	100	压缩,有些剪切	10	中级
粉末锻造	1000	500	压缩,剪切,有些拉伸	0.1	高
烧结锻造	800	10	压缩,剪切,少许拉伸	60	低
三轴压制	1500	100	压缩,有些剪切	15~60	中级
热挤压	1300	50	压缩,拉伸剪切	<1	很高
气体锻造	1200	50	等静压	<1	很高
颗粒锻造	1300	200	准等静压	10	中级
动态压实	不加热	1000	压缩,拉伸剪切	1μs	很高

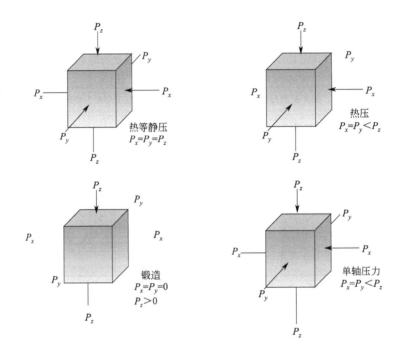

图 10.28 一些比较经典的烧结过程中压力状态的示意图

热等静压各个方向的压力都相同;热压纵轴上有外加压力,模具壁会约束压力;
锻造也是单轴压力,但刚开始时没有约束;三维压制是热压和热等静压的混合

在热等静压(HIP)工艺中,热气体能够提供各方面都比较均匀的应力。这类似于在无压烧结过程中由表面能产生的流体静力学状态。因为压力是均匀的,所以在块体中不存在剪切力,且所有点都是完全相同的应力状态。热等静压的优势是均匀致密化,且表面膜没有被破坏,所以粉末应该在避免污染的条件下进行处理。烧结-热等静压的变化是一样的,但是压力容器通常只能承受低压。

单轴热压发生在外部加热的模具里。致密化过程中,径向应力与施加的轴向应力成正比。单轴热压中存在切应变。最常见的模具是石墨,它会对温度、压力和气氛产生综合限制。

　　采用粉末锻造（PE）工艺时，先将粉末初步预烧结成无约束多孔坯料，然后将坯料压成饼状，压制过程粉末沿模具边缘流动。由于材料受到模具的径向约束，所以粉末锻造中有很大的切变分量。粉末锻造的变例有颗粒锻造和气体锻造。颗粒锻造时，粉末块体中嵌入可热变形的石墨小球，以便于在单轴向压制时提供约束。气体锻造更像热等静压，但压力脉冲是由液氩或液氮喷射到热工作室中所产生的。液体的快速蒸发产生高应变率的脉冲锻造压力。

　　三维压制是补充了轴向加压的热等静压方法。实际上，它是热压和液压的组合。与热压截然相反的是，三维压制允许轴向压力单独调节。因此，三维压制的应力状态处于热压和液压二者之间。应力条件与颗粒锻造相同。剪切应力在锻造工艺中最高，而在热等静压中最低。

　　基于气体的压力技术，像热等静压，存在流体力学中的静压力而没有切应力。轴向和径向应力相同，且缺少切应力，导致大气孔在低应力下很难塌陷。这种工艺的好处就是尺寸变化均匀，且基本上可预测。单轴热压含有来自模具壁的径向约束，径向应力在模具壁处产生，且与外加压力成正比。在加工过程中，通过控制单向压力以产生切应力来提高颗粒间结合，促使大气孔塌陷。烧结锻造也会有切应力。根据外加压力和烧结速率，烧结锻造可以造成径向膨胀或收缩。在低应力下，烧结应力产生的致密化收缩比径向流动产生的要高。相反，高应力下，横向流动占主体。

　　图 10.29 捕捉到了这些不同致密化方法的应力轨迹。粉末压缩会产生相反的张力。对于热等静压和其他流体静力学致密化过程，在烧结过程中，轴向应力和径向应力相等。因此，这些过程中，轨迹呈 45°斜面。理想的情况是，致密化后工件尺寸都很均匀。单轴热压由于模具壁的约束而没有径向应力，因此所有致密化都与块体高度的变化有关。这样的好处就是径向尺寸由模具决定，只有高应变或初始质量需要控制。锻造通常在高于工件屈

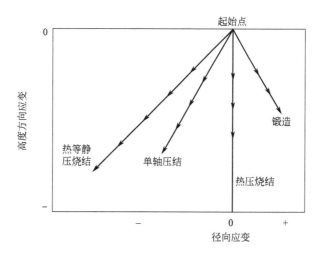

图 10.29　图 10.28 中给出的四个同样过程的应变轨迹

加压烧结过程可使材料致密化，但径向应变各不相同

服强度的高应力下进行。开始时高度减小而径向增大。如果锻造冲击太强，外表面就会断裂。如果外加应力低，会导致致密化不完全。三向加载下的径向应变会低于高度应变，从而会在热压和烧结之间产生一道路径。

所有的情况下，致密度都随外加压力的增大而增加。流体静力学条件下尺寸变化非常均匀。然而，包含重力和容器摩擦等其他因素会对上述均匀性产生影响。剪切应力可以提高致密度，但通常情况下作用不是很大。例如对于 99.5% 致密度的钛合金，在热等静压条件下，可以通过 850℃ （1123K）、117MPa 保持 30min 的工艺获得。同样温度和时间下，同样的粉末，在三维压力下，需要轴向压力 169MPa，径向压力 90MPa。这等价于116MPa 的热等静压所需的压力。

10.8.2　单轴热压

如图 10.30 所示，热压在刚性模中进行，载荷沿纵向加载。为避免模具遭到破坏，石墨模具需放在保护气氛或真空腔体中。载荷沿纵轴施加到冲压头上，压力来源于外部的液压系统。虽然压力沿纵轴施加，却有对抗模壁的径向压力。纵向和径向的压力差会产生切应力，切应力有助于颗粒的黏结。切应力与外加应力成正比。致密化初期包括颗粒重排和塑性流动。随着致密化的进行，晶界扩散和体积扩散引起的蠕变开始占主体。

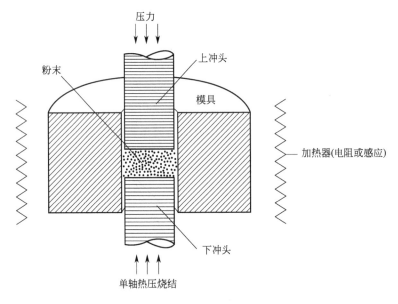

图 10.30　单轴热压烧结的原理图

其中压力通过石墨冲头沿纵轴施加，粉末放置在热模具中。可以通过电阻加热，通过感应加热会更快些，
通过放热反应加热会非常快。除了石墨，也可以使用其他模具材料，加热过程一般在真空中进行

对于感应加热来说，模具由石墨制成，但是石墨模具也可以用于电阻加热。其他的模具材料有难熔金属及其合金，有时在低应力时可以使用诸如氧化铝或碳化硅等陶瓷材料。感应加热对粉末压坯和模具之间的热膨胀相容性有要求，以避免它们在加热与冷却过程中断裂。一种选择是在加工温度下弹出块体。

单轴热压通常很慢，因为加热的工件与模具有关。典型的最高温度是 2200℃（2473K），最高压力为 50MPa。所有的热压成本都比较高，且直径一般限制为 400mm 以下。烧结体被模具污染是一直存在的问题。即使如此，该工艺仍被广泛用于制造独特的工件，特别是脆性材料。

单轴热压最重要的应用是金刚石-金属切削工具。一种典型的复合材料是，基体中包含 1.5μm 的钴颗粒，其中金刚石的体积分数为 10%。将这种复合材料放入石墨模具中，在 35MPa，最高温度 900℃（1173K）条件下进行热压，保温 2min，以避免金刚石分解。

单轴热压可能会诱发超塑性流动[85]。小晶粒组成的多相材料比较理想；控制应变速率是为了让扩散发生，使致密化均匀进行。在热压过程中，允许形成液相以快速致密化[86]。碳含量为 1.5% ~ 2% 的钢的致密化工艺是 1200℃（1473K）、100MPa 保温 10min[87]。

还有一个自 20 世纪 50 年代被应用的例子，是首先实施热压形成多孔结构陶瓷，然后在这种结构中渗入高温合金，形成复合材料。这种烧结-铸造方法在 Fe-TiC 的制备中非常成熟，所制成的复合材料的微观组织如图 10.31 所示。在润湿性不好的情况下，可采用单向压力将液态金属压入气孔，该方法也可用于 Al-SiC 与 Mg-SiC。

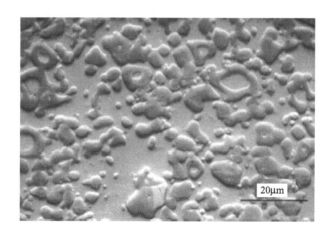

图 10.31　用烧结-铸造方法制备的 Fe-TiC 复合材料的微观组织
其中 TiC 首先热压形成骨架，然后将熔化的工具钢浸入骨架结构中，圆形的相是 TiC

10.8.3　热等静压

热等静压通过高压容器和静压气体来加压。压力腔体用锻钢加工，并配以绕丝支撑。工艺过程采用水冷，防止加压过程中的失效。热压过程存在四种选择：

① 将粉末放入容器（软金属或玻璃）中，然后将容器移入压力容器，加热加压几个小时。

② 将粉末放入容器中，加热装有粉末的容器，然后将容器放入压力装置并快速加压，没有附加加热。

③ 真空烧结粉末块体到闭孔状态（致密度约 95%），然后在高温下加压，所有过程在

同一个工艺循环过程中，这称为烧结-热等静压。

④ 真空烧结粉末块体到闭孔状态，冷却，然后在独立的工艺循环中加热、加压以消除气孔。

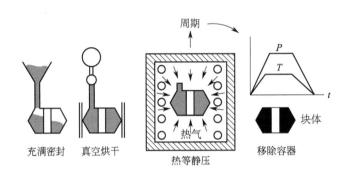

图 10.32 第一种选择对应的工艺过程示意图
容器中盛满粉末，排空气体，同时加热和加压，然后脱模，得到收缩后的工件

对于第一种选择，图 10.32 是其工艺顺序示意图，将粉末放入容器中，然后同时对容器加热和加压，主要控制参数为压力、温度与时间。图 10.33 给出了该工艺应用于大块硬质合金的情况，烧结件可适用于油井钻进。热等静压之前，加热填充粉末的容器，并真空除气以除去挥发性污染物，然后在真空中密封。如果不能对粉末充分脱气，就会导致热力学诱发型气孔，当热等静压后再加热，会在全致密块体中重新生成充有气体的气孔。由于压力相对较低，最终致密化由蠕变引起，为了扩散需要延长保温时间。

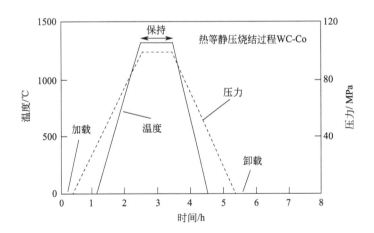

图 10.33 热等静烧结硬质合金时温度和压力与时间的对应关系
其中最高温度 1350～1400℃（1623～1673K），最高压力为 100MPa

还有一种情况，就是利用已经烧结过的烧结密度为 95％且具有闭孔的块体。这种已经成为一定形状的块体不需要容器。图 10.34 比较了致密化处理之前和之后的微观组织。烧结后，残余孔被消除，但晶粒尺寸变大。这种方法可用于制备硬质合金、耐磨材料、共价陶瓷、注射成形产品、钛基生体材料等。

制造没有内部加热的机械设备花费很少。对于大块坯料，不需要内部加热。在发生明显的冷却之前，将热坯料搬入压力容器进行固结即可。小工件的冷却非常快，所以这种设备大多用于大的工具钢坯料。加压由引入炉膛的气体的量决定，气体压力主要由泵体和气体热膨胀驱动。在热等静压中没有剪切应力，因此之前的颗粒边界膜没有断裂。许多报告指出，热等静压能使材料达到全致密，但力学性能未必很高。

　　无模热等静压适应于粉末烧结成闭孔状态且不需要模具的情况。对于粉末来说，气密容器主要用来使粉末成形。或者，热等静压容器是由在固结温度时可变形的材料制成，通常是玻璃、钢、不锈钢、钛或钽合金，具体采用什么材料主要取决于最高温度。高压氩气或氮气被用来将热量和压力传递到烧结工件上。通常温度可达 2200℃ （2473K），压力可达到 200MPa，根据需要与设计还可以达到更高。这些方法可用于的材料范围比较大。

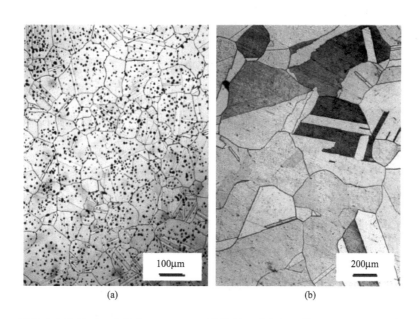

(a) (b)

图 10.34　铁镍合金烧结到闭孔状态（a）和通过热等静压进行加压烧结后的微观组织的比较（b）
可以看出热等静压后气孔的消失和晶粒尺寸变大

　　烧结-热等静压工艺将真空烧结与闭孔条件相结合，然后在同一工艺周期内进行热等静压。工艺过程中有一个关键点，就是用充足的气体充入真空烧结炉，可使残留的气孔塌陷。图 10.35 给出了示意图。初期的真空烧结可以可使工件致密化且能避免气泡。气孔闭合后，需要加压以消除最后的气孔。也有将烧结和热等静压分开到不同的炉体，分别进行工艺流程，但这种例子比较少。

10.8.4　三轴加压

　　热等静压产生的是流体静压力。三轴加压技术能够用附加的单轴压力补充热等静压。达到这种效果的一种方法是通过颗粒状或半流质的中间物对粉末预成型。这被称作快速全方位压制，可用于陶瓷颗粒的固结和钢粉末的铸造。力的传递通过像铜那样的低熔点材料

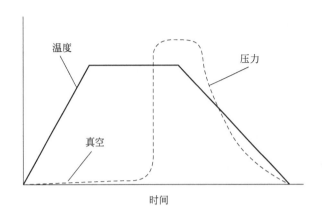

图 10.35　热等静压除了从开始时的真空状态移到后续的加压状态，
还有一个加热系统，运用合适的压力可使残留的孔隙塌陷

或石墨那样的软质相材料实现。软质相材料能够使单向压力转变成拟流体静应力，流体静应力约为附加压力的 1/3。这个合成的应力状态是流体静应力和单向应力的混合，也就是热等静压和锻造的混合。已证明，合成切应变有助于混合不规则的填充物，破坏颗粒表面膜，但也伴随着各向异性尺寸的改变。

10.8.5　放电烧结

放电烧结最初的想法可以追溯到早期在 WC、钨和难熔金属领域的尝试。放电烧结早期的成功是在 1910 年块状钨的烧结，后被应用于灯丝。随后，更多关注是在电磁领域的烧结，特别是金刚石和金刚石复合材料。

图 10.36 是放电烧结的示意图。放电烧结发生在真空热压环境中，通过用石墨电极穿过模具和粉末体输送电流。模具由石墨制成，可充当电流的通道，利用其电阻进行加热。如果粉末块体导电，电流也会通过粉末[50]。除了电阻式加热，其他产生热量的加热方式主要有电磁感应、辐射、微波、燃烧或热传导。

对于放电烧结来说，典型的工作条件取决于材料和工件大小，电压可能在 $5\sim15V$ 之间，电流能达到 20000A，脉冲直流的持续脉冲为 $2ms\sim15s$，压力能达到 200MPa。对于金刚石的固结，压力可达到 6GPa。大部分放电烧结用直流脉冲，但对于一些金属也可用交流脉冲。电流密度能达到 $10000A/cm^2$，但由于受到可用电流的限制，所以通常使用的是一些小设备。固结时间可以多达数小时，但快速加热时常为几分钟。为了避免在边角处形成电流集中，试样的形状最好是薄圆片，典型的厚度为 3mm。直径由粉末量和压力体系而定，一般为 $8\sim200mm$。

一旦温度和压力达到要求，致密化会非常迅速，但粉末块体中的温度分布并不均匀[88,89]。石墨作为模具材料需要环境保护，所以大部分的操作都在真空或氩气中进行。因为模具是密封状态，所以粉末块体周围的气压很高，通常含有一氧化碳。石墨很脆，这

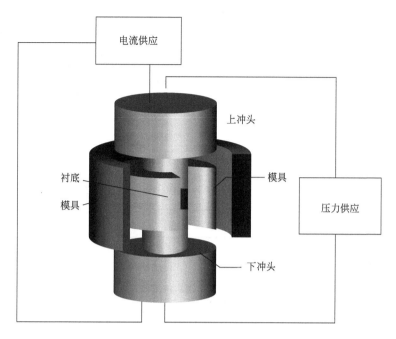

图 10.36　放电烧结示意图

放电烧结主要是在冲头施加压力的同时，使电流通过模具和粉末块体进行烧结。

通常模具和冲头由石墨制作，这也限制了最大压力，但是加热速度很快

限制了外加压力。如果电量供应很大，温度可以达到 2400℃ （2673K），支撑模具需要更高的压力。对于金刚石这种需要在 5～6GPa 进行烧结的材料，会用难熔金属 （例如钽）制成的特殊模具。石墨模具膨胀有可能会超过一定尺寸，此时可用粒状石墨以充填冲头和工件之间的空隙。

目前对放电烧结这项技术仍存在质疑。150℃的温度误差很常见，从位移记录的抽查来看，密度误差接近 5％。这样的话，就难以与标准热压进行直接比较。然而，在工艺和设备（时间、温度、加热速率、压力、工具状况等）已被校准的条件下，没有电流而通过快速加热的热压也具有同样的优势[90-92]。微观组织的轨迹相同，遵循先前给出的晶粒尺寸对密度依赖的经典规律。然而，图 10.37 给出的数据显示，与普通烧结相比，热压烧结和放电烧结都能得到较小的晶粒尺寸[91]。

10.8.6　热锻

锻造是高应变率状态下的变形过程，在高温下进行，原因在于高温下材料具有低强度和高延展性。多孔材料在某种条件下会因超塑性流动而变形，形成相当大程度的再成形。对于烧结，有两种热锻的例子：

① 高应变率锻造通过超过材料屈服强度的高压下进行实现快速致密化，通常应用于金属粉末。

② 低应变速率锻造在低压力下进行，可以通过扩散蠕变得到细晶粒分布的块体，通

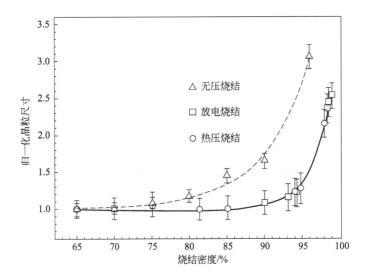

图 10.37 表示氧化铝的晶粒尺寸与烧结密度对应关系的烧结轨迹线[91]
无压烧结的数据显示，其晶粒尺寸更大，但放电烧结和热压烧结的轨迹线基本相同

常应用于陶瓷粉末。

粉末预成体可以在单一高应变速率锻造冲击下达到致密。这是用类似铁匠的方式实现的烧结。如果严格控制预成体的质量，就可以通过锻造制成全致密的最终尺寸的工件。图10.38举例说明了烧结用于锻造预成体。烧结块体通过塑性流动致密化。一些轴向流动能使块体膨胀到钢模壁。虽然质量保持不变，但体积随着气孔的塌陷而减小。钢模壁的约束能力决定了最高压力，压力过高会导致模壁断裂。坯体与钢模和冲头的摩擦会导致张应力和断裂，图10.39给出了周向张应力。对模具表面进行润滑可以减少断裂。虽然为了在锻造冲击下达到全致密，预成体的质量一定要充足，但最初的预成体密度对于断裂情况来说并不敏感。温度决定了致密化的必需压力。铁基材料的典型锻造温度不会超过1200℃（1473K），许多预成体都是在接近800℃（1073K）的温度下锻造的。预成体尺寸和密度由模具的横向约束、断裂条件和在单一冲击下获得全致密的需要所决定。

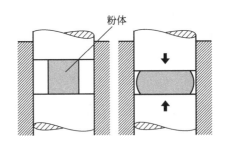

图 10.38 粉末锻造或烧结锻造沿纵轴方向的压力示意
一种情况是，加载速率很高且需要径向约束以防止破裂；另一种变形情况是，
加载速率很低，块体以内在烧结速率致密化且不需要纵向约束

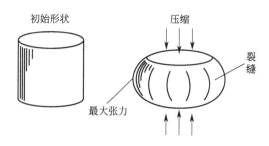

图 10.39　锻造烧结中工件外面存在较大的拉应力，易引起破裂

　　烧结锻造适应于易在高应变速率下断裂的高温陶瓷。烧结锻造包含应力下的压缩和与内在烧结速率一致的应变速率。烧结锻造压力很小（0.1～20MPa），与烧结压力在同一数量级。因此，达到全致密的时间与烧结所需的时间没有太大不同。图 10.40 显示了1500℃（1773K）时外加压力对氧化铝致密化产生的效果。低应力下，轴向尺寸和径向尺寸都会收缩。相反，高应力下，轴向收缩伴随着径向膨胀。烧结锻造的一个优点是，单轴加压会产生切应力，可以消除块体中的缺陷。

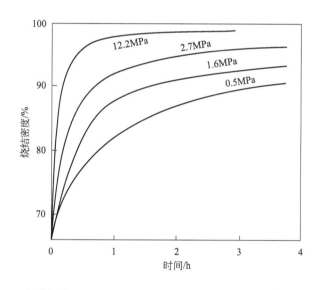

图 10.40　氧化铝在 1500℃（1773K）低压力下单轴压缩的烧结锻造数据[93]

该图显示了更高压力和更长时间条件下烧结密度的增长

10.8.7　气体锻造

　　气体锻造与热等静压相似，但是峰值压力会更高，更像粉末锻造所需的压力。应变速率和有效压力都很高时，致密化速率很快。为了达到这种条件，粉末密封于能够承受高压的炉子里，加热。一旦块体达到所设定的温度，液氩或液氮就会充入真空室。液体很快就转化成气体，产生快速的冲击压力。最终压力由工作温度、可用的真空室体积和充入真空室气体的量共同决定。这种方法省去了增压热等静压容器的时间。传统热等静压周期所需要的较低压力和较长时间会使微观组织更粗大，从而使材料最终性能较低。一种变例就是

用预烧结工件，这样就不再需要容器了。

在致密化过程中，锻造应变可能使力学性能急剧增大。以铁的强度为例：

① 采用传统的氢气烧结，在 1300℃（1573K）保温 1h，烧结后强度为 249MPa；

② 传统烧结后再热等静压，强度能达到 385MPa。

③ 气体锻造烧结后，强度能达到 732MPa。

10.8.8　粉末挤压

热挤压是一个高应变速率过程，几乎没有扩散参与就能使粉末产生塑性变形。挤压产品的主要特征是具有固定横截面的长条形状。首先将粉末密封在真空容器中，在热挤压之前进行除气。为实现全致密化，需要高挤压变形。

图 10.41 给出了粉末挤压的示意图。在挤压柱塞中有一个小的硬度计压头直接加压到粉末上，避免容器弯曲。挤压常数 C 可测量变形功，与挤压力 F 和挤压面积收缩量关系如下：

$$F = CA\ln R \tag{10.24}$$

式中，A 是进料的横截面积；R 是压缩率，等于原始和最终横截面之比。虽然材料的固有性质也会影响挤压，但温度是主要的控制变量。温度过高会损害工件，并缩短工具寿命；温度过低会因较高的压力和工具磨损而导致挤压困难。一般挤压温度应高于完全熔化温度的 2/3。使挤压启动的力随颗粒尺寸的减小而增加，且要高于保持挤压进行的力。

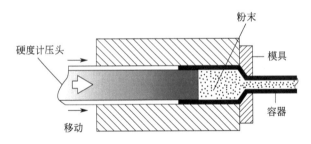

图 10.41　粉末挤压示意图

热挤压主要通过对预热粉末加压，使其通过一个模具，从而得到长形工件。它与牙膏的挤出相似。

如热等静压一样，粉末常被密封在容器里，排气后挤出

热挤压通常用于制造管子或者恒定横截面的高温材料，包括弥散增强的铜合金、铝合金、不锈钢和铍，也用于室温条件下可塑性有限的材料，如金属基复合材料。有些混合粉末能够在挤出过程中产生诱导反应，例如混合的镍和钛粉末可以形成 NiTi[94]。

10.8.9　冲击波固结

在适度加热和高应力下，冲击波能使粉末迅速致密化[95]。如果是易碎材料，压缩之前需要进行预热。如果材料能够由于摩擦自生热变软，那么由于塑性流动致密化将非常迅速。

图 10.42 给出了爆炸固结的例子。雷管产生的爆炸波对粉末施压，在颗粒之间加热引起烧结结合。类似的技术有以气枪、塌陷磁场或电容放电器发射的高速物质撞击粉末块体。

冲击波固结通常应用于其他方法难以烧结的脆性材料。对于 Si_3N_4 和 SiC，最大压力在 $20\sim60GPa$ 的条件下，密度有可能达到理论密度的 96%。致密化过程发生在大约 $4\mu s$ 内。固结密度会随单位质量能量输入的增加而增大[96]。能量太低会导致多孔状态的形成，能量过多则会破坏块体。冲击波固结的控制不是很精确，且会导致成形块体有相当大的残余应力。

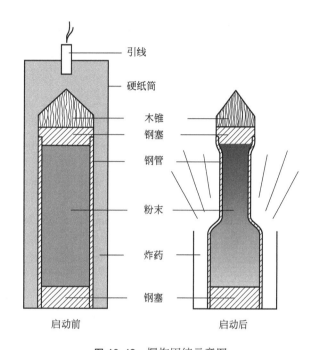

引线
硬纸筒
木锥
钢塞
钢管
粉末
炸药
钢塞

启动前   启动后

图 10.42　爆炸固结示意图
在爆炸固结中可以看到加压烧结的极端，爆炸会向粉末传播冲击波。
快速固结能引起颗粒加热。温度和压力的组合造成几乎瞬时的致密化

还有一个类似的概念是动态压实，通常用于合成反应和致密化的结合。通常在反应启动和致密化之间延迟几秒比较有利。这样在开始塑性流动之前，就会发生自加热和热软化。

10.9　致密化的限制

烧结过程中，压力可以克服致密化的内在阻力。例如，大孔会阻碍烧结致密化，但外加压力可使大孔崩塌。

但加压烧结中出现的一个问题是，气体会被困在气孔中。例如在热等静压过程中，加压气体与块体必须不相容。但高附加压力会诱导气体产生一些溶解度，这些溶解的气体会

在重新加热（例如热处理）时形成气孔。使闭孔中的气体最小化很重要，可以通过真空脱气、消除易蒸发或反应物质的方法来解决。加压之后，最终得相对密度可以估算为

$$f = \frac{\beta}{1+\beta} \tag{10.25}$$

式中

$$\beta = 11 \frac{P_A}{P_0} \tag{10.26}$$

假设气孔在孔隙率为 8.25% 时闭合，P_0 为气孔闭合时气孔中气体压力。假如块体从气体氛围 $P_0 = 0.1\mathrm{MPa}$ 时的闭孔状态，随后加压到 20MPa 的条件下烧结，最终密度能达到 99.96%。如果加压到 10 个大气压（1MPa），极限致密度约为 99.1%。当内部压力高或加工压力低时，这种限制很明显。

参考文献

[1] H. V. Atkinson, S. Davies, Fundamental aspects of hot isostatic pressing: an overview, Metall. Mater. Trans. 31A (2000) 2981-3000.

[2] R . Ge , Development of a new hot pressing equation in powder metallurgy , Powder Metall . Inter . 24 (1992) 229- 232.

[3] S. Brown, An internal variable constitutive model for hot working of metals, Inter. J. Plasticity 5 (2) (1989) 96-130.

[4] C. G. Goetzel, Principles and present status of hot pressing, in: W. E. Kingston (Ed.), The Physics of Powder Metallurgy, McGraw-Hill, New York, NY, 1951, pp. 256-277.

[5] W. B. James, Powder forging, Rev. Particulate Mater. 2 (1994) 173-213.

[6] H. F. Fischmeister, E. Arzt, Densification of powders by particle deformation, Powder Metall. 26 (1983) 82-88.

[7] J. V. Kumar, Physics of pressure transmission in fluids and powders, in: J. V. Kumar (Ed.), Frontiers of Metallurgy and Materials Technology, BS Publications, Hyderabad, India, 2011, pp. 285-306.

[8] A. S. Helle, K. E. Easterling, M. F. Ashby, Hot isostatic pressing diagrams new developments, Acta Metall. 33 (1985) 2163-2174.

[9] M. F. Ashby, Background Reading HIP 6. 0, Engineering Department Cambridge University, Cambridge, UK, 1990.

[10] A. A. Hendrickson, P. M. Machmeier, D. W. Smith, Impact forging of sintered steel preforms, Powder Metall. 43 (2000) 327-344.

[11] E. Y. Gutmanas, High-pressure compaction and cold sintering of stainless steel powders, Powder Metall. Inter. 12 (1980) 178-182.

[12] R. L. Coble, Mechanisms of densification during hot pressing, in: G. C. Kuczynski, N. A. Hooton, C. F. Gibbon (Eds.), Sintering and Related Phenomena, Gordon and Breach, New York, NY, 1967, pp. 329-347.

[13] M. P. Harmer, R. J. Brook, The Effect of MgO additions on the kinetics of hot pressing in Al_2O_3, J. Mater. Sci. 15 (1980) 3017-3024.

[14] L. Ramqvist, Theories of hot pressing, Powder Metall. 9 (1966) 1-25.

[15] G. Wegmann, R. Gerling, F. P. Schimansky, Temperature induced porosity in hot isostatically pressed gamma titanium aluminide alloy powders, Acta Mater. 51 (2003) 741-772.

[16]　C. G. Goetzel, Hot pressed and sintered copper powder compacts, in: J. Wulff (Ed.), Powder Metallurgy, American Society for Metals, Cleveland, OH, 1942, pp. 340-351.

[17]　C. G. Goetzel, Treatise on Powder Metallurgy, vol. 1, Interscience Publishers, New York, NY, 1949, pp. 259-312.

[18]　M. Y. Chu, L. C. De Jonghe, Effect of temperature on the densification/creep viscosity during sintering, Acta Metall. 37 (1989) 1415-1420.

[19]　L. L. Seigle, Atom movements during solid state sintering, Prog. Powder Metall. 20 (1964) 221-238.

[20]　M. R. Notis, R. H. Smoak, V. Krishnamachari, Interpretation of hot pressing kinetics by densification mapping techniques, in: G. C. Kuczynski (Ed.), Sintering and Catalysis, Plenum Press, New York, NY, 1975, pp. 493-507.

[21]　R. L. Coble, A model for boundary diffusion controlled creep in polycrystalline materials, J. Appl. Phys. 34 (1963) 1679-1682.

[22]　R. L. Coble, Diffusion models for hot pressing with surface energy and pressure effects as driving forces, J. Appl. Phys. 41 (1970) 4798-4807.

[23]　A. C. F. Cocks, N. D. Aparicio, Diffusional creep and sintering-the application of bounding theorems, Acta Metall. Mater. 43 (1995) 731-741.

[24]　H. Riedel, V. Kozak, J. Svoboda, Densification and Creep in the Final Stage of Sintering, Acta Metall. Mater. 42 (1994) 3093-3103.

[25]　R. M. German, Sintering Theory and Practice, Wiley-Interscience, New York, NY, 1996.

[26]　H. C. Yang, K. T. Kim, Creep densification behavior of micro and nano metal powders, grain size dependent model, Acta Mater. 54 (2006) 3779-3790.

[27]　X. F. Zhange, Q. Yang, L. C. De Johghe, Microstructure development in hot pressed silicon carbide: effects of aluminum, boron, and carbon additives, Acta Mater. 51 (2003) 3849-3860.

[28]　G. Pezzotti, K. Ota, H. J. Kleebe, Grain boundary relaxation in high purity silicon nitride, J. Amer. Ceram. Soc. 79 (1996) 2237-2246.

[29]　O. Yeheskel, Y. Gefen, M. Talianker, HIP of Si_3N_4 processing - properties - microstructure relationships, Proceeding of Third International Conference on Isostatic Pressing, vol. 1, Metal Powder Report, Shrewsbury, UK, 1986, pp. 20. 1-20. 12.

[30]　W. R. Cannon, T. G. Langdon, Review creep of ceramics, Part 2, an examination of flow mechanisms, J. Mater. Sci. 23 (1988) 1-20.

[31]　Y. S. Kwon, K. T. Kim, Densification forming of alumina powder - effects of power law creep and friction, J. Eng. Mater. Tech. 118 (1996) 471-477.

[32]　D. S. Wilkinson, M. F. Ashby, Pressure sintering by power law creep, Acta Metall. 23 (1975) 1277-1285.

[33]　Y. M. Liu, H. N. G. Wadley, J. M. Duva, Densification of porous materials by power law creep, Acta Metall. Mater. 42 (1994) 2247-2260.

[34]　L. Sanchez, E. Ouedraogo, L. Federzoni, P. Stutz, New viscoplastic model to simulate hot isostatic pressing, Powder Metall. 45 (2002) 329-334.

[35]　M. K. Spencer, R. B. Alley, T. T. Creyts, Preliminary firn-densification model with 38-site dataset, J. Glaciology 47 (2001) 671-676.

[36]　A. M. Laptev, H. P. Buchkremer, R. Vassen, Investigation of input data for compaction modelling of hot isostatic pressing, in: A. Zavaliangos, A. Laptev (Eds.), Recent Developments in Computer Modeling of Powder Metallurgy Processes, ISO Press, Ohmsha, Sweden, 2001, pp. 151-159.

[37]　M. Jeandin, J. L. Koutny, Y. Bienvenus, Rheology of solid-liquid p/m Astroloy - application to supersolidus

hot pressing of P/M superalloys, Inter. J. Powder Metall. Powder Tech. 18 (1982) 217-223.

[38]   W. D. Kingery, J. M. Woulbroun, F. R. Charvat, Effects of applied pressure on densification during sintering in the presence of a liquid phase, J. Amer. Ceram. Soc. 46 (1963) 391-395.

[39]   K. Morsi, The diversity of combustion synthesis processing, a review, J. Mater. Sci. 47 (2012) 68-92.

[40]   J. C. Murray, R. M. German, Reactive sintering and reactive hot isostatic compaction of niobium aluminide NbAl$_3$, Metall. Trans. 23A (1992) 2357-2364.

[41]   W. Misiolek, R. M. German, Reactive sintering and reactive hot isostatic compaction of aluminide matrix composites, Mater. Sci. Eng. A144 (1991) 1-10.

[42]   R. M. German, R. G. Iacocca, Powder metallurgy processing, in: N. S. Stoloff, V. K. Sikka (Eds.), Physical Metallurgy and Processing of Intermetallic Compounds, Chapman and Hall, New York, NY, 1996, pp. 605-654.

[43]   T. Aizawa, S. Kamenosono, J. Kihara, T. Kato, K. Tanaka, Y. Nakayama, Shock reactive synthesis of TiAl, Intermetallics 3 (1995) 369-379.

[44]   C. G. Goetzel, V. S. De Marchi, Electrically activated pressure sintering (Spark Sintering) of titanium powders, Powder Metall. Inter. 3 (1971) 80-87 and 134-136.

[45]   Z. A. Munir, U. Anselmi-Tamburini, M. Ohyanagi, The effect of electric field and pressure on the synthesis and consolidation of materials: a review of the spark plasma sintering method, J. Mater. Sci. 41 (2006) 763-777.

[46]   S. Grasso, Y. Sakka, G. Maizza, Electric Current Activated/Assisted Sintering (ECAS): a Review of Patents 1906-2008; Sci. Tech. Adv. Mater. 10 (2009) article 053001.

[47]   M. Suganuma, Y. Kitagawa, S. Wada, N. Murayama, Pulsed electric current sintering of silicon nitride, J. Amer. Ceram. Soc. 86 (2003) 387-394.

[48]   J. Zhang, A. Zavaliangos, J. Groza, Field activated sintering techniques: a comparison and contrast, P/M Sci. Tech. Briefs 5 (4) (2003) 5-8.

[49]   J. F. Garay, Current activated, pressure assisted densification of materials, Ann. Rev. Mater. Res. 40 (2010) 445-468.

[50]   Z. A. Munir, D. V. Quach, M. Ohyanagi, Electric current activation of sintering: a review of the pulsed electric current sintering process, J. Amer. Ceram. Soc. 94 (2011) 1-19.

[51]   A. Accary, R. Caillat, Study of mechanism of reaction hot pressing, J. Amer. Ceram. Soc. 45 (1962) 347-351.

[52]   L. Rangaraj, S. J. Suresha, C. Divakar, V. Jayaram, Low temperature processing ZrB$_2$-ZrC composites by reactive hot Pressing, Metall. Mater. Trans. 39A (2008) 1496-1505.

[53]   A. L. Chamberlain, W. G. Fahrenholtz, G. E. Hilmas, Low temperature densification of zirconium diboride ceramics by reactive hot pressing, J. Amer. Ceram. Soc. 89 (2006) 3638-3645.

[54]   A. Sewchurran, L. A. Cornish, Microstructure-hardness relationships in reactively HIPPed Ruthenium-Aluminum Alloys, in: R. M. German, G. L. Messing, R. G. Cornwall (Eds.), Sintering Science and Technology, The Pennsylvania State University, State College, PA, 2000, pp. 63-68.

[55]   L. Chen, E. Kny, Reaction hot pressed submicron Al$_2$O$_3$+ TiC ceramic composite, Inter. J. Refract. Met. Hard Mater. 18 (2000) 163-167.

[56]   E. Paransky, E. Y. Gutmanas, I. Gotman, M. Koczak, Pressure-assisted reactive synthesis of titanium aluminides from dense 50Al-50Ti elemental powder blends, Metall. Mater. Trans. 27A (1996) 2130-2139.

[57]   L. Rangaraj, C. Divakar, V. Jayaram, Reactive hot pressing of titanium nitride - titanium diboride composites at moderate pressure and temperature, J. Amer. Ceram. Soc. 87 (2004) 1872-1878.

[58]   Y. Aman, V. Garnier, E. Djurado, Pressureless spark plasma sintering effect on nonconventional necking process during the initial stage of sintering of copper and alumina, J. Mater. Sci. 47 (2012) 5766-5773.

[59]   D. R. Campbell, H. B. Huntington, Thermomigration and electromigration in zirconium, Phys. Rev. 179 (1969)

609-612.

[60] C. M. Hsu, D. S. H. Wong, S. W. Chen, Generalized phenomenological model for the effect of electromigration on interfacial reaction, J. Appl. Phys. 102 (2007), article 023715.

[61] M. Cologna, B. Rashkova, R. Raj, Flash sintering of nanograin zirconia in less than 5 s at 850 C, J. Amer. Ceram. Soc. 93 (2010) 3556-3559.

[62] G. Davies, T. Evans, Graphitization of diamond at zero pressure and at a high pressure, Proc. Royal Soc. London A 328 (1972) 413-427.

[63] G. C. Davies, D. R. H. Jones, Creep of Metal-type organic compounds - IV. Application to hot isostatic pressing, Acta Mater. 45 (1997) 775-789.

[64] L. Mahler, M. Ekh, K. Runesson, A class of thermo-hyperelastic-viscoplastic models for porous materials: theory and numerics, Inter. J. Plasticity 17 (2001) 943-969.

[65] A. Svoboda, H. A. Haggblad, L. Karlsson, Simulation of hot isostatic pressing of a powder metal component with an internal core, Comp. Meth. Appl. Mech. Eng. 148 (1997) 299-314.

[66] H. Yoshimura, T. Nomoto, Sintering deformation behavior during hot isostatic pressing, J. Japan Soc. Powder Powder Metall. 40 (1993) 488-496.

[67] S. Shima, A. Inaya, Simulation of Pseudo-isostatic pressing of powder compact, in: M. Koizumi (Ed.), Hot Isostatic Pressing Theory and Application, Elsevier Applied Science, London, UK, 1992, pp. 41-47.

[68] O. Guillon, J. Langer, Master sintering curve applied to the field assisted sintering technique, J. Mater. Sci. 45 (2010) 5191-5195.

[69] B. K. Lograsso, D. A. Koss, Densification of titanium powder during hot isostatic pressing, Metall. Trans. 19A (1988) 1767-1773.

[70] S. V. Nair, J. K. Tien, Densification mechanism maps for hot isostatic pressing (HIP) of unequal sized particles, Metall. Trans. 18A (1987) 97-107.

[71] E. Arzt, M. F. Ashby, K. E. Easterling, Practical applications of hot-isostatic pressing diagrams: four case studies, Metall. Trans. 14A (1983) 211-221.

[72] A. Nissen, L. L. Jaktlind, R. Tegman, T. Garvare, Rapid computerized modelling of the final shape of HIPed axisymmetric containers, in: R. J. Schaefer, M. Linzer (Eds.), Hot Isostatic Pressing Theory and Applications, ASM International, Materials Park, OH, 1991, pp. 55-61.

[73] L. Sanchez, E. Ouedraogo, C. Dellis, L. Federzoni, Influence of container on numerical simulation of hot isostatic pressing: final shape profile comparison, Powder Metall. 47 (2004) 253-260.

[74] S. H. Chung, H. Park, K. D. Jeon, K. T. Kim, S. M. Hwang, An optimal container design for metal powder under hot isostatic pressing, J. Eng. Mater. Tech. 123 (2001) 234-239.

[75] J. Besson, M. Abouaf, Grain growth enhancement in alumina during hot isostatic pressing, Acta Metall. Mater. 39 (1991) 2225-2234.

[76] Y. Wu, J. Wang, T. Lan, L. Zhou, Y. Wu, Z. Jin, Variation rule of the primary powder boundaries during the densification, J. Adv. Mater. 36 (2004) 18-21.

[77] L. M. Peng, Preparation and properties of ternary Ti_3AlC_2 and its composites from Ti-Al-C powder mixtures with ceramic particulates, J. Amer. Ceram. Soc. 90 (2007) 1312-1314.

[78] S. Ochiai, H. Takeda, Y. Kojima, S. Kikuhara, High temperature deformation properties in TiB_2- TiAl composites produced by HIP method, J. Japan Soc. Powder Powder Metall. 44 (1997) 647-652.

[79] R. M. German, High density powder processing using pressure-assisted sintering, Rev. Particulate Mater. 2 (1994) 117-172.

[80] F. H. Froes, C. Suryanarayana, Powder processing of titanium alloys, Rev. Particulate Mater. 1 (1993) 223-276.

[81] C. A. Kelto, E. E. Timm, A. J. Pyzik, Rapid omnidirectional compaction (ROC) of powder, Ann. Rev. Mater. Sci. 19 (1989) 527-550.

[82] H. F. Fischmeister, Modern techniques for powder metallurgical fabrication of low alloy and tool steels, Ann. Rev. Mater. Sci. 5 (1975) 151-176.

[83] W. B. Eisen, Mathematical modelling of hot isostatic pressing, Rev. Particulate Mater. 4 (1996) 1-42.

[84] A. Bose, Overview of several non-conventional rapid hot consolidation techniques, Rev. Particulate Mater. 3 (1995) 133-170.

[85] K. Isonishi, M. Tokizane, Superplastic deformation of a P/M ultrahigh carbon steel, Inter. J. Powder Metall. 25 (1989) 187-194.

[86] M. A. Eudier, High density sintering of metal powder compacts, in: W. Leszynski (Ed.), Powder Metallurgy., Interscience, New York, NY, 1961, pp. 137-156.

[87] T. Kimura, A. Majima, T. Kameoka, Supersolidus hot pressing of ferrous P/M alloys, Inter. J. Powder Metall. Powder Tech. 12 (1976) 19-23.

[88] X. Wang, S. R. Casolco, G. Xu, J. E. Garay, Finite element modeling of electric current activated sintering: the effect of coupled electrical potential, temperature and stress, Acta Mater. 55 (2007) 3611-3622.

[89] U. Anselmi-Tamburini, J. E. Garay, Z. A. Munir, Fundamental investigations on the spark plasma sintering/synthesis process III. Current effects on reactivity, Mater. Sci. Eng. A407 (2005) 24-30.

[90] N. Tamari, I. Kondoh, T. Tanaka, M. Kawahara, M. Tokita, Y. Makino, et al., Effect of spark plasma sintering on densification, mechanical properties and microstructure of alumina ceramics, J. Japan Soc. Powder Powder Metall. 46 (1999) 816-819.

[91] J. Langer, M. J. Hoffmann, O. Guillon, Direct comparison between hot pressing and electric field assisted sintering of submicron alumina, Acta Mater. 57 (2009) 5454-5465.

[92] J. Langer, M. J. Hoffmann, O. Guillon, Electric field-assisted sintering in comparison with the hot pressing of yttria stabilized zirconia, J. Amer. Ceram. Soc. 94 (2010) 24-31.

[93] K. R. Venkatachari, R. Raj, Shear deformation and densification of powder compacts, J. Amer. Ceram. Soc. 69 (1986) 499-506.

[94] K. Morsi, S. O. Moussa, J. J. Wall, Simultaneous combustion synthesis (Thermal Explosion Mode) and extrusion of nickel aluminides, J. Mater. Sci. 40 (2005) 1027-1030.

[95] B. H. Rabin, G. E. Korth, R. L. Williamson, Fabrication of titanium carbide-alumina composites by combustion synthesis and subsequent dynamic compaction, J. Amer. Ceram. Soc. 73 (1990) 2156-2157.

[96] H. Miura, T. Honda, H. Muraba, Explosive compaction of SiC ceramic powder, J. Japan Soc. Powder Powder Metall. 35 (1988) 655-661.

第11章

混合粉末与复合材料

11. 1 重要性

对混合粉末进行烧结是一种应用广泛的复合材料制备方法。混合粉末的化学梯度会导致烧结速率的变化。例如，聚晶金刚石在烧结之前是五种不同尺寸的颗粒，其中尺寸最小的是纳米级金刚石，烧结过程中会优先在较大颗粒之间形成烧结键。这个例子代表的是相同物质、不同颗粒大小的粉末的混合烧结。也可以用不同物质的混合粉末进行烧结，它们之间也会形成化学能梯度，促使烧结进行。

作为制备复合材料的一种方法，混合粉末烧结具有诸多益处，有时混合粉体中的一个相就能够改变材料整体的性能。例如，钨具有高熔点和低热膨胀系数，而铜具有优良的导热和导电性能，因此经烧结形成的 W-20Cu 可以制备电接头（保留了钨的耐电弧性能和铜的导电性能）、散热片（热沉材料）（钨具有低的热膨胀系数，铜散热性良好）、电火花加工的电极（钨质硬而铜具有导电性能）、导弹热导流板（钨具有低挥发性，而铜挥发时可带走多余的热）等。

将混合粉末在烧结过程中混合均匀，便可形成高强度的合金，例如将铁粉和石墨混合来生产烧结钢，将铜和锡的粉末混合来制备青铜。此外，第二相的存在会改变烧结行为，尤其体现在液相烧结过程中。还有一些烧结利用添加剂来促进晶界扩散，从而加速烧结。

混合粉末烧结过程中，主要影响因素分为物理作用和化学作用。物理作用主要在于粒径比和各粉末的含量，这些因素决定了粉体烧结前的组织结构；化学方面的作用主要体现在加热过程中。虽然混合粉末体系并非是平衡的，然而通过相图也会有助于了解烧结过程中的化学反应和所产生的原子流动轨迹。这是因为与烧结应力相比，化学梯度驱动力具有更大的影响作用。所以相比于粒径，浓度梯度在烧结时具有主导作用。本章将单独讨论粒径和化学作用的影响。

本章概述了五部分内容。第一种情况是化学成分相似的粉末，因此在组合物中没有化学梯度。在这种情况下，烧结主要受到物理作用的影响。例如两种粉末的含量和粒径比率的影响。在处理不同尺寸的两种粉末混合的问题时，最常见的模型是双峰粒径分布。

在烧结过程中混合粉末之间的化学作用会引起质量传递，其中包括膨胀、致密化、成分均质化，从而形成两相复合材料。

11. 2 物理作用

通常粒径比和颗粒尺寸组成这两个参数是理解具有相同成分的混合粉末的烧结过程的关键。一般烧结时人们都想得到高密度的烧结体，当两种不同尺寸的粉末混合时，颗粒堆积密度便取决于成分和粒径比[1,2]。单一尺寸的球形粉末，堆积密度约为 64%。而当不同粒径的球形颗粒混合时，其堆积密度可能会提高；然而，烧结反应可能会被削弱。因此，通过改善粒径组成而增加的密度可能会被烧结反应抵消掉。

为了说明混合粉末间的物理作用，同时考虑到双峰粒径的唯一区别是颗粒尺寸，我们定义两个概念，颗粒有效尺寸 D_L 和 D_S[3]。下标 L 代表大颗粒，S 代表小颗粒。图 11.1 表示出堆积密度与颗粒尺寸组成的变化关系。为方便起见，该组合物大颗粒质量定义为 X。此时会出现五种情况：

① 全部为小颗粒时，堆积密度记为 f_s；
② 大部分为小颗粒，其中添加一些较大的颗粒；
③ 组成为 X^* 时最大堆积密度为 f^*；
④ 大部分为大颗粒，其中添加一些小颗粒；
⑤ 全部为大颗粒时，堆积密度为 f_L。

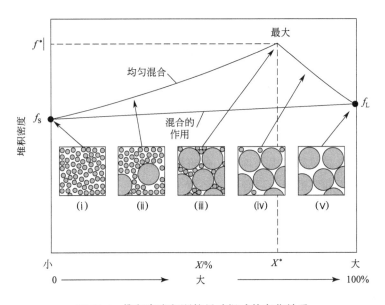

图 11.1 堆积密度与颗粒尺寸组成的变化关系
在混合粉体中，粒径的差异使得粉末相互填充，进而提高整体的堆积密度。示意图显示了颗粒从小到大变化时混合粉体结构的变化。当所有大颗粒之间的孔隙全部由小颗粒填充时，堆积密度出现峰值

富含小颗粒的终端区域，当大颗粒含量逐渐增加时，混合粉末的堆积密度提高了，因为大颗粒代替了密集区域的小颗粒多孔地带。另外，对于富集大颗粒的区域，小颗粒填充在较大颗粒之间的空隙中，使混合粉体的堆积密度同样得到提高。当小颗粒填充到了大颗

粒的所有缝隙中时，复合粉体 X^* 的堆积密度 f^* 达到最大值。

　　粒径比决定了混合物最大的堆积密度和组成。当双峰粒径混合物的堆积密度提高时，烧结反应是在每种单独的粉末之间进行的。随着大颗粒含量的增加，烧结收缩几乎呈线性下降趋势，反映出平均粒径增大对烧结的影响。图 11.2 是 $66\mu m$ 与 $4\mu m$ 的铁粉混合物，其坯体密度、烧结密度、收缩率随着两种不同粒径铁粉所占比例的变化而变化。该混合粉体在 1100℃下（1373K）保温 60min 完成烧结。当粉体中大颗粒所占比例约为 70％时粉坯体密度达到峰值，超过此比例后粉坯体密度下降。随着大颗粒含量增加烧结收缩几乎呈线性下降，并且在超过最大堆积密度对应的比例后，收缩基本为零。密度最大的组合对应于着刚性大颗粒骨架。这时小颗粒约束着大颗粒的致密化。虽然小颗粒会经烧结成为大颗粒，然而烧结致密化是由大颗粒骨架所限制的。当升温快、大颗粒含量高、颗粒尺寸差异大时，由于烧结的限制，微观结构可能会出现裂纹，这是烧结时会存在的问题。

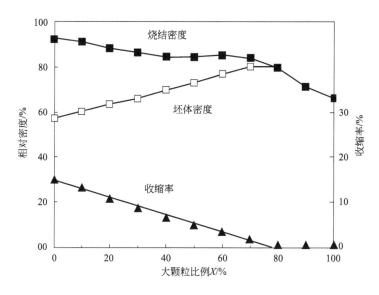

图 11.2　$66\mu m$ 与 $4\mu m$ 混合铁粉成分比例对烧结密度的影响

尽管大颗粒粉末降低了烧结收缩，而且提高了填料的堆积密度，然而烧结密度仍然是下降的

　　双峰粒径模型的混合粉末会提高初始密度。但是大颗粒粉末对烧结过程不利，所以混合物的烧结响应与其成分、粒径比和两种粉末之间的烧结反应有关。如果粉末的特性已知，则可预测粉坯体密度[1]。当全部为小颗粒粉末时，堆积密度记为 f_S。全部为大颗粒时，堆积密度记为 f_L。混合物中既具有大颗粒粉末又具有小颗粒粉末，且小颗粒粉末填充到大颗粒粉末空隙时，堆积密度最大，记为 f^*，那么：

$$f^* = f_L + (1 - f_L) f_S \tag{11.1}$$

　　在组合物中 X^* 定义如下：

$$X^* = f_L / f^* \tag{11.2}$$

　　这里的峰值密度是假定粉末是均匀混合。如果该粉末通过振动或其他方式变得不均匀，情况就不同了。随着大颗粒和小颗粒含量的比例减小，堆积密度的增加与烧结密度的下降相比，增大不明显[4,5]。通常比例在 70％左右时堆积密度出现最大值。

混合粉末的粉坯体密度一旦确定，重点就在于烧结过程。相同成分的混合粉末具有三种不同的情况：

① 混合物的烧结密度几乎是恒定的，因为随着大颗粒含量的增加，填料密度的增加被烧结收缩抑制。

② 较低的烧结收缩率时，大颗粒占 70％左右，混合物粉末的堆积密度最大，此时烧结密度也最大。

③ 当小颗粒表现出较大的烧结收缩率时，大颗粒会抑制烧结，当全部为小颗粒时，出现最大的烧结密度。

很多复合材料烧结是受第三种情况的影响，尤其是在小颗粒的基体中添加大颗粒和纤维时。该添加相强化了基体，但是形成裂纹时会抑制基体的烧结[6,7]。如果小颗粒经烧结后达到很高的密度，那么烧结过后就形成不存在大颗粒的混合物。原则上，当加入纤维、晶须或者颗粒来改善强度和耐磨性时，是会抑制烧结过程的。因此双峰粒径混合物使得在烧结前具有高的密度，但是通过添加大颗粒，混合物的致密化会下降。抵消这种不利影响的方法是加入另外一些相来促进烧结。例如，在混合大小颗粒的铁粉中加入少量的磷，就会使烧结密度提高很多[8]。

当烧结收缩率较低时，堆积密度将成为影响烧结密度的主要因素。如图 11.3 所示，氧化锌在 750℃（1023K）烧结时同样可以得出这一结论[9]。烧结时间为 1min 时，随着大颗粒粉末的增加，堆积密度增加了，导致烧结密度也增加。但是，经过长时间的烧结，出现了小颗粒的烧结收缩现象，大颗粒的抑制作用占主要因素。所以，经过 60min 的烧结，随着大颗粒的加入烧结密度下降。又如图 11.4 所示，将 $5\mu m$ 和 $0.5\mu m$ 的铝粉加热到 1600℃（1873K），保温 10min[10]。当混合粉体中含有 70％大颗粒时，粉坯体密度最大，但是全部都是小颗粒粉末时烧结密度最大。

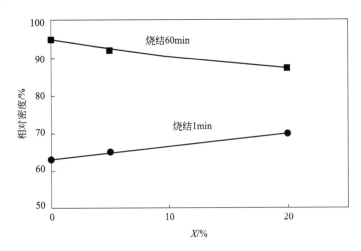

图 11.3　$42\mu m$ 与 $2\mu m$ 的氧化锌粉末在 750℃（1023K）烧结 1min 与 60min 时，
大颗粒所占比例 X 与烧结相对密度的关系[9]

当进行短时间的烧结时，小颗粒填充作用发挥主要影响，但是对于长时间烧结大颗粒的抑制收缩发挥主要作用

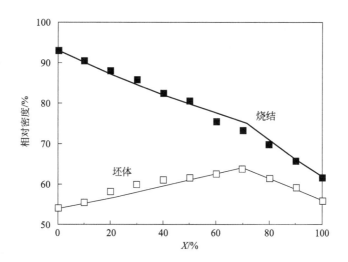

图 11.4　5μm 与 0.5μm 的铝粉混合粉末在 1600℃（1873K）、烧结 10min 时，
大颗粒所占比例与烧结相对密度的关系[10]

由图可知，大颗粒占 70％时堆积密度最大，而当全部为小颗粒时，烧结密度最大

　　如果小颗粒收缩不明显，则大小颗粒混合粉末可以改善烧结密度。根据图 11.5 可以得出大颗粒的存在对烧结的益处[3]。纵坐标表示小颗粒的收缩率，横坐标为相同加热工艺中大颗粒的收缩率。图中给出了三个比例，分别为 10％、30％、100％。由此可得，全部为小颗粒的粉末体系与大小颗粒的双峰混合物体系的烧结行为是相反的。对于这个混合

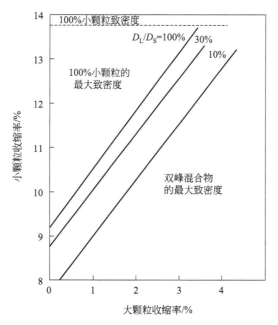

图 11.5　图中展示出大颗粒粉末与小颗粒粉末比例分别为 100％、30% 和 10% 时，
烧结密度与大颗粒收缩率的关系（D_L 表示大颗粒，D_S 表示小颗粒）

根据大颗粒和小颗粒的收缩比例，可得双峰混合物体系或者全部为小颗粒时，烧结密度最大

体系，最大的烧结密度出现在由式(11.2) 计算的混合物组成时。一般，在烧结温度高或者烧结时间长的情况下，最大的烧结密度出现在全部由小颗粒组成的粉末体系中，尽管最大的堆积密度粉末体系可能是由大颗粒与小颗粒共同组成的。这是因为大颗粒抑制了烧结的致密化。在终端的粉末体系中（100%的小颗粒或者100%的大颗粒），致密化仅仅依赖于颗粒尺寸。小颗粒比大颗粒更易致密化，所以当大颗粒的体积分数增大时，烧结致密度下降。

其他的一些实际因素，例如粉末体系在处理过程中大小混合不均匀以及尺寸差异较大等，这时不符合双峰混合物的规律。

影响烧结过程中致密化的另一个因素就是产生的聚集体，因为聚集体之间存在较大的空隙。如图11.6所示，颗粒聚集体内部的小空隙在早期的加热周期中变得致密，然而聚集体之间的大孔洞曲率小，使得在烧结时扩散的距离较长，所以会抑制整体烧结[11-13]。研磨是除去这种凝聚体的常用手段[14]。另外也可以在烧结之前施加较大的压力来挤碎其中的孔洞。

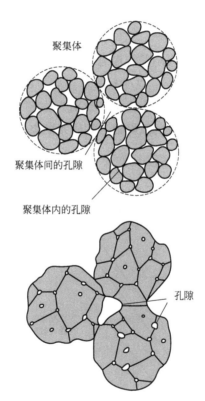

图11.6 粉体之间形成的聚集体的示意图

聚集会造成大小孔洞，集聚物内部存在小的孔洞，集聚物之间有大的孔洞出现。

施加较大压力会消除大小不同的孔洞，但是不包括烧结时形成的孔洞

烧结图能够帮助确定颗粒粒径比和组成。图11.7是化学式为 $(Mg, Fe)_2 Al_4 Si_5 O_{18}$ 的堇青石与玻璃混合物在850℃（1123K）烧结60min的情况[15]。在此温度下玻璃是活化烧结的相，而堇青石是惰性的。当玻璃的体积分数增加时，烧结的致密度增大。将玻璃相

的颗粒尺寸减小来抵消大颗粒堇青石的烧结收缩。为了补偿致密化的延迟，玻璃的粒径尺寸需要适当减小，同时增大堇青石的体积分数。

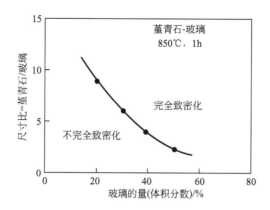

图 11.7　堇青石与玻璃相烧结试验的结果[15]
若要达到致密化需要高的玻璃体积分数或者较大的尺寸比

在混合粉末的烧结过程中，可以通过施加压力来促进烧结的致密化。当混合粉末中大颗粒粉末较多时，小颗粒粉末对烧结致密化影响不大。通过添加纳米级的粉末也不会取得明显的效果，反而使成本大幅度增加。在主要由小颗粒粉末构成的粉末体系中，大颗粒、团块、晶须和纤维阻碍了致密化，尤其是短时间和较低温度烧结时。此时，通常会在烧结体中观测到微裂纹。

11.3　化学作用

混合粉末的烧结实际上是一种利用两种或更多元素或者化合物来形成一种新的化合物的常用方式。烧结行为也会出现变化，因为粉末颗粒表面的曲率、烧结压力会被化学梯度抵消。对于钼，假设 $1\mu m$ 的颗粒，密度是 $10Mg/m^3$，表面能量为 $2J/m^2$，这种粉末在表面储存的能量为 $1.2J/g$。如果这个粉末与硅按照原子化学计量比 $1:2$ 混合，则经烧结生成 $MoSi_2$ 需释放的能量为 $861J/g$。这是化学反应能量的 700 倍。因此，与单相烧结中粒径起主要作用不同，对于混合粉末，化学梯度发挥主要作用。

11.4　溶解度的角色

最常见的包含液相的混合粉烧结，在第 9 章中已经做了讲述。混合粉末可以形成化合物、合金、复合材料，以及强化烧结的组分。因此，混合粉末在烧结领域应用十分广泛。当复合材料的粉末不同时，会出现四种情况，图 11.8 给出了含量多的粉末 M 和

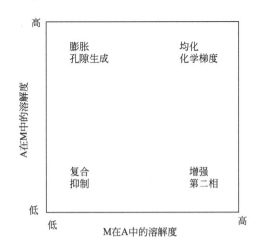

图 11.8 主相 M 与添加剂相 A 之间四种可能的溶解度关系
根据溶解度的不同，会影响烧结过程中的主导因素

添加剂粉末 A 的溶解度组合。粉末 M 的体积分数超过总量的 50%，添加的粉末 A 体积分数较低，一般含量在 2%～30% 之间变化。根据溶解度的影响，在烧结过程中可能的反应如下[16,17]：

① 均质化。M 溶解于 A，A 溶解于 M。两种粉末互溶，形成一种均匀的生成物，例如利用氧化铝和氧化铬制备人造红宝石就是这种情况。

② 膨胀。M 不溶于 A，A 溶于 M。添加剂 A 通过溶解和扩散进入粉末 M，导致在合金形成过程中产生空隙，例如利用锡和铜的混合粉末制备多孔的青铜轴承。

③ 强化。M 溶于 A，A 不溶于 M。快速烧结就属于这种情况，利用添加剂来促进扩散，例如在钨中添加少量的镍来降低烧结温度。

④ 复合。A 和 M 互不相溶。此时形成的是在烧结基体中分散有增强相的复合材料。复合烧结主要是由添加相对基体相的影响，例如由碳化硅强化的铝。

从本质上讲，当反应产物的摩尔体积比原料粉末的摩尔体积小时，就会发生膨胀。因为在某些化学反应发生时存在强烈的能量释放，所以放热是导致膨胀的一个因素。由于这些体系的反应焓高，所以在反应烧结过程中会发生自加热和自烧结[18-22]。具有溶解度的那些烧结体系，还应该考虑到扩散速率这个因素。当化学溶体能够促进扩散时，体现在烧结行为上的变化是很明显的，尤其是在活化烧结中。在难溶的金属（钨、钼、钽）中添加过渡金属（镍、铁、钴、钯、铂）的烧结行为就属于上述情况。

11.4.1 均质化

均质化出现在互溶的混合粉末烧结系统中，例如 Cu-Ni 体系。烧结过程中的均质化可发生在预混合粉末或者预合金化粉末中。在金属中，较软的金属元素粉末比硬的预合金粉末更容易压制成形。

图 11.9 为 Cu-Ni 相图，铜镍混合粉末能够相互溶解，这意味着混合粉末在烧结时界面的化学梯度会驱动物质流动。均质化可通过定量金相、X 射线衍射、磁化、电子探针、差示扫描量热仪等相关技术测得[22,23]。均质化程度 H 被定义为点对点的化学变化，并且取决于扩散速率和颗粒大小，如下[24]：

$$H \approx \frac{D_V t}{\lambda^2} \tag{11.3}$$

式中，λ 是微观组织偏析的范围；D_V 是体积扩散系数；t 是保温时间。随着温度的升高，扩散增强，因为它遵循 Arrhenius 温度依赖性。由 λ 测量的偏析范围取决于颗粒大小、添加剂、添加相（次相）的浓度以及初始粉末混合程度。充分混合以及采用小颗粒粉末会减小 λ，促进均质化。小颗粒会减少扩散距离，提高扩散界面面积。

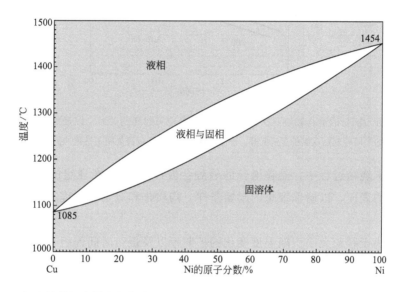

图 11.9 铜和镍的混合粉末在烧结过程中的均质化过程，所有成分比例组合均具有互溶性
如果烧结开始时是混合粉末，则随着时间的推移，两种材料会发生均质化以消除化学梯度。
化学梯度是强大的传质驱动力，在烧结前期发挥主要作用

如果在烧结过程中发生简单的化学反应，溶解将会致使最终产品均质化。每种物质向其他物质扩散时，都会发生均质化。当发生了强烈的化学反应时，化学梯度的扩散会诱导膨胀和孔的形成。如果两种组分的扩散速率不同，就会形成孔隙[25]。在铜镍烧结体系中可以观察到这种现象。如图 11.10 所示，镍含量增加导致烧结致密度下降[26]。当混合粉末的熔化温度不同时，会出现这种现象。熔点是扩散速率的指标，熔点较低的材料具有较弱的原子键和更快的扩散速率。高熔点和低熔点粉末之间的扩散速率的差异引起空位积累、孔的生长，导致膨胀。

均质化是由点对点的化学标准偏差进行定量的。因此，与基本没有化学反应的复合材料烧结不同，均质化过程涉及一个相对较弱的化学作用。例如，Cr_2O_3-Al_2O_3、W-Mo、Ni-Cu 和 NiO-MgO 等体系都是通过烧结均质化形成的固溶体。

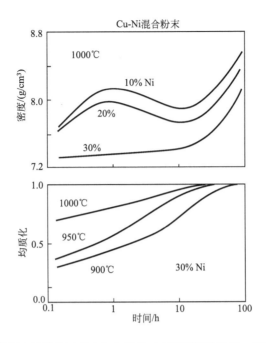

图 11.10 铜粉和镍粉的混合物烧结时密度与均质化对应于时间的关系，以及成分和温度的影响[26]

烧结的中间时刻以及镍粉含量低时，密度降低，这是由于铜镍之间不平衡的扩散率引起的

在混合粉末烧结过程中，晶粒增长的趋势会被抑制[27]。在理想的情况下，添加剂相附着在基体相的表面，以确保理想的起始条件。均质化和致密化过程在较低温度下进行会比较缓慢。

均质化取决于颗粒大小、随温度变化的扩散率以及烧结时间的组合。假设其关系几乎呈线性，如下：

$$H = H_0 + \beta \frac{D_0 t \exp\left[-\dfrac{Q}{RT}\right]}{\lambda^2} \tag{11.4}$$

式中，H 为均质化程度，其峰值为 1.0；H_0 是初始混合粉末的均匀度；λ 是颗粒的典型分离距离，且与粒径近似；β 是约为 10 的可调参数；D_0 是扩散速度频率因子；t 是烧结时间；T 是烧结温度；R 是气体常数；Q 为原子扩散的活化能。均匀度是通过对几个随机的点进行化学分析得到的，由 1 减去这些随机成分测量得到标准差 σ（$H = 1-\sigma$）。同样地，H_0 是初始结构测得的均匀性。在此公式中，均匀性随时间的延长、温度的升高以及系统的规模减小而迅速增加。因为在成分给定的情况下，添加剂颗粒的数量会随其尺寸立方倒数的增大而增加，所以较小的颗粒会降低偏析规模。由于温度是以指数的形式影响扩散，所以它在均质化中起到主要作用。如果两种粉末的扩散速率相差很大，就会发生膨胀，因为扩散快的一相进入到另一相中后没有对应的扩散进行抵消。

11.4.2　膨胀

许多混合粉末在烧结过程中伴随着能量的释放。反应发生时就会有膨胀的趋势[16]。膨胀发生时的典型情况为：基体相在添加剂相中溶解度很小，但是添加剂相在基体相中的溶解度很大。图 11.11 给出了一个示例。基体相 M 在添加相 A 中溶解度很小，但是 A 在 M 中的溶解度很大。这就意味着在烧结过程中会出现 A 向 M 中流动的情况。有些情况下，反应放热会伴随着急剧的膨胀[25]。或者，反应形成了新的金属间化合物，例如混合的镍粉和钛粉形成 Ni-Ti 或镍粉和铝粉形成 Ni_3Al[28,29]。

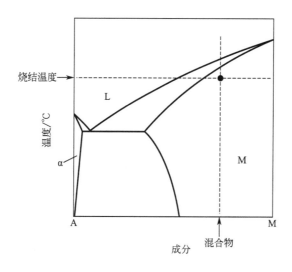

图 11.11　两种混合粉末烧结时发生膨胀的相图示意
较低熔点的添加相溶于基体相，所以添加相会扩散，离开它的初始位置，以致形成孔洞

添加剂与基体之间的不平衡扩散是发生膨胀的主要原因。由于熔融温度是影响扩散率的首要因素，所以较低熔点的添加剂扩散得更快。添加剂颗粒溶解到周围基体相粉末中，导致添加剂没有了偏析扩散。这种向外的径向扩散模式会留下孔洞。根据相图，该过程也可能会形成化合物层，化合物层将会抑制扩散。

由图 11.12 可看到，形成的微观结构的孔是显而易见的。该图是在 1100℃（1373K）烧结温度下铁基体上铝颗粒的横截面显微照片，可以看到向外的扩散层以及形成的铁铝环。在长时间的烧结过程中，中间层溶解，最终形成了平衡的组成物。因为添加剂颗粒向外流动，周围的基体会膨胀，之后就会留下较大的孔洞。添加剂的体积分数增加，膨胀也增加，但是最终的密度仍然取决于压坯的密度[17,30]。

铜和锡的混合体系就是溶解度导致膨胀的例子，烧结产物用于形成多孔自润滑轴承。铜粉和锡粉的混合粉末经过加热烧结形成多孔青铜结构。图 11.13 为 Cu-10Sn 混合物烧结后的光学显微镜照片，图中黑色的是孔，锡颗粒的位置周围形成了富锡相。所以烧结时应该是先发生反应形成金属间化合物，最后再形成均质化的单相固体[31,32]。

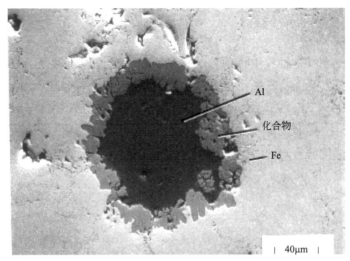

图11.12 1100℃（1373K）烧结时铝颗粒在铁基体上的横截面
铝颗粒向外扩散形成了铁铝环

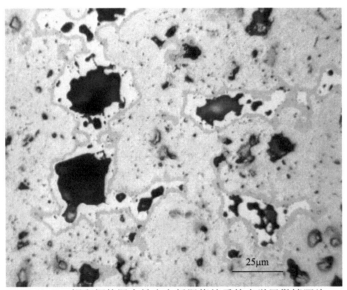

图11.13 锡和铜的混合粉末在低温烧结后的光学显微镜照片
锡发生了扩散，并反应形成了金属间化合物，但是由于溶解度和扩散的差异而在结构中留下孔洞

　　粉末的化学活性越大，烧结时化学作用的影响就越大[33,34]。在极端情况下，加热过程中的反应烧结就可以实现合成与致密化[29]。很多体系的烧结过程都是如此，例如含铝的化合物（Ni_3Al、$NbAl_3$、Ti-Al）、复合材料（TiB_2-TiC、$MoSi_2$-$TiSi_2$）、化合物（TiB_2、Ni-Ti、CrB_2）。反应过程很强烈，只发生几秒的时间。然而，大部分的反应扩散是不平衡的，且难以控制。

　　烧结过程中的膨胀可通过施加压力来缓和或抵消。添加大颗粒会产生大的孔洞，进而阻碍致密化，所以加入小的添加剂颗粒有利于致密化。烧结过程中反应释放的气体也会阻碍致密化。例如 TiN 和 B_4C 反应时，生成 TiB_2 和 TiC，同时也产生了 N_2。在这个烧结过程中，分为两个加热阶段：第一阶段是在 1560℃（1833K）烧结，有 N_2 的释放；第二阶段在 2000℃（2273K）烧结 60min，其致密度可达 96％左右。

许多混合粉末体系在加热过程中膨胀明显。下面列举几个烧结后达不到致密化的体系：Ag-Pt、Al-Cu、Al-Mg、Al-Zn、Co-Al、Co-Be、Cu-Sn、Cu-Ti、Cu-Zn、Fe-Cu、Fe-Ti、Fe-Al、Nb-Al、Ni-Al、Ni-Be、Ni-Co、Ni-Re、Ni-Ti、Ti-Al 和 U-Be。从相图上可以看出，这些系统在反应过程中会形成新的金属间化合物，例如镍和钛反应生成 NiTi。而且生成的中间化合物的熔点越高，烧结过程中产生膨胀的倾向就越大。

11.4.3　强化

在混合粉末系统烧结过程中，最有趣的还是强化烧结。粉末的化学特性和微观组织结构都会影响烧结速率[35-41]。扩散活化能的降低，以及烧结过程中为了增大物质流动而进行的微观结构的调整，都会促进烧结强化。最常见的技术就是降低物质流动的活化能，使得烧结时间缩短，烧结温度降低，从而促进烧结进程[42,43]。基体相溶于熔点较低的添加剂相，能够降低活化能。通过这种方式，添加相的原子会以更高的速率移动。本质上扩散速率的提高与熔化温度较低有密切的关系。这样，如果偏析的晶界比基体相具有更快的扩散速率和溶解度，那么就会有强化烧结的效果。活化烧结和液相烧结也具有类似的情况。

相对于强化烧结，另一种情况涉及多晶型材料。在烧结过程中，通过多态相变产生微观应变能够促进烧结，尤其是材料在某种晶型时扩散更快的情况下。在 910℃（1183K）烧结时，体心立方晶体结构的铁比相同温度下面心立方晶体结构的铁扩散快约 100 倍。通过温度的波动，使相变中的应变和扩散速率变化也会促进烧结[44,45]。烧结收缩随着烧结次数的增多而增大。同样的，烧结速率在温度处于化合物的有序-无序转变温度时是较大的。这种内部应力的影响与热压过程中施加外压的作用类似。

有些情况下，添加剂会增加晶体缺陷的数量。例如，在烧结 SnO 时，添加剂 CuO 会引起空位的转移，从而促进扩散。同样，在烧结 BeO 时添加 MgO 也会出现类似的情况。在黑色金属（铁基）体系中，硼是用于提高烧结的最有效的添加剂之一。对于共价陶瓷（SiC、AlN 和 Si_3N_4），可以通过添加氧化钇、硼和铝等添加剂，使添加剂在晶界处偏析来增强扩散。在 20 世纪 50 年代，人们发现 MgO 能够促进 Al_2O_3 烧结致密化，后来观测到优先晶界偏析消除了氧化钙偏析[46]。另一个例子是铜的烧结，采用铁或者石墨作为添加剂能

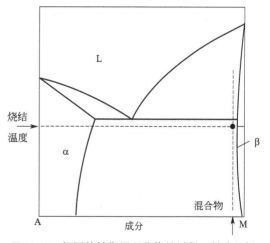

图 11.14　相图能够指导强化烧结过程，其中目标烧结温度和成分由两固相区的交点所确定

够使得氧化物还原，从而促进烧结。在高熔点金属中，当添加具有有利于溶解度和熔融温度的粉末时，就可以实现低温时的快速扩散，这个过程称为活化烧结。

活化烧结可以从相图中体现出来，如图 11.14 所示。虚线处的成分和温度线表示活化烧结的可选条件。添加剂相 A 比基体相 M 的熔点低，这会促进基体相在添加剂相中的扩散。在烧结温度下，添加剂对基体相具有很好的溶解度，但同时也抑制了添加剂本身的扩散。在富含 M 区迅速降低的液相线和固相线表明在晶界处有偏析的倾向。因此，添加剂相在晶界处偏析，并且在低于典型烧结温度下，起到运输溶解原子到新位置的作用。

发生活化烧结的主要原因是扩散速率会随着熔融温度变化[47]。偏析的添加剂层为原子扩散提供了更快的扩散环境。如图 11.15 所示，富活化剂相表现为一个薄的晶界层[48]。当高熔点材料溶于低熔点材料时，活化烧结才能发生，因为此时在颗粒间的晶界形成了烧结通道。由于扩散是影响烧结的重要因素，所以相对来讲，烧结过程依赖于相的溶解度和熔融温度。高熔点温度材料需要高的烧结温度。然而，低熔点材料在相同温度时，烧结得更快。当然，如果没有溶解度，就不会对烧结产生促进作用。

难熔金属如钼、钨、铬、铼、钽也可以发生活化烧结过程。例如，粒径 $1\mu m$ 的铬粉在 1400℃ （1673K），烧结 1h，烧结致密度为 78%。当加入 1% 的 Pd 时，在相同烧结条件下，烧结致密度可达 96%。

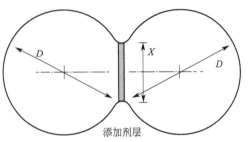

图 11.15 利用颗粒间晶界的添加剂层进行烧结可类似于晶界扩散，该添加剂通常具有较低的熔点（较快的扩散），并为所烧结的材料提供溶解度

在活化烧结过程中，添加剂的量是影响烧结的重要因素。在烧结过程中需要有足够的添加剂来包围晶粒的边界。当添加剂加入量过少时，晶界上的原子运输被中断，使得扩散速率变慢，降低了添加剂的作用。过量的添加剂又会加厚晶界层，也会影响烧结的进行。如图 11.16 所示，活化烧结需要足够的添加剂。图中给出钼在 1300℃ （1573K）烧结 1h，添加不同含量的钯时的烧结收缩率。钯的质量分数约为 0.5% 时就能激发活化烧结，此时收缩率为 10%，没有添加剂时收缩率为 2%。

活化烧结的结果随着添加剂种类的变化而变化。图 11.7 显示了钨在保温 1h 的活化烧结过程中，加入不同种类的添加剂时烧结收缩率随着烧结温度的变化曲线。最后密度达到 100% 时，烧结收缩率为 22%。由图可知，纯钨随着温度变化仅有很小的收缩，另外加入铜粉也几乎不增加收缩率。当添加钯时的烧结收缩率较高。之所以产生这么大的差异，主要是由于晶界处的扩散活化能。相应地，烧结强度、硬度和其他性能也会发生很大变化。对于 W-Fe 和 W-Co 体系，其致密化的活化能为 380kJ/mol，而 W-Ni 和 W-Pd 体系为 300kJ/mol。活化剂的不同使得 W 扩散速率不同。

在活化烧结时，活化剂需要均匀地分布在微观结构中发挥作用。因此，小颗粒的活化剂能更有效地促进烧结。活化层的传输动力依赖于溶解度和扩散。烧结收缩率 $\Delta L/L_0$ 与其他烧结参数的关系如下所示：

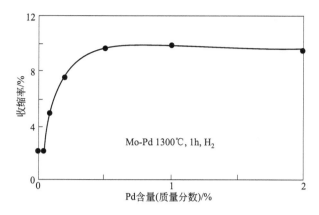

图 11.16　添加剂增强烧结（通常称为活化烧结）的例子

在钼中添加钯，于氢气气氛中加热到 1300℃（1573K），保温 1h。通过观察曲线的变化可得，强化烧结的结果依赖于添加剂量，需要有足够的添加剂来包围晶界，通常添加剂加入量相对还是较少的

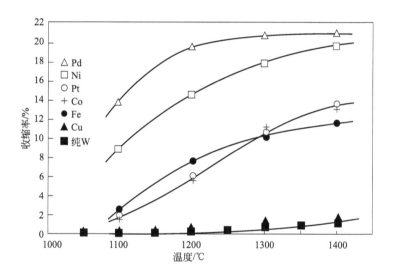

图 11.17　钨以及添加质量分数为 0.3% 时几种不同添加剂的烧结收缩率随着温度的变化

纯钨在此温度变化范围内烧结收缩最小，但是加入钯时，收缩率明显增大，上述现象与根据钨钯相图推测的结果相吻合

$$\left(\frac{\Delta L}{L_0}\right)^3 = \frac{g\Omega\delta C\gamma_{SV}tD_A\exp\left[-\dfrac{Q_A}{RT}\right]}{RTG^4} \tag{11.5}$$

式中，Ω 是原子体积；δ 是晶界上第二相活化剂层的宽度；g 是几何常数；C 是在有添加剂的情况下烧结材料的溶解度；γ_{SV} 是固-气表面能；D_A 是添加剂中溶解相的扩散频率因子；Q_A 是在添加剂扩散的活化能；t 是烧结时间；G 是晶粒尺寸，其初始值为颗粒尺寸；R 是气体常数；T 是热力学温度。在烧结过程中，晶粒尺寸大约随时间的立方根而增大。

从本质上讲，活化烧结类似于由晶界扩散控制的烧结。不同的是，晶界层的扩散速率比纯晶界更快。添加剂层中溶解度和扩散速率的增大有利于烧结的致密化。添加剂的扩散是整个过程的控制步骤。因为活化烧结与活化能的减少相关，所以温度是很重要的影响参数。

如果最终要达到一个较高的密度，需要晶界与孔的协同作用，特别是在晶粒增长的阶段。混合第二相是延缓晶粒生长的一种手段。调整材料的成分是稳定两相微观结构的有效方式。通过添加第二相能有效阻碍晶粒长大，例如将 MgO 加入到 Al_2O_3 中，Fe 加入到 MgO 中，Ca 加入到 ThO_2 中，CaO 加入到 ZrO_2 中，Th 加入到 Y_2O_3 中等情况，都能够取得这样的效果。

强化烧结的另一种方式是通过控制多晶材料的晶体结构来实现。相比紧密堆积的结构，原子堆积密度低的结构具有更高的扩散率。因此，低堆积密度的晶体结构是有利于烧结的。Fe 在 910℃（1183K）烧结时，体心立方铁素体的体积扩散率比面心立方奥氏体高100 多倍。钼等添加剂可以稳定体心立方结构，有助于烧结。致密度随着高温下稳定的铁素体量增加而增加。混合的微观相晶粒也会抑制晶粒长大。在奥氏体不锈钢的烧结过程中发现了类似的情况，加入过量的铬或者硅有利于烧结致密化。然而，当镍或者氮含量增加时，它们能够稳定面心立方结构，此时烧结密度会变低[49-52]。

第二相能够减缓晶粒生长。因此，复合材料烧结时的晶粒尺寸比单纯成分烧结时小，但是第二相的存在也阻碍了致密化。第二相产生的影响取决于致密化速率与微观结构粗化速率的比值。通过合理调节第二相来使该比值有利于烧结。从添加剂的角度分析，促进烧结的同时也往往会带来一些不利影响。所以在一些体系中，在增强致密度的同时，同时也加速了微观组织结构的粗化。

11.4.4　复合

当体系中两种粉末互不相溶时，烧结后的产品即为复合材料。烧结后的物相其化学性质、晶体结构、晶粒大小以及形状各不相同。例如利用不锈钢粉末与氧化物陶瓷混合粉末来生产耐磨刀。陶瓷与陶瓷复合的例子有很多，包括在玻璃相中烧结晶体氧化物来制造瓷器和纤维光学梯度玻璃。

各相之间存在不同程度的连接，这也是影响烧结的因素。其中一种极端的情况为分散相是被彼此孤立的。在这种情况下，第二相的添加量应为 30% 或者更少以防止颗粒与颗粒之间的接触。第二相含量较高时的微观结构如图 11.18 所示。图中给出的是氧化铝颗粒强化碳化钨体系加热到 1200℃（1473K），保温 60min，压力为 50MPa 的情况。第二相含量高时，会相互连接，形成交错的三维网状结构。图 11.19 是此时的横截面的微观组织形貌，是一种利用铁镍合金（深色的相）与银（浅色的相）进行烧结，形成具有高导热性和低热膨胀性的复合材料。

还存在有许多其他例子，例如在固相烧结时，一些是利用小颗粒的固相烧结，一些依赖于大颗粒，还有液相烧结。例如 Al-AlN、Al_2O_3-B_4C、Al_2O_3-Mo、Al_2O_3-NbC、Al_2O_3-SiC、Al_2O_3-Si_3N_4、Al_2O_3-ZrO_2、B_4C-TiB_2、青铜-玻璃、堇青石-玻璃、Cu-Fe、Cu-TiB_2、Cu-Cr、Cu-SiC、金刚石-SiC、金刚石-W_2C、Fe-Al_2O_3、Fe-堇青石、玻璃-

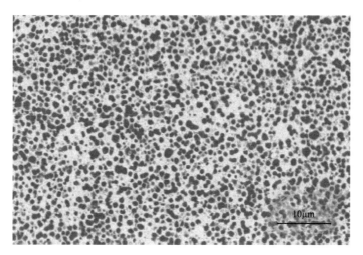

图 11. 18　在 1200℃（1473K）保温 60min、压力 50MPa

烧结时,氧化铝颗粒强的碳化钨体系的截面微观图像

其中连续的碳化钨基体（白色）中分布着氧化铝颗粒（黑色）

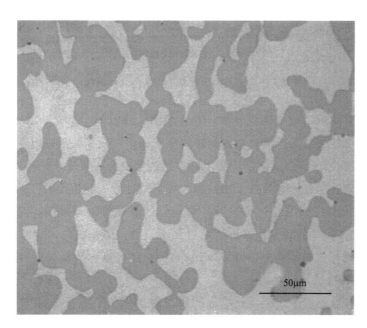

图 11. 19　复合材料中两种互相交错相的微观组织

深色相是铁镍合金，浅色相是银。注意此图与图 11. 18 不同，此结构中两相都相连

SiC、HfB$_2$-SiC、Ni-Al$_2$O$_3$、Ni-ZrO$_2$、Ni$_3$Al-SiC、SiC-Si$_3$N$_4$、不锈钢-Y$_2$O$_3$、Ti-TiC、工具钢-Al$_2$O$_3$、工具钢-SiC、WC-Mo$_2$C、WC-TiC、ZrB$_2$-ZrC、ZrC-Al$_2$O$_3$、ZnO-SiC。一些相关书籍已经给出了此类复合材料烧结的细节[14-21,53-64]。注意复合材料的烧结都遵循类似的规则，即根据主烧结曲线进行处理[65]。

　　烧结复合材料的目的在于将优异性质结合起来——高硬度与高断裂韧性、高耐磨性与耐腐蚀性，或高强度与低热膨胀系数。这种情况下，加入惰性添加剂时烧结会被抑制。短时间烧结时，堆积密度是烧结时的主要影响因素，而在长时间的烧结过程中，增强相抑制了烧结过程中的致密化，这在图 11.20 中显而易见[9]。图中显示的是 0.4μm 的 ZnO 粉末中加入不同含量的 12μm SiC 粉末的情况。其初始密度为 57%、然后 700℃（973K）保温 120min 烧结。在氧化锌中加入惰性碳化硅越多，烧结致密化差异就越大。因为碳化硅在更高的温度（相对于氧化锌）烧结时，它能保持惰性并且抑制致密化。

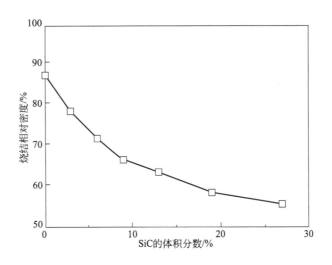

图 11.20 在 ZnO-SiC 烧结体系中，随着 SiC 体积分数的增加，烧结密度下降

惰性颗粒会减少烧结相的体积分数，并且能够约束收缩[66-68]。这种约束会在基体中产生应力，可能导致裂纹的产生。为了解决这个问题，可以采用涂覆惰性颗粒的方法，也可以施加压力辅助烧结[69-77]。外部应力能够弥补烧结应力的降低，并补偿延迟的致密化。

添加第二相惰性颗粒的好处在于惰性颗粒在烧结过程中对晶界的钉扎作用。对于不含添加剂的氧化铝和添加 10%（体积分数）氧化锆的氧化铝进行烧结，其结果如图 11.21 所示[78]。减少晶粒尺寸的效果往往被烧结过程所抵消。但是长时间烧结时，情况就不同了，在这些烧结氧化铝的试验中，烧结 600min 后，含有氧化锆添加剂的氧化铝最终密度较高（从纯氧化铝的 96% 提高到 97%）。

在晶须增强复合材料中，惰性相周围的致密度会存在差异[79]。沿着晶须轴方向受到的收缩限制要大于垂直于晶须方向的收缩限制，结果产生了拉伸应力，并在烧结基体中留下孔洞。由于晶须是各向异性的，所以基体烧结响应也与方向有关系。每个晶须导致的残留孔都平行于晶须轴的方向。

在烧结复合材料时，强化相会延迟致密化。延迟的程度与添加相的体积分数呈正比。此外，如果基体是黏性的，则延迟应力会随着时间的延长而松弛，因此阻碍较小。然而，在快速加热过程中，微观组织结构损伤会导致裂纹的发生。裂纹通常在烧结早期的基体烧结不良处形成。长时间的低温烧结使基体在致密化之前得以强化，从而有助于避免开裂。这是在烧结实践中有时要避免使用快速加热技术的原因之一。

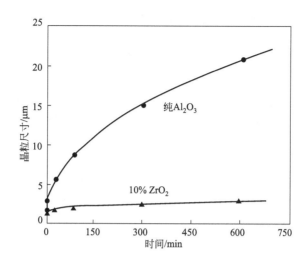

图 11. 21　纯氧化铝体系和添加 10%（体积分数）氧化锆的体系，

在 1620℃（1893K）烧结时，晶粒尺寸随烧结时间的变化

纯氧化铝晶粒长大很明显，混合体系晶粒长大的程度要弱，最终密度也要稍高于纯氧化铝体系

11. 5　共烧、层状复合和两相材料烧结

　　一种具有挑战性的情况是将两种粉末合并到不同的区域，例如叠层。麻花钻是一种典型的应用，通过烧结以形成外部具有高硬度而内部具有高韧性的同心圆柱体。通过两种粉末烧结时相互匹配，以避免缺陷的产生。图 11.22 是两相复合材料的显微图，是 WC-Co 球（内部还存在孔洞）在钢基体中的烧结，添加了青铜作为第三相。

　　在共烧多层结构中，相关组合包括磁性-非磁性、导电-非导电、硬-韧或者高成本-低成本等[80-91]。这些材料在电容器，玻璃-金属密封件、耐磨涂料、磁传感器、金属切削工具中很常见。初始结构中包含两种或多种不同粉末，但是不同于混合粉末体系，粉末由特殊的界面所分开。目的是同时烧结这些材料时，材料不发生变形、不形成缺陷。共烧需要两种粉末收缩相同，尽管其性质可能会不同[92-94]。烧结的平衡需要控制加热速率、颗粒尺寸、粉坯料密度等，以避免发生变形[95]。

　　对于共烧最早的应用是电脑组件。氧化铝陶瓷与导电性好的钼结合，可使得各个部件都具有三维方向上的导电性。坯体结构是利用陶瓷粉末叠层，并在层中设置导电通道，通道由金属粉末填充。选定的粉末需要加热过程中产生配合的收缩。

　　现在已经有各种各样的共烧结构，其中也包括一些重要的两相材料。匹配烧结决定了颗粒尺寸和加热工艺。共烧有时需要多个步骤组成功能梯度结构，得到性能逐渐变化的材料。例如，一端为 100% 的金属材料，通过中间步骤添加陶瓷，最终另一端成为 100% 的陶瓷材料。每层的性能都有变化，可能是 10% 或者 20% 的增量，从纯金属一端过渡到纯陶瓷一端。这样就形成了性质逐渐变化的材料，因此就最大限度减少了两材料不相容、热

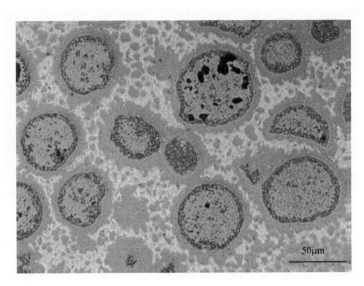

图 11.22 烧结复合材料的显微图

结构包括由不锈钢（掺硼）包围的 WC-Co 球，并加入了青铜作为第三相，碳化物中的孔也显而易见

膨胀系数不匹配等问题。例如，电子电路、金属切削工具、生物材料以及 Al_2O_3-ZrO_2 高温体系等。没有缺陷的烧结是很难实现的[96,97]，压力辅助烧结是很常见的减少缺陷的一种形式。图 11.23 是在压力条件下氧化铝晶须增强镍铝化合物的微观剖面图。此时纤维垂直于横截面。

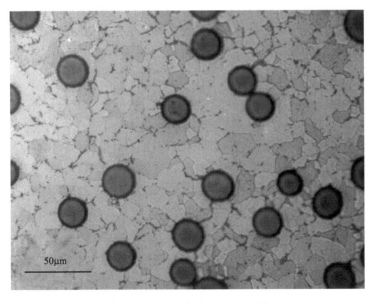

图 11.23 以镍铝为基体，添加 Al_2O_3 晶须，经过热等静压烧结后复合材料的微观图像

11. 6　小结

　　混合粉末的烧结形式多样，在烧结的实际应用中比较广泛。存放并根据要求混合粉末的成本要比存放各种化合物的成本低。这样，就可以通过调整成分，如铁、铜、镍、石墨等来控制烧结材料的性能。因此，利用数量不多的原材料便可以烧结出很多种类的材料。

　　混合粉末烧结除了通过均质化形成合金，还可以制造复合材料、功能梯度结构和共烧结构。然而混合粉末烧结过程中也有很多困难，主要是化学梯度引起的。由化学梯度引起的扩散是影响前期烧结的主要因素。根据烧结温度、成分、溶解度、反应、扩散不同，一系列的情况都可能发生。一般来讲，烧结压力的影响要比化学梯度以及反应熵的影响小。具体描述烧结反应过程中的详细变化是比较困难的。

　　加热过程中的相互作用依赖于发生的反应，而且大部分过程都会对烧结产生影响。例如，与单相烧结相比，混合粉末烧结过程中的加热速率对烧结过程的影响更大。常用方法就是通过降低加热速率来控制化学梯度产生的影响。本章所介绍的例子涵盖相互作用能小的固溶体体系到放热膨胀的反应烧结体系。

　　所有混合粉末烧结过程中都需要考虑颗粒尺寸，并理解每种粉末在烧结过程中起到的作用。如果颗粒的尺寸和形状大致相同，那么堆积密度就与材料的成分关系不大。另一方面，如果颗粒的尺寸不相同，那么大颗粒粉末主要决定了堆积密度和烧结行为。烧结时颗粒尺寸的变化是由过程中大小颗粒共同决定的。通常情况下，在小颗粒基体中加入惰性颗粒，会导致应力约束，从而在界面产生裂纹。如果加入的颗粒活性高，则会导致孔洞生长与工件膨胀。

　　本章涉及的化学作用包括四种，均质化（混合铜-镍形成合金的烧结过程）、膨胀（混合锡-铜形式多孔青铜）、强化（向钼中添加 Ni）和复合（不锈钢中加入 Y_2O_3）。然而，在实际中发生的情况远远多于这些，而且更加复杂[98-106]。

参考文献

[1]　D.J. Cumberland, R.J. Crawford, The Packing of Particles, Elsevier Science, Amsterdam, Netherlands, 1987.

[2]　R.M. German, Particle Packing Characteristics, Metal Powder Industries Federation, Princeton, NJ, 1989.

[3]　R.M. German, Prediction of sintered density for bimodal powder mixtures, Metall. Trans. 23A (1992) 1455-1465.

[4]　M.J. O' Hara, I.B. Cutler, Sintering kinetics of binary mixtures of alumina powders, Proc. Brit. Ceram. Soc. 12 (1969) 145-154.

[5]　W.H. Tuan, E. Gilbart, R.J. Brook, Sintering of heterogeneous ceramic compacts Part 1 Al_2O_3-Al_2O_3, J. Mater. Sci. 24 (1989) 1062-1068.

[6]　C.P. Ostertag, P.G. Charalambides, A.G. Evans, Observations and analysis of sintering damage, in: C.A. Handwerker, J.E. Blendell, W. Kaysser (Eds.), Sintering of Advanced Ceramics, American Ceramic Society, Westerville, OH, 1990, pp. 710-732.

[7]　R. Huang, J. Pan, A. Two, Scale model for sintering damage in powder compact containing inert inclusions,

Mech. Mater. 39 (2007) 710-726.

[8] G.J. Shu, K.S. Hwang, High density powder injection molded compacts prepared from a feedstock containing coarse powders, Materials Trans. 45 (2004) 2999-3004.

[9] L.C. De Jonghe, M.N. Rahaman, C.H. Hsueh, Transient stresses in bimodal compacts during sintering, Acta Metall. 34 (1986) 1467-1471.

[10] J.P. Smith, G.L. Messing, Sintering of bimodally distributed alumina powders, J. Amer. Ceram. Soc. 67 (1984) 238-242.

[11] W.H. Rhodes, Agglomerate and particle size effects on sintering yttria-stabilized zirconia, J. Amer. Ceram. Soc. 64 (1981) 19-22.

[12] M.D. Sacks, J.A. Pask, Sintering of mullite containing materials: II, effect of agglomeration, J. Amer. Ceram. Soc. 65 (1982) 70-77.

[13] G.C. Culbertson, J.P. Mathers, The effect of particle size and state of aggregation on the sintering of aluminum nitride, in: R.M. German, K.W. Lay (Eds.), Processing of Metal and Ceramic Powders, Metallurgical Society, Warrendale, PA, 1982, pp. 109-122.

[14] F.F. Lange, B.I. Davis, I.A. Aksay, Processing related fracture origins: III, differential sintering of ZrO_2 agglomerates in Al_2O_3/ZrO_2 composite, J. Amer. Ceram. Soc. 66 (1983) 407-408.

[15] J.H. Jean, T.K. Gupta, Liquid phase sintering in the glass-cordierite system: particle size effect, J. Mater. Sci. 27 (1992) 4967-4973.

[16] Y.S. Kwon, A. Savitskii, Solid-state sintering of metal powder mixtures, J. Mater. Syn. Proc. 9 (2001) 299-317.

[17] A.P. Savitskii, New approaches to the problem of sintering two-component mixtures, Sci. Sintering 30 (1998) 139-147.

[18] E.I. Maksimov, A.G. Merzhanov, V.M. Shkiro, Gasless compositions as a simple model for the combustion of nonvolatile condensed systems, Comb., Expl. Shock Waves 1 (1965) 15-18.

[19] Z.A. Munir, U. Anselmi-Tamburini, Self-propagating exothermic reactions: the synthesis of high temperature materials by combustion, Mater. Sci. Rept. 3 (1989) 277-365.

[20] R.L. Coble, Reactive sintering, in: D. Kolar, S. Pejovnik, M.M. Ristic (Eds.), Sintering-Theory and Practice, Elsevier Scientific, Amsterdam, Netherland, 1982, pp. 145-151.

[21] M.E. Washburn, W.S. Coblenz, Reaction formed ceramics, Ceram. Bull. 67 (1988) 356-363.

[22] D.M. Turriff, S.F. Corbin, Modeling the influences of solid-state interdiffusion and dissolution on transient liquid phase sintering kinetics in a binary isomorphous system, Metall. Mater. Trans. 37A (2006) 1645-1655.

[23] D.M. Turriff, S.F. Corbin, Quantitative thermal analysis of transient liquid phase sintered Cu-Ni powders, Metall. Mater. Trans. 39A (2008) 28-38.

[24] M.S. Masterller, R.W. Heckel, R.F. Sekerka, A mathematical model study of the influence of degree of mixing and powder particle size variation on the homogenization, Metall. Trans. 6A (1975) 869-876.

[25] F. Aldinger, Controlled porosity by an extreme Kirkendall effect, Acta Metall. 22 (1974) 923-928.

[26] R. Watanabe, H. Nagai, Y. Masuda, The Kirkendall effect in the sintering of Cu-Ni Alloys, Sci. Sintering 11 (1979) 31-58.

[27] C. Menapace, P. Costa, A. Molinari, Study of the liquid phase sintering in the Cu-Sn system by thermal analysis, Proceedings PM2004 Powder Metallurgy World Congress, 2, European Powder Metallurgy Association, Shrewsbury, UK, 2004, pp. 172-177.

[28] B. Yuan, X.P. Zhang, C.Y. Chung, M.Q. Zeng, M. Zhu, Comparative study of the porous TiNi shape memory alloys fabricated by three different processes, Metall. Mater. Trans. 371 (2006) 755-761.

[29] A. Bose, B.H. Rabin, R.M. German, Reactive sintering Nickel-Aluminide to near full density, Powder Metall. In-

ter. 20 (3) (1988) 25-30.

[30]　A.P. Savitskii, Liquid Phase Sintering of the Systems with Interacting Components, Russian Academy of Sciences, Tomsk, 1993.

[31]　C. Menapace, M. Zadra, A. Molinari, C. Messner, P. Costa, Study of microstructural transformations and dimensional variations during liquid phase sintering of 10% tin bronzes produced with different copper powders, Powder Metall. 45 (2002) 67-74.

[32]　N.N. Acharya, P.G. Mukunda, Sintering in the copper-tin system part I: Identification of phases and reactions, Inter. J. Powder Metall. 31 (1995) 63-71.

[33]　L.H. Chiu, D.C. Nagle, L.A. Bonney, Thermal analysis of self-propagating high-temperature reactions in titanium, boron, and aluminum powder compacts, Metall. Mater. Trans. 30A (1999) 781-788.

[34]　E.H. Sun, T. Kusunose, T. Sekino, K. Niihara, Fabrication and characterization of cordierite/zircon composites by reaction sintering: formation mechanism of zircon, J. Amer. Ceram. Soc. 85 (2002) 1430-1434.

[35]　T.M. Puscas, A. Molinari, J. Kazior, T. Piezonka, M. Nykiel, Density and microstructure of duplex stainless steel produced by mixtures of austenitic and ferritic powders, in: K. Kosuge, H. Nagai (Eds.), Proceedings of the 2000 Powder Metallurgy World Congress, Part 2, Japan Society of Powder and Powder Metallurgy, Kyoto, Japan, 2000, pp. 980-983.

[36]　I.M. Robertson, G.B. Schaffer, Design of titanium alloy for efficient sintering to low porosity, Powder Metall. 52 (2009) 311-315.

[37]　J. Liu, R.M. German, A. Cardamone, T. Potter, F.J. Semel, Boron-enhanced sintering of ironmolybdenum steels, Inter. J. Powder Metall. 37 (5) (2001) 39-46.

[38]　T. Osada, H. Miura, Y. Itoh, M. Fujita, N. Arimoto, Optimization of MIM process for Ti-6A-- 7Nb alloy powder, J. Japan Soc. Powder Powder Metall. 55 (2008) 726-731.

[39]　R.J. Hellmig, J. Ferkel, Using nanoscaled powder as an additive in coarse-grained powder, J. Amer. Ceram. Soc. 84 (2001) 261-266.

[40]　T.M. Puscas, A. Molinari, J. Kazior, T. Pieczonka, M. Nykiel, Sintering transformations in mixtures of austenitic and ferritic stainless steel powders, Powder Metall. 44 (2001) 48-52.

[41]　P. Marsh, J.V. Wood, J.R. Moon, Diffusion between high speed steel and iron powders, Powder Metall. 44 (2001) 205-210.

[42]　R.M. German, Z.A. Munir, Enhanced low-temperature sintering of tungsten, Metall. Trans. 7A (1976) 1873-1877.

[43]　J.L. Johnson, R.M. German, Theoretical modeling of densification during activated solid-state sintering, Metall. Mater. Trans. 27A (1996) 441-450.

[44]　H.S. Choi, Y.K. Yoon, W.K. Park, Effects of cyclic heating through alpha gamma phase transformations during sintering of Fe-Ni alloy powder compacts, Inter. J. Powder Metall. 9 (1973) 23-37.

[45]　W.H. Tuan, G. Matsumura, Effects of cyclic heating on the sintering of iron powder, Powder Metall. Inter. 16 (1984) 16-18.

[46]　P. Svancarek, D. Galusek, F. Loughran, A. Brown, R. Brydson, A. Atkinson, et al., Microstructurestress relationships in liquid phase sintered alumina modified by the addition of 5 wt. % calcia-silica additives, Acta Mater. 54 (2006) 4853-4863.

[47]　J.R. Cahoon, O.D. Sherby, The activation energy for lattice self-diffusion and the Engel-Brewer theory, Metall. Trans. 23A (1992) 2491-2500.

[48]　Z.A. Munir, R.M. German, A generalized model for the prediction of periodic trends in the activation of sintering of refractory metals, High Temp. Sci. 9 (1977) 275-283.

[49]　H.O. Gulsoy, Influence of nickel boride additions on sintering behaviors of injection moulded 17-4 PH stainless

steel powder, Scripta Mater. 52 (2005) 187-192.

[50] N. Tosangthum, O. Coovattanachai, R. Tongsri, Sintering of 316L+ Ni powder compacts, Advances in Powder Metallurgy and Particulate Materials-2004, Part 5, Metal Powder Industries Federation, Princeton, NJ, 2004, pp. 51-60.

[51] F.A. Corpas Iglesias, J.M. Ruiz Roman, J.M. Ruiz Prieto, L. Garcia Cambronero, F.J. Ingesias Godino, Effect of nitrogen on sintered duplex stainless steel, Powder Metall. 46 (2003) 39-42.

[52] P. Datta, G.S. Upadhyaya, Copper enhances the sintering of duplex PM stainless steels, Met. Powder Rept. 54 (No. 1) (1999) 26-29.

[53] K. Tsukuma, I. Yamashita, T. Kusunose, Transparent 8 mol. % Y_2O_3-ZrO_2(8Y) ceramics, J. Amer. Ceram. Soc. 91 (2008) 813-818.

[54] M. Khakbiz, A. Simchi, Effect of SiC addition on the compactability and sintering behavior of M2 high speed steel powder, P/M Sci. Tech. Briefs 5 (4) (2003) 23-27.

[55] S.F. Moustafa, Z. Abdel-Hamid, A.M. Abd-Elhay, Copper matrix SiC and Al_2O_3 particulate composites by powder metallurgy techniques, Mater. Lett. 53 (2002) 244-249.

[56] A. Bose, B. Moore, R.M. German, N.S. Stoloff, Elemental powder approaches to nickel aluminide-matrix composites, J. Met. 40 (no.9) (1988) 14-17.

[57] P. Maheshwari, Z.Z. Fang, H.Y. Sohn, Early stage sintering densification and grain growth of nanosized WC-Co powders, Inter. J. Powder Metall. 43 (2) (2007) 41-47.

[58] F.C. Sahin, O.A. Sepin, S.A. Yesilcubuk, O. Addemir, Hot pressing of B_4C/TiB_2 composites, in: D. Bouvard (Ed.), Proceedings of the Fourth International Conference on Science, Technology and Applications of Sintering, Institut National Polytechnique de Grenoble, Grenoble, France, 2005, pp. 410-413.

[59] E.M.J.A. Pallone, J.J. Pierre, V. Trombini, R. Tomasi, Production of Al_2O_3 nanocomposites with inclusions of nanometric ZrO_2, in: D. Bouvard (Ed.), Proceedings of the Fourth International Conference on Science, Technology and Applications of Sintering, Institut National Polytechnique de Grenoble, Grenoble, France, 2005, pp. 504-506.

[60] H. Miura, H. Morikawa, Y. Kawakami, A. Ishibashi, Development of high performance sliding abrasive wear resistant materials through powder injection molding, Advances in Powder Metallurgy and Particulate Materials-1998, Metal Powder Industries Federation, Princeton, NJ, 1998, pp. 5.183-5.191.

[61] T.J. Weaver, J.A. Thomas, S.V. Atre, A. Griffo, R.M. German, Steel rapid tooling via powder metallurgy, Advances in Powder Metallurgy and Particulate Materials-1998, Metal Powder Industries Federation, Princeton, NJ, 1998, pp. 6.15-6.24.

[62] T. Osada, K. Nishiyabu, Y. Karasaki, S. Tanaka, H. Miura, Evaluation of the homogeneity of feedstock for micro sized parts produced by MIM, J. Japan Soc. Powder Powder Metall. 51 (2004) 435-440.

[63] H. Chang, T.P. Tang, K.T. Huang, F.C. Tai, Effects of sintering process and heat treatments on microstructures and mechanical properties of VANADIS 4 tool steel added with TiC powders, Powder Metall. 54 (2011) 507-512.

[64] G. Herranz, G.P. Rodriguez, E. Alonso, G. Matula, Sintering process of M2 HSS feedstock reinforced with carbides, Powder Inj. Mould. Inter. 4 (2) (2010) 60-65.

[65] M.G. Bothara, S.J. Park, R.M. German, A.V. Atre, Spark plasma sintering of ultrahigh temperature ceramics, Advances in Powder Metallurgy and Particulate Materials 2008, Part 9, Metal Powder Industries Federation, Princeton, NJ, 2008, pp. 264-270.

[66] C.H. Hsueh, A.G. Evans, R.M. McMeeking, Influence of multiple heterogeneities on sintering rates, J. Amer. Ceram. Soc. 69 (1986) C64-C66.

[67] A.R. Boccaccini, Sintering of glass powder compacts containing rigid inclusions, Sci. Sintering 23 (1991)

151-161.

[68] F.F. Lange, T. Yamaguchi, B.I. Davis, P.E.D. Morgan, Effect of ZrO_2 inclusions on the sinterability of Al_2O_3, J. A-mer. Ceram. Soc. 71 (1988) 446-448.

[69] R. Orru, R. Licheri, A.M. Locci, A. Cincotti, G. Cao, Consolidation/synthesis of materials by electric current acti-vated/assisted sintering, Mater. Sci. Eng. vol. R63 (2009) 127-287.

[70] S.J. Dong, Y. Zhou, Y.W. Shi, B.H. Chang, Formation of a TiB_2 reinforced copper based composite by mechanical alloying and hot pressing, Metall. Mater. Trans. 33A (2002) 1275-1280.

[71] S. Vives, C. Guizard, C. Oberlin, L. Cot, Zirconia-tungsten composites: synthesis and characterization for differ-ent metal volume fractions, J. Mater. Sci. 36 (2001) 5271-5280.

[72] W. Acchar, J.L. Fonseca, Sintering Behavior of Alumina Reinforced with (Ti, W) Carbides, Mater. Sci. Eng. vol. A371 (2004) 382-387.

[73] J.T. Neil, D.A. Norris, Whisker orientation measurements in injection molded Si_3N_4- SiC composites, Proceed-ings ASME Gas Turbine and Aeroengine Congress, American Society of Mechanical Engineers, Amsterdam, Netherlands, 1988, pp. 1-7.

[74] Z.J. Lin, J.Z. Zhang, B.S. Li, L.P. Wang, H.K. Mao, R.J. Hemley, et al., Superhard Diamond/ Tungsten Carbide Nanocomposites, Appl. Phys. Lett. 98 (2011) paper 121914.

[75] L. Rangaraj, S.J. Suresha, C. Divakar, V. Jayaram, Low temperature processing ZrB_2-ZrC composites by reactive hot pressing, Metall. Mater. Trans. 39A (2008) 1496-1505.

[76] S. Sugiyama, Y. Kodaira, H. Taimatsu, Synthesis of WC-W_2C composite ceramics by reactive resistance heating hot pressing and their mechanical properties, J. Japan Soc. Powder Powder Metall. 54 (2007) 281-286.

[77] C. Liu, J. Zhang, X. Zhang, J. Sun, Fabrication of Al_2O_3/TiB_2/AlN/TiN and Al_2O_3/TiC/AlN composites, Mater. Sci. Eng. A 465 (2007) 72-77.

[78] J. Zhao, M.P. Harmer, Effect of pore distribution on microstructure development: II, first and second genera-tion pores, J. Amer. Ceram. Soc. 71 (1988) 530-539.

[79] O. Sudre, G. Bao, B. Fan, F.F. Lange, A.G. Evans, Effect of inclusions on densification: II, numerical model, J. A-mer. Ceram. Soc. 75 (1992) 525-532.

[80] H. Miura, K. Hasama, T. Baba, T. Honda, Joining for more functional and complicated parts in MIM Process, J. Japan Soc. Powder Powder Metall. 44 (1997) 437-442.

[81] M. Eriksson, M. Radwan, Z. Shen, Spark plasma sintering of WC, cemented carbide, and functional graded ma-terials, Inter. J. Refract. Met. Hard Mater. 36 (2013) 31-37.

[82] Y. Boonyongmaneerat, C.A. Schuh, Contributions to the interfacial adhesion in co-sintered bilayers, Metall. Ma-ter. Trans. 37A (2006) 1435-1442.

[83] O.O. Eso, Z.Z. Fang, A new method for making functionally graded WC-Co composites via liquid phase sinte-ring, Advances in Powder Metallurgy and Particulate Materials -2004, Part 8, Metal Powder Industries Federa-tion, Princeton, NJ, 2004, pp. 62-72.

[84] C. Pascal, A. Thomazic, A.A. Zdziobek, J.M. Chaix, Co-sintering and microstructural characterization of steel/ cobalt base alloy bimaterials, J. Mater. Sci. 47 (2012) 1875-1886.

[85] A. Baumann, M. Brieseck, S. Hohn, T. Moritz, R. Lenk, Development of multi-component powder injection moulding of steel-ceramic compounds using green tapes for inmould label process, Powder Inj. Mould. Inter. 2 (1) (2008) 55-58.

[86] K. Satoh, Y. Itoh, T. Harikoh, H. Miura, Joining of SUS316L and SUS430L stainless steel parts with the paste containing stainless steel powder in MIM process, J. Japan Soc. Powder Powder Metall. 50 (2003) 566-570.

[87] A. Petersson, J. Agren, Numerical simulation of shape changes during cemented carbide sintering, in: F.D.S.

Marquis (Ed.), Powder Materials Current Research and Industrial Practices III, Minerals, Metals and Materials Society, Warrendale, PA, 2003, pp. 65-75.

[88] H. Kato, K. Washida, Y. Soda, Microstructure and strength of sinter-bonding of high speed steel and low alloy steel, J. Japan Soc. Powder Powder Metall. 49 (2002) 651-657.

[89] W. Shi, A. Kamiya, J. Zhu, A. Watazu, Properties of titanium biomaterial fabricated by sinterbonding of titanium/hydroxyapatie composite surface-coated layer to pure bulk titanium, Mater. Sci. Eng. vol. A337 (2002) 104-109.

[90] M. Menon, I.W. Chen, Bimaterial composites via colloidal rolling techniques ii, sintering behavior and thermal stresses, J. Amer. Ceram. Soc. 82 (1999) 3422-3429.

[91] H. He, Y. Li, P. Liu, J. Zhang, Design with a skin-core structure by metal co injection moulding, Powder Inj. Mould. Inter. 4 (1) (2010) 50-54.

[92] J.L. Johnson, L.K. Tan, P. Suri, R.M. German, Design guidelines for processing bi-materials components via powder injection molding, J. Met. 55 (10) (2003) 30-34.

[93] R. Zuo, E. Aulbach, J. Rodel, Shrinkage free sintering of low temperature cofired ceramics by loading dilatometry, J. Amer. Ceram. Soc. 87 (2004) 526-528.

[94] P. Suri, D.F. Heaney, R.M. German, Defect-free sintering of two material powder injection molded components: part II, model, J. Mater. Sci. 38 (2003) 4875-4881.

[95] A.L. Maximenko, O. Van Der Biest, E.A. Olevsky, Prediction of initial shape of functionally graded ceramic preforms for near-net-shape sintering, Sci. Sintering 35 (2003) 5-12.

[96] S.I. Sumi, Y. Mizutani, T. Abe, Fabrication of Ni-PSZ FGM by pulse discharge sintering and observation of its internal defects, J. Japan Soc. Powder Powder Metall. 45 (1998) 1071-1075.

[97] M.L. Pines, H.A. Bruck, Pressureless sintering of particle reinforced metal-ceramic composites for functionally graded materials: part II. Sintering model, Acta Mater. 54 (2006) 1467-1474.

[98] J.F. Rhodes, W.R. Mohn, Ceramic composites -reliable ceramics, in: R.J. Schaefer, M. Linzer (Eds.), Hot Isostatic Pressing Theory and Applications, ASM International, Materials Park, OH, 1991, pp. 179-189.

[99] K. Okazaki, Electro-discharge consolidation of particulate materials, Rev. Particulate Mater. 2 (1994) 215-268.

[100] R. Orru, R. Licheri, A.M. Locci, A. Cincotti, G. Cao, Consolidation/synthesis of materials by electric current activated/assisted sintering, Mater. Sci. Eng. vol. R63 (2009) 127-287.

[101] F. Hussain, M. Hojjati, M. Okamoto, R.E. Gorga, Polymer-matrix nanocomposites, processing, manufacturing, and application: an overview, J. Comp. Mater. 40 (2006) 1511-1575.

[102] H.V. Atkinson, S. Davies, Fundamental aspects of hot isostatic pressing: an overview, Metall. Mater. Trans. 31A (2000) 2981-3000.

[103] A. Bose, W.B. Eisen, Hot Consolidation of Powders and Particulates, Metal Powder Industries Federation, Princeton, NJ, 2003.

[104] W. Dressler, R. Riedel, Progress in silicon-based non-oxide structural ceramics, Inter. J. Refract. Met. Hard Mater. 15 (1997) 13-47.

[105] C.M. Ward-Close, R. Minor, P.J. Doorbar, Intermetallic matrix composites-a review, Intermetallics 4 (1996) 217-229.

[106] R.M. German, R.G. Iacocca, Powder metallurgy processing, in: N.S. Stoloff, V.K. Sikka (Eds.), Physical Metallurgy and Processing of Intermetallic Compounds, Chapman and Hall, New York, NY, 1996, pp. 605-654.

第12章

快速烧结

12.1 概述

快速烧结是用来描述烧结工艺过程只有数秒时的一个术语[1]。快速加热或快速烧结并没有正式的定义，但是其典型特征之一是加热速率为10℃/s或者更快。作为基准，工业烧结的典型加热速率为10℃/min（0.167℃/s），这大概仅为快速烧结升温速率的1/60。

在烧结示范中，加热速率已经达到了600℃/s。然而，这样的加热工艺在实际生产应用中很难实现，例如，如何短时间输送大量的能源，如何控制工艺过程，以及如何避免烧结件开裂和变形。一些研究报告指出，加热速率在10～20℃/s范围时烧结效果较好。目前，快速加热的思路正在向微电子领域扩展，因为微电子领域中打印粉末正在代替焊料。粉末以层状呈现且只有数微米厚，被极强的光源加热后，在不到1s的时间里形成烧结结构。这是烧结的一个重要应用，在烧结工程零部件时在很大程度上脱离了传统烧结工业的缓慢加热速率。

几个因素的结合使得快速加热成为烧结领域的一个有趣现象[2-4]。大家关注的焦点从随着温度升高发生的扩散机理改变到生产经济学。其中一个论点是快速加热的热梯度可以显著提高烧结过程中的扩散速率[5,6]。如果快速加热没有热梯度，它的优势也将不复存在。这就产生了一个有趣的推测，但是加热速率和温度梯度这两个变量的想法容易混淆，其实快速加热才是关键。

关于快速加热实验的一些重要观点如下：

① 表面能。在粉末的表面区域储存有能量，称为表面能。由于在较低温度下初始表面积较高且扩散活化能较低，所以此时表面扩散是占主导地位的烧结机制，但表面扩散消耗表面能而不能促进致密化。由于快速加热将能够将表面能保留到较高的温度，而在高温下致密化过程表现活跃，从而可以提高烧结致密度。

② 不稳定性。材料在加热过程中会发生不稳定分解，特别是在电子产品中使用的金刚石和一些氧化物（钛酸铅），而快速地加热可以减少分解，从而保持在烧结过程中的化

学计量。

③ 组织粗化。缓慢加热工艺过程使得更多的晶粒粗化，而快速升温工艺过程可以通过分离致密化与晶粒生长来减少晶粒粗大化，这在烧结纳米材料时有明显的优势。

④ 经济效益。通过快速加热以缩短工艺过程，减少材料在炉内加热时间，这意味着可以用较少的设备烧结尽可能多的产品，经济效益明显。

关于快速加热可能的收益有许多推测，但由于目前可以直观显示其烧结成果的测量方法较少，所以这些推测更多源自猜想或计算。关于快速烧结的想法和快速烧结存在的优势主要有以下几点：

① 表面与内部的温度梯度引起热应力，从而驱动位错运动，进而引起塑性流动。

② 位错产生耦合引起晶格扩散与位错攀移。

③ 减少了传统加热方式下晶粒的生长，大大提高了晶界扩散速率，从而提高了致密度。

④ 热梯度激活的附加扩散可以作为对正常烧结的一个补充。

快速加热形成的热应力促进位错运动，为塑性流动和位错攀移创造了条件[7]。此外，对小颗粒而言，加热过程中的烧结压力就足以引起位错运动。快速加热时烧结晶粒越小，越能反映出晶粒长大和扩散之间的动力学差异。与晶粒粗化相比，当致密化过程具有更高活化能时，快速加热是有益的。氧化铝就是一个快速加热烧结的例子。快速加热减少了晶粒长大过程中的时间，从而使其在每个密度水平下都具有较小的晶粒尺寸。图 12.1 给出的是在氧化铝中掺杂 $200\mu g/g$ 的氧化镁，然后快速烧结后得到的晶粒尺寸与烧结相对密度的曲线图[8]。与常规烧结不同，快速烧结在每个密度下都表现出较小的晶粒尺寸。热能首先到达并作用到粉末坯体的外表面，因此快速加热产生的热梯度，促进了体积传输烧结[9,10]。

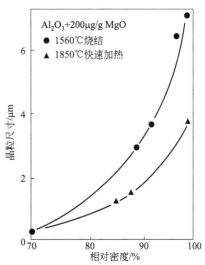

图 12.1 氧化镁掺杂氧化铝分别在传统烧结 1560℃ 与快速烧结加热到 1850℃ 过程中，晶粒粒度和烧结致密度的变化情况

正如投资界所说的那样："……所有技术带来的首先是好消息。"对于快速加热来说，坏消息通常为损坏。热梯度在增强扩散的同时也会引起应力，导致强度不高的坯体产生开裂、翘曲，以及由密闭气体引起的膨胀。在一项应用快速加热制备切削工具的研究中，不产生开裂的最大厚度约为 10mm。随着烧结件质量的增加，快速加热表现出的优势减弱[11]。快速烧结适用于小且薄的烧结件。但对于大而薄的烧结件，即使没有裂纹，也会有翘起的倾向，如"土豆片"的几何形状。

快速加热的另一个困难是粉末坯体辐射加热时受到"视线"的限制，使快速加热局限于简单的几何形状。在电子领域，这意味着一次只能烧结一个工件。微波加热的方法属于内部发热，但通常一个基座的粉末（如碳化硅）装在组件周围只能给外部加热。否则，在材料加热时发生热失控，会使工艺控制变得困难[12]。同时，快速加热不允许使用润滑剂或黏合剂，否则作为润滑剂或黏合剂的聚合物分解时会导致烧结件产生裂纹。在添加了润滑剂或黏合剂的情况下，必须缓慢地加热，在烧结之前使其挥发而除去。在用微波烧结设备制备硬质合金时，在 1400℃（1673K）的温度下烧结 8min 即可，但在微波烧结之前却需要在脱脂炉中花 8h 的时间进行脱蜡。额外的事先处理与工艺步骤使得微波烧结整体速度较慢，且成本高昂。

因为快速加热存在"一次只能烧结一个工件"的特点，所以其生产效率较低。微波炉烧结一个 WC-Co 样品的成本是传统生产类似产品的 8 倍。对于快速烧结，我们仍需要深入学习，而且，把烧结的各个方面整合成一个连贯的整体这一概念是十分重要的。

12.2　早期的示范

实行快速加热需要一个整体的工艺过程，其概念如图 12.2 所示。烧结炉预热至峰值温度后将粉末坯体送入加热好的炉子[13]。坯体进入炉中的传送速度决定着加热速率，通常约为 10℃/s。早期的试验数据显示几乎都是瞬间致密化。图 12.3 为掺杂 3 种不同含量铁的 SnO_2 的烧结致密度[14]。在这些实验中，小样品被放入一个预热到 1200℃（1473K）的炉内，在第一分钟就发生了致密化。

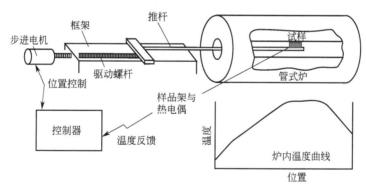

图 12.2　快速加热烧结的示意图，坯体进入预热炉的速度决定了加热速率

快速烧结往往伴随着其他激烈的能量输入，诸如放电、放热反应、微波加热、感应加热、等离子体加热、红外线加热、激光加热等。在一些新方法中，升温速率可达到 200℃/s 以上。常见的方式是电流通过粉体放电，这一过程称为电火花烧结，而后又命名为场效应烧结技术（field affect sintering technology，FAST）、电火花烧结（spark sintering，SPS）、电流活化烧结（electric current activated sintering，ECAS)[15-17]。这些方法中的大多数都会额外补充压力来加快致密化。模具和压头的蓄热作用会减缓加热与冷却过程，使得与热压的差别减小。例如，在烧结氧化锆时，使用电火花烧结在压力 50MPa、温度 1250℃（1523K）、保持 5min 时所得到的密度，相当于在传统烧结中，1500℃（1773K）保持 1200min 才能得到的密度。传统烧结得到的晶粒尺寸是快速烧结的 3 倍，

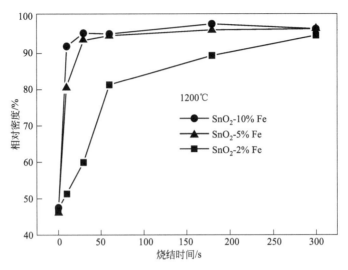

图 12.3 炉温设置为 1200℃（1473K）时，掺杂不同含量（摩尔分数）铁
（以氧化物的形式）的二氧化锡（SnO₂）的烧结致密度，呈现出显著的快速致密化[14]

但成本较低。

快速加热可以得到惊人的收缩率，高达 $1\%/s$[2]。由于能将对温度敏感的致密化与晶粒粗化两个过程分开，因此快速加热能够驱动致密化且实现晶粒的最小粗大化[18]。表面扩散的活化能较低，在低温烧结时占主导地位。晶界扩散则在高温烧结时起主导作用。表面扩散消耗烧结能却不带来致密，所以跳过较低的温度范围，直接提供晶界扩散能产生更大的烧结驱动力，更能够导致致密化。纳米粉体表面的初始表面积较大，颗粒边界区域较小。随着烧结颈的长大，情况会发生变化，晶粒边界区域变大，表面积减小。随着晶界面积的增加，晶粒长大速度加快。通过直接跳跃到高温，曲率和表面积驱动致密化，而不会有缓慢加热过程中的表面积损失。

对晶界扩散速率、表面扩散速率与晶粒长大速率进行计算能够估算出不同烧结工艺过程的交叉点。最初，温度较低，表面积较高，表面扩散占主导地位。随后随着温度升高，在颗粒接触处形成晶粒边界，交叉产生的晶界扩散和致密化占主导地位。该过程伴随着晶粒的长大。快速加热能够促使早期致密化，如果处置得当，短的工艺流程将最大限度地减缓晶粒长大。图 12.4 说明了这样的情况。该图绘制了 $0.5\mu m$ 的银粉末在 523℃（800K）时，1℃/s、10℃/s、100℃/s 三种加热速率下的烧结收缩率，其中表面扩散为近水平线，而晶界扩散为向上上升线[2]。交叉点表明表面扩散和晶界扩散是等价的。该过渡点的轨迹表明，在较高的加热速率下，早期是晶界扩散占主导地位。快速加热会导致更多的晶界扩散，并伴随烧结致密化。虽然上述快速烧结能达到加热速率 10℃/s，但其他方法有可能在更高的加热速率下控制扩散机制。本章提到了在快速加热试验背景下的几种情况。

快速加热速率研究是早期放电烧结试验制备高熔点金属灯丝工作的一部分。由于传统的烧结炉受温度的限制，所以直流电流是实现高温的一个手段。在这些试验中，没有关注加热速率效应，这是因为温度的测量技术尚不成熟。随后等离子体和微波快速加热逐步应

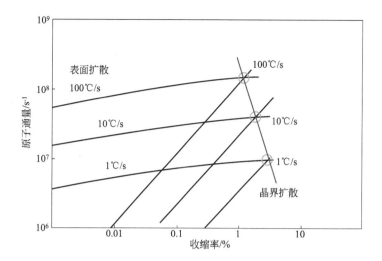

图 12.4　0.5μm 的银分别在 1℃/s、 10℃/s、 100℃/s 的加热速率下加热到 523℃
（800K）过程中表面扩散和晶界扩散通量与烧结收缩率的计算结果[2]
交叉点表明，在快速加热的烧结过程中，晶界扩散的致密化开始得更早

用于氧化铝、钨、氧化铀和氧化锆等材料[19-22]。

　　实验结果普遍表明，快速加热可提高烧结致密度。图 12.5 所示为 45μm 钛在 50MPa
压力下使用 3 种加热速率进行放电烧结的结果[23]。由于模具吸收热量的影响，所以加热
速率的峰值为 200℃/min 或 3.3℃/s。快速加热表现出优越性。

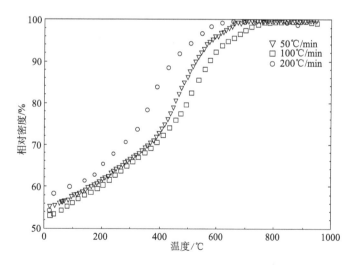

图 12.5　在 50MPa 的压力下使用 3 种加热速率
放电烧结钛合金的结果，快速加热表现出优越性

12.3　纳米粉末快速烧结

　　20 世纪 70 年代，快速加热烧结纳米粉末取得了巨大的成功[1,24]。大的烧结应力有效

地抑制了晶粒长大，得到了较小的晶粒尺寸。纳米级粉末通过快速加热在数秒内就能达到完全致密。例如，22nm 的氧化钇掺杂氧化锆粉末，在快速加热到 1300℃ （1573K）的情况下 60s 内达到了 99％的致密度，最终的晶粒尺寸为 100nm[25]。

　　快速加热烧结可以得到较小的晶粒尺寸，同时能够改善材料的强度和硬度[26,27]。二氧化钛的烧结结果表明，粒径越小，效果越明显[24]。如图 12.6 所示，随着粒径从 8nm 增加到 17nm，在 700℃ （973K）下的烧结收缩率逐渐降低。在这些实验中，样品质量为 0.2g，加热速率估计为 100℃/s。对于粒径较小的粉末，20s 内就发生了较大的收缩，但是随着颗粒的增大收缩率减小。从氧化物到纯金属等许多材料，都报道了类似的结果。

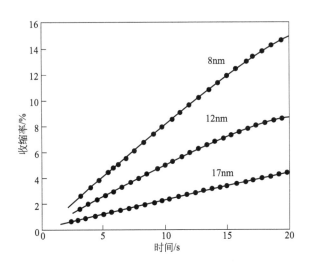

图 12.6　三种粒度的 TiO₂ 在 700℃ （973K）烧结时收缩率随时间的变化[7]

插图反映了颗粒尺寸对烧结收缩的作用。对于 8nm 的粉末，在前 20s 的烧结中发生显著的收缩

　　纳米级粉末颗粒通过快速烧结可以得到较高密度，确实显示出显著的效益。然而，在较高的峰值温度下，由于孔隙闭合后的杂质蒸发，密度反而会降低。图 12.7 中绘出了以 500℃/min （或稍高于 8℃/s）的速率烧结氧化钇稳定氧化锆时的烧结致密度数据[27]。在每种情况下都是在峰值温度保持 1min。直至 1300℃ （1573K），烧结致密度都在增加，但在更高温度下，密度却降低。被困杂质的蒸气产生的孔隙压力随着温度的升高而增加，会对致密化产生负面影响。试验表明，较慢的加热速率可以得到更好的致密化效果。速率为 10℃/min 时的致密度为 99.3％，而速率为 500℃/min 时的致密度仅为 90.7％。在烧结之前进行煅烧处理以除去杂质是有益的[28]。常规烧结的结果往往密度较低，晶粒尺寸较大，但是不需要煅烧处理。纳米级粉末的细小晶粒尺寸与快速致密化的优势是显而易见的，但有时污染问题会产生一些负面影响。

　　因此，将快速加热和纳米级颗粒结合起来有一定好处，但也存在一些问题：

　　① 高温烧结产生的热应力促进致密化。

　　② 低温阶段时间较短，高的表面积促进表面扩散，不带来致密化。

　　③ 更多的表面能被保留到高温阶段，晶界扩散、位错攀移、塑性流动以及其他致密化过程能够更好地发挥作用。

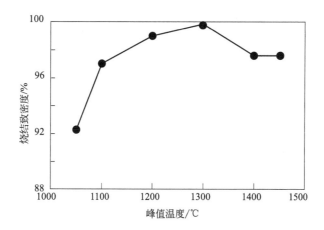

图 12.7 氧化钇稳定氧化锆（ZrO_2-3% Y_2O_3）以 500℃/min 加热至
各种峰值温度，保持 1min 后的烧结致密度数据[27]
过高的温度下烧结致密度降低是由于孔隙中残留挥发性物质
的膨胀。其他研究发现，保温时间过长也会发生类似的现象

④ 污染物挥发时间少，造成更多的污染。
⑤ 同等密度状态下晶粒尺寸较小。
⑥ 热应力引起明显翘曲或开裂。
⑦ 为了保证烧结件质量，快速加热只能限制在质量小或薄且扁平的坯体。

12.4 快速加热技术

烧结领域中的快速加热产生了许多发现与发明。虽然演示的结果很令人兴奋，但是批量生产性能一致的烧结件却十分困难。因此，除了一些亚稳态材料，如金刚石、热电复合材料、聚合物-金属复合材料等，在给定温度下缩短时间可以使其分解最小化，其他传统烧结中一般不使用快速加热。即使如此，关于快速烧结的发明比比皆是，下面将讨论几种快速加热技术。

12.4.1 放热反应

混合粉末之间的放热反应是快速加热同时形成化合物的重要手段。便携式焊接就是依靠铝与铁的氧化物反应生成熔融铁。一经点燃，反应就会快速进行，所以这是一种快速加热粉末的手段。将锰与硫混合，一旦点燃形成 MnS，多余的热量便可加热装入的粉末体。放热的另一种变形是在反应过程中施加压力的反应热压。过程控制是一个值得关注的问题，因为许多工艺过程都无法重现。

另外，原料粉末可以反应形成化合物并通过形成的热而烧结。将这些粉末混合并压制，一旦点燃，反应引起绝热加热，产生烧结[29-31]。比如，将镍粉和铝粉以相同的原子比组成混合并压实，就可烧结生成镍铝化物 NiAl。反应起始于近 600℃（873K），可自加热到 1200℃（1473K）或更高，传播速度为每秒数毫米。该速度取决于生坯密度和颗粒尺寸。已经对数以千计的系统进行了研究，包括铝化物（Ni_3Al）、硅化物（$MoSi_2$）、碳化物（TiC）、氮化物（ZrN）以及硼化物（MgB）。与其他快速加热方法不同，放热反应的热量是从压坯内部提供的。通常会形成液相以加速烧结致密化。然而，对于大型粉末压坯，放热波会产生问题。反应通过周围的物质进行传热，类似于火的前进和传播。热应力、烧结收缩、弱的未反应结构等因素会导致烧结体畸变。因此，只有少数（诸如烧结 $MoSi_2$ 发热元件）应用商业化。

12.4.2 电流加热

电流加热曾用于制备灯丝。随后，电流放电用于烧结铁氧体磁体，持续时间为 100s[32]。利用通过石墨模具的电流，加热速率为 10℃/s。该思路逐渐扩展，加压的同时快速加热成为最受欢迎的手段[33]。

电流放电快速烧结应用于陶瓷，需要的能量输入约 2MJ/kg，比传统烧结要低。最近有报道将电流烧结应用于铁粉[34]。颗粒尺寸为 60μm 的铁粉压制成密度 73% 的生坯，在 800℃（1073K）、以 600℃/s 的加热速率、保温 6min，达到全密度。因为铁是导体，所以需要将近 $13000A/cm^2$ 的电流。沿着这些思路，后续研究将这种想法应用于电导率较低的粉末，下面介绍一个关于氧化钇稳定氧化锆的详细报道[3]。使用 60nm 的颗粒压制至 40% 的生坯密度，然后施以高电压梯度（120V/cm），并快速加热到 850℃（1123K）时，在 5s 内就可将一个小型件（φ3mm×1.58mm）烧结至全致密。由于起始材料是混合相，所以主要机理是由电流增强了晶界加热。一些闪光烧结电压梯度和温度的组合如下：

120V/cm，850℃；100V/cm，910℃；60V/cm，1005℃。

遗憾的是，许多研究都未能给出完整的情节。例如，对于铁的研究，没有报告电压；在关于氧化锆的研究中，没有报道电流密度。技术障碍和资本成本是直流放电烧结中广泛关注的问题。尽管如此，已经知道强电场能够促进烧结，提高晶界扩散，类似于在电子电路中电子迁移的工作方式[35]。

大多数电流烧结设备是通过模具和冲头等部件进行加压的，这类似于热压烧结。加压可以确保在以蠕变致密化为机理的收缩期间颗粒的相互接触。采用脉冲直流进行加热，具有典型的脉冲持续时间（2ms～15s）。通常脉冲时间较长的用于生产，较短的用于研究。电流密度和脉冲持续时间取决于材料的电导率。如果粉末不导电，则通过模具电流而快速热压，此时粉末内无电流效益[36,37]。

金属材料在放电烧结时表现比较明显，比如，钛在电流 $230A/cm^2$、烧结峰值温度 1150℃（1423K）、时间 500s、压力 14MPa 的条件下烧结，达到了全致密。但是，石墨模具会对一些材料造成污染。

12.4.3 等离子体放电加热

等离子体放电提供了一种新的快速加热方法[38]。等离子放电加热适用于金刚石复合材料和一些氧化物陶瓷，致密化过程很快速。例如，粒度为 50nm 的氧化铝在约 1min 的快速烧结后可达到 99％ 的相对密度，如图 12.8 所示[39]。

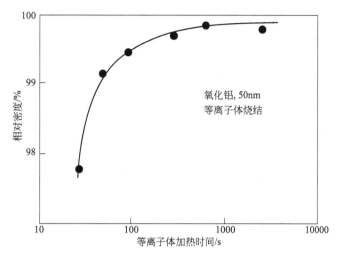

图 12.8 50nm 的氧化铝粉末在等离子加热约 60s 后达到 99％ 的相对密度

在等离子体加热时，电流-电压的情况与电流加热是相反的，这是由于放电等离子体烧结依赖于高电流和低电压。在许多情况下，等离子体是在低气压下由微波或感应电场所产生。残余气体的电子被剥离，气体的原子核在电压梯度下被加速，形成作用于粉末颗粒的等离子体。常见的气体有氮气或氢气。图 12.9 是一个示意图，给出了对单个坯体实现低损耗快速加热的方法。其基本思路是，等离子体在一个极高的温度梯度下从表面加热粉末，促进其致密化。

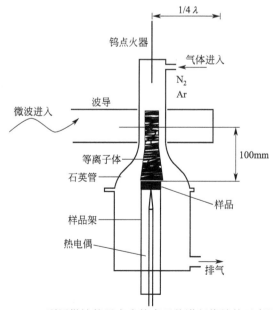

图 12.9 利用微波能量产生等离子体进行烧结的示意图
快速加热在粉末中产生的热梯度促进烧结

相比于传统烧结，等离子体烧结提供了一个在不太高的温度下获得较高烧结致密度的方法，但在典型的峰值温度下，其优势并不明显。图 12.10 比较了等离子体烧结与传统烧结时氧化铝的相对密度与温度的关系[40]。图中显示的是 40～50nm 的氧化铝粉末，经等离子体烧结 10min 和传统烧结 2h 的情况。

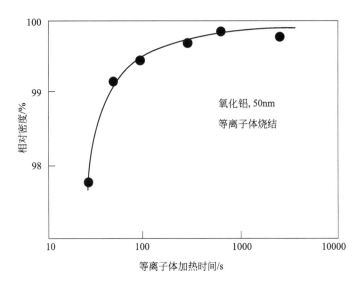

图 12.10 等离子体烧结与传统烧结情况下氧化铝的相对密度与温度的关系[40]
等离子体加热 10min，传统烧结保温 2h

等离子体提供了可能的新机制来推动烧结。虽然快速致密化引人瞩目，但目前它只能实现小件的烧结，且一次只能烧结一件，体积通常在 1cm³ 以下。另外，虽然加热速率也令人印象深刻，但其仍然是仅有 1kg/h 的效率。

12.4.4 微波加热

波长 122mm（设计为与水耦合）、频率 2.45GHz 的低成本家用微波炉的问世，使得研究者对微波烧结产生了兴趣。20 世纪 80 年代出现了早期的报道，据报道，B_4C 加热 12min 可实现 95％的相对密度[41]。微波加热还可用于生成辉光放电等离子体。最初的尝试是通过直接耦合对生坯进行微波加热，随后在许多体系中都有尝试[42-46]。

成本低是微波加热的主要优点。图 12.11 显示了家用微波炉改为烧结炉的一个例子。待烧结粉末位于腔体内，周围是保护和基座陶瓷（通常是碳化硅）。微波能量加热基座，基座所发出的辐射热使烧结体致密。小样品有可能在短短的 2min 内完成烧结。对于金属，烧结室内充满了惰性气体。由于家用微波炉不是为高温设计的，所以为了避免损坏烤箱，需要设置微波透过陶瓷外层，以防止热量逃逸损失。生坯需要是多孔的，以允许杂质能够在加热过程中挥发。

可以通过与粉末压坯的直接耦合进行加热，不过能否耦合取决于材料的介电性能。振荡场中的有效极化可以通过损耗角正切表征，损耗角正切低意味着微波通过材料时不产生

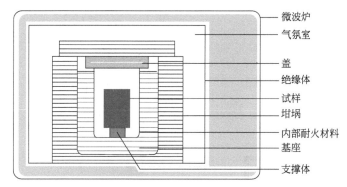

图 12.11 微波炉的配置示意图

如果对热量正确管理，就可以进行微波烧结。图中的微波炉包含一个绝缘板组成的箱子，以容纳样品的辐射能量。基座粉末（通常为 SiC）填充在其内部来吸收微波能量，粉末压块或嵌入基座中或封装在基座内部的坩埚中

加热。许多材料低温下的损耗角正切较低，但在高温时会增加。陶瓷的穿透深度通常很大，所以陶瓷最初不能有效地吸收微波能量。随着温度升高，穿透深度减小，经过临界点之后，随着温度快速升高，吸收变得很快。基座可以帮助平滑非线性耦合过程。基座包围着烧结件，图 12.12 显示了一种可能的配置方式。

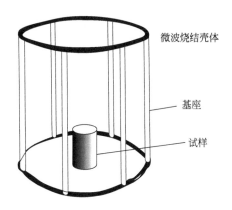

图 12.12 构造基座壳体是微波烧结过程中确保均匀加热的另一种方法。微波耦合到基座，通过辐射来加热粉末压坯

微波腔中微波的模式决定了加热的均匀性。多模式腔体可避免局部温度过高，这意味着腔体尺寸要大于电磁场的波长。为了实现均匀加热，样品的大小需要与腔体大小相匹配，通常样品会被平移进腔体内，以提高均匀性。大部件通常会表现出不均匀加热，所以微波烧结被限制在较小的元件，以避免畸变。由于大多数陶瓷在热梯度高于 20℃/mm 时会表现为表面加热，所以通常是一次烧结一个工件。

生产用微波炉如图 12.13 所示。这里，坩埚扮演了基座的角色，通过坩埚置于微波中，将微波能量输送到部件中。图 12.14 给出了氧化铝的烧结致密度与峰值温度的关系，这是实验室微波烧结的示范[45]。用微波烧结和传统烧结法处理小的盘状样品，微波烧结

在峰值温度的保持时间为零，而传统烧结则需要保温 2h。微波烧结的密度增益是显而易见的。

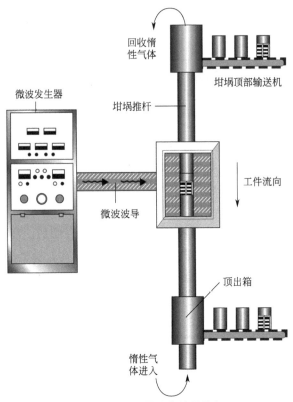

图 12.13 生产用微波烧结炉的概况

压坯放入微波炉区，电梯系统将基座坩埚输送到微波炉中。
在该设备中，每个压坯达到 1400℃（1673K）的时间为 8min

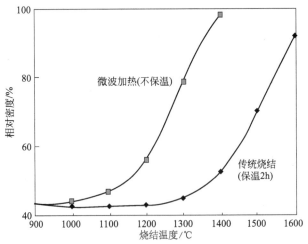

图 12.14 微波烧结（不保温）和传统烧结（保温 2h）
情况下氧化铝的相对密度与峰值温度关系比较

微波加热的优点引起了人们对烧结机理的兴趣[47]。一个共识是，晶界杂质优先与微波的能量相互作用，可能会得到更高温度的晶界，从而促进晶界物质传输。另一个观点是，微波加热引起的热梯度会诱导材料从表面到内部产生新的扩散效应。对 1250℃烧结的 Fe-2Ni-0.8C 钢进行比较，发现微波烧结材料的强度高出 1.8%，但这是碳含量不同的原因，微波烧结的碳含量为 0.81%，而传统烧结为 0.77%，在传统的慢速加热中碳有损失[48]。

一些微波烧结的报道显示，微波烧结具有更高的能量效率。然而，由于微波腔体的能量损失，导致很难进行详细比较。在高性能微波烧结的报道中，通常研究的是成分与冷却速率的差异。例如，微波烧结的 WC-Co 硬度更高，但这是由于快速冷却，而不是由于微波加热。即使是常规烧结炉，如果采用气体驱动，也有可能实现快速冷却。另外，由于微波加热受一次只能烧结一个工件的限制，所以不能与常规工业烧结 100kg/h 的效率相比。

12.4.5　激光和红外加热

激光光束可形成较高的局部加热，常用于焊接和表面施釉。由于能量集中，激光器提供了一种小区域快速加热并烧结的手段。例如，图 12.15 给出了使用直径 0.4mm、功率 200W 的激光束烧结钢粉末的情况[49]。激光作用的时间越长，烧结的密度越高，但该效应在 2ms 后衰减。使用激光束的强烈加热能够使最初的烧结变得很快。红外加热与其非常相似，但光不是聚焦到一个点，而是覆盖在一个表面。这使它适合比较薄的结构，但不适合厚的结构[50]。9kW/cm² 的广域加热设备可用于烧结表面涂层。

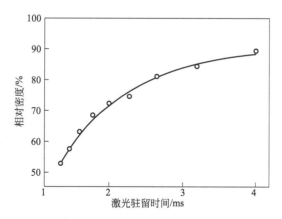

图 12.15　使用直径 0.4mm、功率 200W 的激光束烧结
钢粉末时，烧结相对密度与激光驻留时间的关系[49]
这些都是小样品的加热，没有相邻光线的通过。
在实际过程中，附近的光线也会提供额外的热量

激光烧结的新用途是增材制造，通过 x-y 平台的运动与激光烧结协调，一次一层地制备一个三维物体[51]。增材制造开始于 20 世纪 80 年代，最初是用纸和塑料，但在 90 年

代扩展到金属，接着是陶瓷[52]。图 12.16 是激光增材制造的示意图。目标工件的图像被转换成二维层的堆叠。粉末铺放在 x-y 平台上，应用激光束（或电子束）诱导使其烧结。通常加热到半固相温度区域，类似于超固相液相烧结。激光定位与投影的实体 x-y-z 坐标协调。每处理一层，增加一层新粉，循环重复。时间-温度-颗粒尺寸及其他相关因素，遵循传统烧结模式[53]。虽然局部烧结速度很快，但生成产品的时间很长。电子束能量、扫描速度和直径决定了输入能量，其中一部分能量会被粉末反射，粉末的热容量与烧结温度决定了生成速率。

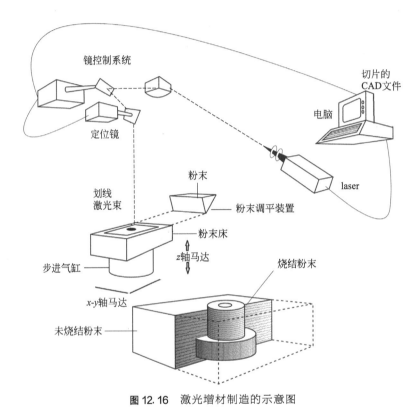

图 12.16 激光增材制造的示意图

使用激光烧结来进行增材制造，由计算机设计文档切片来确定各激光点作用于粉床的情况。
重叠的分层与激光平行扫描形成一个三维结构。未烧结的粉末则在生成过程后去除

通过合力协调烧结的对象可以使其具有所需的形状。但其缺点是，形成层需要一步步完成，所以圆角的曲面上具有不连续的特征，如图 12.17 所示。激光烧结的功率范围可以从 8~14000W，光束直径在 0.4~1mm 的范围。烧结升温速率超过 40℃/s。对于塑料粉末，8W 的功率就非常有效，对于钛，则需要更高的功率[54,55]。对于氧化锆，则需要将粉末预热到 800℃（1073K）之后再用激光加热到 1700℃（1973K）。如果激光横移速度太快，烧结可能会失败；横移速度太慢时，分辨率就会丢失。一个解决方案是先用充足的激光加热烧结体，然后再进行一个额外的烧结过程[49]。层厚度通常在 0.1~1mm 之间。由于激光能量集中在表面，所以表面下面的部分加热条件较差。这会导致烧结显微结构、密度和尺寸方面产生较大的梯度，因此通常需要顶面过热才能使烧结层的底部也完成烧结。

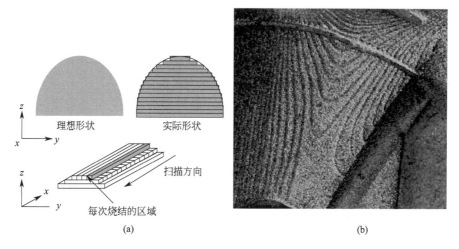

图 12.17　基于激光束快速烧结的增材制造形成的球形表面具有近似阶梯层

（a）概念说明；（b）梯田状曲面的照片

12.4.6　感应加热

　　热压长期以来都是依靠感应进行加热。高频交变电流在石墨模具内诱导涡流使坯体迅速升温。快速加热也可以没有压力。研究表明，纳米粉末烧结时加热速率可以达到 $15\sim20℃/s$[56,57]。辅助压力烧结时，由于对模具的附加加热，会导致加热速率减慢。感应加热的时间可以仅为数分钟，但冷却速度很慢。

　　感应烧结使用交变电流，用导电线圈将坯体围绕起来。图 12.18 为其示意图，水冷铜线圈包围着石墨基座。耐火坩埚通常由氧化铝制成，可以控制其中的气氛。传导线圈中的电流会产生磁场，在基座与坯体中形成诱导涡流。当线圈中的电流反向时，磁场也反向，涡流方向改变。

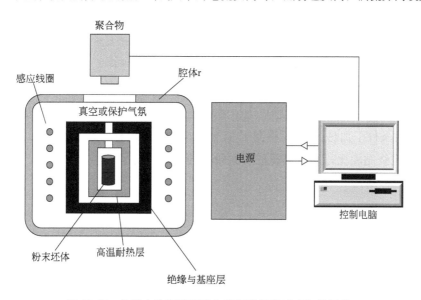

图 12.18　依靠水冷铜线圈产生高频磁场的感应加热示意

循环的电流感应涡流将加热粉末压坯或热感层

电感线圈是针对被加热材料、样品大小和电感频率设计的。大多数试验使用的都是直径 12mm 的小圆柱或圆盘[58]。诱导频率在 50Hz～50kHz，有时会达到无线电频率（MHz）。感应加热传热效率是辐射加热的 3000 倍以上，但它是表面加热，而且一次进限于一个烧结件。设备最外层的腔体，用来形成气氛或真空。

穿透深度限制了烧结体的大小（避免开裂）。随着温度升高，穿透深度减小。实验证明，升温速率较慢、保温时间较短时，性能较好。但实际上，感应加热快速烧结技术在生产实践中应用的并不多，这主要是由于一次仅能烧结一个产品的低生产效率。但是热压中广泛采用感应加热，比较常见的是与石墨模具一起加热，可以产生较好的效果。

观察到一个普遍现象，在加热速率接近 20℃/s 时，烧结密度、性能和质量达到最佳[59]。图 12.19 说明了这种优化烧结，烧结件是直径 10mm 的二氧化铀（UO$_2$）圆盘和圆筒[60]。使用不同的升温速率来达到峰值温度 1700℃（1973K），过程持续 5min。如果加热速率过快，即使是小型烧结件也可能会产生裂纹。

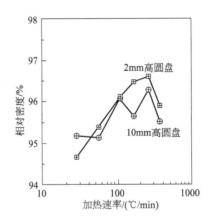

图 12.19 1700℃（1973K）保温 5min 感应烧结两种
形状 UO$_2$ 的烧结相对密度与保温时间的关系[60]
在加热速率约为 300℃/min 时，相对密度有所降低

对于加热时有可能会排出气体的材料，在快速加热前，需要先在中间温度停留以排除挥发介质。已经有一些粉体体系感应烧结的示范。例如，对于 WC-15Co，在频率 50kHz、功率 15kW 的条件下加热 1min，得到了 97％的相对密度，升温速率为 20℃/s。与压力为 60MPa 的放电烧结相比，感应热压能得到较高的硬度[61]。

12.5　辅助压力

与传统烧结相比，施加压力有利于在快速烧结过程中加强颗粒黏结，提高致密化。图 12.20 显示了氧化锆以 200℃/min 加热时压力对致密度的影响。烧结温度为 1200℃（1473K），保温 5min[33]。值得注意的是，在该过程中晶粒几乎没有长大。如图 12.21 所示，这些实验都是由粉体周围的石墨模具进行放电烧结，并通过上下两个模冲实施加压。
这样的过程在研究室中很常见，已经有数家公司出售加压的电流烧结装置。

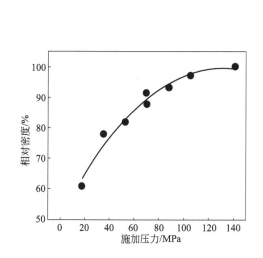

图 12. 20　放电烧结氧化锆[33]

升温速率 200℃/min，烧结温度 1200℃（1473K），保温
5min；烧结的密度随施加的压力增大而增大，而晶粒尺
寸保持相对稳定在 100nm 左右

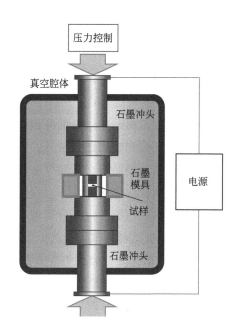

图 12. 21　火花烧结的基本过程

电源提供加热石墨和粉末的直流电和交流电。脉冲直流电
流加热是最典型的。压力通过石墨模冲生成。对于非导电
粉末，电流只通过模具，但对于导电粉末，电流还通过
粉末

我们有理由相信，快速烧结和压力辅助的结合可以增强致密化。因此，会有一系列的
新技术涌现，诸如微波热压、放热热压、反应热等静压、放电等离子体烧结、感应热压、
快速全向压制等。该领域是烧结与锻造的交叉领域，与材料成形相关。这样的一些快速加
热和快速加压重新定义了已有的金属成形思路[62-73]。创新的成形方法在研究经费的支持
下是可行的，但事实证明这些方法在生产上难以控制。在快速加热加压工艺中需要过程的
严格控制，才能够实现可再现性的致密化。

在致密化速率较慢的情况下，有可能控制低应变速率的加压。例如，放热加热诱导快
速烧结与同步加压相结合。在使用热压时，被称为放热热压。在使用热等静压时，被称为
反应性热等静压，反应熔为烧结体系提供热量。一些应用有 $MoSi_2$、HfB_2、$TiAl$、
Nb_3Al、TiB_2、Ni_3Al 等。由混合粉末反应形成化合物，如 $Mo+2\,Si \longrightarrow MoSi_2 +$ 热量。
通过向反应物种中加入强化相可形成复合材料[33,74]。混合粉末加热引发反应，通过加压
使其致密化[75]。

在快速烧结时施加压力有助于固结，但通常加压脉冲需要比加热脉冲延迟一些。这种
延迟能够避免产品微观结构的不均匀性，但高应变率可能会导致烧结件产生裂纹。在烧结
过程中辅助压力时，会加剧加热过程的控制难度。

12.6 前景

快速加热能够改善与促进烧结。多种方法已达到示范阶段，并显示出以下特征：

① 烧结件尺寸必须小，从而可以快速响应能量的输入。

② 粉末颗粒需要细小，甚至是纳米级，以进行快速致密化。

③ 加热速率最好为 20℃/s 左右。

④ 过长的保温时间和过高的峰值温度通常会引起密度降低。

⑤ 翘曲、开裂和缺陷比较常见，特别是在较高加热速率的情况下。

⑥ 粉末在快速烧结前必须脱气去除聚合物。

⑦ 大部分的快速加热方法一次只能处理一个样品。

⑧ 由于成本的原因，大部分示范并未能达到批量生产状态。

⑨ 以每 kg 烧结材料来衡量时，设备成本通常较高。

研究者进行了许多努力致力于开发新的烧结方案，这些往往会回到很久以前就证明了的概念。在某些情况下，经过快速处理的单一样品在密度、微观结构、加工时间等方面所具有的优势十分显著，有时收缩率能够达到 1%/s。这些优势对亚稳材料而言是十分重要的。

通常粉末压坯并不是很好的热导体。因此，在烧结过程中，快速热传递诱导热梯度驱动的扩散通常会消失。快速加热产生的应力会促进位错运动。但对于厚度超过 10mm 的烧结件，热应力会造成开裂或翘曲等。因此，快速烧结尚未能扩展到大的规模。但一些用于金刚石复合材料、碲热电化合物和钛酸铅电子陶瓷等领域的方法已经取得了成功。然而，与主烧结方法相比，快速烧结技术还是难以进行生产控制。其中，基于激光烧结的增材制造是一个例外。这种方法适合于生产有限数量的物品，如定制的牙科或医疗修复体的制作。

快速烧结的机理尚不能完全确定。最有可能的是，杂质作用会在快速加热中被放大。如果真是这样的话，则可以利用新颖的加热技术开发新材料。

快速烧结还可以减缓微观组织的粗化。一次只能烧结一个样品使成本受到了限制，相比之下，传统烧结炉每天的产量可达到数吨。到目前为止，使用快速烧结无法达到这一水平的生产。至于快速加热领域有待研究的问题，我们需要把重点集中在优化烧结工艺、粉末和杂质等方面。此外，适当的能源核算也是必要的，以比较评估与传统设备和工艺的成本，在性能和微观组织结构方面的优势。

参考文献

[1] P. Vergnon, M. Astier, S. J. Teichner, Initial stage for the sintering of ultrafine particles (TiO$_2$ and Al$_2$O$_3$), in: W. E. Kuhn(Ed.), Fine Particles, The Electrochemical Society, Princeton, NJ, 1974, pp. 299-307.

[2] D. L. Johnson, Ultra rapid sintering, in: G. C. Kuczynski, A. E. Miller, G. A. Sargent(Eds.), Sintering and Het-

erogeneous Catalysis, Plenum Press, New York, NY, 1984, pp. 243-252.

[3]　M. Cologna, B. Rashkova, R. Raj, Flash sintering of nanograin zirconia in less than 5 s at 850 C, J. Amer. Ceram. Soc. 93 (2010) 3556-3559.

[4]　M. Cologna, J. S. C. Francis, R. Raj, Field assisted and flash sintering of alumina and its relationship to conductivity and MgO Doping, J. Europ. Ceram. Soc. 31 (2011) 2827-2837.

[5]　D. Beruto, R. Botter, A. W. Searcy, Influence of temperature gradients on sintering: experimental tests of a theory, J. Amer. Ceram. Soc. 72 (1989) 232-235.

[6]　A. W. Searcy, D. Beruto, Theory and experiments for isothermal and non isothermal sintering, in: D. Taylor (Ed.), Science of Ceramics, vol. 14, The Institute of Ceramics, Stokes-on-Trent, UK, 1988, pp. 1-13.

[7]　C. S. Morgan, Observation of dislocations in high temperature sintering, High Temp. High Press. vol. 3 (1971) 317-324.

[8]　M. P. Harmer, R. J. Brook, Fast firing-microstructural benefits, J. Brit. Ceram. Soc. 80 (1981)147-148.

[9]　R. M. Young, R. McPherson, Temperature-gradient-driven diffusion in rapid-rate sintering, J. Amer. Ceram. Soc. 72 (1989) 1080-1081.

[10]　A. W. Searcy, Theory for sintering in temperature gradients: role of long range mass transport, J. Amer. Ceram. Soc. 70 (1987) C61-C62.

[11]　D. J. Chen, M. J. Mayo, Rapid rate sintering of nanocrystalline ZrO_2-3 mol % Y_2O_3, J. Amer. Ceram. Soc. vol. 79 (1996) 906-912.

[12]　H. Su, D. L. Johnson, Sintering of alumina in microwave-induced oxygen plasma, J. Amer. Ceram. Soc. 79 (1996) 3199-3210.

[13]　M. P. Kassarjian, B. H. Fox, J. V. Biggers, Fast firing of a lead-iron niobate dielectric ceramic, J. Amer. Ceram. Soc. 68 (1985) C140-C141.

[14]　R. H. R. Castro, G. J. Pereira, D. Gouvea, Relationship between surface segregation and fast densification of Fe or Mg doped SnO_2 pellets, in: D. Bouvard (Ed.), Proceedings of the Fourth International Conference on Science, Technology and Applications of Sintering, Institut National Polytechnique de Grenoble, Grenoble, France, 2005, pp. 394-397.

[15]　Z. A. Munir, D. V. Quach, M. Ohyanagi, Electric current activation of sintering: a review of the pulsed electric current sintering process, J. Amer. Ceram. Soc. 94 (2011) 1-19.

[16]　D. M. Hulbert, A. Anders, J. Andersson, E. J. Lavernia, A. K. Mukherjee, A discussion on the absence of plasma in spark plasma sintering, Scripta Mater. 60 (2009) 835-838.

[17]　P. Wray, New paradigm prophecy, Ceram. Bull. 92 (3) (2013) 28-33.

[18]　S. M. Landin, W. A. Schulze, Rapid sintering of stoichiometric zinc-modified lead magnesium niobate, J. Amer. Ceram. Soc. 73 (1990) 913-918.

[19]　C. E. G. Bennett, N. A. McKinnon, L. S. Williams, Sintering in gas discharge, Nature 217 (1968) 1287.

[20]　G. E. Tardiff, On the sintering behavior of submicron tungsten-thoria powder blends, Inter. J. Powder Metall. 5 (4) (1969) 29-39.

[21]　K. Upadhya, Sintering kinetics of ceramics and composites in the plasma environment, J. Met. 39(12) (1987) 11-13.

[22]　P. C. Kong, Y. C. Lau, E. Pfender, K. Mchenry, W. Wallenhorst, B. Koepke, Sintering of fully stabilized zirconia powders in rf plasmas, in: G. L. Messing, E. R. Fuller, H. Hausner (Eds.), Ceramic Transactions, vol. 1, Amer. Ceramic Society, Westerville, OH, 1987, pp. 939-946.

[23]　M. Eriksson, Z. Shen, M. Nygren, Fast densification and deformation of titanium powder, Powder Metall. 48 (2005) 231-236.

[24] P. Vergnon, M. Astier, S. J. Teichner, Sintering of submicron particles of metallic oxides, in: G. C. Kuczynski (Ed.), Sintering and Related Phenomena, Plenum Press, New York, NY, 1973, pp. 301-310.

[25] C. Feng, H. Qiu, J. Guo, D. Yan, W. A. Schulze, Fast firing of nanoscale ZrO_2 + 2. 8mol. % Y_2O_3 ceramic powder synthesized by the sol-gel process, J. Mater. Syn. Proc. 3 (1995) 25-29.

[26] C. E. Baumgartner, Fast firing and conventional sintering of lead zirconate titanate ceramic, J. Amer. Ceram. Soc. 71 (1988) C350-C353.

[27] C. Feng, E. Shi, J. Guo, D. Yan, W. A. Schulze, Characterization and fast firing of nanoscale ZrO_2 + 3mol% Y_2O_3 ceramic powder prepared by hydrothermal processing, J. Mater. Syn. Proc. 3 (1995) 31-37.

[28] D. H. Kim, C. H. Kim, Entrapped gas effect in the fast firing of yttria-doped zirconia, J. Amer. Ceram. Soc. 75 (1992) 716-718.

[29] J. B. Holt, D. D. Kingman, G. M. Bianchini, Kinetics of the combustion synthesis of TiB_2, Mater. Sci. Eng. 71 (1985) 321-327.

[30] R. L. Coble, Reactive sintering, in: D. Kolar, S. Pejovnik, M. M. Ristic (Eds.), Sintering-Theory and Practice, Elsevier Scientific, Amsterdam, Netherland, 1982, pp. 145-151.

[31] A. Varma, Combustion synthesis of advanced materials, Chem. Eng. Educ. Winter (2001) 14-21.

[32] A. Sawaoka, S. Saito, Fast sintering of ferrites using high frequency current under pressure, in: Y. Hoshino, S. Iida, M. Sugimoto (Eds.), Ferrites, University Park Press, Baltimore, MD, 1970, pp. 102-104.

[33] Z. A. Munir, U. Anselmi-Tamburini, M. Ohyanagi, The effect of electric field and pressure on the synthesis and consolidation of materials, a review of the spark plasma sintering method, J. Mater. Sci. 41 (2006) 763-777.

[34] K. Feng, Y. Yang, B. Shen, L. Guo, H. He, Rapid sintering of iron powders under action of electric field, Powder Metall. 48 (2005) 203-204.

[35] C. M. Hsu, D. S. H. Wong, S. W. Chen, Generalized phenomenological model for the effect of electromigration on interfacial reaction, J. Appl. Phys. 102 (2007) article 023715.

[36] B. Bernard-Granger, A. Addad, G. Fantozzi, G. Bonnefont, C. Guizard, D. Vernat, Spark plasma sintering of a commercially available granulated zirconia powder: comparison with hot pressing, Acta Mater. 58 (2010) 3390-3399.

[37] G. Bernard-Granger, N. Monchalin, C. Guizard, Comparison of grain size-density trajectory during spark plasma sintering and hot pressing of zirconia, Mater. Lett. 62 (2008) 4555-4558.

[38] L. G. Cordone, W. E. Martinsen, Glow-discharge apparatus for rapid sintering of Al_2O_3, J. Amer. Ceram. Soc. 55 (1972) 380.

[39] E. L. Kemer, D. L. Johnson, Microwave plasma sintering of alumina, Ceram. Bull. 64 (1985)1132-1136.

[40] S. Sano, K. Oda, Y. Shibasaki, T. Matayoshi, Y. Kayama, Y. Setsuhara, et al., Microwave plasma sinteringof low soda alumina, J. Japan Soc. Powder Powder Metall. 41 (1994) 739-741.

[41] J. D. Katz, R. D. Blake, J. J. Petrovic, H. Sheinberg, Microwave sintering of boron carbide, Met. Powder Rept. 43 (1988) 835-837.

[42] J. D. Katz, Microwave sintering of ceramics, Ann. Rev. Mater. Sci. 22 (1992) 153-170.

[43] D. E. Clark, W. H. Sutton, Microwave processing of materials, Ann. Rev. Mater. Sci 26 (1996)299-331.

[44] Y. V. Bykov, K. I. Rybakov, V. E. Semenov, High-temperature microwave processing of materials, J. Phys. D: Appl. Phys 34 (2001) R55-R75.

[45] D. Agrawal, Microwave sintering of ceramics, composites, and metal powders, in: Z. Z. Fang(Ed.), Sintering of Advanced Materials, Woodhead Publishing, Oxford, UK, 2010, pp. 222-248.

[46] S. Takayama, G. Link, S. Miksch, M. Sato, J. Ichikawa, M. Thumm, Millimeter wave effects on sintering be-

havior of metal powder compacts, Powder Metall. 49 (2006) 274-280.

[47]　G. F. Zu, I. K. Lloyd, Y. Carmel, T. Olorunyolemi, O. C. Wilson, Microwave Sintering of ZnO at Ultra High Heating Rates, J. Mater. Res. 16 (2001) 2850-2858.

[48]　M. J. Yang, R. M. German, Comparison of conventional sintering and microwave sintering of two ferrous alloys, Advances in Powder Metallurgy and Particulate Materials-1999, vol. 1, MetalPowder Industries Federation, Princeton, NJ, 1999, pp. 3. 207-3. 219.

[49]　A. Simchi, F. Petzoldt, H. Pohl, H. Loffler, Direct laser sintering of a low alloy P/M steel, P/M Sci. Tech. Briefs 3 (2001) 5-9.

[50]　J. D. K. Rivard, A. S. Sabau, C. A. Blue, D. C. Harper, J. O. Kiggans, Modeling and processing of liquid phase sintered Gamma-TiAl during high density infrared processing, Metall. Mater. Trans. 37A(2006) 1289-1299.

[51]　M. Agarwala, D. Bourell, J. Beaman, H. Marcus, J. Barlow, Direct selective laser sintering of metals, Rapid Proto. J. 1 (1995) 26-36.

[52]　D. E. Bunnell, D. L. Bourell, H. L. Marcus, Solid freeform fabrication of powders using laser processing, Advances in Powder Metallurgy and Particulate Materials-1996, Metal Powder Industries Federation, Princeton, NJ, 1996, pp. 15. 93-15. 106.

[53]　D. L. Bourell, J. J. Beaman, Powder material principles applied to additive manufacturing, Materials Processing and Interfaces, vol. 1, Proceedings 141st Meeting the Minerals, Metals, and Materials Society, Warrendale, PA, 2012, pp. 537-544.

[54]　T. B. Sercombe, The production of functional aluminum prototypes using selective laser sintering, P/M Sci. Tech. Briefs 3 (6) (2001) 22-25.

[55]　F. G. Arcella, F. H. Froes, Producing titanium aerospace components from powder using laser forming, J. Met. (2000, May) 28-30.

[56]　H. C. Kim, I. J. Shon, J. K. Yoon, J. M. Doh, Z. A. Munir, Rapid sintering of ultrafine WC-Ni Cermets, Inter. J. Refract. Met. Hard Mater. 24 (2006) 427-431.

[57]　H. C. Kim, D. Y. Oh, I. J. Shon, Sintering of Nanophase WC-15 vol. % Co hard metals by rapid sintering process, Inter. J. Refract. Met. Hard Mater. 22 (2004) 197-203.

[58]　W. Hermel, G. Leitner, R. Krumphold, Review of induction sintering: fundamentals and applications, Powder Metall. 23 (1980) 130-135.

[59]　M. Nakamura, H. Takahashi, Y. Sugaya, Rapid sintering of high strength alloyed steels by induction heating method, J. Japan Soc. Powder Powder Metall. 49 (2002) 534-540.

[60]　H. H. Yang, Y. W. Kim, J. H. Kim, D. J. Kim, K. W. Kang, Y. W. Rhee, et al. , Pressureless rapid sintering of UO_2 assisted by high-frequency induction heating process, J. Amer. Ceram. Soc. 91 (2008)3202-3206.

[61]　H. C. Kim, I. K. Jeong, I. J. Shon, I. Y. Ko, J. M. Doh, Fabrication of WC-8 Wt. % Co hard materials by two rapid sintering processes, Inter. J. Refract. Met. Hard Mater. 25 (2007) 336-340.

[62]　W. D. Jones, Fundamental Principles of Powder Metallurgy, Edward Arnold Publishers, London, UK, 1960.

[63]　C. G. Goetzel, Treatise on Powder Metallurgy, vol. 1, Interscience Publishers, New York, NY, 1949, pp. 259-312.

[64]　Y. Miyamoto, M. Koizumi, O. Yamada, High-pressure self-combustion sintering for ceramics, J. Amer. Ceram. Soc. 67 (1984) C224-C225.

[65]　H. L. Marcus, D. L. Bourell, Z. Eliezer, C. Persad, W. Weldon, High-Energy, High-rate materials processing, J. Met. 39 (12) (1987) 6-10.

[66]　S. T. Lin, R. M. German, Mechanical properties of fully densified injection molded carbonyl iron powder, Metall. Trans. 21A (1990) 2531-2538.

[67] Y. Murakoshi, M. Takahashi, K. Hanada, T. Sano, H. Negishi, Dynamic powder compaction method by electromagnetic force, J. Japan Soc. Powder Powder Metall. 48 (2001) 565-570.

[68] B. K. Yen, T. Aizawa, K. Kihara, Reaction synthesis of titanium silicides via self-propagating reaction kinetics, J. Amer. Ceram. Soc. 81 (1998) 1953-1956.

[69] J. H. Lee, N. N. Thadhani, H. A. Grebe, Reaction sintering of shock-compressed Ti+ S powder mixtures, Metall. Mater. Trans. 27A (1996) 1749-1759.

[70] I. Sato, A. Hibino, H. Negishi, Hot electromagnetic forming of metal powder compacts and its application to combustion synthesis, J. Japan Soc. Powder Powder Metall. 42 (1995) 283-288.

[71] T. Aizawa, S. Kamenosono, J. Kihara, T. Kato, K. Tanaka, Y. Nakayama, Shock reactive synthesis of TiAl, Intermetallics 3 (1995) 369-379.

[72] I. Song, N. N. Thadhani, Synthesis of Nickel-Aluminum intermetallic compounds by shockinduced chemical reactions, J. Mater. Syn. Proc. 1 (1993) 347-358.

[73] T. Takeuchi, M. Takahashi, K. Ado, N. Tamari, K. Ichikawa, S. Miyamoto, et al. , Rapid preparation of lead titanate sputtering target using spark plasma sintering, J. Amer. Ceram. Soc. 84 (2001)2521-2525.

[74] D. E. Alman, J. A. Hawk, C. P. Dogan, TiAl-Based composites produced by SHS/reactive synthesis techniques, Advances in Powder Metallurgy and Particulate Materials, Metal Powder Industries Federation, Princeton, NJ, 1995, pp. 7. 175-7. 185.

[75] K. Morsi, The diversity of combustion synthesis processing, A review, J. Mater. Sci. 47 (2012) 68-92.

第13章

纳米尺度烧结

13.1 概述

直径小于 100nm 的微粒称为纳米颗粒。它具有高的表面积，并作为离散相广泛应用于涂料、催化剂、高分子添加剂、遮蔽烟雾、油墨、软膏和乳胶。纳米颗粒还大量应用于白色涂料（二氧化钛）和轮胎的紫外线屏蔽添加剂（炭黑）。粉末冶金材料的成分大多是由热还原或化学沉积方法所得到的纯金属或金属氧化物。一些方法可以制造如 WC-Co 或 Ti(C,N)-WC-Co 等复杂成分的材料。纳米尺度颗粒的烧结为新粉末赋予新性能带来了很大希望[1]。

早期有关纳米尺度颗粒烧结的报道出现在 20 世纪 70 年代[2-5]。此后，发表的相关研究论文以每年 10000 篇的速度增长。研究的难点主要集中在致密化和微观结构晶粒粗大之间的平衡上。事实上，纳米尺度粉末的特性还有新的表现方式，甚至在室温下能够烧结[6]。

解决致密化和晶粒粗大之间平衡的问题首先在于控制颗粒团聚，通常辅以高压压制和压力烧结[7-11]。另外还存在大量的实际困难，例如纳米粉末在高压力下的分层。图 13.1 显示的是纳米铜粉末在压制烧结后的照片。压坯分离成几层，更糟糕的是很多粉末呈现出海绵状，其原因是加压之后引起了较大的松弛，使得颗粒沿剪切面分离，而这种分离在烧结之后则会成为大的裂纹。

随着对粉末合成改进技术的关注，越来越多纳米粉末复合材料应用于烧结的研究取得了成功。当前的研究方向主要分为以下几类：

① 研究纳米烧结的变化情况，主要集中于密度随时间、温度和其他变量而变化的关系曲线。

② 尝试新型烧结方法，观察发生的现象，如微波烧结、等离子体加热、电火花烧结、热等静压等。

③ 烧结的微观组织结构的控制，通常利用掺杂改性来控制晶粒的粗大化。

④ 将纳米尺度颗粒应用于微小烧结件的制造中。

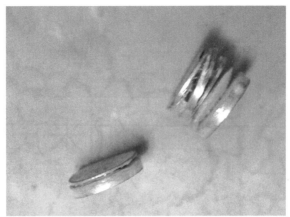

图 13.1 纳米铜粉压制烧结后制得的直径 12mm 圆片的分层情况

⑤ 微粒涂层薄膜的快速烧结制造复杂电路。

⑥ 基于分子动力学计算的烧结机制预测。

这些研究方向在微型器件的制备与印制电子电路等领域有望获得显著的商业价值。微小烧结器件需要小的颗粒，例如图 13.2 所示的微陈列芯片就是由微米级颗粒烧结制备的。这些器件能够应用于血液分析、基因图谱和肿瘤诊断。作为参照点，红细胞的尺寸范围为 $2\sim7\mu m$。通常需要将微粒尺寸控制在诸如壁厚这样尺寸的 1/20 左右。例如，一个壁厚 $1\mu m$ 的烧结件所需微粒的尺寸要小于 50nm。如果一个医疗装置是用于红细胞尺度的手术，那么则需要由纳米尺度的微粒来制造。微型设备已经应用于许多领域，其范围包括从半导体组装工具到等离子放电照明外壳。已经有相当多的专利和商用案例出现在医疗透析设备、医疗正电子发射体层扫描成像准直仪、微孔钻头、心脏植入电极、微创切片检查、手术工具以及电子消费品等领域。设计要点通常都受到可用粉末的限制。

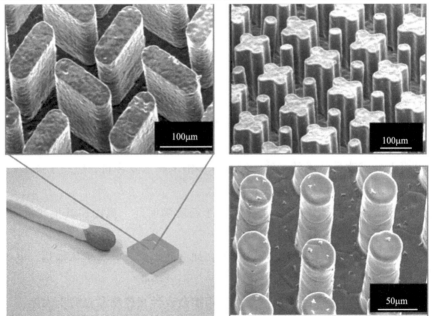

图 13.2 文中所描述的基于纳米颗粒制造的微型器件，包括流控器件、微阵列、血液分析和净化设备

材料的特性是由其微观组织结构决定的，纳米烧结材料尤为如此[1,12]。尺寸会引起从催化活性到蒸气压等各种特性的变化。经典的 Hall-Petch 公式描述了屈服强度 σ_Y 和晶粒尺寸 G 的关系：

$$\sigma_Y = \sigma_0 + \frac{\varphi}{\sqrt{G}} \tag{13.1}$$

式中，σ_0 为材料的位错滑移应力；φ 为常数。随着晶粒尺寸的变小，材料强度得到较大的提高。同样的关系也存在于晶粒尺寸与硬度的关系中，如图 13.3 所示[13]。然而，当晶粒尺寸小于 10nm 时，Hall-Petch 关系就不适用了。在晶粒尺寸大于 10nm 的情况下，细化晶粒尺寸的硬化作用还是显而易见的。纳米尺度烧结结构具有良好的前景，因此其研究得到了迅猛的发展。例如，在 WC-Co 系材料中，当晶粒尺寸从 $0.8\mu m$ 减小到 $0.2\mu m$ 时，材料硬度提高了 20%。另外研究还发现，在不减小晶粒尺寸的情况下，通过合金化处理可以提高 20% 的硬度[14]。

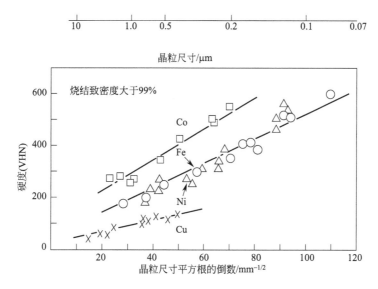

图 13.3 几种材料的显微硬度（VHN）与烧结晶粒尺寸
倒数平方根的对应关系，符合 Hall-Petch 关系[13]

尽管已经做了很多努力，然而目前仍难以做到使 100nm 晶粒尺寸的 WC-Co 达到 100% 的致密度。这是因为即使烧结时间只有 5min，晶粒也会迅速粗大。另一方面，第二相加入产生的钉扎作用成功地控制了微观结构，使得硬度得到 50% 的提高[15]。从实用化的角度来看，纳米尺度烧结的复合材料的开发在提高性能方面比组织细化具有更多优势，且比较容易实现。

随着颗粒尺寸的减小，其界面面积显著增大，由此可以提出更多的想法用于改善纳米颗粒的烧结。分子动力学计算描述了纳米颗粒烧结颈快速形成的增长率。例如，图 13.4 描述了 20nm 的钨颗粒烧结过程中在 30×10^{-9} s 时间内的计算机模拟图像。在 2727℃（3000K）时，两颗粒连接只需要 50ps[16]。烧结颈长大速率和活化能都与表面扩散控制烧结的情况相一致，符合预期的高比表面积情况。分子动力学计算显示，烧结活性限制在颗粒表面。因此，并没有超越已知范畴的新机制出现[17-28]。

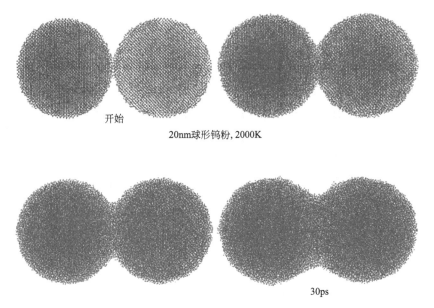

开始

20nm球形钨粉, 2000K

30ps

图 13.4　利用分子动力学计算得到的钨纳米颗粒烧结图像[16]

颗粒直径为 20nm，每个颗粒由 33000 个原子组成，加热烧结过程中绝大部分连接是由表面扩散形成的

烧结压力随着颗粒尺寸的减小而增大。烧结速率也随之变化，因此纳米烧结非常迅速，同时，晶粒长大也非常迅速。随着纳米颗粒的引入，这个问题越发明显[1,8]。例如，颗粒污染的程度更高，并且更难以去除。对于大多数颗粒来说，在烧结时的高温环境下，杂质蒸发很可能随着烧结过程而发生。但是小颗粒的烧结温度可能达不到杂质蒸发的温度。因此，污染可能会抵消掉一些本可预期的性能提高[13]。

在大颗粒烧结时，其基本问题主要是围绕烧结行为与确定发生的任何差异。从这些方面看来，似乎在纳米颗粒烧结的过程中并没有什么新机制出现。即便如此，纳米领域仍充满了很多期盼，正如前面已经提到的，研究者浓厚的兴趣在于由细小的颗粒可能产生潜在的新性能[8,29-31]。公认的巨大挑战集中在合成、弥散和固结等方面。

13.2　颗粒尺寸的作用

颗粒尺寸变小并不能保证烧结更容易。虽然烧结应力与颗粒尺寸成反比，但当粉末颗粒为 20nm，应力达到 100MPa 水平时，烧结致密度则限制在某一水平，很难再提高。图 13.5 所示为粒径 40nm 的 ZnO 粉末在保温 60min 后的致密度。致密度在接近 700℃（973K）时达到最高为 97%，并没有达到 100%，在此之后，随着烧结温度的升高致密度反而下降[32]。与此同时，随着烧结温度的提高，晶粒尺寸持续长大，并在 1000℃

（1273K）达到了 1μm。

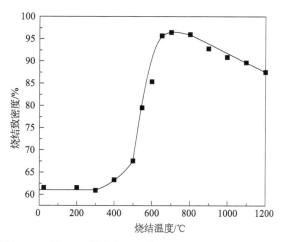

图 13.5 粒径 40nm 的 ZnO 粉末在不同烧结温度下保温 60min 后的致密度[32]

最高值仍然小于 100%，并且随着温度的继续升高，大量的晶粒长大导致致密度下降

从本质上说，更小的颗粒尺寸增加了粉末处理的难度。首先要面对的就是由纳米颗粒产生的新毒性[33]。继而，在合成过程中，烧结体中的团聚问题也很难解决。图 13.6 显示了纳米铁粉合成之后的透射电子显微图像。图中可注意到在预压和烧结过程中生长良好的烧结颈。这种热诱导的团聚将致密度降低大致 5%。图 13.7 显示了纳米银颗粒烧结呈链状的透射电子显微图像。遗憾的是，大多数纳米颗粒都高度团聚。图 13.8 显示的是纳米钛典型的大范围团聚的扫描电镜照片。这样的团聚对粉末的处理、成形与烧结都是相当不利的[34-42]。

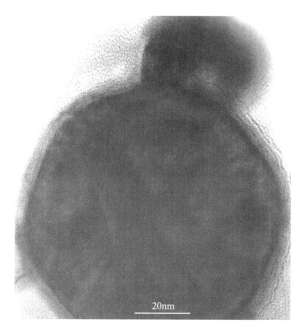

图 13.6 未经处理的纳米铁粉显微照片，颗粒在合成过程中形成了烧结颈

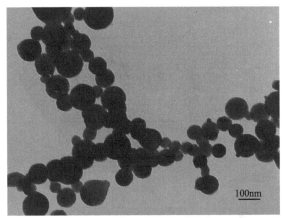

图 13.7   纳米银烧结体在透射电镜下呈现的常见的链状结构

这种结构导致松装密度低，难以处理且压实密度低

图 13.8   原始纳米钛粉末的扫描电镜照片

粉末粒度在纳米级范围，但由此产生的大量团聚使得海绵状粉末难以加工

通常将上述问题称为"合成中的烧结"。解决方法之一是在合成过程中对颗粒涂覆聚合物涂层。一旦涂层被去除，颗粒会快速烧结，有时甚至在室温下就可能发生烧结。虽然随着颗粒尺寸的变小烧结温度会变低，但诸如聚合物分解之类的一些其他属性却显示出较低的温度敏感性。其结果可能会导致粉末污染或成形过程中意外相的形成[5,43]。

从图 13.9 可看出，随着颗粒尺寸的减小，压实变得越来越困难。图中描述了粒度分别为 $2\mu m$ 和 188nm 的 WC-Co 粉末的生坯密度随压制压力的变化曲线[44]。粒度越小的粉末越难压实。这些难题使得难以通过烧结粉末获得纳米微观结构的观点成为共识[45]。业已证实，以常规的烧结过程为前提的计算与假设是不可行的。

纳米级粉末带来多重挑战，虽经过多年研究，纳米粉末仍存许多有待解决的问题。以 30nm 和 100nm 的 WC 粉末在真空烧结和热等静压后的结果对比来看，烧结体所能达到的最高硬度很大程度上还是由原始粉末颗粒大小所决定的[46]。颗粒直径在 $0.3\sim0.4\mu m$ 的粉末的压实过程与独立运算的结果完全吻合[47]。烧结后的致密度都能达到 95% 以上，与此同时，也都伴随着明显的晶粒长大。这一结论广泛存在于许多材料的制备过程中。

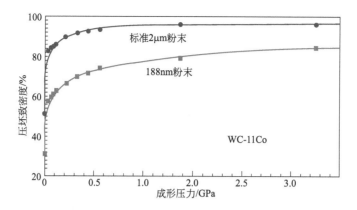

图 13.9　粒度相差约 10 倍的两种 WC-Co 粉末的压制曲线[44]

粒径较小的粉末在压实过程中明显的显示出对致密化的抵抗，

这导致在大多数情况下其压实压力都需要 GPa 的数量级

13.3　烧结温度

　　早期的研究中对于纳米颗粒烧结温度较低的现象，推测其原因为纳米材料熔点降低。而在此之前，大约在 20 世纪 40 年代，类似的推测也曾被用于解释比纳米材料更大些的粉末颗粒烧结的情况。然而，随后这两种推测都被更细致的分析所推翻。实测数据证实，熔点的降低程度相当小，以至无法引起烧结温度的降低。实际上熔点的降低仅仅是 Herring 定律的延伸[48]。

　　在纳米烧结过程中，晶粒长大的情况与标准粉末烧结中出现的情况相类似。这意味着晶粒长大与烧结过程密不可分，如同晶粒长大与烧结温度的关系类似。遗憾的是，相对于晶粒的原始尺寸，在烧结过程中晶粒的相对尺寸变化是很大的。例如，在 1100℃（1373K）下烧结 30nm 碳化钨粉末，当烧结体密度达到 90% 时，晶粒尺寸已经长大到 400nm[50]。通常需要添加助剂以抑制晶粒的长大。弥散相在减缓晶粒的长大的同时也影响了致密化的进程。目前助剂已应用于多个材料系，如 ZrO_2、$BaTiO_3$、AlN、Si_3N_4、SiC 和 B_4C。例如，氧化钇与氮化铝颗粒表面的氧化铝层反应生成 $Y_3Al_5O_{12}$ 有助于致密化，但由于晶间相的引入，导致性能下降。

　　致密化速率与颗粒尺寸有关，以下是烧结温度与颗粒尺寸的关系：

$$\ln\left(\frac{D_2}{D_1}\right)=\frac{Q}{3R}\left[\frac{1}{T_1}-\frac{1}{T_2}\right] \tag{13.2}$$

　　式中，R 为气体常数；T_1 是颗粒尺寸为 D_1 时的烧结温度；T_2 是颗粒尺寸为 D_2 时对应的烧结温度；Q 为活化能参数。如果以密度作为烧结的衡量标准，那么 Q 通常代表晶界扩散活化能。这个公式解释了烧结温度的变化与颗粒尺寸减小的关系。这个发现否定了纳米尺度下存在新烧结机制的猜想。分子动力学研究表明，表面扩散和晶界扩散完全可以解释纳米粉末的烧结及致密度随颗粒尺寸的变化。

13. 4　不变的热力学

传统金属加工过程中，在烧结之前依赖高温蒸发以去除杂质，由此，在纳米金属烧结中就出现了新的困难。因为纳米颗粒在相同的热处理制度下会产生明显的微观组织结构粗化。纳米粉末更大的表面积增加了更多的杂质，与此同时，较低温度的烧结却难以去除杂质。在高温氧化物还原完成之前，大颗粒会延迟烧结。例如，不锈钢需要在 1150℃（1423K）去除表面的 Cr_2O_3，但如果颗粒尺寸小于 $2\mu m$，较低的烧结温度导致材料的含氧量升高。

一般热化学反应需要高温，而不依赖于微观组织结构。较低温度下的热等静压和热压会减缓晶粒的长大，但成本较高。颗粒尺寸相关研究和温度相关研究之间的矛盾可能会导致性能的异常变化。

13. 5　时间-温度-颗粒尺寸

从生产的角度来看，预测产品的最终尺寸和性能是基本的要求。这就需要通过输入颗粒尺寸、团聚程度、压实压力、升温速率、烧结温度和保温时间等参量，从而分析出粉末致密化和微观结构的变化过程。这个模型是从实验中提取的数据总结得出的，假设材料参数是随工艺条件的变化而变化的。

然而，即使有详尽的数据，准确的预测也是很困难的。例如，纳米烧结中一个微观力学模型就需要 70 个变量来建模[50]。即使真的输入如此之多的信息，仍要忽略颗粒尺寸在压实中的作用，且在建模中仍然困难重重。以钨粉在 160MPa 压力下得到的数据可以看到，实验结果恰恰与模型结果相反：46nm 粉末致密度达到 41%；110nm 粉末致密度达到47%；490nm 粉末致密度达到 50%。

由此看出，许多关键的相关关系采用的是近似法处理。目前最常用的方法就是用主烧结曲线来处理复杂的内部反应关系[51,52]。

目前应用的概念依赖于几个独立的本构方程，包括粉体充填、压实、烧结致密化和一些其他属性特征[53-62]。这样的方法对于描述一些平均属性是最精确的，如烧结体密度和平均粒径。但很难预测诸如烧结体翘曲这类属性。尤其是在引入了三维模拟预测时，这些是特别需要注意的。

13. 6　模型和实验

对于高价值纳米材料的合成和烧结，尤其是如 WC-Co 等硬质材料，研究者已经给予了强烈的关注。这些材料有望提高油气勘探、电子部件及金属切削等领域的应用水平。在

WC-Co 的早期研究中，未能致力于将较小的起始颗粒烧结为细小晶粒结构的致密体。工艺条件的制定涵盖了整个技术范围。即使是放电烧结也未能把致密化结构中的晶粒尺寸控制在小于 $1\mu m$ 的范围内[63]。常见的是通过第二相颗粒的添加来得到致密化小粒径的纳米结构[15,64-68]。

WC-Co 系材料的研究中有相当出色的理论探索。通过减小晶粒尺寸得到的技术成果在工业上具有相当的吸引力，提高了材料的耐久性、强度、硬度以及韧性。然而，目前还是无法做到在保留理想的微观组织结构的情况下使纳米粉末致密化。虽然纳米粉末从 20 世纪 90 年代就开始研究与应用，但至今仍然无法做到再使烧结体达到全密度的情况下维持其晶粒尺寸不变。当烧结体达到全密度的情况下，平均粒度会增大若干倍。例如，粒径为 20～50nm 的粉末在 1477℃ （1750K）烧结至全密度时，粒径长大到了 $0.5\mu m$[64]。而添加相在抑制颗粒长大的同时也会降低致密度[69]。这样看来，似乎利用纳米粉末烧结提高硬度和韧性的方法与使用传统粉末差别不大。因此，目前新的工艺思路集中于高压与快速升温相结合的压力辅助烧结[44]。

13.7 解决方案

解决烧结致密化与晶粒长大矛盾的方法就是对提高致密度和保持细小晶粒结构的各因素进行综合考虑[44,70]。这是一个更接近于烧结图谱而不是基于烧结曲线的经验公式的解决方案。

当采用传统的粉末烧结工艺对纳米粉体进行处置时，粒度的长大是非常明显的。例如，粒径为 1～2μm 的钨粉的传统烧结工艺为压力 240MPa，温度 1800～2400℃ （2073～2673K），保温 10h，但该工艺不适用于纳米粉末。必须制定新的烧结工艺以适应纳米材料的性质，与此同时还必须解决氧化物还原的问题。

烧结响应和微观结构粗化模型为工艺优化提供了参考[44,49,52-62,70,71]。首要问题就是小颗粒装填的困难。纳米钨粉的装填密度只有 5％。图 13.10 所示为钨粉的粒径与对应的装填密度，其中粒径尺寸为 20nm～18μm。同样地，压实模型、烧结模型、晶粒长大模型和强度变化模型同时提供了达到目标性能的独立变量。这些依赖于以下本构方程：

① 压实密度与压力及粒度的关系函数。
② 烧结体密度与压实密度、温度、时间及粒度的关系函数。
③ 晶粒尺寸与烧结体密度、粒度、时间及温度的关系函数。
④ 烧结体强度与烧结体密度及晶粒尺寸的关系函数。

压实表现为由松装密度 （粉末固有特性）与施加压力所决定的生坯密度。图 13.11 显示了五组压力下压坯密度的数据。大颗粒更容易压缩，由此也说明了纳米粉末在压制过程中的局限性。由于任意粉末的致密化能力有限，所以生坯密度低会导致烧结体密度低[72,73]。

图 13.12 和图 13.13 显示了钨粉在传统烧结工艺下的变化，烧结工艺参数为 2000℃

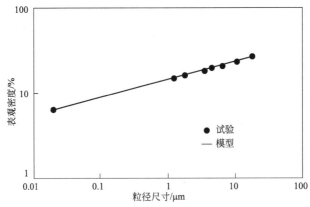

图 13.10 钨粉的粒径与装填密度的数据

纳米颗粒具有相当大的表面积和颗粒间摩擦，这些都导致装填密度
显著降低。本构模型通过幂函数关系将表观密度与粒径联系起来

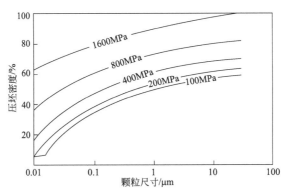

图 13.11 钨粉在不同压力和粒径下的压缩曲线

从图中可看出随着粒径增大，压坯密度提高

（2273K）等温烧结 10h，压力 500MPa。第一个图是烧结密度与粒径的关系，第二个图是晶粒尺寸与粒径的关系。随着致密化过程的进行晶粒长大。只有在低温、快速、高压力烧结的情况下才能得到高烧结密度与细小晶粒尺寸的结果。

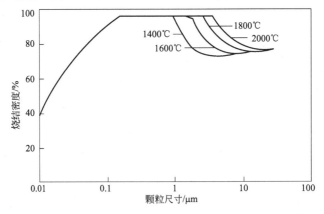

图 13.12 不同粒径钨粉在经典的传统烧结工艺下的烧结密度

烧结工艺参数为温度 1400~2000℃（1773~2273K），保温 10h，压力 500MPa

　　理想的解决方案示于图 13.14 中，给出了 1000℃（1273K）、保温 10min、不同压力的工艺条件下烧结体晶粒尺寸与烧结体密度的数据，给出了从 10nm～18μm 粒径的粉末相应的所需压力。图中显示了几条压制压力的曲线，但是只有很小一部分实现了高密度和晶粒尺寸小于 100nm。图 13.15 从另一角度给出了工艺参考。

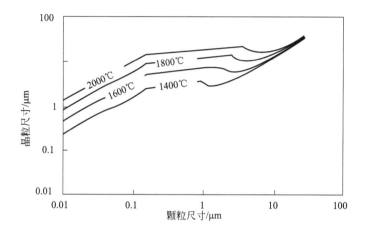

图 13.13　不同粒径钨粉在压力 500MPa，1400～2000℃
（1773～2273K）保温 10h 的烧结工艺下的晶粒尺寸

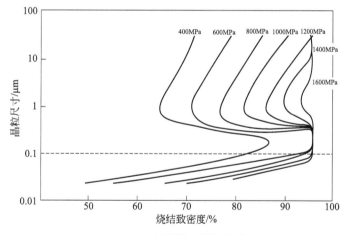

图 13.14　纳米粉末固化曲线

图中显示了不同压力下的烧结体晶粒尺寸和烧结体密度的数据，烧结工艺为 1000℃（1273K）
保温 10min。只有很小一部分的参数组合实现了高密度和晶粒尺寸小于 100nm 的效果

　　图 13.15 显示的为两种纳米粉末在给定的 2GPa 压力下，得到晶粒尺寸低于 100nm 的致密烧结体时所用的烧结温度和时间。这一工艺与传统钨粉烧结工艺有明显不同，传统工艺为 240MPa，2000℃（2273K）保温 10h。

　　当晶粒尺寸和致密度问题得到解决时，提高诸如硬度、强度、耐磨性、热导率以及韧性等性能就成为可能。在最优工艺条件下预测强度能够达到 3GPa[74]。这样的结果有助于使纳米粉末得到更广泛的应用，并创造更大的收益与经济效益[75]。

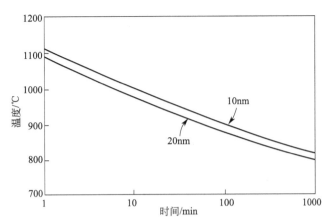

图 13.15 致密度达到 95% 以上的同时使晶粒尺寸保持在 100nm 以内的烧结温度和时间工艺
原始钨粉粒度分别为 10nm 和 20nm，压力 2GPa

上述结果解释了为何早期的纳米研究中由于应用传统工艺而在实践中遇到的巨大困难。这些纳米粉末的工艺数据与传统工艺有明显不同。为了保证纳米结构，高压力、快速升温、短时保温以及低温烧结都是必需的[76-81]。

13.8 两步烧结

纳米材料烧结的致密化过程主要依靠晶界扩散。晶粒长大也主要是依靠晶粒合并及晶界扩散。把致密化同晶粒粗大过程分开有很多困难，因为它们有类似的扩散过程。烧结颈的生长会产生更多的晶粒边界，这带来更多的边界物质迁移。在诸如热压的低温烧结下可以减缓晶粒的长大。

另一种方法是在烧结过程中调整温度，这是从控制速率烧结的概念而建立的[82]。控制速率烧结认为快速烧结试图把晶粒边界同孔隙区分开来，这就导致了最终烧结体的低密度和大晶粒。控制温度是一种把晶粒长大同致密化区分开来的方法。相关方法是基于一种两步加热和循环加热的概念，在最小的晶粒长大情况下达到致密化[83,84]。

对于纳米粉末来说，相关方法就是先加热到较高温度，然后降低温度在减缓晶粒长大的同时控制致密化。晶粒尺寸与密度之间的变化同传统烧结情况表现出明显的不同。图 13.16 以 30nm 氧化钇（Y_2O_3）为例列出了其烧结数据[85]。传统致密化工艺通常为以 10℃/min 升温至 1500℃（1773K），保温 1h，在全密度下晶粒尺寸为 420nm。两步热循环法为先升温至 1250℃（1523K），然后降温至 1150℃（1423K）保温 1200min，最终得到全密度下晶粒尺寸 122nm，这意味着每个最终颗粒是由 67 个原始颗粒合并而成。使用两步热循环法的烧结时间是传统烧结的四倍，它有生产效率低与成本高的缺点。总的说来，在纳米粉末方面有很多不同方法的尝试[9,86-94]。由于两步烧结法对原始结构均匀性相当敏感，导致关于这方面的研究结果差异很大，这可能反映了样品制备的差异。同时，这种方法对生坯状态也有严格的要求。

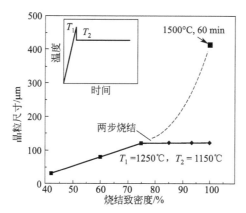

图 13.16　纳米氧化钇分别在 1500℃（1773K）烧结和两步
烧结法达到全密度时晶粒尺寸与烧结体密度数据[85]
如图中小图所示，两步烧结法包含了在低温下长时间的保温

13.9　展望

　　纳米颗粒的快速烧结得益于小的扩散距离和高的接触压力。起初表面扩散起主要作用，随后就是晶界扩散导致致密化。晶粒长大速度很快，因为促进晶界扩散的条件通常会引起晶粒长大[47]。此外颗粒旋转加剧了团聚。其直接影响就是纳米颗粒结构致密化过程中明显的晶粒粗化[34]。

　　纳米材料的烧结与传统材料的烧结不同，其强度和硬度都更大。迄今为止，纳米材料烧结的许多效益已经达到了传统粉末烧结的水平。

参考文献

[1]　K. Lu, Nanoparticulate Materials Synthesis, Characterization, and Processing, Wiley, Hoboken, New Jersey, 2013.

[2]　P. Vergnon, M. Astier, S. J. Teichner, Sintering of submicron particles of metallic oxides, in: G. C. Kuczynski (Ed.), Sintering and Related Phenomena, Plenum Press, New York, NY, 1973, pp. 301-310.

[3]　K. Kinoshita, K. Routsis, J. A. S. Bett, C. S. Brooks, Changes in the morphology of platinum agglomerates during sintering, Electrochimica Acta 18 (1973) 953-961.

[4]　K. Kinoshita, J. A. S. Bett, P. Stonehart, Effects of gas- and liquid- phase environments on the sintering behavior of platinum catalysts, in: G. C. Kuczynski (Ed.), Sintering and Catalysis, Plenum Press, New York, NY, 1975, pp. 117-132.

[5]　J. Sautereau, A. Mocellin, Sintering behavior of ultrafine Nb- C and Ta- C powders, J. Mater. Sci. 9 (1974) 761-771.

[6]　D. Wakuda, K. S. Kim, K. Suganuma, Room temperature sintering of Ag nanoparticles by drying solvent, Scripta Mater. 59 (2008) 649-652.

[7]　J. Langer, M. J. Hoffmann, O. Guillon, Direct comparison between hot pressing and electric field assisted sintering of submicron alumina, Acta Mater. 57 (2009) 5454-5465.

[8]　M. J. Mayo, Processing of nanocrystalline ceramics from ultrafine particles, Inter. Mater. Rev. 41 (1996) 85-115.

[9]　M. Mazaheri, Z. R. Hesabi, S. K. Sadrnezhaad, Two step sintering of titania nanoceramics assisted by anatase to

rutile phase transformation, Scripta Mater. 59 (2008) 139-142.

[10] V. V. Dabhade, T. R. Rama Mohan, P. Ramakrishnan, Dilatometric sintering study of titanium -titanium nitride nano/nanocomposite powders, Powder Metall. 50 (2007) 33-39.

[11] J. Li, Y. Ye, L. Shen, J. Chen, H. Zhou, Densification and grain growth during pressureless sintering of TiO_2 nanoceramics, Mater. Sci. Eng. vol. A390 (2005) 265-270.

[12] A. Munitz, R. J. Fields, Mechanical properties of hot isostatically pressed nanograin iron and iron alloy powders, Powder Metall. 44 (2001) 139-147.

[13] K. Hayashi, H. Etoh, Pressure sintering of iron, cobalt, nickel, and copper ultrafine powders and the crystal size and hardness of the compacts, Materials Trans. Japan Inst. Metals 30 (1989) 925-931.

[14] T. L. Shing, S. Luyckx, I. T. Northrop. , I. Wolff, The effect of ruthenium additions on hardness, toughness, and grain size of WC— Co, Inter. J. Refract. Met. Hard Mater. 19 (2001) 41-44.

[15] B. Basu, J. H. Lee, D. Y. Kim, Development of WC — ZrO_2 nanocomposites by spark plasma sintering, J. Amer. Ceram. Soc. 87 (2004) 317-319.

[16] A. Moitra, S. Kim, S. G. Kim, S. J. Park, R. M. German, Atomistic scale study on effect of crystalline misalignment during sintering of nanoscale tungsten powder, in: R. K. Borida, E. A. Olevsky (Eds.), Advances in Sintering Science and Technology, American Ceramic Society, Westerville, OH, 2010, pp. 149-160.

[17] G. Q. Shao, X. L. Duan, J. R. Xie, X. H. Yu, W. F. Zhang, R. Z. Yuan, Sintering of nanocrystalline WC— Co composite powder, Rev. Adv. Mater. Sci. 5 (2003) 281-286.

[18] T. Hawa, M. R. Zachariah, Coalescence kinetics of unequal sized nanoparticles, Aero. Sci. 37(2006) 1-15.

[19] M. R. Zachariah, M. J. Carrier, E. Blaisten— Barojas, Properties of silicon nanoparticles: a molecular dynamics study, J. Phys. Chem. 100 (1996) 14856-14864.

[20] X. Wang, Z. Z. Fang, H. Y. Sohn, Grain growth during the early stage of sintering of nanosized WC— Co powder, Inter. J. Refract. Met. Hard Mater. 26 (2008) 232-241.

[21] K. E. J. Lehtien, M. R. Zachariah, Energy accumulation in nanoparticle collision and coalescence processes, Aero. Sci. 33 (2002) 357-368.

[22] Y. Q. Wang, R. Smirani, G. G. Ross, F. Schiettekatte, Ordered coalescence of Si nanocrystals in SiO_2, Phys. Rev. 71 (161310 (R)) (2005).

[23] S. Hendy, S. A. Brown, M. Hyslop, Coalescence of nanoscale metal clusters molecular dynamics study, Phys. Rev. B 68 (2003) article 241-403.

[24] S. Arcidiacono, N. R. Bieri, D. Poulikakos, C. P. Grigoropoulos, On the coalescence of gold nanoparticles, Inter. J. Multi. Flow 30 (2004) 979-994.

[25] M. Yeadon, J. C. Yang, R. S. Averback, J. W. Bullard, J. M. Gibson, Sintering of silver and copper nanoparticles on (001) copper observed by In Situ ultrahigh vacuum transmission electron microscopy, Nano. Mater. 10 (1998) 731-739.

[26] S. Hendy, Coalescence of nanoscale metal clusters: molecular dynamics study, Phys. Rev. B 68 (2003), pp. 241403-1 to 4.

[27] H. Pan, S. H. Ko, C. Grigoropoulos, The solid state neck growth mechanisms in low energy laser sintering of gold nanoparticles, a molecular dynamics simulation study, J. Heat Transfer 130 (2008)paper 092404.

[28] L. J. Lewis, P. Jensen, J. L. Barrat, Melting, freezing, and coalescence of gold nanoclusters, Phys. Rev. B 56 (1997) 2248-2257.

[29] R. A. Andrievski, Review nanocrystalline high melting point compound based materials, J. Mater. Sci. 29 (1994) 614-631.

[30] H. Gleiter, Nanostructured materials basic concepts and microstructure, Acta Mater. 48 (2000)1-29.

[31] R. A. Andrievski, Review stability of nanostructured materials, J. Mater. Sci. 38 (2003) 1367-1375.

[32] A. P. Hynes, R. H. Doremus, R. W. Siegel, Sintering and characterization of nanophase zinc oxide, J. Amer. Ceram. Soc. 85 (2002) 1979-1987.

[33] A. S. Karakoti, L. L. Hench, S. Seal, The potential toxicity of nanomaterials -the role of surfaces, J. Met. 58 (no. 7) (2006) 77-82.

[34] Z. Z. Fang, H. Wang, in: Z. Z. Fang (Ed.), Sintering of Ultrafine and Nanoscale Particles; Sintering of Advanced Materials, Woodhead Publishing, Oxford, UK, 2010, pp. 434-473.

[35] M. Seipenbusch, P. Toneva, P. Peukert, A. P. Weber, Impact fragmentation of metal nanoparticle agglomerates, Part. Part. Sys. Char. 24 (2007) 193-200.

[36] B. H. Cha, Y. S. Kang, J. S. Lee, Processing of net- shaped Fe- Ni nanomaterials by powder injection molding, J. Japan Soc. Powder Powder Metall. 53 (2006) 769-775.

[37] W. Li, L. Gao, Sintering of Nanocrystalline ZrO_2(2Y) by Hot Pressing, Mater. Trans. 42 (2001) 1653-1656.

[38] P. Knorr, J. G. Nam, J. S. Lee, Sintering behavior of nanocrystalline gamma Ni- Fe powders, Metall. Mater. Trans. 31A (2000) 503-510.

[39] J. G. Li, X. Sun, Synthesis and sintering behavior of a nanocrystalline alpha alumina powder, Acta Mater. 48 (2000) 3103-3112.

[40] P. Knorr, J. G. Nam, J. S. Lee, Densification and microstructural development of nanocrystalline gamma Ni- Fe powders during sintering, Nano. Mater. 12 (1999) 479-482.

[41] J. Luo, S. Adak, R. Stevens, Microstructure evolution and grain growth in the sintering of 3Y- TZP ceramics, J. Mater. Sci. 33 (1998) 5301-5309.

[42] J. P. Ahn, M. Y. Huh, J. K. Park, Effect of green density on subsequent densification and grain growth of nanophase SnO_2 powder during isothermal sintering, Nano. Mater. 8 (1997) 637-643.

[43] C. Greskovich, J. H. Rosolowski, Sintering of covalent solids, J. Amer. Ceram. Soc. 59 (1976)336-343.

[44] S. J. Park, J. L. Johnson, R. M. German, Special sintering technologies for nanostructured tungsten carbide, Advances in Powder Metallurgy and Particulate Materials-2006, Part 9, Metal PowderIndustries Federation, Princeton, NJ, 2006, pp. 114-122.

[45] K. Hayashi, N. Matsuika, Grain size condition for abnormal grain growth in fine- grained WC- Co hardmetal estimated by numerical calculation based on two kinds of grain size alloy model, J. Adv. Mater. 34 (2002) 38-48.

[46] I. Azcona, A. Ordonez, L. Dominguez, J. M. Sanchez, F. Castro, Hot isostatic pressing of nanosized WC- Co hardmetals, in: P. Rodhammer, H. Wildner (Eds.), Proceedings Fifteenth InternationalPlansee Seminar, 2, Plansee Holding, Reutte, Austria, 2001, pp. 35-49.

[47] J. Kanters, U. Eisele, J. Rodel, Effect of initial grain size on sintering trajectories, Acta Mater. 48 (2000) 1239-1246.

[48] L. Liu, N. H. Loh, B. Y. Tay, S. B. Tor, Y. Murakoshi, R. Maeda, Micro powder injection molding: sintering kinetics of microstructured components, Scripta Mater. 55 (2006) 1103-1106.

[49] H. Wang, Z. Z. Fang, K. S. Hwang, Kinetics of initial coarsening during sintering of nanosized powders, Metall. Mater. Trans. 42A (2011) 3534-3542.

[50] R. S. Iyer, S. M. L. Sastry, Consolidation of nanoparticles-development of a micromechanistic model, Acta Mater. 47 (1999) 3079-3098.

[51] D. Y. Park, S. W. Lee, S. J. Park, Y. S. Kwon, I. Otsuka, Effects of particle sizes on sintering behavior of 316l stainless steel powder, Metall. Mater. Trans. 44A (2013) 1508-1518.

[52] M. G. Bothara, S. V. Atre, S. J. Park, R. M. German, T. S. Sudarshan, R. Radhakrishnan, Sintering behavior of

nanocrystalline silicon carbide using a plasma pressure compaction system: master sinteringcurve analysis, Metall. Mater. Trans. 41A (2010) 3252-3261.

[53] M. I. Alymov, E. I. Maltina, Y. N. Stepanov, Model of initial stage of ultrafine metal powder sintering, Nano. Mater. 4 (1994) 737-742.

[54] G. R. Shaik, W. W. Milligan, Consolidation of nanostructured metal powders by rapid forging: processing, modeling, and subsequent mechanical behavior, Metall. Mater. Trans. 28A (1997)895-904.

[55] J. Freim, J. McKittrick, Modeling and fabrication of fine grain alumina- zirconia composites produced from nanocrystalline precursors, J. Amer. Ceram. Soc. 81 (1998) 1773-1780.

[56] M. R. Zachariah, M. J. Carrier, Molecular dynamics computation of gas- phase nanoparticle sintering: a comparison with phenomenological models, J. Aero. Sci. 30 (1999) 1139-1151.

[57] H. S. Kim, Modelling strength and ductility of nanocrystalline metallic materials, J. Korean Powder Metall. Inst. 8 (2001) 168-173.

[58] T. Moritz, R. Lenk, J. Adler, M. Zins, Modular micro reaction system including ceramic components, Inter. J. Appl. Ceram. Tech. 2 (2005) 521-528.

[59] D. E. Rosner, S. Yu, MC simulation of aerosol aggregation and simultaneous spheroidization, Amer. Inst. Chem. Eng. J. 47 (2001) 545-561.

[60] S. H. Park, S. N. Rogak, A. One- dimensional, model for coagulation, sintering, and surface growth of aerosol agglomerates, Aero. Sci. Tech. 37 (2003) 947-960.

[61] P. Redanz, R. M. McMeeking, Sintering of a BCC structure of spherical particles of equal and different sizes, Phil. Mag. 83 (2003) 2693-2714.

[62] R. M. German, E. Olevsky, Mapping the compaction and sintering response of tungsten- based materials into the nanoscale size range, Inter. J. Refract. Met. Hard Mater. 23 (2005) 294-300.

[63] C. D. Park, H. C. Kim, I. J. Shon, Z. A. Munir, One step synthesis of dense tungsten carbide- cobalt hard materials, J. Amer. Ceram. Soc. 88 (2002) 2670-2677.

[64] Z. Fang, J. W. Eason, Study of nanostructured WC- Co composites, Inter. J. Refract. Met. Hard Mater. 13 (1995) 297-303.

[65] B. K. Kim, G. H. Ha, G. G. Lee, D. W. Lee, Structure and properties of nanophase WC/Co/VC/TaC hardmetal, Nano. Mater. 9 (1997) 233-236.

[66] M. Hu, S. Chujo, H. Nishikawa, Y. Yamaguchi, T. Okubo, Spontaneous formation of large- area monolayers of well- ordered nanoparticles via a wet- coating process, J. Nano. Res. 6 (2004) 479-487.

[67] R. K. Sadangi, O. A. Veronov, B. H. Kear, WC – Co – Diamond Nano – Composites, Nano. Mater. 12 (1999) 1031-1034.

[68] B. K. Kim, G. H. Ha, D. H. Kwon, Doping method of grain growth inhibitors for strengthening nanophase WC/Co, Materials. Trans. vol. 44 (2003) 111-114.

[69] O. Seo, S. Kang, E. J. Lavernia, Growth inhibition of nano WC particles in WC-Co alloys during liquid phase sintering, Materials Trans. 44 (2003) 2339-2345.

[70] R. M. German, J. Ma, X. Wang, E. Olevsky, Processing model for tungsten powders and extension to the nanoscale size range, Powder Metall. 49 (2006) 19-27.

[71] I. Shimizu, Y. Takei, Thermodynamics of interfacial energy in binary metallic systems: influence of adsorption on dihedral angles, Acta Mater. 53 (2005) 811-821.

[72] J. H. Rosolowski, C. Greskovich, Theory of the dependence of densification on grain growth during intermediate- stage sintering, J. Amer. Ceram. Soc. 58 (1975) 177-182.

[73] C. Greskovich, K. W. Lay, Grain growth in very porous Al_2O_3 compacts, J. Amer. Ceram. Soc. 55 (1972) 142-146.

[74] R. M. German, E. Olevsky, Strength predictions for bulk structures fabricated from nanoscale tungsten pow-ders, Inter. J. Refract. Met. Hard Mater. 23 (2005) 77-84.

[75] J. L. Johnson, Economics of processing nanoscale powders, Inter. J. Powder Metall. 44 (no. 1) (2008) 44-54.

[76] M. Cologna, J. S. C. Francis, R. Raj, Field assisted and flash sintering of alumina and its relationship to conduc-tivity and MgO doping, J. Europ. Ceram. Soc. 31 (2011) 2827-2837.

[77] M. Cologna, B. Rashkova, R. Raj, Flash sintering of nanograin zirconia in less than 5 s at 850 C, J. Amer. Ceram. Soc. 93 (2010) 3556-3559.

[78] H. C. Kim, D. Y. Oh, I. J. Shon, Sintering of nanophase WC− 15 vol. % Co hard metals by rapid sintering process, Inter. J. Refract. Met. Hard Mater. vol. 22 (2004) 197-203.

[79] Q. Wei, H. T. Zhang, B. E. Schuster, K. T. Ramesh, R. Z. Valiev, L. J. Kecskes, et al. , Microstructure and me-chanical properties of super− strong nanocrystalline tungsten processed by high pressure torsion, Acta Ma-ter. 54 (2006) 4079-4089.

[80] D. J. Chen, M. J. Mayo, Rapid rate sintering of nanocrystalline ZrO_2-3 mol. % Y_2O_3, J. Amer. Ceram. Soc. 79 (1996) 906-912.

[81] S. J. Wu, L. C. De Jonghe, M. N. Rahaman, Sintering of nanophase gamma− Al_2O_3 powder, J. Amer. Ceram. Soc. 79 (1996) 2207-2211.

[82] H. Palmour, Rate controlled sintering for ceramics and selected powder metals, in: D. P. Uskokovic, H. Palmour, R. M. Spriggs (Eds.), Science of Sintering, Plenum Press, New York, NY, 1989, pp. 337-356.

[83] M. Y. Chu, L. C. De Jonghe, M. K. L. Lin, F. J. T. Lin, Precoarsening to improve microstructure and sintering of powder compacts, J. Amer. Ceram. Soc. 74 (1991) 2902-2911.

[84] M. Atanasovska, T. Sreckovic, S. M. Radic, A study of cyclic sintering of the $2MgO− 2Al_2O_3− 5SiO_2$ system, Sci. Sintering 25 (1993) 67-70.

[85] I. W. Chen, X. H. Wang, Sintering dense nanocrystalline ceramics without final stage grain growth, Nature 404 (2000) 168-171.

[86] H. D. Kim, B. D. Han, D. S. Park, B. T. Lee, P. F. Becher, Novel two− step sintering process to obtain a bimodal microstructure in silicon nitride, J. Amer. Ceram. Soc. 85 (2002) 245-252.

[87] Y. L. Lee, Y. W. Kim, M. Mitomo, D. Y. Kim, Fabrication of dense nanostructred silicon carbide ceramics through two− step sintering, J. Amer. Ceram. Soc. 86 (2003) 1803-1805.

[88] E. R. Leite, C. A. Paskocimas, E. Longo, C. M. Barrado, M. J. Godinho, J. A. Varela, Two steps sintering of yttria stabilized zirconia, in: R. G. Cornwall, R. M. German, G. L. Messing (Eds.), Proceedings Sintering 2003, Materi-als Research Institute, Pennsylvania State University, UniversityPark, PA, 2003.

[89] C. J. Wang, C. Y. Huang, Y. C. Wu, Two step sintering of fine alumina− zirconia ceramics, Ceram. Inter. 35 (2009) 1467-1472.

[90] G. J. Wright, J. A. Yeomans, Constrained sintering of yttria stabilized zirconia electrolytes: the influence of two step sintering profiles on microstructure and gas permeance, Inter. J. Appl. Ceram. Tech. 4 (2008) 589-596.

[91] Z. H. Chen, J. T. Li, J. J. Xu, Z. G. Hu, Fabrication of YAG transparent ceramics by two − step sintering, Ceram. Inter. 34 (2008) 1709-1712.

[92] X. H. Wang, P. L. Chen, I. W. Chen, Two step sintering of ceramics with constant grain size, I: Y_2O_3, J. Amer. Ceram. Soc. 89 (2006) 431-437.

[93] J. L. Huang, L. M. Din, H. H. Lu, W. H. Chan, Effects of two− step sintering on the microstructure of Si_3N_4, Ce-ram. Inter. 22 (1996) 131-136.

[94] X. H. Wang, X. Y. Deng, H. L. Bai, H. Zhou, W. G. Qu, L. T. Li, et al. , Two step sintering of ceramics with con-stant grain size, II: $BaTiO_3$ and Ni− Cu− Zn Ferrite, J. Amer. Ceram. Soc. 89 (2006)438-443.

第14章

计算机模型

14.1 概述

本章针对特定情况构建了烧结的计算机模型，模型范围从原子级别的相互作用到烧结炉内气体流动。计算机模拟有助于制定精细的经济策略，如确定间歇炉与连续炉的组合，使其在可能的波动范围内成本最低化。计算机模拟广泛应用于天气、体育、金融、政治、物流及保险等行业的预测。烧结模拟有与其他复杂系统相似的缺陷，例如已知条件的不确定性会导致预测精度降低。本章介绍了不同的模型类型，以期对该领域提供有效的管理。

目前，计算机模拟已经涉及所有标准烧结工艺过程。简单的模拟只能进行一维预测，如颗粒尺寸、加热速率、烧结温度、保温时间等参数对收缩率的影响。更复杂的三维模拟可以预测最终构件的尺寸、形状、成本、性能，并对目标性能的优化提供一定程度的指导[1]。

然而，烧结过程的计算机模拟并非尽善尽美，而是存在一定缺陷。缺陷不在于模拟本身，而在于烧结过程中大量未知或不可控的参数。例如，烧结过程中原始粉末的粒径允许存在 20% 的偏差，但在烧结时，粉末越小会导致越严重的尺寸偏差，进而导致构件规格的偏差。在制造过程中，自适应控制过程可以通过调整操作步骤来补偿偏差。另一方面，在模拟过程中假定粉末都是相同的。例如在预测烧结不锈钢汽车零件时，烧结体的尺寸随着粉末碳氧比的不同而发生变化，此比例在生产中不受控制，其最大值是在氧含量小于 $3000\mu L/L$、碳含量小于 $300\mu L/L$ 的条件下独立存在。在烧结过程中碳导致了氧的减少，因而有助于烧结。而较低的碳氧比下由于氧的残余，烧结效果将会变差。在实际生产过程中，通过压制过程来调节和补偿压坯密度，但在试图使用模型去预测最终烧结件的尺寸时，会因为实际过程中的补偿操作而导致预测精度降低。目前尚没有模拟能包含这一水平的细节信息，所以模拟和实际并不是完全吻合的。

模拟烧结过程需要在 $10\mu m$ 尺度上准确预测最终烧结件尺寸，而模拟的其他用途是为生产提供指导：

① 降低新工艺流程概念化的开发成本；

② 避免规划过程中的错误；

③ 通过实验规划压缩启动时间；

④ 专注于关键工艺和知识差距；

⑤ 改善设备和工艺的协调性；

⑥ 识别工艺过程的敏感性；

⑦ 设置标准和产品的公差。

本质上，烧结过程模拟的最大价值在于确保对烧结过程的理解。

14.1.1　模拟的基本架构

烧结模拟最初主要致力于研究两个颗粒的烧结过程以预测烧结颈尺寸随时间的变化，即持续 20 世纪 40 年代以来的模型试验。早期的模拟主要考虑的是二维烧结，即两个线材通过单扩散机制产生结合。该模拟的过程非常缓慢，通常需要 10h 的模拟来再现 1h 的烧结过程。由于数值上的不稳定性，所以该模型在模拟过程中会出现质量损失和能量升高。到 20 世纪 80 年代，模拟中增加了多重传输机理、多步烧结、压力辅助烧结和液相烧结等机制。这些模拟预测了单相材料的烧结密度与等温烧结过程参数的关系。例如球形银粉热等静压烧结密度与烧结时间、温度、坯体密度、粉体粒度的关系。Ashby 提供了最初的烧结模拟软件[2]。

模拟中采用的等温条件、理想球体粉末、均匀坯体等假设，明显对模拟结果造成了一定的限制。烧结过程发生在加热到最高温度的过程中，因此等温模型很难反应出实际的烧结行为。粉末颗粒通常并不是球形的，坯体微观结构也不总是均匀的。为了避开这些问题，一些模型简单地将烧结过程等同为黏性流动过程。但是黏性流体模型不能预测晶粒尺寸等性质。

之后，烧结模拟的研究重点转移到了对烧结性能、构件尺寸与形态、烧结成本、炉体操作和过程敏感性等问题的研究。研究者构建了大量的模型来进行生产前的评估与权衡。一旦模型建立，计算机模拟的过程便相对便宜，并且可以反复计算以达到预期性能。

然而，模拟始终受制于大量的未知或不可控因素。例如，很少有烧结温度附近的材料强度数据。更进一步，材料的性能是一个分布参数，而不像我们通常假定的是一个单值。图 14.1 给出了一个具体例子。这是多个不锈钢试样拉伸强度的直方图，拉伸强度均值为 581MPa，标准差为 20MPa。通常的模拟中输入参数为单值参数，且模拟中通常假定材料性能随着温度或密度的变化遵守简单模型，这会导致一些明显的错误。其结果导致模拟成为近似的数据、理想化的条件和简单的相互作用关系之间的妥协。即便如此，计算机模拟的前景也并不暗淡，原因在于商业模拟有助于工艺过程的建立，而不是最终确定精确的工艺过程。

14.1.2　模拟的必要条件

如果不了解烧结的过程，那么进行计算机模拟烧结是没有意义的，因为模拟过程需要建立规则和边界条件。从原子级别到炉体级别，可行的模拟都有一些共同的组成部分：

① 基本规则、边界条件和目标函数；

② 输入数据；

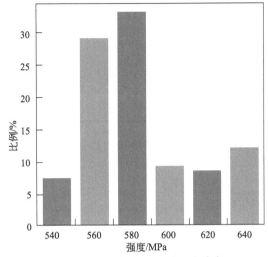

图 14.1 316L 不锈钢的拉伸强度分布图

计算机模拟烧结的固有困难之一是无法精确确定材料性能。图中显示了多个
样品的典型分布，模拟中假定的单值参数并不能准确反映材料的真实性能

③ 监测、误差检测和稳定性检验；

④ 检验和确认；

⑤ 实验，这是模拟的关键支撑；

⑥ 输出数据与输出界面。

这些元素确保了模拟是建立在已知的规则和假设之上的。输入数据和边界条件通过这些规则来输出数据。

早期的模拟是不稳定的，一些计算会在质量与能量守恒中失效。尽管这些模拟很吸引人，但是并没有意义。稳定性检验要求在模拟的细节上有系统性的改变，例如通过改变一个变量的精度建立对细节的敏感性变化。类似地，模拟也要能避免亚稳态条件的出现。适当的测试是检查预测与输入变量之间变化的关系，从而确定对变化的敏感性。

一个常见的问题是时间步长的设定。通常模拟假定一个固定的时间步长，例如 1ms，但这可能会导致系统性的错误。合理的方法是使用基于变化率的时间步长。即当变化量较小时使用较大的时间步长，当变化迅速时使用较小的时间步长。

烧结模拟要求材料数据不是单值的，但模拟通常假定一个单值变量作为输入数据。以扩散数据为例，图 14.2 为钨的晶界扩散数据（扩散系数乘以晶界宽度）与热力学温度倒数的关系。注意测量值的分散。计算机模拟中假定扩散是均匀的，然而实验表明大角度晶界和小角度晶界之间的扩散系数是不同的，此外还要考虑复杂的杂质效应和测量误差等因素。这些数据在任何温度下都有大约 30％ 的变化，导致了对烧结速率的预测结果与实际值之间可能存在较大的差异。

为了说明支撑模拟的数据质量问题，对不锈钢在氢气气氛下加热到 1350℃ 后保温 60min 的烧结过程进行了预测。材料性能手册的数据预测其致密度为 92％。由于晶界扩散激活能减少了 10％，最终材料的致密度达到了 96％。这与烧结尺寸上 1.2％ 的偏差相一致，远高于通常公差 ±0.2％ 的范围。因此，扩散数据的偏差导致了烧结尺寸的偏差远大于可以接受的误差范围。

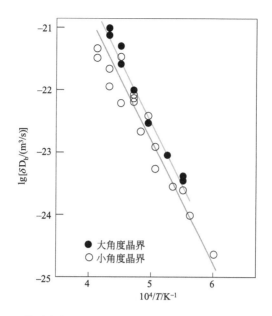

图 14.2 钨的晶界扩散数据（扩散系数乘以晶界宽度）与热力学温度倒数的关系

烧结模拟扩散特性为分布的平均值，这些 Arrhenius 曲线区分了大角度晶界与小角度晶界的扩散系数（依据扩散系数乘以晶界宽度）。在可能的温度范围和可能的晶界条件下，扩散系数可以相差 10 倍，这是任何假设值都难以模拟的

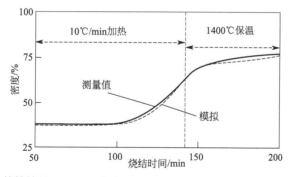

图 14.3 0.23μm 的钨粉以 10℃/min 加热到 1400℃（1673K）保温过程中密度的计算机模拟

测量值是使用 ~~膨~~ 胀法所得到。许多模拟只针对等温部分，没有包括加热过程中发生的明显变化

为了解决烧结的实际问题，烧结模拟从两个颗粒的烧结颈长大发展到致力于复杂体的形状变化。这也就意味着要考虑实际的热循环。图 14.3 给出了烧结钨粉时在加热和保温过程中密度随时间的变化曲线。计算的基础是多机制的烧结模型，该模型可以同时模拟烧结颈尺寸变化、晶粒尺寸变化以及物质迁移。实现准确的模拟需要考虑一切可能的变化，一些未考虑进去的可能影响因素如下所示：

① 非球形颗粒，聚合物，颗粒尺寸分布；

② 非等温过程的加热与冷却；

③ 掺杂、杂质与非均相材料；

④ 气氛的化学成分与流速；

⑤ 包括压坯密度梯度的压制或成形特性；

⑥ 反应、熔化、相变、均质化与铺展过程。

即使完成了上述的改进，模拟仍然受限于输入数据的精度。

14.2 程序

早期的模拟是通过建立在单一扩散机制上的简单几何模型来计算烧结颈的生长[3-9]。到了 20 世纪 70 年代后期，多机制的烧结模型被用来模拟烧结颈生长、收缩率以及密度[10-14]。

以下为不同维度的表征水平。一维模拟致力于预测烧结颈尺寸、收缩、表面积、密度等性质随时间及温度的变化[11-17]，这些一维模拟通常是预测平均性能。图 14.4 是粒度为 6μm 的钨粉在 1500℃（1773K）烧结，致密度达到 50% 时烧结致密度随成形压力的变化。在 15min～16h 之间的不同保温时间下分别测量烧结材料致密度，主要机理都已经在图中显示出来，包括屈服、幂律蠕变、晶界扩散或体积扩散。但是没有不同热循环下烧结件的弯曲性能或相似的性质。

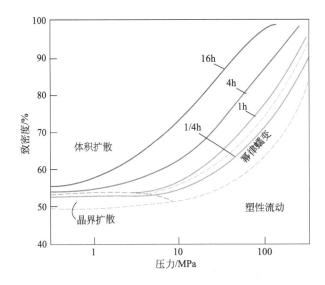

图 14.4 粒度为 6μm 的钨粉在坯体密度 50% 时的热等静压烧结过程中的烧结致密度

计算的条件是在 1500℃（1773K）下保温 15min、1h、4h、16h 的等温过程，压力从 0 到 200MPa。晶界扩散、体积扩散、幂律蠕变和塑性流动等机制都已在图中表示出来。任何一点都有多种机制在起作用

之后的模拟给出了更加详细的信息，甚至能够预测颗粒的旋转、孔隙的迁移、强化晶须处的裂纹萌生以及其他轴对称问题[18-23]。二维模拟成功再现了早期的烧结研究，比如图 14.5 所示的相邻球形颗粒之间的烧结颈长大。烧结过程中烧结颈的尺寸与收缩率、表面积及密度相一致。

预测烧结件的大小和形状需要三维模拟[1,24-26]。这是最具挑战性和最有意义的。尽

管结果只是近似的，但元器件级的模拟依然很有意义。图 14.6 给出了这样的例子，是薄厚板件在非均匀加热过程中的烧结模拟。

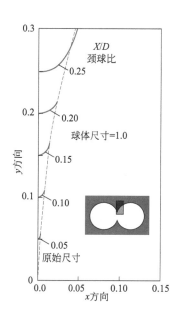

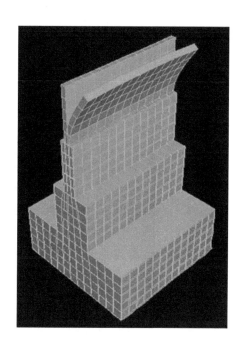

图 14.5 烧结过程中通过表面
扩散机制计算的烧结颈尺寸
绘制两个球体的方框中标示出的
区域在图中用 x-y 位移图表示

图 14.6 烧结过程中工件弯曲的三维模拟
可以明显看到有限元网格与构件上部的变形

烧结模拟始于图 14.7 所示的一个简单的流程图。首先定义问题，接下来通过数学过程构造模型。模型通过结合所输入的数据和边界条件来执行仿真计算。模拟的输出数据用来测试以达到某些技术目的，同时用来检验已知的行为。必要时，概念框架可以适当修改，模拟也可以多次重复执行。这些模拟的范围可以从原子簇到烧结炉，后者更加倾向于商业应用。

构建烧结模拟需要数据。当用来预测如收缩等量化指标时，核心模拟的目标更加明确。对于这样的模拟，计算需要输入材料特性、组件规格、各种规则或过程模型、设备数据及工艺过程控制等选项。模型需要在一定范围的输入条件下进行稳定性检测，以评估所获得的解决方案对输入数据的敏感性。

现在，模拟的研究主要集中在预测烧结后构件的尺寸，这在工业上有很大影响。最初，该过程主要关注近终成形问题，用来预测最终构件的形状，如图 14.8 所示。输出数据需要依赖成形机械操作、烧结热传导等多种因素。20 世纪 90 年代后期出现了半商业性质的模拟软件[27-31]。逆向问题成为研究热点，指定产品的目标性质（尺寸、形状、强度等），然后建立模型用来找出获得目标产品的工艺[32-34]。这些模拟确定了工艺过程的控制需求，从而能够帮助正确了解摩擦损耗、工具磨损、传热、相变、不均匀性及生产波动的过程。否则

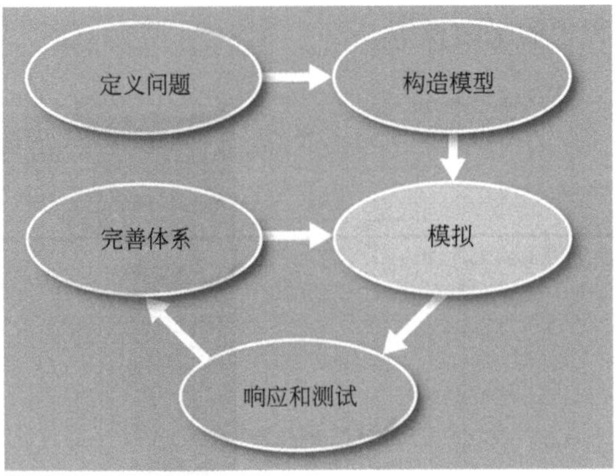

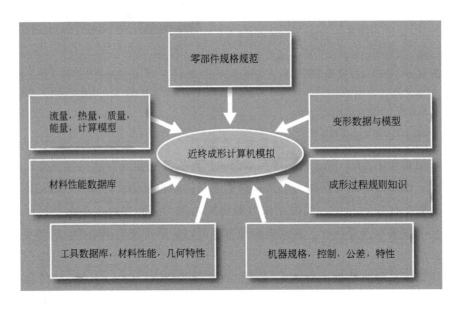

图 14.7　烧结模拟的简单流程图

模拟仿真环境通过定义问题、创建基本数学模型等过程来组建。一旦模拟成功进行，输出数据就会被用于
测试和完善基本概念和知识体系。这一过程通常被重复进行，直到模拟得到与实验相一致的数据

模拟会不准确。目前构件的尺寸预测已经可以达到 1%，但工业生产所需的准确性为
0.1%。因此，需要考虑更多的烧结知识和过程复杂性。

图 14.8　会对模拟产生影响的不同数据库（组件规格、材料数据及工装因素）

14.3　数据要求

不同的模拟方法对材料数据的要求范围很宽。如之前的分析，输入数据包含以下
信息：

① 材料性质。包括扩散、塑性流动、弹性性能、熔化、原子体积、表面能。

② 粉末性质。包括颗粒尺寸分布、颗粒形状、堆积密度、杂质。

③ 微观结构性质。包括坯体密度、偏析、孔隙尺寸分布、晶粒尺寸分布、混合粉末、同质性。

④ 构件性质。尺寸、形状、质量、衬底支撑、坯体密度梯度。

⑤ 烧结炉工艺特性。熔炉的类型、气氛、热循环、到加热单元的距离、载荷、气体流量。

⑥ 特殊参数。掺杂的反应物、挥发性黏合剂、相变、气氛反应、新型加热的方式（微波加热、感应加热、反应加热等）。

通常，在模拟中要求输入 50 个或更多数据。表 14.1 是钨合金在致密化和晶粒长大模拟中所需参数的说明[35-37]。

⊡ **表 14.1 钨合金烧结数据模拟实例**

材料性质	数值	单位
合金	88W-8.4Ni-3.6Fe	%（质量分数）
理论密度	16.80	g/cm^3
W 体积分数	68.5	%
液相形成温度	1450	℃
W 在液相中的溶解度	13.8	%
W 自扩散指前因子	8×10^{-6}	m^2/s
W 自扩散激活能	550	kJ/mol
W 在液相中的扩散指前因子	1	m^2/s
W 在液相中的扩散激活能	127	kJ/mol
W 晶界扩散的指前因子	3×10^{-13}	m^3/s
W 晶界扩散激活能	385	kJ/mol
W 表面扩散指前因子	0.2	m^2/s
W 表面扩散激活能	293	kJ/mol
W 表面能	2.8	J/m^2
原子体积	1.7×10^{-29}	m^3
合金固相扩散激活能	241	kJ/mol
合金固相扩散指前因子	2.8×10^{-13}	m^3/s
合金液相扩散激活能	105	kJ/mol
合金液相扩散指前因子	1.1×10^{-15}	m^3/s
室温弹性模量	480	GPa
室温屈服强度	550	MPa
热容	24	J/(mol·℃)
热膨胀系数	9.27×10^{-6}	1/℃
室温热导率	150	W/(m·℃)
粉末性质		
W 粒径 D_{10}、D_{50}、D_{90}	2、6、10	μm
Ni 粒径 D_{10}、D_{50}、D_{90}	3、10、24	μm
Fe 粒径 D_{10}、D_{50}、D_{90}	2、6、10	μm
堆积密度	4.1	g/cm^3

材料性质	数值	单位
微观结构性质		
原始晶粒尺寸	1.46	μm
固相在液相中的溶解度	13.8	%
晶粒生长时间指数	3	
晶粒生长指前因子	1.1×10^3	$\mu m^3/s$
固相中晶粒生长激活能	327	kJ/mol
液相中晶粒生长激活能	105	kJ/mol
构件性能		
构件直径	12.7	mm
构件高度	10	mm
坯体密度	60	%
烧结炉特性		
加热速率	10	℃/min
保温温度	1500	℃
保温时间	3600	s
熔炉类型	间歇式	
气氛	氢气	
气体热导率	0.3	W/(m・℃)
表面辐射发射率	0.6	
气体对流系数	40	W/(m・℃)
构件与热源的距离	30	mm
衬底摩擦系数	0.35	

14.4　原子计算

　　最小的烧结模拟涉及单个原子。尽管原子级的模型计算复杂，但是除了原子相互作用参数外，几乎不需要任何其他信息。原子计算的最重要特征是将一簇原子组装成球形颗粒，并且设定原子间的相互作用规则。这些规则是原子间吸引-排斥的能量或力场（力是能量对位移的微分）。材料的基本性能决定了原子间的相互作用：弹性模量、熔化温度、晶体结构和热膨胀系数。最常用的方法是采用分子动力学或原子的第一性原理建模。数千个原子组成的原子簇通过原子间的交互力进行相互作用。通常 2～3 个原子簇代表一个颗粒，每个原子簇包含 10000 至可能 50000 个原子。原子热运动和随着较小时间步进的运动是通过输入能量来模拟的。每一个原子具有三个位置和三个速度参量。因此，要进行 10 万个原子级别的烧结模拟，必要要有大量的计算资源。这些模拟通过超级计算机计算后应用到纳米颗粒。

　　原子计算早期应用于模拟烧结聚集、晶粒旋转、烧结添加剂的影响。下述是纳米钨粉烧结的详细模拟。

14.4.1　能量的计算方法

　　烧结模拟应用的是改进的嵌入原子法模型，在该模型中，原子体系的能量是由相互作用的对势之和计算的。体系总能量 E 为体系内原子能量 E_i 之和。

$$E = \sum_i E_i \tag{14.1}$$

原子 i 的能量由嵌入能和对势两项组成：

$$E_i = F_I(\bar{\rho}_i) + \frac{1}{2}\sum_{j \ne i}\phi_{ij}(r_{ij}) \tag{14.2}$$

第一项是嵌入能，第二项是由相邻原子 i 和 j 计算的对势。

嵌入能通过升华能计算得到（将原子从晶格中释放所需的能量）[38]。相互作用的对势由参考材料的原子间距和堆垛结构决定，后者决定了原子的最近邻原子数。在这些参数的拟合过程中使用了手册的数据。

14.4.2　模拟程序

使用原子间的相互作用作为参数，验证了包括原子间距、弹性模量、熔融温度、表面能、热膨胀系数等参数，以上这些参数提供了从宏观到原子尺度的原子力曲线[39]。无边界条件的原子构成球形颗粒。计算了每个颗粒的总能量，并且调整晶格间距，以使其能量最低。晶格能随原子间距的变化如图 14.9 所示。手册中数据是 0.31585nm，与模拟值很接近。

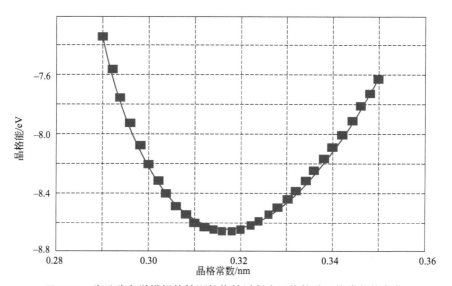

图14.9　分子动力学模拟的钨颗粒烧结过程中晶格能随晶格常数的变化

手册中的晶格常数与模拟中最小能量对应的晶格相吻合

图 14.10 是计算机模拟创建的钨颗粒。从原子位置中可以证明其体心立方结构。直径 10nm 的颗粒中包含 33700 个原子。两个颗粒之间通过预设的具有特殊晶体学取向的点接触实现连接。在室温下通过 30000 个时间步长来对点阵进行评估。之后赋予原子速度参量来模拟加热过程。时间步长设定为 10^{-15} s 范围内，以确保原子间具有稳定的相互作用。时间步长大会遗失一些高速原子的相互作用。温度的升高则通过增加原子的速度来进行模拟。

对于烧结过程，颗粒被赋予较高的温度以诱导原子达到初始分离距离，从而完成键合。晶体取向差通过颗粒间晶面的旋转来监测。通过力的计算使每个原子都可以迁移，这样就产生了明显的烧结，如图 14.11 所示。颗粒在烧结过程中相互吸引，同时伴随着烧结颈的生长。这些图对应于在 1727℃（2000K）下逐渐延长保温时间的形貌。最终两个颗粒合并成一个颗粒。

图 14.12 说明了一些有可能从原子模拟中得到的信息。叠加在两个球上的是在 1727℃（2000K）下微小时间窗口内发生运动的原子的位移矢量。大部分的运动都发生在颗粒表面附近，这说明表面扩散在烧结过程中起主要作用。考虑到较低的温度和较高的表面积，表面扩散导致的颈部增长是符合预期的。

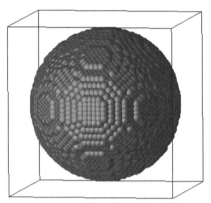

图 14. 10 计算机模拟的具有体心
立方结构的纳米钨颗粒
这是一个用于烧结模拟的理想化
起始颗粒，由 33700 个原子所组成

从原理模拟中可以得到如烧结颈尺寸、比表面积、收缩率随时间的变化率、颗粒大小、不同温度下晶体的取向差等数据。如图 14.12 所示，烧结颈的生长速率与表面扩散控制的烧结机制相吻合。以钨为例：钨在 30°晶体取向差时激活能的模拟值是 269kJ/mol，而文献中所有晶体取向的平均值是 293kJ/mol。当相邻颗粒的晶体取向差为 0 时，晶面贯穿烧结颈且没有晶界存在，此时烧结颈的生长要快得多。图 14.13 是在不同取向差时烧结颈尺寸与烧结时间的关系。在取向差为 0 时，由于没有晶界的存在，烧结颈的生长不会导致晶界能的增加，因而烧结颈生长得更快。

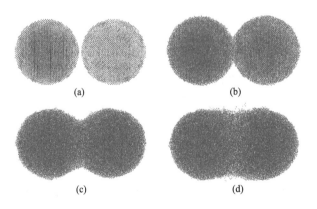

(a)　　　　　　　　　　　(b)

(c)　　　　　　　　　　　(d)

图 14. 11 分子动力学烧结模拟过程中原子位置的三个阶段
（a）开始前，初始颗粒相互接触；（b）初始阶段后烧结颈开始生长；（c）大约三倍时间后烧
结颈进一步生长，可以明显看到收缩；（d）烧结后两个颗粒结合成一个卵形颗粒

目前已经有一些元素如金、银、硅、钨进行过类似的烧结模拟，主要集中于解释合成过程中纳米颗粒凝聚（烧结）、粗化、与时间相关的低温行为等[40-49]。更大颗粒的模拟需要更多的原子，这已经超出了计算机能力的限制。在烧结过程中数据通常为烧结颈的大小、收缩率、比表面积、激活能，还可能包括杂质、颗粒尺寸的不均匀性以及不均匀的加热工艺过程等。

图 14.12　分子动力学模拟两个 10nm 钨颗粒在 1727℃（2000K）烧结过程中 8ps 内的原子运动矢量
原子位移明显出现在外表面和烧结颈处，表明表面扩散在烧结过程中起主导作用

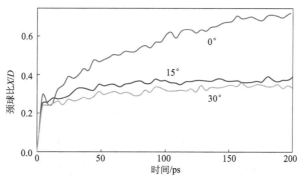

图 14.13　晶体取向（0°、 15°和 30°晶体取向差）对两个 10nm 球形钨颗粒在 1727℃（2000K）烧结的影响
颈球比（烧结颈尺寸与颗粒尺寸之比）X/D 随等温保温时间变化。可以看出当两个晶粒取向相同时，由于不
必形成晶界，烧结颈生长得更快

14.5　重塑模型

　　未烧结的粉末具有较高的表面能，表面能的释放是烧结的驱动力之一。考虑到原子运动过程会使粉末颗粒的形状发生变化，一些模型对该变化过程进行了预测。在这些模型中质量迁移通过表面扩散等机制进行。起初，研究者需要自己构造算法，其算法大致与第 6 章类似。现在这类算法已经可以使用自定义的规则和初始几何条件进行运算。

　　初始几何条件通常被定义为两个相等的球体或线体。通常采用非晶球体和黏性流动假设来绕过晶界和晶体取向差问题。每个点的迁移通过表面曲率梯度和迁移率来计算。

$$\frac{\partial N}{\partial t} = B\nabla^2 K \tag{14.3}$$

　　上式表明，表面迁移取决于曲率梯度和迁移率参数 B，后者在表面扩散中给出：

$$B = \frac{D_s \gamma n \Omega^2}{RT} \tag{14.4}$$

　　式中，D_s 是热力学温度 T 下的表面扩散系数；γ 是固-气表面能；n 是单位面积上移动原子数；Ω 是原子体积；R 是气体常数。决定材料到达烧结颈处的主要因素是原子的表面流量，主要受到表面曲率梯度的影响。原子的表面流动从接触点开始，此时采用较小的时间步进。通过计算表面每个点的运动来重新定位表面，并以此来计算下一个时间步进的运动过程。通过循环的计算来反映表面运动随着时间的变化过程。早期的问题是由累计的数值误差引起的，从而导致了质量损失和烧结颈形貌的不真实性。

改进后的模拟不仅提高了模拟精度，而且还可以模拟球-盘、线-线、球-球和不规则球体的烧结[4,50,51]。但有时模拟结果与实验结果还是会相差达 10 倍之多。随着时间的推移，更稳定的计算机的出现使重塑模型再次被提及，并且可以加入新的因素以提高模拟质量[7,51-53]。最为中意的计算是将两个点接触的球体最终融合成一个大球体。

如果不同粒径的粉体和填充的协调性因素能反应在堆积过程中，那么就能对孔隙的粗化进行预测。图 14.14 即为上述过程二维模拟的示意图[54]。圆圈表示最初的接触点，在烧结模拟的后期孔隙数大大减少，但残留的孔隙扩大了。其他的一些模拟则包含晶界的迁移和黏性流动等多种机制[51-58]。图 14.15 是两个球形颗粒在黏性流动的烧结中烧结颈球比 $X/D=0.5$ 时的速度场分布图。由于质量守恒，随着烧结颈的长大，球体的直径缩小。

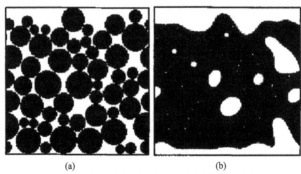

图 14.14　孔隙在烧结二维模拟中的形状变化[54]

（a）初始几何条件；（b）烧结后的几何结构，可以看到有一些大的孔隙

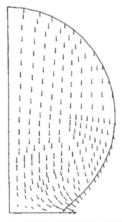

图 14.15　两个球形颗粒烧结颈处速度矢量的叠加图

显示了烧结颈长达过程中质量流动的大小和方向

随着基于表面能减少和表面曲率梯度的模拟软件问世，表面重塑模拟变得更加先进。由 Brakke 提供的 Surface Evolver 软件（http：//www. susqu. edu/ brakke/ evolver/ evolver. html，updated 25 August 2013）能够根据输入的几何形状、材料特性及边界条件来进行重塑模型的计算，包括对晶粒形状和晶体尺寸的预测[59,60]。

14.6　物理事件模型

一个可靠的模拟方法是仅仅计算关键因素对烧结的贡献。计算机需要通过复杂的质量流动过程和不断变化的微观结构进行逐步计算。这种方法被用来预测烧结和热等静压过程中的密度。当压力被设定为 0 时该模型可以用于计算烧结过程（也被称为无压烧结或自由烧结）。早期的模型假设条件有：等温过程、球形粉末、均一材料（如银等）等。

这些模拟依赖于多机制的解决方案，以模拟烧结颈生长和建立与时间相关的结合过程。使用经典的烧结模型，如线性收缩 $\Delta L/L_0$，得到如下速率方程：

$$\left(\frac{\Delta L}{L_0}\right)^N = \frac{Bt}{G^M RT}\exp\left[-\frac{Q}{RT}\right] \tag{14.5}$$

该公式包括 N 和 M 作为机理参数，例如，$N=3$ 和 $M=4$ 对应于晶界扩散；t 是等温保持时间；T 是热力学温度；R 是气体常数；G 是平均晶粒尺寸；Q 是活化能；B 是包括表面能、振动频率、原子体积等几何和材料参数的综合。基于时间的一阶导数，可以得出烧结过程中组件长度的增量变化。温度也可能是加热过程中累计时间的函数，此时使用较小的时间步长，利用瞬时变化率和较小的时间步长 Δt，可以计算出新的收缩率：

$$\left[\frac{\Delta L}{L_0}\right]_{new} = \left[\frac{\Delta L}{L_0}\right]_{old} + \Delta t\frac{\mathrm{d}\left(\frac{\Delta L}{L_0}\right)}{\mathrm{d}t} \tag{14.6}$$

时间步进也是类似的，总时间等于时间步长 Δt 与循环次数的乘积。计算机能综合处理烧结过程中所有可能的增量变化。这种方法可以处理非等温加热以及变化的材料和几何参数，例如晶粒尺寸和相变。该模拟是通过烧结理论做支撑的，因此可调的参数是时间步长 Δt。快速传感技术的进步使得采用较小的时间步长以确保计算的稳定性成为可能。

如果每个机制都可以评价收缩率、致密化、表面积变化、烧结颈生长等过程，那么在给定的几何形状、温度和材料特征的前提下，就可以通过结合不同的机制来计算整体的变化率。对所有机制的变化率进行求和即可得到总体的瞬时变化率，瞬时变化率对时间积分即可得到密度、收缩、烧结颈尺寸、表面积或其他参数。图 14.16 是两个直径 $127\mu m$ 的球形铜颗粒烧结过程中烧结颈的生长过程[12]。将烧结颈球比（X/D）的实验值与通过表面扩散、体积扩散与综合考虑两种机理结合条件下的模拟值进行对比。可以看出，两种机理综合考虑时与实验值吻合得最好。

最成功的模型是由 Ashby 等构造的[61]，在烧结过程中引入压力计算来模拟热等静压烧结。由此模型得到等温过程中密度随烧结时间的变化关系，并且能改变一些独立参数。图 14.17 是粒径为 $6\mu m$ 的钨粉在 1000～2000℃（1273～2273K）下保温 1h 和 10h 的模拟值。在此模拟中，尽管其他质量转移机制在烧结过程中也相当活跃，但晶界扩散占主导地位，然而烧结密度很低时，烧结由表面扩散主导。

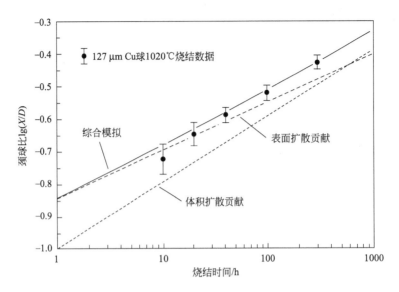

图 14.16 127μm 铜颗粒在 1020℃（1293K）烧结过程中烧结颈球比（X/D）的实验值与模拟值对比[12]

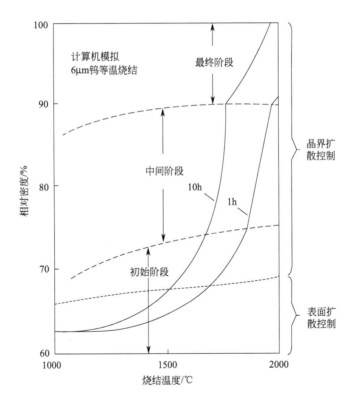

图 14.17 6μm 的钨粉烧结密度与时间关系的模拟

保温时间分别为 1h 和 10h。烧结过程的三个阶段与烧结过程中表面扩散与晶界扩散之间
主导地位的转变都已经标识出来

　　引入压力导致了烧结机理中的更多问题，如塑性流动和蠕变行为。这导致了热等静压过程中密度随着时间、温度或压力的变化。图 14.18 展示了 Ti_3Al 从致密度 62% 烧结到 100% 的解决方案。图中的三条曲线给出了实现全致密所需的温度、压力和时间的多种组合关系。在较低的压力下致密化过程由晶界扩散主导。后来的模型中加入了加热、化学计量比、多晶态材料和粒度分布等内容[15,62-65]。最近的模型扩展到了激光烧结以模拟增材制造和其他工业相关的问题。

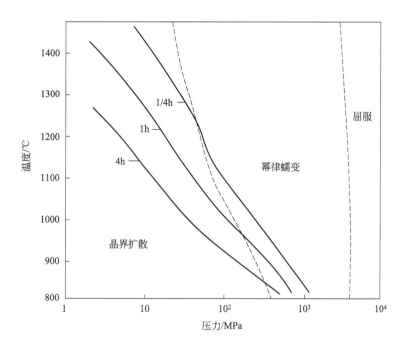

图 14.18　粒径 $10\mu m$ 的 Ti_3Al 坯体（致密度 62%）热等静压烧结全致密所需的压力、温度和时间关系
图中曲线展示了达到全致密所需的三个参数的组合。
在较低压力下致密化由晶界扩散主导，但在更高的压力下幂律蠕变主导了该过程

　　基于物理事件模型的计算机模拟优势在于近似过程很少，且其行为直接由材料参数来衡量。这些特点也使该模型具有一定的局限性，因为新材料的参数并不精确，如表面扩散和晶界扩散系数。烧结模拟是一个复杂的问题，需要相当大的精力来妥善处理所有相关的参数。例如在模拟 Fe-2Cu-0.8C 混合粉在烧结过程中的尺寸变化时需要包括以下参数[32]：铁粉中的孔隙率、颗粒尺寸、加热速率和峰值温度、时间、气氛等。尺寸变化如图 14.19 所示。净尺寸变化较小，峰值温度下总量为 2%。

　　超固相线烧结包括成分和温度因素，这决定了系统的黏度[66]。致密化进程取决于微观结构。在烧结初期，晶粒尺寸较小，晶界占的区域较大，且由于没有足够的液相，晶界不能被液相全部包覆。在该过程中致密化是缓慢的。随着晶粒长大，晶界逐渐减少，最终降低到能够被液相全部包覆并导致结构软化的临界值之下，此时开始致密化快速发生。图 14.20 是在 10℃/min 升温速率下实验值与模拟值的对比[67]。在加热过程中，组织粗化和液体扩散导致了复杂的黏度行为，该过程决定了致密化发生的时间。此外该模型预测

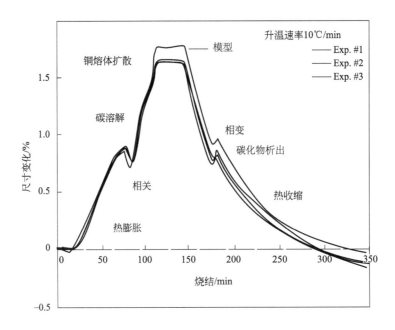

图 14.19 计算机模拟混合粉末 Fe-2Cu-0.8C 烧结时对应的尺寸变化[32]
通过膨胀计测量的实验值的变化与模拟值如曲线所示。
加热过程中的关键事项，例如碳溶解和多态相变也已经标记出来

过热导致过度软化和构件失真。结果表明烧结具有一个与时间、温度、升温速率和颗粒大小有关的窗口条件以保证致密化进程且不发生软化。

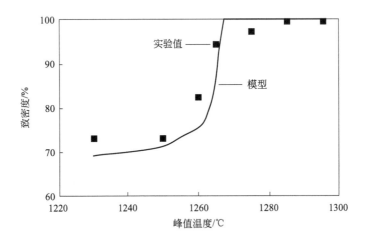

图 14.20 粒度为 $10\mu m$ M2 工具钢粉末以 $10℃/min$ 的速度加热到各种峰值温度的超固相线烧结过程中，致密度的实验值和模型值的比较[67]

物理模型能合理而准确的预测像密度这样的平均烧结性能。材料、成分与粉末性质的波动会导致输出结果有较大的变化。提供真正能够预测的模型，需要大量的输入数据，这些数据多于目前所知。因此，在很大程度上，制造是以自适应过程控制模式进行，在该模

式下，时间、温度、压力或其他独立变量被用来补偿输入材料性质的变化。

14.7 蒙特卡罗法

蒙特卡罗法依赖于能量降低的法则和模拟原子运动的随机概率事件。这相当于掷骰子来决定所发生的事情。它是一个能有效模拟烧结过程中微观结构演变，并跟踪颗粒和孔隙行为的技术。不幸的是，大多数蒙特卡罗法模拟是无用的，因为该方法依赖于粗略的模拟元素，其尺度通常比原子大得多，甚至比晶粒还大。此外，蒙特卡罗法大多只能进行二维模拟。蒙特卡罗法能反应漂浮在水面上的油滴相互合并的情况。直到最近，才发展出三维的蒙特卡罗模型[17,68]。

首先，在空间中构造出大量离散点组成的微观结构。这些离散点在二维模拟中被称为像素，在三维模拟中被称为体素。每个点被分配一种味道、颜色、化学或取向，这意味着在最初的微观结构中创建颗粒。初始点可以由操作员输入。在一些模型中使用随机坐标创建核结构，然后围绕着这些核增长，第一个核是"1"，第二个核是"2"等。成核之后，颗粒、晶粒或气孔发生通常是径向的均匀拓展，直至所有的空间都被填满。这样就创建了初始的随机微观结构。

随机事件与能量降低原则决定了模拟结构的演变和最终的稳定性[69]。生成一个随机数，从中选择一个候选点并且测试一个随机的移动是否可能。结构的演变依赖于简单规则；在二维模拟中，如果过程使能量降低，则一个点会连接相邻的点。如果这些点是一样的，那么它们会相互结合在一起导致界面能的降低。

蒙特卡罗法是一个比较受欢迎的显微结构粗化研究方法，例如液相烧结中的晶粒长大[70]，通过表面扩散的颗粒聚集[71]，渗透性与电导率[72]，孔隙与边界的相互作用[73]。图 14.21 为烧结过程中晶粒尺寸随密度的变化图，与文献中报道一致[29]。

蒙特卡罗法的另一个好处是在烧结过程中组织演变广义规则的相互隔离。图 14.22 是蒙特卡罗法模拟的晶粒边缘长度分布[74]，提供了在传统实验中不能轻易获得的信息。虽然没有固定的实际材料，但该领域的进步仍然是明显的，一些模拟正在被开发成商业软件包。

14.8 连续介质模型与有限元分析法

连续介质模型与有限元分析的使用几乎是同步发展的。在该方法中结构被分为许多小元素。元素的大小相比于构件小很多，但比原子要大。该模型中，载荷、应力、热流或其他影响因素通过元素间的传递穿过构件。有限元分析法中通过近似函数将描述方程应用于每个元素。正确的实现有限元分析需要得到建立在每个元素行为上的描述方程。连续介质模型是从复杂的相互作用关系中建立与状态变量相关的方程。连续介质模型使用应力-应变-应变速率关系完成模拟，不需要引入扩散速率。

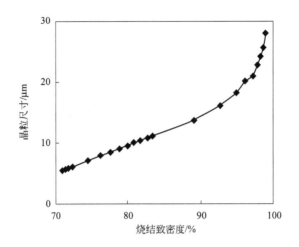

图 14.21 蒙特卡罗法模拟的晶粒尺寸与烧结密度的关系[29]

在计算机模拟中提取这些数据是一个很有吸引力的方法

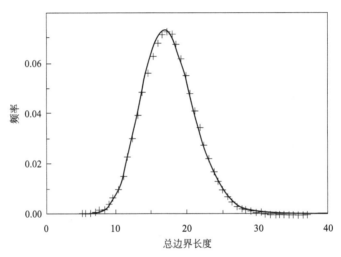

图 14.22 蒙特卡罗法模拟的晶粒边缘长度分布[74]

能够从模型中提取此类信息使得该方法优于传统实验

　　将本构方程与有限元结合是一种预测复杂几何形状烧结零件的最终尺寸和形状的有效方法。为了保证模拟的精度，坯体性质必须是已知的。商业软件包中使用的三维热机械过程被用来模拟烧结问题，如液相烧结致密化、畸变、微观结构演变和绕曲等[21,27,33,34,75-79]。常见的方法忽略了扩散速率并将固体视为黏性系统。

　　有限元计算依赖于本构方程，而不是测量材料性能。通常使用个人电脑就可以模拟最终构件的大小、形状、性能、缺陷等。该模型对于轴对称外形材料的模拟速度很快，当然也可以模拟复杂的三维形状。对于给定的几何形状，三维模拟可以给出烧结过程中详尽的尺寸描述。物质的流动根据由扩散蠕变得到的本构方程来计算。唯象模型依赖于促使粉末结合的烧结压力，而黏性流动的规则则由材料、孔隙率、晶粒大小和温度所决定。三维应力状态与变形率和收缩有关。边界条件包括质量守恒、动量守恒和能量守恒。在本构方程中出现了很多争议，比如，如何接近颗粒烧结黏结（强化）、热软化、致密化、晶粒长大、孔隙球化、孔隙生长和其他微观事件。通常的模型假设应变率张量的形式如下：

$$\varepsilon'_{ij} = \frac{1}{2\eta}\sigma'_{ij} + \frac{1}{3\kappa}(\sigma_M - \sigma_S)\delta_{ij} \tag{14.7}$$

式中，第一项包含烧结过程中材料的剪切黏度 η 与应力张量的导数 σ'_{ij}；第二项包含体积黏度 κ、流体静压力 σ_M 与表面能引起的烧结压力 σ_S 之间的偏差，如果 $i=j$，则 $\delta_{ij}=1$，否则的话 $\delta_{ij}=0$。根据不同的模型，参数可能相差达到两倍。在某些情况下，σ_S 被设定为常数，但这样与现实不太相符。在另一些情况下，σ_S 则由局部密度计算，这样做与实际更相符。在绝大多数模型中 σ_S 是由颗粒尺寸、表面能、孔隙率、晶粒尺寸等参数所决定的。

在有限元计算中应变率是很小的。被烧结的材料本身不是颗粒，而是一个连续体。这种方法中第一项描述了涉及偏应力和剪切黏度的变形行为。第二项描述了如热等静压烧结那样的流体静压力与烧结压力导致的体积应变率。

质量守恒提供了体积应变率和致密化之间的联系。在分析中需要引入一些其他参数，如重力、基材摩擦、不均匀加热、粉末成形过程中产生的密度梯度等。密度的计算依赖于已知或假设的密度梯度输入。假定烧结的是一个均匀坯体，则模拟得到的形状是不准确的。

需要输入响应方程来进行有限元分析模拟烧结。这与胡克定律一样简单，在弹性应变中应力与应变是成比例的。黏度是成分、温度、密度和晶粒尺寸的函数，这是影响模拟的一个主要因素。但有些信息很难获得，所以很多假设是必须的。通常假设的关系比较简单，但其结果是合理的。另一个敏感因素来自杂质，这需要经验性的修正。虽然假设的行为可能会有很多不合适的地方，但幸运的是许多不合适之处似乎会互相抵消，因此，结果令人惊讶的合理。

模拟开始时需要对初始条件和边界条件进行定义。初始条件是赋予每个元素密度。对称性边界适用于旋转对称体。一个主要的问题是与基板之间的摩擦。自由边界被用来描述外表面。

通过将控制方程及构件的几何形状与本构模型、边界条件、初始条件及其他参数相结合，用来模拟烧结过程中的形状和尺寸演化。烧结工艺过程也在上述条件之中。对应于温度随时间的变化，控制方程和本构模型中的变量也随之改变。

为了说明这种模拟的使用，图 14.23（a）给出了一个 T 形液相烧结构件的初始网格化。构件的初始高度为 30mm，烧结后收缩至大约 19mm。烧结后的模拟形状在图 14.23（b）给出，很明显能看到收缩和倒角。作为对比，烧结后的形貌如图 14.23（c）所示。除了在棱角处的圆角之外，模拟大体上还是合理的。该模拟需要烧结应力、体积黏度、剪切黏度及晶粒生长的关系。所以必须进行独立的实验，以提供上述关系。更准确的模拟意味着需要更多的实验工作，这是由于实验比模拟更容易进行优化。经验表明，大约需要 5 个有限元的模拟计算，就能与已知的数据相吻合。

这些模拟的一个应用是将预测结果用来优化粉末成形操作，以达到构件的目标性能。图 14.24 用流程图概述了这样的优化方法。首先输入几何模型和工艺条件，模拟的核心是实现目标性能，这是由整体实验驱动的。通过多次重复模拟以设计最佳的成形工艺、粉体选择、烧结工艺过程。

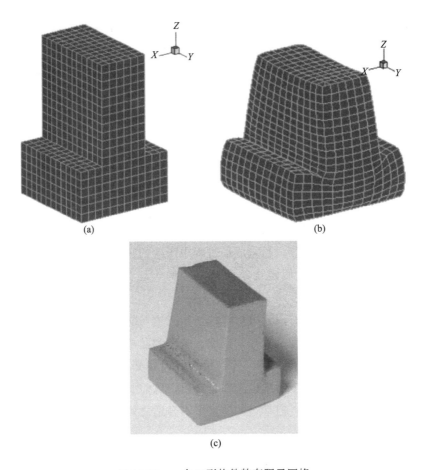

图 14.23　一个 T 形构件的有限元网格

（a）30mm 高试样的初始网格；（b）烧结后试样预测结果高度约为 19mm；（c）烧结后的构件

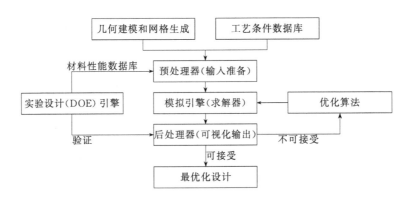

图 14.24　最优化设计的流程图

如图中所示，优化取决于一系列的决策和测定的相互作用，这是烧结模拟非常有用的一面

14.9　离散元模型

离散元技术与有限元分析相关。与之不同的是，离散元分析中没有网格，每个颗粒都是独立的元素。有时，这种方法也被称为无网格建模。它不处理粗化、晶粒尺寸的变化及晶粒的消失，适用于以颗粒为重点的模拟。

离散元分析中，系统的平衡是由颗粒间的机械力、化学力、毛细管力、重力或其他力所决定的。每个颗粒都作为一个单一的元素进行处理，以评估颗粒之间的相互作用。该方法允许模拟数千个颗粒组成的构件，适用于优化处理粉末流动、容器填充、压实和其他包含颗粒排列的情况[80-84]。图 14.25 所示是粗细粉末粒径为 3∶1、70％的粗粉 30％的细粉的情况。此模拟提供了大-小、小-小、大-大颗粒之间的协调。后续烧结颈的增长取决于相邻颗粒的大小。输出结果提供了相邻颗粒对烧结颈生长的模拟，但该过程对烧结模拟作用不大。其他解决方案包括：基底摩擦分析[85]，致密化引起的应变[86]，各向异性收缩[87]。遗憾的是，许多早期的模拟是二维的，未能提供有效的见解。最近的模拟已经增加了粗化的计算[88]。

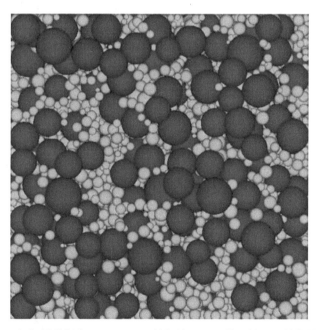

图 14.25　粗细粉粒径为 3∶1，　70% 的粗粉和 30% 的细情况下粉的堆积效果

模拟允许对大-大、大-小、小-小颗粒之间的接触进行统计学分析；这样的模拟在烧结颈的生长方面很有用

14.10　综合烧结曲线

烧结模型有一个包含多个数学方程的特征体，包括基于时间、温度、压力、密度和微观结构的独立参数，这些参数贯穿于整个烧结过程[89]。这些都是烧结的整体工作，然后

关联到与烧结效应密切相关的收缩、密度、强度、晶粒尺寸、变形等[90]。主曲线的概念是通过分离变量，得出一种适用于烧结以及脱脂、粗化、变形、蠕变和构件失效的结合阶段和机理模型。例如，以下的致密化模型适用于描述烧结密度：

$$\frac{RG^N}{3f\Omega\Gamma D_0}\mathrm{d}f = \frac{1}{T}\exp\left(-\frac{Q}{RT}\right)\mathrm{d}t \tag{14.8}$$

式中，G 是晶粒尺寸；T 是热力学温度；t 是时间；R 是理想气体常数、f 是致密度；Ω 是原子量；$N=3$ 是晶粒生长指数；Q 是表观活化能；D_0 是扩散系数指前因子；Γ 是几何条件的组合。这些都涉及本构方程中用到的方法，例如有限元分析模型。收缩、晶粒尺寸、变形以及用于烧结的其他指标都可能是类似的形式。

分离变量的计算支撑了仅包括时间 t 和热力学温度 T 的烧结参数 Θ：

$$\Theta(t,T) = \int_0^t \frac{1}{T}\exp\left(-\frac{Q}{RT}\right)\mathrm{d}t \tag{14.9}$$

在这种形式中，唯一未知的是表观活化能 Q。通常表观活化能可以根据熔点与晶界扩散进行估算。由于烧结过程通过多个机制进行（表面扩散、晶界扩散、塑性流动等），这样，找到最合适的活化能是解决问题的关键。这是通过实验测量的晶粒尺寸或密度来进行的，实验中有意改变了加热速率、峰值温度和保温时间。使密度这样的参数逐渐接近渐进值。其他参数是无限制的，例如晶粒尺寸，所以它们的处理方式有所不同。这里注意到，由于主曲线基于试验，所以相比其他模拟方式具有相当大的优势，该方法中只有一个未知的关键材料参数。

作为综合烧结曲线概念的一个例子，图 14.26 为不锈钢的烧结致密度[91]。最终致密度上限为 100%。一旦获得了主曲线，对于不同的时间-温度组合就不再需要进一步实验了。例如，如果使用较慢的加热速率，那么可以预测需要保持更长的时间以达到相同的烧结效果。额外的处理包括脱脂、粒度尺寸的作用，甚至形成全致密度纳米结构的方法。后者是通过创建 2 个主曲线，一个用于致密化，另一个用于晶粒生长，通过交点来确定处理工艺[92]。

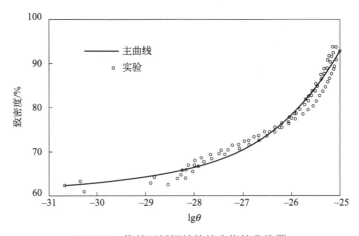

图 14.26 烧结不锈钢粉的综合烧结曲线[91]

实验涉及不同的加热速率、峰值温度及保持时间。由此产生的主曲线将变量结合为烧结的整体工作（θ）

14.11　神经网络模型

在制造业的背景下，对烧结进行建模的另一种方法是依靠神经网络。其意图是控制优化，包括输入粉末的变化和可能变动的主要参数。训练神经网络需要一系列的知识，并且用粉末的性能、加工条件及最终产品的性能进行监测[93]。

神经网络模型，意味着某种形式的人工模拟生物神经系统。所谓训练就是建立输入变量与输出变量之间连接的手段，其特点是不知道详细的联动过程及烧结时间、温度或类似的变量是如何在模型中起作用的。换句话说，该模型就是一个使用实验数据得到的非线性黑盒子[94-95]。当变量保持在训练模型的范围内时，它是有效的。

目前存在两种神经网络模型：

① 预测给定粉末或加工工艺过程的行为特征。

② 针对某些目标特性，给出工艺过程或粉末特性的建议[96]。

模拟寻求一个有代表性变量的数学联系，而不太关注物理现实。事实上，烧结涉及许多独立的可调参数，该方法有助于对工业过程的控制。

14.12　小结

准确地预测烧结需要从粉末到加热工艺过程的详细信息，预测结果对这些信息是非常敏感的。一些材料特性的小错误，尤其是扩散激活能、晶体取向、杂质等会导致预测行为中存在相当大的误差。实现准确的模拟需要到目前为止能够得到的大量知识。尽管模拟已经和实验很接近了，但要达到对工业有用的级别依然是现阶段的主要难点。工业生产要求的严格尺寸精度要远远高于模拟所能达到的值。

尽管商业软件包已经广泛存在，但模拟还未广泛应用于烧结中。这应该归因于固有的工艺变量。事实上，工业上长期以来使用自适应过程控制来不断调整生产，以满足严格的公差要求。换句话说，行业已经学会了适应变化，这对于准确的模拟来说确实是一个不小的障碍。

计算机模拟的准确性是速度与精度之间的平衡。早期的模拟致力于固态烧结中烧结颈的生长。然而真正的挑战是在生产水平上预测产品的最终精度。构件往往会在烧结过程中变形，因此控制变形就是一个非常重要的问题。有两种预测变形的方法：一个是通过控制工艺条件使粉末压坯密度尽可能均匀；另一种是在设计成形工艺和方法中计算和预测变形。后者在工业中是更优的方案，也是烧结模拟的目标。

优化是模拟烧结很有价值的一个领域。模拟结果与控制参数相连接，之后被用来确定对传统工艺不敏感的变量。预测的基本目标是获得使烧结件性能稳定的可靠条件。这能降低生产成本并且提高良品率。由于综合烧结曲线的方法是使用电子表格计算对性能进行预测，所以在这方面是很有效的[97-100]。

参考文献

[1] S.H. Chung, Y.S. Kwon, S.J. Park, R.M. German, Modeling and simulation of press and sinter powder metallurgy, in: D.U. Furrer, S.L. Semiatin (Eds.), Metals Process Simulation, ASM Handbook Volume 33B, ASM International, Materials Park, OH, 2010, pp. 323-334.

[2] M.F. Ashby, Operating Manual for HIP 6.0, Engineering Department Cambridge University, Cambridge, UK, 1990.

[3] K.E. Easterling, A.R. Tholen, Computer-simulated models of the sintering of metal powders, Z.Metall. 61 (1970) 928-934.

[4] F.A. Nichols, Theory of sintering of wires by surface diffusion, Acta Metall. 16 (1968) 103-113.

[5] K. Breitkreutz, D. Amthor, Monte-carlo-simulation des sinterns durch volumen-und oberflachen diffusion, Metall 29 (1975) 990-993.

[6] G.J. Cosgrove, J.A. Strozier, L.L. Seigle, An approximate analytical model for the late-stage sintering of an array of rods by viscous flow, J. Appl. Phys. 47 (1976) 1258-1264.

[7] R.M. German, J.F. Lathrop, Simulation of spherical powder sintering by surface diffusion, J. Mater.Sci. 13 (1978) 921-929.

[8] J.W. Ross, W.A. Miller, G.C. Weatherly, Dynamic computer simulation of sintering by volume diffusion, Z. Metall. 73 (1982) 391-398.

[9] P.W. Voorhees, M.E. Glicksman, Ostwald ripening during liquid phase sintering- effect of volume fraction on coarsening kinetics, Metall. Trans. 15A (1984) 1081-1088.

[10] P. Bross, H.E. Exner, Computer simulation of sintering processes, Acta Metall. 27 (1979)1013-1020.

[11] N. Rosenzweig, M. Narkis, Dimensional variations of two spherical polymeric particles during sintering,Poly. Sci. Eng. 21 (1981) 582-585.

[12] K.S. Hwang, R.M. German, Analysis of initial stage sintering by computer simulation, in: G.C.Kuczynski, A.E. Miller, G.A. Sargent (Eds.), Sintering and Heterogeneous Catalysis, Plenum Press,New York, NY, 1984, pp. 35-47.

[13] T.M. Hare, Statistics of early sintering and rearrangement by computer simulation, in: G.C.Kuczynski (Ed.), Sintering Processes, Plenum Press, New York, NY, 1980, pp. 77-93.

[14] C.M. Sierra, D. Lee, Modeling of shrinkage during sintering of injection molded powder metal compacts, Powder Metall. Inter. 20 (5) (1988) 28-33.

[15] S.V. Nair, J.K. Tien, Densification mechanism maps for hot isostatic pressing (HIP) of unequal sized particles, Metall. Trans. 18A (1987) 97-107.

[16] R.M. German, E.A. Olevsky, Predictions of tungsten alloy coarsening during sintering, Proceedings of the International Conference on Tungsten, Refractory and Hardmaterials VIII, Metal Powder Industries Federation, Princeton, NJ, 2011, pp. 6.9-6.23.

[17] A. Luque, J. Aldazabal, J.M. Martinex-Esnaola, A. Martin-Meizoso, J.G. Sevillano, R.S. Farr, Geometrical Monte Carlo model of liquid phase sintering, Math. Comp. Simul. 80 (2010) 1469-1486.

[18] A. Nissen, L.L. Jaktlind, R. Tegman, T. Garvare, Rapid computerized modelling of the final shape of HIPed axisymmetric containers, in: R.J. Schaefer, M. Linzer (Eds.), Hot Isostatic Pressing Theory and Applications, ASM International, Materials Park, OH, 1991, pp. 55-61.

[19] H. Djohari, J.I. Martinez-Herrera, J.J. Derby, Transport mechanisms and densification during sintering:I, viscous flow versus vacancy diffusion, Chem. Eng. Sci. 64 (2009) 3799-3809.

[20] R.S. Farr, A. Luque, M.J. Izzard, M. Van Ginkel, Liquid phase sintering of two roughened ice crystals in sucrose solution: a comparison of theory and simulation, Comp. Mater. Sci. 44 (2009)1135-1141.

[21] R. Huang, P. Pan, A further report on finite element analysis of sintering deformation using densification data - error estimation and constrained sintering, J. Europ. Ceram. Soc. 28 (2008)1933-1939.

[22] O. Guillon, R.K. Bordia, C.L. Martin, Sintering of thin films / constrained sintering, in: Z.Z. Fang (Ed.), Sintering of Advanced Materials, Woodhead Publishing, Oxford, UK, 2010, pp. 415-433.

[23] J. Rathel, M. Herrmann, W. Beckert, Temperature distribution for electrically conductive and non conductive materials during field assisted sintering (FAST), J. Europ. Ceram. Soc. 29 (2009)1419-1425.

[24] X. Kong, T. Barriere, J.C. Gelin, C. Quinard, Sintering of powder injection molded 316L stainless steel: experimental investigation and simulation, Inter. J. Powder Metall. 46 (3) (2010) 61-72.

[25] S. Kim, S. Ahn, S.J. Park, S.V. Atre, R.M. German, Integrated simulation of mold filling (Powder-Binder Separation), debinding, and sintering in powder injection molding, Advances in Powder Metallurgy and Particulate Materials - 2008, Part 1, Metal Powder Industries Federation,Princeton, NJ, 2008, pp. 76-86.

[26] M. Shimizu, H. Nomura, H. Matsubara, S.G. Shin, Analysis of porous structures of crystalline particles with anisotropic surface energy by sintering simulation, J. Japan Soc. Powder Powder Metall.55 (2008) 3-9.

[27] S. Kucherenko, J. Pan, J.A. Yeomans, A combined finite element and finite difference scheme for computer simulation of microstructure evolution and its application to pore-boundary separationduring sintering, Comp. Mater. Sci. 18 (2000) 76-92.

[28] V. Tikare, E.A. Olevsky, M.V. Braginsky, Combined macro-meso scale modeling of sintering. Part II, mesoscale simulations, in: A. Zavaliangos, A. Laptev (Eds.), Recent Developments in Computer Modeling of Powder Metallurgy Processes, ISO Press, Ohmsha, Sweden, 2001, pp. 94-104.

[29] E. Olevsky, V. Tikare, Combined macro-meso scale modeling of sintering. Part I: continuum approach, in: A. Zavaliangos, A. Laptev (Eds.), Recent Developments in Computer Modeling of Powder Metallurgy Processes, ISO Press, Ohmsha, Sweden, 2001, pp. 85-93.

[30] Y.S. Kwon, S.H. Chung, C. Binet, R. Zhang, R.S. Engel, N.J. Salamon, et al., Application of optimization technique in the powder compaction and sintering processes, Advances in Powder Metallurgy and Particulate Materials - 2002, Metal Powder Industries Federation, Princeton, NJ,20029.131-9.146.

[31] A. Petersson, J. Agren, Numerical simulation of shape changes during cemented carbide sintering,in: F.D.S. Marquis (Ed.), Powder Materials Current Research and Industrial Practices III, The Minerals, Metals and Materials Society, Warrendale, PA, 2003, pp. 65-75.

[32] R. Raman, T.F. Zahrah, T.J. Weaver, R.M. German, Predicting dimensional change during sintering of FC-0208 parts, Advances in Powder Metallurgy and Particulate Materials - 1999, vol. 1,Metal Powder Industries Federation, Princeton, NJ, 1999, pp. 3.115-3.122.

[33] T. Kraft, Determination of the optimum tool geometry of a cutting insert by finite element simulation of compaction and sintering, Advances in Powder Metallurgy and Particulate Materials - 2003, Part 4, Metal Powder Industries Federation, Princeton, NJ, 2003, pp. 120-126.

[34] T. Kraft, H. Riedel, Numerical simulation of solid state sintering: model and applications, J. Europ. Ceram. Soc. 24 (2004) 345-361.

[35] S.J. Park, S.H. Chung, J.M. Martin, J.L. Johnson, R.M. German, Master sintering curve for densification derived from a constitutive equation with consideration of grain growth, application to tungsten heavy alloys, Metall. Mater. Trans. 39A (2008) 2941-2948.

[36] J. Park, J.M. Martin, J.F. Guo, J.L. Johnson, R.M. German, Densification behavior of tungsten heavy alloy based on master sintering curve concept, Metall. Mater. Trans. 37A (2006) 2837-2848.

[37] D.C. Blaine, S.J. Park, P. Suri, R.M. German, Application of work of sintering concepts in powder metallurgy, Metall. Mater. Trans. 37A (2006) 2827-2835.

[38] M.I. Baskes, Modified embedded-atom potentials for cubic materials and impurities, Phys. Rev. B 46 (1992) 2727-2742.

[39] M.S. Daw, S.M. Foiles, M.I. Baskes, The embedded atom method: a review of theory and applications, Mater. Sci. Rept. 9 (1993) 251-310.

[40] A. Moitra, S. Kim, S.G. Kim, S.J. Park, R.M. German, Investigation on sintering mechanism of nanoscale powder based on atomistic simulation, Acta Mater. 58 (2010) 3939-3951.

[41] M.R. Zachariah, M.J. Carrier, Molecular dynamics computation of gas-phase nanoparticle sintering: a comparison with phenomenological models, J. Aero. Sci. 30 (1999) 1139-1151.

[42] T. Hawa, M.R. Zachariah, Coalescence kinetics of unequal sized nanoparticles, J. Aero. Sci. 37(2006) 1-15.

[43] W. Chen, A. Pechenik, S.J. Dapkunas, G.J. Piermarini, S.G. Malghan, Novel equipment for the study of the compaction of fine powders, J. Amer. Ceram. Soc. 77 (1994) 1005-1010.

[44] K.E. Harris, V.V. Singh, A.H. King, Grain rotation in thin films of gold, Acta Mater. 46 (1998)2623-2633.

[45] L.J. Lewis, P. Jensen, J.L. Barrat, Melting, freezing, and coalescence of gold nanoclusters, Phys. Rev.B 56 (1997) 2248-2257.

[46] P. Zeng, S. Zajac, P.C. Clapp, J.A. Rifkin, Nanoparticle sintering simulations, Mater. Sci. Eng. A2(1998) 301-306.

[47] H.Y. Kim, S.H. Lee, H.G. Kim, J.H. Ryu, H.M. Lee, Molecular dynamic simulation of coalescence between silver and palladium clusters, Mater. Trans. 48 (2007) 455-459.

[48] T. Hawa, M.R. Zachariah, Molecular dynamics simulation and continuum modeling of straight chain aggregate sintering: development of a phenomenological scaling law, Phys. Rev. B 76 (2007)0541091-9.

[49] J. Houze, S. Kim, S.G. Kim, S.J. Park, R.M. German, The effect of Fe atoms on the adsorption of a Watom on W (100) surface, J. App. Phys. 103 (2008) 106103.

[50] F.A. Nichols, Coalescence of two spheres by surface diffusion, J. Appl. Phys. 37 (1966) 2805-2808.

[51] R.S. Berry, J. Bernholc, P. Salamon, The disappearance of grain boundaries in sintering, J. Appl.Phys. Lett. 56 (1991) 595-597.

[52] F. Amar, J. Bernholc, R.S. Berry, J. Jellinek, P. Salamon, The shapes of first-stage sinters, J. Appl.Phys. 15 (1989) 3219-3225.

[53] P. Basa, J.C. Schon, R.S. Berry, J. Bernholc, J. Jellinek, P. Salamon, Shapes of wetted solids and sinters, Phys. Rev. B 43 (1991) 8113-8122.

[54] J.W. Bullard, Digital image based models of two dimensional microstructural evolution by surface diffusion and vapor transport, J. Appl. Phys. 81 (1997) 159-168.

[55] A. Jagota, P.R. Dawson, Micromechanical modeling of powder compacts I. Unit problems for sintering and traction induced deformation, Acta Metall. 36 (1988) 2551-2561.

[56] J. Bernholc, P. Salamon, R.S. Berry, Annealing of fine powders: initial shapes and grain boundary motion, in: P. Jena, B.K. Rao, S.N. Kahanna (Eds.), Physics and Chemistry of Small Clusters, Plenum Press, New York, NY, 1987, pp. 43-48.

[57] A. Jagota, P.R. Dawson, Simulation of the viscous sintering of two particles, J. Amer. Ceram. Soc. 73 (1990) 173-177.

[58] R.S. Garabedian, J.J. Helble, A model for the viscous coalescence of amorphous particles, J. Coll. Inter. Sci. 234 (2001) 248-260.

[59] F. Wakai, N. Enomoto, H. Ogawa, Three-dimensional microstructural evolution in ideal grain growth - general statistics, Acta Mater. 48 (2000) 1297-1311.

[60] J. Fikes, S.J. Park, R.M. German, Equilibrium states of liquid, solid, and vapor and the configurations for copper, tungsten, and pores in liquid phase sintering, Metall. Mater. Trans. 42B (2011)202-209.

[61]　M.F. Ashby, A. First, Report on sintering diagrams, Acta Metall. 22 (1974) 275-289.

[62]　R. Laag, W.A. Kaysser, R. Maurer, G. Petzow, The influence of stoichiometry on the prediction of HIP param-
eters for intermetallic prealloyed Ni-Al powder, in: R.J. Schaefer, M. Linzer (Eds.), Hot Isostatic Pressing
Theory and Applications, ASM International, Materials Park, OH, 1991, pp. 101-113.

[63]　B.K. Lograsso, D.A. Koss, Densification of titanium powder during hot isostatic pressing, Metall. Trans. 19A
(1988) 1767-1773.

[64]　C. Schuh., P. Noel, D.C. Dunand, Enhanced densification of metal powders by transformation mismatch plas-
ticity, Acta Mater. 48 (2000) 1639-1653.

[65]　B.B. Panigrahi, M.M. Godkhindi, Sintering of titanium effect of particle size, Inter. J. Powder Metall. 42 (2)
(2006) 35-42.

[66]　R.M. German, Supersolidus liquid-phase sintering of prealloyed powders, Metall. Mater. Trans. 28A (1997)
1553-1567.

[67]　R.M. German, Computer model for the sintering densification of injection molded M2 tool steel, Inter. J. Pow-
der Metall. 35 (4) (1999) 57-67.

[68]　K. Mori, H. Matsubara, N. Noguchi, Micro macro simulation of sintering process by coupling Monte Carlo
and finite element methods, Inter. J. Mech. Sci. 46 (2004) 841-854.

[69]　P.L. Liu, S.T. Lin, The K value distribution of liquid phase sintered microstructures, Mater. Trans. 43 (2002)
2115-2119.

[70]　J. Aldazabal, A. Martin-Meizoso, J.M. Martinez-Esnaola, Simulation of liquid phase sintering using the
Monte Carlo method, Mater. Sci. Eng. A365 (2004) 151-155.

[71]　M.K. Akhtar, G.G. Lipscomb, S.E. Pratsinis, Monte Carlo simulation of particle coagulation and sintering,
Aerso. Sci. Tech. 21 (1994) 83-93.

[72]　A. Sur, J.L. Lebowitz, J. Marro, M.H. Kalos, S. Kirkpatrick, Monte Carlo studies of percolation phenomena for
a simple cubic lattice, J. Stat. Phys. 15 (1976) 345-353.

[73]　I.W. Chen, G.N. Hassold, D.J. Srolovitz, Computer simulation of final stage sintering: II, influence of initial
pore size, J. Amer. Ceram. Soc. 73 (1990) 2865-2872.

[74]　S. Kumar, S.K. Kurtz, Monte Carlo study of angular and edge length distributions in a three dimensional pois-
son-voronoi tessellation, Mater. Char. 34 (1995) 15-27.

[75]　P.E. Mchugh, H. Riedel, A liquid phase sintering model: application to Si_3N_4 and WC-Co, Acta Mater. 45
(1997) 2995-3003.

[76]　E.A. Olevsky, R.M. German, A. Upadhyaya, Effect of gravity on dimensional change during sintering - II.
Shape distortion, Acta Mater. 48 (2000) 1167-1180.

[77]　D. Blaine, S.H. Chung, S.J. Park, P. Suri, R.M. German, Finite element simulation of sintering shrinkage and
distortion in large PIM parts, P/M Sci. Tech. Briefs 6 (2) (2004) 13-18.

[78]　S.J. Park, S.H. Chung, J.L. Johnson, R.M. German, Finite element simulation of liquid phase sintering with
tungsten heavy alloys, Mater. Trans. 47 (2006) 2745-2752.

[79]　E.A. Olevsky, A.L. Maximenko, J.H. Arterberry, V. Tikare, Sintering of multilayer powder composites: distor-
tion and damage control, Advances in Powder Metallurgy and Particulate Materials - 2002, Metal Powder In-
dustries Federation, Princeton, NJ, 2002, pp. 9.49-9.59.

[80]　I.C. Sinka, A.C.F. Cocks, Evaluating the flow behavior of powders for die fill performance, Powder Metall. 52
(2009) 8-11.

[81]　F. Tsumori, K. Hayakawa, Simulation of powder behavior based on discrete model taking account of adhesion
force between particles (second report) - three-dimensional simulations, J. Japan Soc. Powder Powder Metall.

53 (2006) 565-570.

[82] A. Petersson, J. Agren, Rearrangement and pore size evolution during WC-Co sintering below the eutectic temperature, Acta Mater. 53 (2005) 1673-1683.

[83] M. Gan, N. Gopinathan, X. Jai, R.A. Williams, Predicting packing characteristics of particles of arbitrary shapes, Kona 22 (2004) 82-93.

[84] B. Henrich, A. Wonisch, T. Kraft, M. Moseler, H. Riedel, Simulations of the influence of rearrangement during sintering, Acta Mater. 55 (2007) 753-762.

[85] C.L. Martin, R.K. Bordia, The effect of a substrate on the sintering of constrained films, Acta Mater. 57 (2009) 549-558.

[86] K. Mori, M. Ohashi, K. Osakada, Simulation of microscopic shrinkage behavior in sintering of powder compact, Inter. J. Mech. Sci. 40 (1998) 989-999.

[87] A. Wonisch, O. Guillon, T. Kraft, M. Moseler, H. Riedel, J. Rodel, Stress induced anisotropy of sintering alumina, discrete element modeling and experiments, Acta Mater. 55 (2007) 5187-5199.

[88] C.L. Martin, L.C.R. Schneider, L. Olmos, D. Bouvard, Discrete element modeling of metallic powder sintering, Scripta Mater. 55 (2006) 425-428.

[89] H. Su, D.L. Johnson, Master sintering curve: a practical approach to sintering, J. Amer. Ceram. Soc. 79 (1996) 3211-3217.

[90] D.C. Blaine, S.J. Park, R.M. German, Linerarization of master sintering curve, J. Amer. Ceram. Soc. 92 (2009) 1400-1409.

[91] R. Bollina, S.J. Park, R.M. German, Master sintering curve concepts applied to full density supersolidus liquid phase sintering of 316L stainless steel powder, Powder Metall. 53 (2010) 20-26.

[92] R.M. German, E. Olevsky, Mapping the compaction and sintering response of tungsten-based materials into the nanoscale size range, Inter. J. Refract. Met. Hard Mater. 23 (2005) 294-300.

[93] L.N. Smith, A Knowledge Based System for Powder Metallurgy Technology, Professional Engineering Publishing, London, UK, 2003.

[94] H. Hofmann, Characterization of the sintering behavior of commercial alumina powder with a neural network, in: R.M. German, G.L. Messing, R.G. Cornwall (Eds.), Sintering Technology, Marcel Dekker, New York, NY, 1996, pp. 301-308.

[95] D. Drndarevic, B. Reljin, Accuracy modelling of powder metallurgy process using backpropagation neural networks, Powder Metall. 43 (2000) 25-29.

[96] L.N. Smith, R.M. German, M.L. Smith, A neural network approach for solution of the inverse problem for selection of powder metallurgy materials, J. Mater. Proc. Tech. 120 (2002) 419-425.

[97] J.C. Lasalle, S.K. Das, B. Snow, B. Chernyavsky, M. Goldenbert, D. Blaine, et al., Injection molding and sintering of large components, Advances in Powder Metallurgy and Particulate Materials - 2003, Part 8, Metal Powder Industries Federation, Princeton, NJ, 2003, pp. 199-204.

[98] S.J. Park, S.H. Chung, D. Blaine, P. Suri, R.M. German, Master sintering curve construction software and its applications, Advances in Powder Metallurgy and Particulate Materials-2004, Part 1, Metal Powder Industries Federation, Princeton, NJ, 2004, pp. 13-24.

[99] D.C. Blaine, S.J. Park, R.M. German, J. Lasalle, H. Nandi, Verifying the master sintering curve on an industrial furnace, Advances in Powder Metallurgy and Particulate Materials - 2005, Metal Powder Industries Federation, Princeton, NJ, 2005, pp. 1.13-1.19.

[100] M.W. Reiterer, K.G. Ewsuk, An analysis of four different approaches to predict and control sintering, J. Amer. Ceram. Soc. 92 (2009) 1419-1427.

第15章

烧结实践

15.1　关键参数

　　一个新的烧结过程需要考虑很多问题。首先是如何建立一个最优的烧结工艺,通常最关键的技术参数是对成分和尺寸的控制,而这些都与成本密切相关。

　　首先需要考虑的是对于特定组分的材料,能否通过烧结得到所预期的性能。随着烧结的进行,材料的工程性能得到提高,但是过烧也会使其性能下降,这是因为烧结温度过高或者时间过长会导致材料显微组织结构的破坏。最优的烧结工艺取决于所需的性能。例如,对于用于生产过滤器件的材料来说,为了满足疲劳强度而制定相应的烧结工艺是没有意义的,这表明对于某一种材料而言并不存在唯一的最优烧结工艺,因此烧结工艺随所需性能不同而变化。

　　成本是限制烧结的一个因素,烧结成本随着烧结时间、温度、压力的增加而增加。例如,一旦确定了烧结温度,那么烧结炉材料也随之确定。材料的烧结温度越高成本也越高。显然,耐高温的高熔点材料的烧结也会困难。烧结气氛也制约着烧结工艺的选择,工艺的限制来自烧结过程中成本的投入。

15.1.1　尺寸控制

　　烧结工件的生产需要满足工程的要求,主要取决于构件的尺寸。尺寸变化来自烧结过程中生坯质量和烧结工艺的变化,事实上,烧结过程继承并放大任何成形步骤的异样。而且,烧结不仅不能校正这些异样,还会放大各部分之间的差异。一般情况下,对于大多数烧结体来说,所要求的变异系数(标准差除以平均尺寸)为 0.2%,但在特殊情况下可达到 0.02%。

　　成形烧结过程中的变量主要有温度、压力、质量、模具温度、模具摩擦等。尽管生坯的尺寸可能很均匀,但是生坯的质量分布并不均匀。图 15.1 为某一汽车轴承盖的质量变化图,表 15.1 为其数据汇总表。变异系数(标准差除以平均尺寸)为 0.4%,因此烧结后的尺寸偏差预计为 0.13% 左右。由于压制过程中质量的变化导致最终烧结尺寸的变化[1]，因此如果通过适当的控制使生坯较为均匀，那么最终烧结体的尺寸也会比较均匀。当烧结体尺寸出现问题时，改变压制工艺要比改变烧结工艺更为重要。因为对于尺寸的差异，烧结只是反映了最终烧结体尺寸的变化，但并不是导致尺寸变化的根本原因，因此我们不应该去改变烧结工艺。

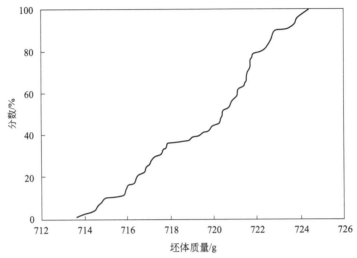

图 15.1　由模具压制的轴承盖的质量累计分布图

尽管压制得到了尺寸均匀的生坯，但是质量的变化导致了烧结件尺寸的变化

⊡ **表 15.1　压制的轴承盖生坯质量变化**

平均质量/g	719.6
最大质量/g	724.4
最小质量/g	713.6
中值质量/g	720.4
标准差/g	3.0
变异系数/%	0.41

在所有的烧结过程中，都会存在尺寸变化的问题。在极端情况下，较低的烧结温度能够使尺寸的变化最小化，如图 15.2 中的 Fe-2Ni-0.5C 合金。在 7.2g/cm³ 或 90% 的理论密度条件下，于 1140℃（1413K）条件下保温 30min，烧结体的尺寸可能不变。这种情况适用于制备汽车零件，因为这种微尺寸变化的烧结体能够用于设计工具。另外，在陶瓷铸造芯和过滤器的生产中也会出现类似的微尺寸变化工艺。

对于液相烧结的材料来说，烧结收缩率的变化范围在 0～25%，这导致烧结体的尺寸很难控制。对于需要黏结剂辅助的成形工艺来说，如注浆成形或注射成形，烧结收缩率通常为 15%。这些变化导致难以保证最终尺寸的精确性。

生坯密度、烧结收缩率和烧结体密度三者密切相关，随着生坯密度的增加或烧结体密度的降低，都会使烧结的收缩率降低。另外密度相对较低的区域收缩更为严重，这是由于

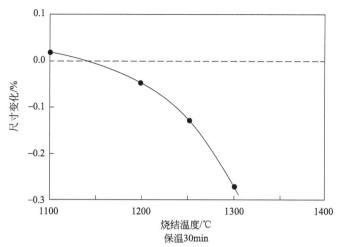

图 15.2 由 Fe-2Ni-0.5C 复合粉末得到的压坯在不同烧结温度下保温 30min 后的尺寸变化

可以看出，当烧结温度为 1140℃（1413K）时尺寸变化为零

生坯存在密度梯度，导致在烧结过程中出现压坯的翘曲。另外，像那些通过注射成形或冷等静压成形得到的具有各向同性微观组织的生坯，最终的收缩比较均匀。因此，可以利用压模技术以及低温烧结尽可能降低尺寸的变化，从而减小变形。另一方面，利用等静压成形技术在较高的温度下进行烧结，也能够很好地控制烧结体的尺寸。

导致压坯变形的一部分原因是孔隙的不均匀分布以及生坯的密度梯度。如果粉体在压制过程中发生变形，那么孔隙将沿着压制方向伸展。在烧结过程中这些孔隙会发生球化，而扁平的孔隙导致尺寸的变化，这些变化取决于与压制方向的夹角[2]。沿着压制方向会发生膨胀而垂直于压制方向可能发生收缩。此外，模具与坯体的摩擦会使生坯产生密度梯度。与远离模具的地方相比，压制面近处的高密度区域收缩较小。因此，尺寸随位置的变化会导致烧结体发生翘曲。

重力也会导致尺寸变化[3,4]，这一现象在又高又大的组件中表现得更为明显。随着组件质量的增加，与基底的摩擦会限制热膨胀和烧结收缩。更严重的是，由于质量较大的组件和基底发生摩擦导致烧结件由最初的圆柱体变形为如图 15.3 所示的"大象脚"状的烧结体。

图 15.3 由于竖直方向上的重力和水平方向上的摩擦力使得生坯在烧结过程中出现"大象脚"状的变形

烧结炉的温度梯度也影响烧结体的尺寸，在加热过程中出现的温度梯度更为严重。图 15.4 是两个相同的电子封装器件在同一温度下烧结后的图片，其中受热不均匀的器件发生了弯曲变形。

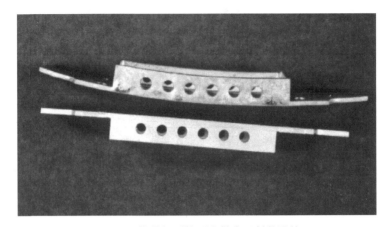

图 15.4　烧结得到的两个微电子封装器件
下面一个器件受热较均匀，上面一个器件由于受热不均匀导致沿着受热方向发生了弯曲变形

在烧结过程中可以采取一些措施来控制尺寸的变化，以确保烧结体的均匀性，例如使均匀一致的生坯受热均匀。控制尺寸的两个关键参数是烧结温度和保温时间。尺寸变化主要取决于烧结温度，但与烧结时间也有一定关系。在烧结过程中，只有做到烧结温度、生坯密度和组件的质量分布均匀一致才能有效地控制烧结体的尺寸。

15.1.2　成分控制

烧结的三个最主要因素为：烧结温度、基底以及烧结气氛。蒸发损耗只是某些烧结过程中的一个因素，蒸气压取决于组件的成分。在高温下，先蒸发的元素会改变组件的成分。例如，不锈钢中的铬具有最高的蒸气压，在高的烧结温度下会被优先蒸发掉，从而导致不锈钢的耐蚀性降低。通过改变烧结气氛能够降低蒸气压，从而减缓这一问题。利用表 15.2 中不同元素的蒸气压，可以对这一问题进行预估。该表给出了不同元素的沸点以及在 10^{-3} Pa 的蒸气压（10^{-3} Pa 是真空系统中的实际上限值）下的沸点。这种蒸发问题主要存在于含有锌、钡、铅、锰、锡、铟、银、镓、铝等元素的烧结材料中。

⊡ **表 15.2　一些元素的蒸发特性**

材料	气化温度/℃	压力为 10^{-3}Pa 时的温度/℃	1120℃时的蒸气压/Pa
Ag	2212	730	8
Al	2467	1140	2×10^{-1}
Au	2807	1050	9×10^{-3}
B	3658	1630	8×10^{-8}
Ba	1637	450	2×10^{-3}

续表

材料	气化温度/℃	压力为 10^{-3}Pa 时的温度/℃	1120℃时的蒸气压/Pa
Co	2870	1180	4×10^{-4}
Cr	2672	1070	6×10^{-3}
Cu	2567	930	1×10^{-1}
Fe	2750	1120	2×10^{-3}
Ga	2403	730	6
Ge	2817	1030	1×10^{-2}
In	2080	650	3×10^{1}
Ir	4130	1930	5×10^{-11}
Mn	1962	720	2×10^{-1}
Mo	4612	1930	7×10^{-11}
Nb	4742	2130	6×10^{-13}
Nd	3027	970	6×10^{-2}
Ni	2732	1180	5×10^{-4}
Pb	1740	460	8×10^{-2}
Pd	3140	1100	3×10^{-3}
Pt	3827	1600	6×10^{-9}
Si	2355	1230	5×10^{-5}
Sn	2270	800	2×10^{-1}
Ta	5425	2380	nil
Ti	3286	1310	1×10^{-5}
U	3745	1560	2×10^{-7}
V	3377	1230	5×10^{-7}
W	5657	2550	nil
Y	3338	1430	9×10^{-4}
Zn	906	200	6×10^{5}
Zr	4650	1860	1×10^{-9}

如表 15.3 所示，与其构成元素相比，化合物的活性不同。该表给出了蒸气压为 1Pa（10^{-5} atm）下的沸点，这与烧结过程中可测得的失重相对应。例如，钼与其氧化物相比其化学活性的差别就相当明显，钼在有氧气存在的情况下易挥发，相反铝氧化后却变得相当稳定。

⊡ 表 15.3 蒸气压为 1Pa（10^{-5} atm）下的沸点

材料	温度/℃
Ag	1050
Al	1000
Al_2O_3	2000

材料	温度/℃
Au	1470
B	1360
Ba	720
BaO	1550
C	2680
Ca	600
CaO	2050
Co	1650
Cr	1200
Cr_2O_3	1700
Cu	1270
Fe	450
Mg	440
MgO	1800
Mo	2530
MoO_3	620
Na	290
NaCl	660
Ni	1510
Pt	2090
Si	1340
SiO_2	1750
Sr	540
Ta	3070
Ti	1550
Y	1650
Zn	340
Zr	2000

　　烧结时将粉末压坯置于基底上，该基底需要具有保形性以保持压坯的形状，另一种方法是将这些压坯堆在一起。但遗憾的是，如图 15.5 所示的钛合金齿轮，如果使它们在烧结过程中相互接触，那么就会导致相接触的部分黏结在一起。

　　烧结基底由高温材料制成，如不锈钢、钼、硅、石墨、氧化锆或氧化铝等。如果基底选择不当，就可能会使烧结体受到污染。图 15.6 显示了不同基底对钛合金烧结体强度和氧含量的影响[5,6]。该条形图对氧化锆和氧化钇两种基底经过和未经过烘烤的情况进行了比较，含氧量较高的烧结体强度更高，但是其耐蚀性降低。在烧结过程中基底必须保持一定的刚度且使烧结体不受污染。表 15.4 列出了一些常见基底能够进行烧结的最高温度和

图 15.5　一组钛合金齿轮在烧结过程中由于相互接触而黏结在一起

烧结气氛[7]，是依据基底的主要成分来进行分类的。其中最常见的是氧化铝基底，其次是石墨、二氧化硅、铁、镍基底。在特定的气氛中某些材料是不稳定的，如氮化物（氮化铝、氮化硼、氮化硅）在氧化性气氛中非常不稳定。

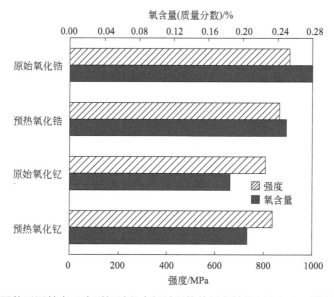

图 15.6　钛合金在四种不同基底（分别经过和未经过预热的氧化锆和氧化钇）下烧结后的氧含量和强度

⊡ 表 15.4　常见的基底及其应用

材料	最高使用温度/℃	气氛	烧结材料的例子
Al_2O_3	1500	R、C	大多数金属、氧化物、玻璃、金属间化合物，无碳化物
	1800	O、I、V	
B_4C	2000	R、I、V	碳化物、硼化物
BN	1800	R、I、V	Ta、AlN、氮化物

续表

材料	最高使用温度/℃	气氛	烧结材料的例子
CaO	2400	O、I	Fe、Pt
铁铬合金(Fe-Cr-Al-Y)	1300	O、R、I	钢铁、金属间化合物
石墨	2000	V	Au、Ag、Cu、Zn、WC、Cr_2O_3、
	2500	I、V、C	SiC、TaC、碳化物
镍合金(Ni-Cr)	1300	R、I、V、C、D	Ni、Fe、不锈钢
Fe	1200	R、I、V、D	Fe、聚合物、Cu
MgO	1600	V	Au、Ag、Co、Cu、Fe、Ni、MgO、无
	2000	O、I	碳化物
Mo	2100	R、I、V	钢铁、稀土、SiC
SiO_2	1000	I、D	Ag、Al、Au、Cu、Zn、Ni
	1200	O、V	
Si_3N_4	1600	I、V	许多金属
Ta	2000	I、V	Ta、TaB_2、避免氧化物
W	2800	R、I、V	Mo、W、$MoSi_2$、$TiSi_2$
ZrO_2	2500	O、I	Au、Co、Cr、Fe、Ni、Ti

注：气氛一列中，O 为氧化气氛，R 为还气氛，I 为惰性气氛，V 为真空，C 指渗碳气氛，D 为脱碳气氛。

15.1.3 缺陷的避免

在烧结温度较低的情况下，在发生明显的黏结作用之前，烧结体的强度相对较低。粉体的断裂韧性为 $0.02MPa \cdot m^{1/2}$ [8]。在烧结过程中与坯体收缩相关的应力只有几兆帕 [9,10]。

由于压坯的韧性较低，所以烧结过程中，在重力、热梯度、聚合物烧损或振动作用下容易形成裂纹。由于起始断裂韧性很低，所以在加热过程中小缺陷会不断增长，甚至小至 $10\mu m$ 的缺陷也会发生扩展。图 15.7 为烧结后出现的裂纹，主要原因在于在加热初期厚度不同的区域密度不同。

随着烧结的进行，粉体颗粒之间逐渐黏结而使强度得到提高。但是随着温度的升高，压坯会出现热软化甚至形成液相，这将降低坯体的强度，这种问题主要出现在加热初期。例如，真空加热炉中约 500℃（773K）之前的辐射加热效果都很差，所以即使加热炉设定的加热速率适中，压坯也会被迅速加热到该温度。在高温下会发生蠕变，这通常会导致压坯变形但不至于开裂。例如，悬臂部分发生下沉，大的压坯出现变形。随着压坯质量的减小，这些高温问题会得到减缓。此外，缓慢的加热速率能够使坯件在收缩之前充分黏结在一起，从而抵消热应力和收缩引起的缺陷 [11]。

控制缺陷的关键是要降低加热速率，这也是解决该问题的第一步。当然，前提是生坯本身就不存在缺陷。

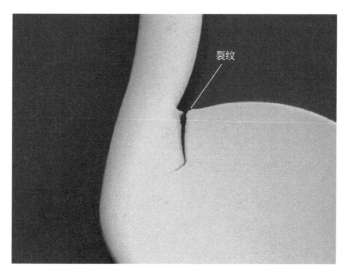

图 15.7　氧化铝手术匙在烧结过程中形成的裂缝

这条长裂缝说明其形成于黏结早期，且位置出现在厚薄交界处

15.2　参数的控制

实际的烧结工艺与坯体的组分和尺寸是否合适有关，坯体的均匀性对于组分和尺寸很关键。复合粉体的均匀性影响烧结过程中粉体之间的反应和均匀化程度，复合粉末的化学反应通常比较复杂，细小的粉末颗粒尤其是少量的辅助相会使初始分布更加均匀。同样，生坯的密度梯度也会引起尺寸控制的问题，因为高密度区和低密度区会产生不同的收缩和膨胀。

生坯的密度梯度通常来自成形过程，如果成形的坯件足够大，那么密度梯度和变形的问题就可以忽略。因为可以通过将烧结体进行加工、研磨以及精整以得到所需的尺寸。

烧结过程中重力会导致烧结体变形，这一现象对大型坯件来说比较明显。因为重力会导致不同高度的尺寸变化不同，在坯件底部可能出现膨胀。坯件越高，坯件底部所受的压力就越大，因此烧结过程中坯件底部与基底的摩擦会阻碍尺寸的变化。在加热过程中有一些能够增加坯体强度从而减少变形的措施，如降低加热速度。一种技巧是使用保形装模器在烧结过程中限制并导向成形体。例如，将较高的压坯放在相对水平的位置以减小摩擦，而将较薄的压坯放在装模器中，这样能够使收缩量达到最小，从而与最终的尺寸相一致。图 15.8 为置于装模器中的不锈钢薄壁烧结件，其收缩在陶瓷装模器中完成。

炉内的温度梯度会导致烧结体出现变形，在加热过程中这一问题特别严重，因为温度梯度使成分差别较大的区域会发生变形。高温区域比低温区域先烧结，热膨胀、烧结收缩以及强度的差别都会引起烧结件的变形。通常坯体沿着受热方向发生弯曲变形，解决这一问题的方法是在氢气或氦气等高导热气氛中进行烧结，或者封装坯件使其受热均匀。

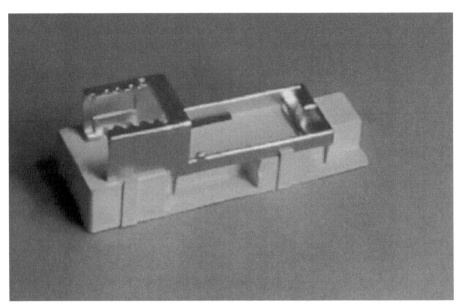

图 15.8　置于氧化铝装模器上的不锈钢烧结件

15.3　烧结气氛

烧结气氛存在于生坯周围，目前有很多烧结气氛，如空气、氢气等。烧结气氛的选择取决于烧结目标，且与成本有关[12-14]。常用的气氛如下：

① 氢气。导热性能好，有还原作用，但成本高，易爆炸。

② 氮气。成本较低，不能与聚合物一起使用，没有还原作用，趋于中性，但可能形成氮化物。

③ 氮-氢混合气。通常氢气含量在 4%～10%，成本在两者之间，具有反应性，有还原作用。

④ 氩气。呈中性，无氧化和还原性，导热性差，成本高。

⑤ 氦气。呈中性，无氧化和还原性，导热性能好，成本高。

⑥ 空气。成本低，具有氧化性，热导性较差。

⑦ 天然气。不完全燃烧，质量不稳定，成本低。

⑧ 游离态的氨气。有氮-氢混合气的特点，若分离不当易中毒，1000℃（1273K）下发生催化反应，$2NH_3 \longrightarrow 3H_2 + N_2$。

⑨ 真空。没有气体的气氛，可能会残留一些蒸气反应，低温下由于没有热传导，因此作用不明显。

15.3.1　反应

欲使氧化物、氮化物和碳化物在烧结过程中保持稳定性，就必须满足其特定的化学需求，因此通常在含氧、氮或碳的气氛中进行烧结。金属在高温下若不受到保护就会发生氧化，因此通常需要在氢气（还原性）、氮气（通常是中性）或者真空中进行烧结。

烧结气氛也可用于去除黏结剂和润滑剂，这些以聚合物为主的黏结剂和润滑剂需要在低温下进行脱除以避免烧结体被污染。例如，随着碳含量的增加钢会变硬，因为这些黏结剂和润滑剂的主要成分是碳，如果在加热过程中没有被脱除，那么将会使铁基合金硬化甚至脆化。通常通过控制氧气、水蒸气、甲烷、一氧化碳和二氧化碳等气体的含量来调节烧结气氛，从而控制烧结体的碳含量[15]。中性烧结气氛并不能起到调节碳含量的作用，所以需要添加氧气（形成 CO 或 CO_2）、氢气（形成 CH_4）或水蒸气（形成 CO 和 CH_4），而氩气、氦气、氮气并不利于这些物质的生成。

烧结需要考虑烧结气氛的成本，例如氢气等高纯度的还原性气氛能够得到性能稳定的烧结体，但是成本高。利用天然气和空气的混合气进行烧结的成本比较低，但是烧结体的性能稳定性较差。从成本角度考虑通常会采用 4％～10％的氮-氢混合气。

压坯周围的气氛可能会在以下几个方面影响烧结：

① 用于坯体成形的聚合物（黏结剂和润滑剂）在低温下被脱除，从而避免污染烧结体，合适的烧结气氛可以促进聚合物的去除。

② 烧结过程中许多材料都需要对碳含量进行精确控制，烧结气氛的选择应以满足最终所需的碳含量为标准。

③ 氮化物陶瓷在高温下不稳定，因此为了得到所需要的相，在烧结过程中就必须调整烧结气氛以稳定氮化物。

④ 氧化铝能够在空气中进行烧结，但是为了使其具有一定光学透明度，避免不溶性气体进入孔隙中，需要在真空或者氢气气氛中进行烧结。

⑤ 在烧结过程中，许多蒸气压较高的材料往往并不稳定，因此需要选择一种保护性气氛来抑制挥发及坯体中组分的流失。

⑥ 通过与烧结气氛反应形成所需的离子空位，从而改变离子材料的烧结速率。

烧结气氛一般为混合气体，例如，低真空气氛通常含有氢气或者氮-氢混合气。表 15.5 为一些合成的烧结气氛组分。基于天然气的吸热和放热性烧结气氛，含有较高的氮气与氢气，以及水蒸气、一氧化碳和二氧化碳。吸热性气氛来自天然气和水蒸气之间的催化转化而生成的氢气、氮气和一氧化碳的混合气体。放热性气氛来自空气、天然气部分燃烧，由 6.5∶1 的空气和天然气所组成，主要用于普通材料的烧结。这种气氛由于其氧化电势较高，因此不能用于烧结含有易氧化组分的材料，如铬、钛或锌等。另外，烧结后仍会有一部分未被转化的甲烷，这会增加烧结体的碳含量。

⊡ 表 15.5　合成的一些烧结气氛的组分

组分	吸热	放热	分离氨	氮基
N_2/％	39	70～98	25	75～97
H_2/％	39	2～20	75	2～20
H_2O/％	0.8	2.5	0.004	0.001

组分	吸热	放热	分离氨	氮基
CO/%	21	2～10	—	—
CO_2/%	0.2	1～6	—	—
CH_4/%	0.5	<0.5	0	0
O_2/(μL/L)	10～150	10～150	10～35	5
露点①/℃	−16～10	25～45	−50～−30	−75～−50

① 露点是水分凝结的温度。

表 15.6 中列出了一些常见的烧结气氛的信息。氢气和氦气具有高的热导率，这有利于控制烧结温度从而获得均质的烧结体。加热速率取决于气氛的热传导，因此高导热率的气体有利于加热。当温度超过 500℃（773K）时，热传导以热辐射的形式为主，因此真空烧结一般不用低温烧结。

▣ 表 15.6　一些常见的烧结气氛在 527℃（800K）时的特性

气体	密度/（kg/m³）	热容/[kJ/（kg·K）]	黏度/μPa·s	热导率/[mW/（m·K）]
空气	0.435	1.10	37	57
CO_2	0.661	1.17	34	55
CO	0.421	1.14	34	56
He	0.061	5.19	38	304
H_2	0.030	14.7	17	378
N_2	0.421	1.12	35	55
O_2	0.481	1.05	42	59
水蒸气	0.274	2.15	28	59

氧化物在高温下有一个平衡氧分压，因此即使是中性环境也会导致氧化物还原，但是这种还原程度要比在氢气或者一氧化碳气氛中轻。另外，一些材料会与氢气反应形成脆性的氢化物，或与一氧化碳反应形成氧化物或碳化物。钽、钛、锆、铌、稀土等也存在这一问题，因此它们只能在真空或惰性气氛中进行烧结。

在许多情况下氮气是中性的，但在铝、氮化铝、氮化硅和类似材料的烧结中它是一种活性剂。由于氮气是空气的主要组成部分，所以在大型烧结过程中使用制冷或化学吸附技术生成氮气。

如果水蒸气能够及时地被合适的气流带走，那么氢气就会发挥还原作用。液氢产生的氢气中含有 1μL/L 的氧气和 8μL/L 的水蒸气。过多的水蒸气降低了液氢的还原能力，而且会使烧结气氛脱碳。

真空烧结在一个密封的腔室内进行，利用真空泵不断抽取腔内产生的气体使其保持一定的真空度。真空烧结腔内的气压一般在 10^{-7}～10^{-4} bar（0.01～10Pa）之间，但是气体气氛一般达不到这个水准。用于抽真空的泵主要有旋转活塞泵、涡轮泵和离子泵。尽管真空是一种中性气氛，但是仍会有化学反应，例如低的氧分压加上持续抽真空会使许多化合物发生氧化还原反应。

许多材料都可以在真空下进行烧结，但是未必能得到优异的性能。真空烧结主要适用于较活泼的材料（钛、钽和铍）、高温材料（工具钢、钼和碳化钛）、氢化元素（铀、$Fe_{14}Nd_2B$、锆）和耐腐蚀材料（不锈钢）。但是一些元素（锌、镁、锂、钙、银、锰、铝等）会优先挥发，因此很难在真空下烧结。较低的惰性气体气压能抑制这种蒸发，不同的是，先在真空下烧结到使孔隙闭合，然后转到惰性气氛下进行烧结。这可以确保孔隙被消除，且能降低坯体表面的蒸发损耗。

真空烧结炉通常采用石墨加热元件，这能够保温和稳定坯体。在加热过程中，残留在坯体中的氧或水会与石墨反应生成一氧化碳，在高温下一氧化碳的还原势较大，当其浓度约为 $100\mu L/L$ 时，能够用于烧结不锈钢、工具钢和高温合金。图 15.9 为铬氧化物的还原过程中一氧化碳分压和温度之间的关系，其主要存在于不锈钢中[16]。一氧化碳分压越低，将 Cr_2O_3 转化为 Cr 所需的温度就越低。可以通过向坯体中加入石墨加快这一反应。

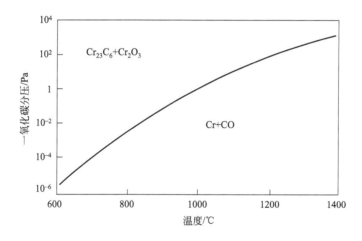

图 15.9　在高温下一氧化碳是有效的还原剂，可以看出在较高温度以及较低的一氧化碳
分压下铬会发生还原（曲线之下）

15.3.2　氧含量的控制

氧不利于金属的烧结，因为较高的氧分压会促进金属的氧化。利用氢气或一氧化碳进行的还原反应却相反，它们是将氧化物分解为该组分的其他物质。氧化与还原的倾向取决于周围的温度和气氛。图 15.10 为 Ni、Fe、Cr、Si、Al 及其氧化物的氧化还原条件，通过氧分压和温度的关系来确定烧结气氛，在氧分压-温度曲线之下的为还原反应。例如，铬在 $1300℃$（$1573K$）烧结需要氧分压小于 $10^{-16}atm$（$10^{-11}Pa$）从而避免氧化，但是氧化铬（Cr_2O_3）所需要的氧分压就相对较高。

一种物质的还原气氛可能是另一种物质的氧化气氛，例如氧化亚铁比氧化铬更容易被还原。表 15.7 列出了一些氧化物以及碳化物、氮化物、硼化物和硫化物在 $1000℃$

（1273K）时稳定性的顺序。某些金属在有氧化物特别是含 Al、Ba、Ca、Cd、In、Mg、Pb、Sn、Sr 以及 Zn 的氧化物存在时很难进行烧结，因此在达到烧结温度之前必须将这些氧化物还原。

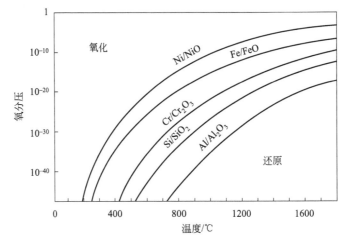

图 15.10 为降低镍、铁、铬、硅和铝的氧化所需的氧分压（如真空烧结）

任何温度下，在曲线之上会发生氧化，在曲线之下会发生还原

⊡ **表 15.7 1000℃（1273K）时化合物的稳定性从高到低的排序**

氧化物	硫化物	氮化物	碳化物	硼化物
CaO	CeS	TiN	HfC	HfB_2
BeO	CaS	HfN	ZrC	ZrB_2
MgO	MgS	ZrN	TiC	TiB_2
Li_2O	Na_2S	Th_3N_4	TaC	TaB_2
Al_2O_3	MnS	AlN	NbC	MoB
TiO_2	ZnS	UN	ThC_2	NbB_2
SiO_2	Cu_2S	TaN	UC	VB_2
V_2O_3	FeS	NbN	V_2C	UB_2
NbO	MoS_2	VN	Be_2C	CrB_2
Ta_2O_5	WS_2	Mg_3N_2	SiC	Fe_2B
MnO	PbS	Si_3N_4	CaC_2	MnB
Cr_2O_3	Ag_2S	Cr_2N	WC	MgB_2
Na_2O	H_2S	Fe_4N	MoC	WB
ZnO	PtS	Mo_2N	Cr_3C_2	Ni_3B
FeO	IrS		Al_4C_3	
P_2O_5	Cu_2S		Fe_3C	
K_2O			Ni_3C	
CoO				
SO_2				
NiO				
PbO				
Cu_2O				

一氧化碳或氢气与氧化物反应生成二氧化碳或水蒸气，因此需要控制 CO_2 与 CO 或 HO_2 与 H_2 的分压比。较高的二氧化碳或水蒸气分压容易导致氧化。图 15.11 为与前面相同的五种金属在一定温度范围内的 CO/CO_2 分压比。在真空烧结中采用石墨加热元件会产生很大的还原势，这是因为氧气会与石墨反应生成一氧化碳。如图 15.12 所示为 H_2/H_2O 分压比与温度的关系曲线，这表明水-氢气气氛也是如此。

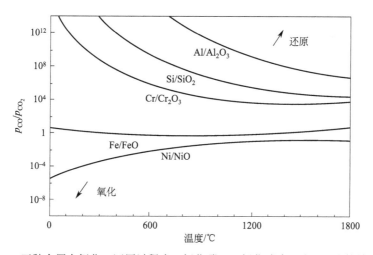

图 15.11　五种金属在氧化、还原过程中一氧化碳、二氧化碳分压比和温度的关系曲线

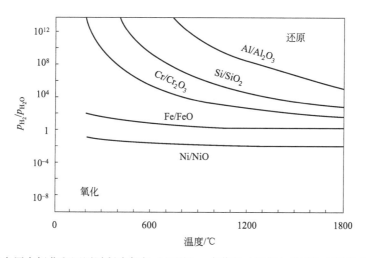

图 15.12　五种金属在氧化和还原过程中氢气（还原）、水蒸气（氧化）分压比与温度之间的关系曲线

15.3.3　碳含量的控制

在烧结过程中需要考虑碳含量控制的问题，对于碳化物来说渗碳是有利的，但是过多的碳会使烧结体的性能恶化。渗碳-脱碳反应取决于碳源，如甲烷（CH_4）、一氧化碳（CO）、二氧化碳（CO_2）。和氧化-还原反应一样，渗碳-脱碳也取决于温度和压力。

一些金属本身就不会生成碳化物，或者随着温度的升高其碳化物不稳定，但是有一些金属（如 Zr、Ti、Si、Cr、U、W、Mn、Th 以及 Ta）能生成碳化物且在高温下能够稳定存在。对于金属陶瓷、硬质合金、工具钢以及碳化硅等来说，烧结过程中碳含量的控制非常重要。然而用作润滑剂和黏合剂的聚合物在分解过程中会生成碳，因此需要在加热过程中将这些聚合物彻底脱除。一些简单的碳氢化合物如固体石蜡、聚乙烯和硬脂酸的污染往往最少，而一些环结构的聚合物如聚苯乙烯往往会形成较严重的石墨污染。

一般通过以下两个反应来控制烧结气氛中的碳含量，参与反应的主要是由 C、H、O 三种元素组成的 CO、CO_2、H_2、H_2O、CH_4 等五种物质：

$$CO_2 + H_2 \Longleftrightarrow CO + H_2O$$

$$CH_4 + H_2O \Longleftrightarrow CO + 3H_2$$

通过检测这几种物质的含量来对烧结气氛进行控制。

随着烧结的进行，烧结炉内的气氛会发生变化，这是因为压坯在烧结过程中会将污染物带进炉内而使气氛发生变化。可以通过排气来清除炉内的污染物。但是一些碳氢化合物会分解产生炭黑颗粒，只有更大的气流甚至更强的氧化性气氛才能将这些炭黑颗粒以烟的形式脱除。烧结过程中的烧结气氛、气流速度、烧结温度、压坯和污染物之间会相互影响。因此，需要传感器和控制系统的配合来对烧结气氛进行控制。

烧结工艺需要考虑烧结过程中气氛成本，相对来说成本最低的是空气，基于天然气的气氛成本也比较低，氢气是成本最高的还原性气氛。相对气体成本由高到低排序如下：

氢气=1.0

以氮气为主=0.6

分解氨=0.4

吸热气体=0.2

放热气体=0.1

虽然真空不会直接消耗气体，但是真空气氛需要一些相应的设备和操作，因此真空烧结的成本较高。

15.3.4 密度的变化

烧结气氛会影响烧结体的致密化程度，具体如下：

① 被包裹于孔隙中的惰性气体会阻碍致密化。

② 充满气体的气孔粗化会阻碍烧结。

③ 一些气体反应生成的蒸气会聚集在孔隙中从而导致烧结体膨胀。

即使在真空下进行烧结，一些延迟的反应也会导致烧结体的膨胀、起泡以及其他一些危害。

评价烧结气氛指标的一个直接方法是利用显微镜观察烧结体的孔隙。随着烧结的进行，坯体内气体反应形成的球形孔隙会逐渐长大，导致孔隙内的压力降低，从而引起烧结体的膨胀。如图 15.13 所示，通过光学显微镜可以清楚观察到烧结体样品横截面上的气孔。显然，球形的大气孔是在烧结过程中由于气体反应形成的。从图像中可以看出，生坯

中的孔隙直径在 $1\mu m$ 以下，而烧结体中的孔隙却粗化到 $40\mu m$，这也会导致烧结体的密度降低。

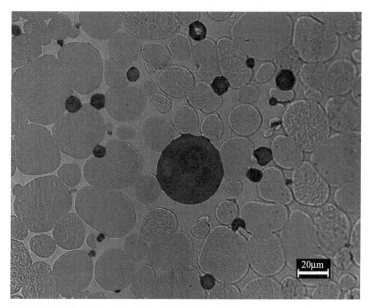

20μm

图 15.13 烧结后组织的光学显微照片，气体反应形成的球形大孔洞会阻碍烧结体的致密化

15.4 设备

因为用于生产的烧结炉设备比较昂贵，所以在选择烧结炉时需要综合考虑技术和成本两个方面。一般的烧结炉都包含有时间-温度和气氛控制系统，常见的两种烧结炉为间歇式烧结炉和连续式烧结炉。

图 15.14 为间歇式烧结炉，在烧结过程中它能够稳定坯体的成分，密封与净化所需要的烧结气氛，并加热到指定的温度。这种间歇式烧结炉比较灵活，只有在需要的时候才会工作，而且还可用于一些特殊的烧结（如真空或加压烧结）和小批量生产。在间歇式烧结过程中（尤其是涉及真空烧结时），要通过工作区周围的反射隔热板来避免炉壁升温。另一种是将加热元件置于带有坯体和保护气的区域之外，这样生坯可以通过升降机、叉车等装置从炉子的前面、顶部或底部进行装载。

连续式烧结炉需要控制坯体在不同预热区中的位置。图 15.15 所示为一个连续式烧结炉各部分的布局，利用传送系统输送坯体，如传送带、货盘、行车或滚动装置。所选传送系统受到炉子的工作温度的影响，当温度低于 $1150℃$（$1423K$）时可采用不锈钢制网带，当温度为 $1300℃$（$1573K$）左右时可采用陶瓷制的传送带，当温度为 $2200℃$（$2473K$）时可采用难熔金属或石墨制成传送带。另外，利用货盘进行传送坯体时，炉子的工作温度可以达到 $2200℃$（$2473K$）。

坯体在连续式烧结炉中需要经过三个阶段。第一阶段为预热阶段，坯体经过加热以脱除润滑剂、黏合剂以及孔隙中的污染物，并逐渐开始发生气体与粉末的反应。另外，需要

图 15.14　间歇式烧结炉

每次可以烧 250kg 的坯件。该炉子可以在氢气、氩气、氮气、真空或这几种气氛的
任意混合（一般包括氢气）下进行烧结

图 15.15　一个连续式烧结炉的各部分布局

生坯从左到右需要经过几个加热区和冷却区才能得到最终的烧结体，整个过程需要几个小时

通气将废气排出加热区，以防止烧结气氛受到污染。第二阶段为保温阶段，即所谓的高温区，这里保持这所需的温度与时间的组合。最后一个阶段是冷却阶段，该阶段坯体在高速气流的作用下达到所需的碳、氧或氮含量。烧结过程中不同阶段的烧结气氛可能会有利于化学反应的进行。如果有必要的话，甚至可以将加热元件置于烧结气氛之外而通过马弗炉的炉膛进行加热。

最佳的炉型和尺寸取决于所需的烧结产品数量、材料、成本、烧结气氛以及烧结后的冷却速度。这种烧结炉烧结的产品可以小到 1kg 大到 250000kg。另外，普通的连续式烧结炉的效率为 100kg/h，而大型连续式烧结炉的效率可达到 2000kg/h。

尽管天然气成本较低且有应用，但是大多数烧结炉还是采用电加热。加热元件取决于所需的温度、气氛和应用条件，因此出现了许多种加热元件，常见的加热元件由钼、碳化硅、镍-铬、钨、二硅化钼或石墨制成，每一种加热元件都有各自的优缺点。因此定制的烧结炉都是为了满足特定的要求。

如前所述，烧结炉的控制系统中需要带一些过程监控器，常用的有热电偶以及高温下的光学和红外测温计。

15.5　烧结工艺过程

为了脱除坯体中的聚合物、污染物，并使坯体最高温度时受热均匀且能控制冷却速率，整个烧结需要一系列的加热和保温过程。通常烧结炉会限制加热工艺，例如支撑盘无法适应较快的加热速率。另外烧结温度越高，烧结气氛或者坯体活性越高，烧结炉的选择范围就越小。该限制还包括材料的熔化温度，与烧结气氛的反应以及重复使用后的稳定性。此外，虽然在烧结过程中不允许烧结炉与坯体发生反应，但是支撑盘可能会与加热元件发生反应。烧结温度越高，烧结炉的成本也越高，且使用寿命降低，当温度超过2000℃（2273K）时很难进行烧结。

烧结过程中的另一难题是存在温度梯度，尤其是加热过程中的温度梯度，因为一部分热量被传到炉子的外壁。靠近中间的坯体要比边缘的坯体加热慢，这种温度梯度会导致烧结体位置敏感的烧结尺寸发生变形。目前常用的办法是降低加热速度以减小温度梯度。

15.6　成本

大型烧结体要求较慢的加热速率和大尺寸的烧结炉，因此成本也更高。初步估算，烧结（包括烧结气氛、能源和维护）的成本一般在 0.10～1 美元/公斤之间。成本的预算应考虑到烧结炉价格、劳动力成本、气体、能源的消耗、设备的折旧、最高烧结温度及烧结件尺寸等方面[17]。在铁基粉末冶金制件中，这一成本约占整个成本的 20%～30%。大型氧化物陶瓷的烧结中，只有砖的烧结成本最低。另外，一些特殊材料如钛的烧结，成本可达 7 美元/公斤。

在成本预算中，也需要考虑炉子所占的空间。另外，自动化程度决定了劳动力成本，工厂的位置也影响劳动和环境成本。价格相对高的烧结件如电子电路等产品要求高技能水平，需要在城区进行生产，且要求的技术也较高。相反，价格低的烧结产品则在相对偏远的地区生产，如建筑用砖等。整个烧结行业正向成本低的劳动市场转移。

15.7　实例

关于烧结的文章有上百万篇，因此不同的烧结工艺都可以查到。本节重点介绍一些常见材料的烧结工艺，说明烧结工艺的多样性。

15.7.1 氧化铝

烧结过程中的氧化铝（Al_2O_3）是一种对氧离子迁移很敏感的离子化合物，在空气或氢气气氛中通常会从亚微米粉末烧结为近乎全致密的烧结体。氢气气氛中的氧化铝在 1600～1850℃（1873～2123K）之间时呈半透明状。氧化铝坯体通过晶界迁移来达到致密化，但是在加热过程中以表面扩散为主。颗粒尺寸、保温时间、烧结温度、生坯密度、烧结助剂以及加热速率等都会影响烧结体的质量[18-20]。另外，可以通过少量的（0.1％）MgO 或 NiO 作为烧结助剂来抑制晶粒长大从而提高致密化程度。但是，一些杂质如碳、氧化钙等会降低烧结体的致密性。

许多高温设备都依赖于在氧化铝中添加二氧化硅，因为它能够降低烧结温度。氧化铝烧结体主要用于绝缘、电子、照明、医疗、熔炉及摩擦磨损等领域。因此对于多数氧化铝烧结件来说，对其力学性能的要求并不高。随着氧化铝纯度的提高，烧结也越来越困难。当应用于高温环境时，需要尽可能减少烧结助剂，这条可以提高氧化铝烧结体的蠕变抗力。高纯度氧化铝的纯度通常在 99.5％～99.8％之间，强度在 350～550MPa 之间。图 15.16 为氧化铝烧结体的微观组织照片，这是生产工业陶瓷特别是电子器件的基础。

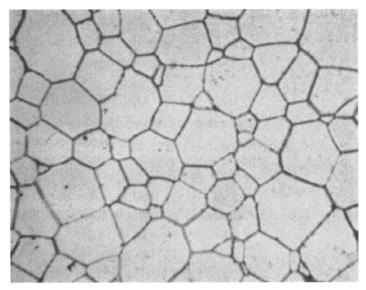

图 15.16 侵蚀后的氧化铝烧结体微观组织照片

可以看出孔隙非常少，其可应用于照明领域

15.7.2 铝

铝粉压缩性好，因此其生坯的致密度通常可达到 90％。烧结的关键是使这些颗粒发生黏结而不是实现致密。由于粉体上存在氧化膜，因此需要使用能够形成液相的合金，在

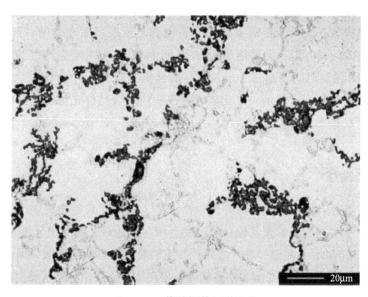

图 15.17　烧结铝的显微照片

可以看出其中残留的氧阻碍了粉体之间的黏结

防止进一步氧化的气氛下进行烧结[21-24]。合金化程度取决于复合粉末中锌（多达 10％）、镁（多达 3％）、硅（多达 1％）和铜（多达 5％）的含量。铜与硅在 650℃（923K）时能够形成共晶，从而促进烧结。在该温度下需要保温 20min，烧结气氛为氮气或含水蒸气少的氮-氢混合气。从图 15.17 中的晶界可以看出，铝与添加剂发生了反应。

压制前加入的润滑剂可以在加热过程中被脱除。烧结件的尺寸变化取决于生坯密度和成分的均匀化程度，变化范围在 2％的收缩到 1％膨胀之间。烧结铝主要是通过烧结后的热处理来得到强化，强度一般在 220～300MPa 之间，延伸率在 2％～7％之间。其主要用于生产机械零件，如汽车齿轮和轴杆等。

早期的烧结铝合金被称为烧结铝制品（SAP），一般含有 7％～14％（体积分数）的氧化铝弥散相，这是因为高温下氧化铝比较稳定且能够提高蠕变抗力。近年来人们又引入了金属间化合物，如 FeNiAl，这样的合金高温下的强度很高，需要在 400℃（673K）时进行加压烧结。烧结后得到的强度为 500MPa，延伸率为 5％。

15.7.3　黄铜和青铜

烧结制备黄铜和青铜件已有近百年的历史，但是直到最近我们才弄清楚其中的机理[25-27]。黄铜含有 10％～35％的锌，通常由粒径为 40μm 左右的粉末烧结而成。黄铜的烧结助剂通常为硬脂酸锂，在加热过程中硬脂酸锂会发生分解。为了使烧结体具有更好的力学性能和导电性，坯体需要在 870～900℃之间保温 30min，使致密度达到 95％以上。最终得到的烧结体的线性收缩率为 1％，屈服强度为 80MPa，抗拉强度为 220MPa，延伸率为 20％，而导电率仅是纯铜的 35％。为了得到更好的性能，需要进行复压和复烧。

青铜含是有 10％锡的铜合金。与黄铜不同，青铜由铜-锡混合粉末或预合金粉制成，主要用于轴承和过滤器，因此在烧结过程中需要控制烧结体的孔隙率。烧结过程中添加铅、石墨、铁或磷等，改善合金的摩擦性能。预合金粉采用固相烧结，而铜-锡混合粉末的烧结温度高于锡的熔点，从而能够形成瞬间的液相。一般烧结温度为 $800\sim870$℃ （$1073\sim1143$K），保温时间不超过 30min。高温能促进致密化，会有 1% 的收缩率。烧结气氛以氮气为主，并加入少量的一氧化碳或氢气。由于烧结件孔隙率较高，因此力学性能较差，拉伸强度只有 100MPa 左右。

15.7.4　硬质合金

硬质合金主要由碳化钨组成，另外还包括 TaC、VC、TiC 等碳化物，以及用于形成液相的钴元素[28-30]。黏结相也涉及其他一些过渡金属，但是最关键的成分还是 WC 和 Co，钴的含量一般在 6%～12%（质量分数）之间。所用的粉末通常为微米级，因此烧结前需要经过深度研磨，研磨过程中的应变能和缺陷能够使得坯体在液相出现之前就实现致密化。

碳化钨晶体结构为密排六方，其表面能具有各向异性。在加热过程中会改变晶粒的形状并使其出现多边形化。加入的 VC、TiC 或 TaC 能够促进晶粒形状的改变，从而细化了晶粒、提高了强度。通过缓慢加热来脱除润滑油，最后的加热速率大约为 $5\sim10$℃/min。烧结是在真空气氛下进行的，烧结温度取决于硬质合金的成分，一般在碳化钨和钴的熔点之间。通常烧结温度为 1400℃ （1673K），保温时间为 60min。炉子的加热元件和支架都由石墨制成，这样可以避免坯体中碳含量的减少，从而防止烧结体变脆或者晶粒异常长大。因此要达到所需的硬度、强度、耐磨性和断裂韧性，就需要严格控制坯体中碳含量。

在烧结后期，孔隙闭合后，可以通过加压来去除孔隙。如图 15.18 所示，在富钴的基体中存在多边形的碳化物，且组织完全致密。去除这些残留的孔隙有利于提高烧结体的断裂韧性和强度，WC-10Co 硬质合金的横向断裂强度为 3500MPa。

15.7.5　铜

纯铜通过晶界扩散、表面扩散和体扩散实现烧结，具体的烧结过程取决于粉体颗粒的大小、烧结温度和生坯密度。目前主要应用于电、热元件，如散热器等。压制成形的坯体所用的粉末粒径大约为 $100\mu m$，注射成形的坯体所用的粉末粒径大约为 $10\mu m$。烧结工艺通常是在氢气或氮-氢混合气的气氛下于 1000℃烧结 30min。如图 15.19 所示，在不添加其他成分进行烧结时，烧结体内会残留一些孔隙，且烧结体的性能较差，其中强度只有 100MPa，电导率和热导率也只有锻铜的 90% 左右。残留在孔隙中的氧会与氢气反应生成水蒸气，从而导致过高密度的生坯产生膨胀。这可以通过加入 Fe、Cr、Al 或其他的一些氧化物形成元素来进行脱氧。

镍黄铜（不含银）是一种由 65Cu-18Ni-17Zn 组成的铜合金，通常在氮-氢气氛中于 1000℃左右烧结 30min。采用粒径为 $150\mu m$ 的粉体进行烧结时，得到的烧结体收缩率约为 1.5%，抗拉强度约为 300MPa，延伸率为 12%。这种烧结体主要应用于五金、珠宝以及相机的零部件。

图 15.18 由液相烧结得到的硬质合金显微组织，由曾经是液相的钴与基体中呈角状的 WC 晶粒所组成

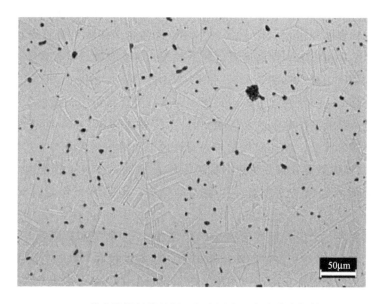

图 15.19 带有孔隙的烧结铜，但电导率只有全致密铜的 90%

15.7.6 金刚石

金刚石具有硬度高、导热性能好的特点，但是其亚稳态特性进一步增加了其烧结的难度[31]。最初人们通过开采来获得金刚石，后来出现了人造金刚石粉末，并从 20 世纪 80 年代开始人们通过烧结来制备多晶金刚石。金刚石烧结体主要应用于石油钻井、拉丝、金属切削、石材切割等领域。另外，金刚石的高导热性能也应用于计算机的散热。

烧结多晶的金刚石要求宽的粉末粒度分布，混合粉末在钽封装下用硬质合金顶锤加压进行液相烧结。采用1500℃（1773K）以上的烧结温度，5～6GPa的烧结压力。为了避免金刚石分解，烧结时间通常为15min。通过过渡金属（Ni、Co、Fe或其混合物）形成的液相使得金刚石粉末在溶解-析出过程中将小颗粒黏结成大颗粒，从而实现烧结。最终得到的是带有烧结颈的致密多晶金刚石，其烧结颈取决于二面角，而二面角又取决于液相的组分。若不采用液相烧结，那么就需要在2300℃（2573K）以上，采用6GPa的压力进行烧结。

多晶立方氮化硼的烧结工艺与此相似，其主要应用于铁基合金的高速切削和铣削以及研磨，而金刚石往往会与这些加工件发生反应。

金刚石与立方氮化硼的固结条件早已为人所知，但其设备的设计是特定的。最常见的是顶锤与带式加压，顶锤由硬质合金。其设备的高度为10m，每小时产量为千克。这些设备已经在世界各地得到了广泛应用，据估计每年这一应用产值为10亿美元。

15.7.7 钢铁

每年大约会生产100万吨的铁基烧结制品，其中80%都用于汽车零部件，应用范围从减震器到燃油喷射器。采用800MPa的高压将粉末（通常是混合粉末，因为其比预合金粉要软）压制成致密度高达85%～90%的生坯，这样烧结体就可以最小的切削量来获得所要的形状。为了平衡成本和性能两者之间的关系，目前铁基合金的成分多达上百种，常见的合金有Fe-2Cu-0.8C、Fe-2Ni-0.5C和Fe-2Ni-0.5Mo-0.2Mn-0.5C等。

铁基材料的烧结一般是在连续炉中进行，在连续式烧结炉中，通过不锈钢丝传送带来输送坯体，经过一系列的加热区大约需要6h。工厂里同时会有150个连续式烧结炉专门用于生产汽车零部件制品。坯体在烧结炉中要经过不同的加热和冷却工艺来进行烧结和热处理[32]。另外，坯体需要在最高温度时保温足够长的时间才能使其受热均匀而不发生变形。关于最佳温度的选择虽然没有一个特定的标准，但是缩短保温时间可以避免组织粗化[33-35]。

在连续加热的第一阶段，润滑剂在550℃（823K）左右能够被脱除，然后坯体被加热到1120℃（1393K）。当然，烧结温度越高炉子的成本也越高。铁具有多晶型性，只有当其转变为面心立方的高温奥氏体相时才能溶解一定量的碳。碳含量决定了烧结体的力学性能，而低温烧结时石墨并能够完全溶解，因此烧结体的性能也较差。

采用氮、氢混合气（一般为90%N$_2$和10%H$_2$）进行烧结，能够避免坯体在高温下被氧化[36]。这是因为氮气对铁来说是中性的（与碳类似，氮是一种间隙强化元素），而氢气又能够去除残留在坯体中的氧。

到达最高温度后，坯体要经过冷却才能出炉。冷却阶段包括热处理，这样可以得到所需的性能。这个过程称为烧结硬化。烧结的另一关键就是要控制坯体的表面质量，通过氢气等还原性气氛可以去除坯体表面的氧化物，但是若烧结气氛不当则会导致坯体污染、碳损、甚至变形。

生产效率取决于烧结炉的炉宽、传送带载荷和传送速度，一般约为 350kg/h。根据炉子的不同，烧结成本不同，一般为 0.20～1 美元/公斤。全球每年烧结的铁和钢制品价值达到 60 亿美元，同时也会消耗大约 1 亿公斤的粉末。

15.7.8　稀土永磁体

永磁体中 $Fe_{14}Nd_2B$ 基的磁性最好，主要应用于电动机马达、电动工具、立体声扬声器、耳机和电子燃油喷射器等。目前常用熔化铸锭或薄带再快速凝固的方法来制备永磁体粉末。这种合金包含很多种类的稀土（一般为 Nd、Dy 和 Pr）、过渡金属（Fe、Co 和 Cu）和硼。另外，优异的磁矫顽力、高的磁能积、高的居里温度和高的剩磁使得这种永磁体的磁性非常突出[37]。

永磁体粉末经一系列的球磨、破碎以及氢粉碎过程，最终得到亚微米级的粉末。然后将亚微米粉末在高强磁场中进行压制，使得粉体的晶粒取向一致。另外，加入的稀土能够促进液相烧结。虽然理想的永磁体 Nd 含量为 26％，但实际上只有当 Nd 含量达到 30％～33％时才最有利于烧结。将生坯在石墨真空烧结炉中加热到 1100℃（1373K）保温 300min，便可得到致密度为 95％的烧结体。

从图 15.20 可以看出烧结后永磁体的基体晶粒、黑色的孔隙以及少量的白色凝固相，许多晶粒都长大到 10～15μm。经过烧结后热处理和磁力校准能够获得所需的性能。但是由于磁体的活性较高，因此都需要经过包覆、电镀或喷涂。较多的稀土使得这种永磁体的价格达到了 20～100 美元/公斤，全球每年稀土永磁体烧结制品销量为 120 亿美元。

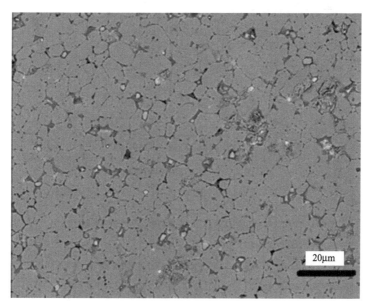

图 15.20　含有稀土的永磁体烧结件显微组织，包括 $Fe_{14}Nd_2B$ 基体晶粒和
凝固的稀土（呈白色）以及呈黑色的孔隙

15.7.9　碳化硅

碳化硅具有耐高温的特性，这使得碳化硅的烧结比较困难，关于碳化硅工程构件的制备也比较困难。化合物中的共价键能抑制扩散，因此必须使用烧结助剂形成液相以促进烧结[38]。高的晶界能会导致孔隙难以消除且促进晶粒快速长大，因此在实际的烧结过程中通过加入氧化铝、硼、或钛和钇的氧化物等烧结助剂来控制晶粒的尺寸、在烧结温度下形成液相，从而得到致密的烧结体。

一种方法是将表面积为 $10m^2/g$ 的 SiC 与 0.5% 的硼和 1.5%～3.5% 的碳混合来制备烧结碳化硅制品。其中硼在低温下能减少表面的扩散，碳能抑制硅的蒸发。只有当氧含量（质量分数）低于 0.2% 时，才可能制备出致密的烧结体。在 2100℃（2373K）下进行烧结时，烧结体的致密度较高且晶粒细小。加入的烧结助剂能够形成非晶晶界并促进液相烧结，但是会生成黏度较高的玻璃相。图 15.21 中的高倍透射电镜照片为 SiC 晶界薄层[39]。

2nm

图 15.21　液相烧结形成的 SiC 晶界薄层的高倍透射电镜照片[39]

典型的烧结强度在 500MPa 范围内，且该强度可以维持到 1200℃。烧结是在石墨烧结炉中进行的，通常先在真空条件下将坯体加热到 1700℃（1973K），然后通入氩气以减少蒸发。另外，需要可能降低一氧化碳分压从而确保烧结体的致密化。

碳化硅主要用于磨料，也用于制备耐磨元件、半导体加工设备、高温半导体、加热元件、燃烧点火器以及柴油发动机部件等。虽然这些产品中所用的碳化硅并非全部来自烧结，但是每年生产的碳化硅烧结体也达到了 10 亿美元。

15.7.10 氮化硅

氮化硅陶瓷含有共价键，耐高温，因此很难烧结。烧结氮化硅能够在高温下仍保持足够的强度，常用于涡轮增压器、轴承、切削工具、装甲等[40]。图 15.22 是由烧结制得的涡轮增压器。氮化硅中加入的烧结助剂能够促进液相的形成，从而促进致密化。典型的工艺是在间歇式烧结炉或连续式烧结炉中于 1600℃（1873K）保温 300min，从而得到较致密的烧结体[41]。液相烧结依赖于烧结助剂氧化镁、氧化钇、氧化铝。这样，烧结体中可能含有 SiAlON 或 SiAlYON。将试样包埋于氮化硅粉末中在氮化硼坩埚中，进行烧结。炉子的加热元件是石墨，气氛为氩气。当烧结温度达到 1800℃（2073K）时，容易出现质量损失。另外，氮化硅在高温下不稳定，烧结时若不加压很难致密化，因此有时会采用热等静压，可以得到强度为 700～800MPa 的烧结体。

图 15.22 烧结的氮化硅货车涡轮增压器细节图

氮化硅还可以由硅粉与氮气反应合成。在反应中，粒径在 40μm 以下的硅粉对应的密度为 $2.7g/cm^3$，成形的坯体相对密度为 0.735。另外，加入的氧化铁能够促进硅转变为氮化硅。坯体在 96%氮气和 4%氢气的混合气氛中被氮化，由于氮化反应是一个放热过程，所以控制烧结的温度和气氛很关键，特别是当烧结炉的负载不同时更是如此。加热过程中炉内的气压要略高于一个大气压（0.12MPa）。来自硅的氮化反应的体积膨胀填充的孔隙，因此烧结体近乎完全致密，且没有明显的尺寸变化。反应过程中需要控制反馈系统不断补充氮气，以保证有充足的氮与硅进行反应。将温度缓慢加热到 1400℃以确保恒定的反应速率，最终可得到强度为 350～400MPa 的氮化硅。

15.7.11 不锈钢

目前不锈钢产品有上千种，但是烧结不锈钢主要集中于 300（304L、316L）、630

(17-4PH) 和 400 (440 和 410) 等系列。其中 300 系的不锈钢广泛用于过滤器、表壳、眼镜铰链以及牙齿的矫正托槽；另外，603 级的不锈钢主要应用于手术工具、飞机部件、手机和电脑按钮、铰链和插座等。这些合金主要应用于易腐蚀的环境[42]。

制备生坯的几种方法：

① 通过模压工艺将粒径为 $100\mu m$ 的粉末在 500MPa 的压力下压制成致密度约为 85% 的扁平生坯；

② 利用注射成形将粒径为 $10\mu m$ 粉末成形为致密度 65%，且形状复杂的生坯；

③ 利用冷等静压将粒径为 $100\mu m$ 的不规则粉末压制成管状的生坯；

④ 利用热等静压将粒径为 $150\mu m$ 的球形粉末压制成大型的致密坯件。

如果采用模压工艺，那么生坯在 1250℃ (1523K) 下烧结 20min，可得到收缩率为 0.5%～2.5% 的烧结体。如图 15.23 所示，带有孔隙的烧结体能够用于制备过滤器。如果采用注射成形，粒径较小的粉末就需要在 1350℃ (1623K) 下保温 60min 才能得到近乎全致密的烧结体，其收缩为 15%[43]。与不锈钢铸件一样，注射成形件中也会存在少量的孔隙（孔隙率在 2%～5%）。冷等静压工艺主要用于生产过滤器，因为这种工艺能够控制烧结体的孔径尺寸和孔隙率。热等静压适用于生产大型、单一件以及石化管道和阀门，烧结体的力学性能优良，但是残留的孔隙容易降低产品的耐腐蚀能力。烧结通过晶界扩展和错位攀移来进行物质传输。含硼不锈钢需要经过液相烧结才能实现致密化。

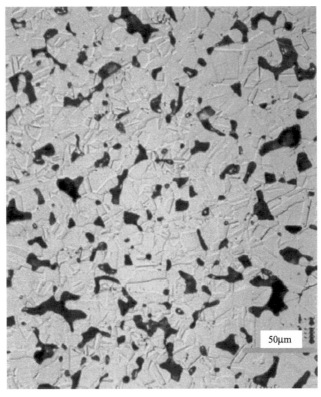

50μm

图 15.23 孔隙形状尺寸的控制与所需要的过滤器，图中黑色区域为孔隙

烧结气氛对烧结体的耐蚀性有很重要的影响，如碳、氮、氧这些元素能够与铬形成妨碍不锈钢钝化的含铬化合物，从而降低耐蚀性。当氮含量超过 0.4％时，形成的氮化铬会导致不锈钢的耐蚀性急剧降低。通常烧结工艺为在氢气中加热到能够使有机添加剂发生分解的温度，并保温足够的时间使其彻底分解。然后以大约 10℃/min 的速度加热到烧结温度，在 1000℃（1273K）左右时，能够清除污染物。只要烧结压力没有低到使铬蒸发，那么可以采用真空烧结。

不同成分和组织的烧结体具有不同的性能，且性能可以是一个较宽的范围。析出硬化的合金屈服强度可能达到 1100MPa，延伸率可达 12％。另外，300 系列的奥氏体不锈钢烧结体的屈服强度为 250～450MPa，延伸率在 30％以上。每年由注射成形得到的烧结件产值约有 10 亿美元，其应用主要包括手术工具、手机和电脑组件等。而其他工艺制备的烧结不锈钢产品较少，每年只有 2 亿美元的产值，主要应用在过滤器、汽车和其他工业中。

15.7.12　钛

钛的烧结件出现在 20 世纪 50 到 60 年代。早期所有的钛都是以海绵粉的形式存在，因此主要采用加压烧结的工艺。烧结的钛主要有两种，纯钛和 Ti-6Al-4V。在电子、航空航天、医疗、石油化工领域，Ti-6Al-4V 系合金具有广泛的应用。目前常用的三种制备工艺为[44-47]：

① 利用加压烧结制备带有孔隙的过滤器，其中包括由冷等静压制备的管状过滤器；

② 利用注射成形和烧结制备的手表、照相机和手术工具的零部件；

③ 利用热等静压制备管子、起落架、溅射靶和医疗植入器等。

钛很容易氧化，因此要尽可能减少它的氧化。钛通常在真空条件下进行烧结，温度 1250～1400℃（1523～1673K），保温时间 120～240min[14]。要制备出理想的烧结体就必须考虑到各种因素，如控制烧结的真空度、炉的设计、加热速率、烧结温度、保温时间等。如图 15.24 所示，一般说来，最好的情况是烧结出带有双相组织的钛，但是很多情况下残留的孔隙都是有害的，这需要通过热等静压来去除。

钛的烧结制品价格较高，这是因为质量较好的原始粉价格都在 150～225 美元/公斤之间。而注射成形件的价格达到了 8000 美元/公斤，因此钛的烧结制品较少，全球每年的产值约为 2.5 亿美元。

15.7.13　工具钢

工具钢是介于硬质合金和普通钢之间的材料，烧结工具钢的组织中含有从基体析出的难溶碳化物。常用的烧结方法有两种：液相烧结和压力辅助烧结[48,49]。两种方法都是使用预合金粉末，含有 1.5％的碳和 15％的难熔金属（Cr、W、Mo、或 V），形成弥散分布的碳化物。

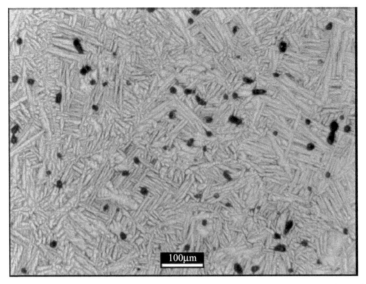

图 15. 24 带有双相组织和残留孔隙的烧结钛，需要经过加压烧结才能实现致密化

　　超固相线液相烧结在很窄的温度范围内使粉末致密，此时碳化物与金属形成共晶形式。液相能够促进致密化，如图 15.25 所示，烧结体的孔隙率较低且碳化物集中在晶界附近。工具钢的烧结最好在真空下进行，一般烧结温度为 1250℃ 左右。只有精确控制烧结温度，才能确保液相的形成，并避免碳化物粗化，从而使烧结体致密化。这是因为孔隙率和碳化物晶粒尺寸都对烧结体性能有很大的影响。另一种方法是采用加压辅助烧结，即在真空中开始烧结但烧结后期采用惰性气体进行加压，这样可以去除残留的孔隙。这两种方法都要求较低的氧含量，从而防止脱碳。

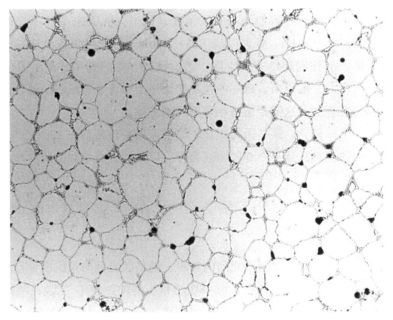

图 15. 25 液相烧结的工具钢，可以看出碳化物分布于晶界附近且残留少量的孔隙

采用热等静压烧结时，烧结压力约为 100MPa，烧结温度为 800～1100℃（1073～1373K）。由热等静压制备的 1000kg 大坯件经过热处理后可得致密的坯锭。热等静压制备的工具钢已广泛应用于生产高质量的金属加工工具。

15.7.14　钨基高比重合金

由于钨的密度很高，因此钨基复合材料被称为高比重合金。其主要应用于自动手表的发条、弹丸、辐射防护罩、手机和电脑散热片等。将多种粉末混合均匀后，采用 1500℃保温 30min 的液相烧结工艺，可得到近乎全致密的钨基高比重合金[50-52]。合金的成分不同时烧结温度也不同，最常见的是 W-Ni-Fe 或者 W-Ni-Cu 合金，钨的含量为 83%～98%，其他的合金体系有 W-Ni-Mn、W-Co-Ni、W-Mo-Ni-Fe。烧结从固相的加热开始，由于固相能够溶于液相，因此当出现液相时烧结过程能够迅速进行。但是固相中的小晶粒会溶解在液相中，然后在大晶粒表面析出，从而导致烧结体晶粒的粗化。其中平均晶粒尺寸随时间的立方根而增加，且晶粒的形状随着孔隙的消除以及固相刚性骨架的形成而发生改变。

这些钨基高比重合金对氧和碳都很敏感，因此通常需要在含有水蒸气（用于除碳）的氢气（由于除氧）气氛中进行烧结。首先在氢气气氛中以 10℃/min 的速率加热到 1000℃（1273K），然后以 5℃/min 的速度加热到 1500℃（1773K），并保温 30min。在烧结的后期，通过增加水蒸气的含量来抑制坯体的膨胀。最终烧结体的收缩率大约为 16%。

为了减少氢对烧结体力学性能的影响，需要将烧结体在氩气中进行冷却，或在氮气或氩气中进行烧结后热处理。最终得到的烧结体近乎全致密，屈服强度接近 900MPa，延伸率为 25%。由于钨基高比重合金的密度非常高（一般为 17～19g/cm³），尤其是出现液相时，特别容易发生变形。为了突出小试样中是否有重力的存在，通常会采用钨基高比重合金来进行一些微观重力液相烧结实验。当没有重力时，即没有浮力，团聚的孔隙会使外壳致密的坯体形成一个巨大的中心腔。

15.7.15　氧化锆

氧化锆在钟表、餐具、心脏起搏器、剪刀和高尔夫等领域具有广泛的应用。氧化锆陶瓷具有高的硬度、强度、断裂韧性、耐磨性、化学惰性等特点。添加氧化钇能够优化氧化锆的组织并起到增韧的作用，另外氧化锆的熔点较高且扩散速度慢，因此只有使用较细的粉末才能得到致密的烧结体[53,54]。如粒径在 20～30nm 的粉末，但是这种粉末又容易团聚。将团聚的粉末经过适当的破碎后在 1100℃下保温 60min，便可得到晶粒尺寸为 0.2μm 的致密烧结体。但是，若团聚的粉末没有经过破碎，那么相同的氧化锆在 1500℃下保温 240min，得到的烧结体致密度也只有 95%。图 15.26 为氧化锆烧结体的微观组织。根据晶粒尺寸、烧结助剂和致密度的不同，烧结件的强度范围为 400～900MPa。

通过快速加热可以避免坯体在低温时表面扩散而引起晶粒粗化，因此可以采用微波快

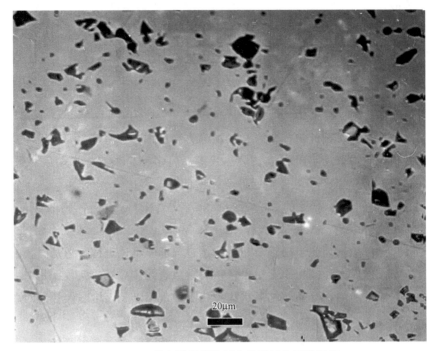

图 15.26 带有增强相的氧化锆烧结体显微组织

速加热。另外，可以利用烧结助剂来提高烧结体的致密度。如 MgO 能够减少表面扩散，而使坯体在高温下实现致密化；但是 MgO 在晶粒长大过程中能够阻碍孔隙的移动。

15.8 小结

此前有人指出烧结是引起缺陷、成分变化和其他一些问题的直接原因，但不是根本原因。为了说明这一点，图 15.27 给出了一个烧结的不锈钢泵壳，可以看出泵壳上有很多裂纹。在实际生产中，尽管尝试了不同的烧结工艺，但是裂纹并没有得到修复。因此设计了一系列试验，其中的变量包括最高温度、保温时间、炉子负载以及坯体在炉中的位置。

实验失败后，经过仔细观察才发现这些裂纹并不是在烧结过程中形成的，而是在成形过程中形成的。只是这些裂纹在烧结过程中发生了扩展，烧结并不是形成这些裂纹的根本原因，且烧结也不能修复这些裂纹。因此烧结体中出现的缺陷的根本原因在于烧结之前的成形工艺。

烧结这项技术在全球创造了约有 1000 亿美元的产值，这些技术都是以大量的实验研究为基础的。工业烧结工艺制度的汇编对实际烧结过程中出现的问题提供了很多帮助，具体的可以参考文献资料[1-65]。另外，本章信息较多，涉及常见的材料和工艺，但是对于之前出现过的内容并没有进行过多介绍。虽然关于材料烧结的研究已经取得了很大的进展，但仍有希望将烧结科学、材料科学、机械过程和商业发展联系起来，从而获得更大的进展。

图 15. 27　带有一些裂纹（图中标志处）的不锈钢泵壳烧结件
在烧结过程中这些裂纹发生扩展，但烧结并不是形成裂纹的根本原因

参考文献

[1]　R.M. German, Green body homogeneity effects on sintered tolerances, Powder Metall. 47 (2004)157-160.

[2]　M.Y. Nazmy, M.S. Abdel- Azim, Investigation of the dimensional changes in soft metal powder compacts, Powder Metall. 17 (1974) 13-20.

[3]　F.V. Lenel, H.H. Hausner, O.V. Roman, G.S. Ansell, The influence of gravity in sintering, Trans.TMS- AIME 227 (1963) 640-644.

[4]　J.A. Alvarado- Contreras, E.A. Olevsky, R.M. German, Modeling of gravity induced shape distortions during sintering of cylindrical specimens, Mech. Res. Comm. 50 (2013) 8-11.

[5]　M. Gauthier, E. Baril, High temperature interaction of titanium with ceramic materials, Advances in Powder Metallurgy and Particulate Materials - 2005, Metal Powder Industries Federation,Princeton, NJ, 2005, pp. 7. 127-7.140.

[6]　T. Uematsu, Y. Itoh, K. Sato, H. Miura, Effects of substrate for sintering on the mechanical properties of injection molded Ti- 6Al- 4V alloy, J. Japan Soc. Powder Powder Metall. 53 (2006) 755-759.

[7]　I. Smid, G. Aggarwal, Powder injection molding of niobium, Mater. Sci. Forum 475 (2005)711-716.

[8]　R.C. Chiu, M.J. Cima, Drying of granular ceramic films: II, drying stress and saturation uniformity,J. Amer. Ceram. Soc. 76 (1993) 2769-2777.

[9]　A.G. Evans, Considerations of inhomogeneity effects in sintering, J. Amer. Ceram. Soc. 65 (1982)497-501.

[10]　G.A. Shoales, R.M. German, In situ strength evolution during the sintering of bronze powders,Metall. Mater. Trans. 29A (1998) 1257-1263.

[11] W.A. Kaysser, A. Lenhart, Optimization of densification of ZnO during sintering, Powder Metall.Inter. 13 (1981) 126-128.

[12] R.M. German, Sintering Theory and Practice, Wiley— Interscience, New York, NY, 1996.

[13] C. Blias, Atmosphere sintering, in: Z.Z. Fang (Ed.), Sintering of Advanced Materials, Woodhead Publishing, Oxford, UK, 2010, pp. 168-188.

[14] D.F. Heaney, Vacuum sintering, in: Z.Z. Fang (Ed.), Sintering of Advanced Materials, Woodhead Publishing, Oxford, UK, 2010, pp. 189-221.

[15] R. Speaker, R. Osterreich, S. Kazi, J. Buonassisi, Sintering atmosphere analysis: selection and use of analyzers to monitor and control sintering atmospheres, Advances in Powder Metallurgy and Particulate Materials - 2003, Part 5, Metal Powder Industries Federation, Princeton, NJ, 2003, pp. 16-31.

[16] D.P. Duncavage, C.W.P. Finn, Debinding and sintering of metal injection molded 316L stainless steel, Advances in Powder Metallurgy and Particulate Materials - 1993, vol. 5, Metal Powder Industries Federation, Princeton, NJ, 1993, pp. 91-103.

[17] S.K. Smith, High temperature sintering cost analysis, Inter. J. Powder Metall. 40 (2004) 54-56.

[18] G. Bernard— Granger, C. Guizard, A. Addad, Influence of co— doping on the sintering path and on the optical properties of a submicronic alumina material, J. Amer. Ceram. Soc. 91 (2008)1703-1706.

[19] G. Bernard— Granger, C. Guizard, Influence of MgO and TiO_2 doping on the sintering path and on the optical properties of a submicrometer alumina material, Scripta Mater. 56 (2007) 983-986.

[20] X. Mao, S. Shimai, M. Dong, S. Wang, Gelcasting and pressureless sintering of translucent alumina ceramics, J. Amer. Ceram. Soc. 91 (2008) 1700-1702.

[21] M. Qian, G.B. Schaffer, Sintering of aluminum and its alloys, in: Z.Z. Fang (Ed.), Sintering of Advanced Materials, Woodhead Publishing, Oxford, UK, 2010, pp. 291-323.

[22] A. Arockiasamy, R.M. German, P. Wang, W. Morgan, S.J. Park, Sintering behavior of Al— 6061 powder produced by rapid solidification process, Powder Metall. 54 (2011) 354-359.

[23] H. Asgharzadeh, A. Simchi, Supersolidus liquid phase sintering of Al 6061/SiC metal matrix composites, Powder Metall. 52 (2009) 28-35.

[24] G.J. Kipouros, W.F. Caley, D.P. Bishop, On the advantages of using powder metallurgy in new lightmetal alloy design, Metall. Mater. Trans. 37A (2006) 3429-3436.

[25] S. Gheorghe, C. Teisanu, I. Ciupitu, Considerations regarding sintering of the copper based alloys with low tin content, in: D. Bouvard (Ed.), Proceedings of the Fourth International Conference on Science, Technology and Applications of Sintering, Institut National Polytechnique de Grenoble, Grenoble, France, 2005, pp. 421-424.

[26] C. Menapace, P. Costa, A. Molinari, Influence of Mg on sintering of 90/10 elemental bronze, Powder Metall. 48 (2005) 171-178.

[27] C. Menapace, M. Zadra, A. Molinari, C. Messner, P. Costa, Study of microstructural transformations and dimensional variations during liquid phase sintering of 10% tin bronzes produced with different copper powders, Powder Metall. 45 (2002) 67-74.

[28] J. Soares, L.F. Malheiros, J. Sacramento, M.A. Valente, F.J. Oliveira, Microstructure and properties of submicrometer carbides obtained by conventional sintering, J. Amer. Ceram. Soc. 94 (2011)84-91.

[29] G.S. Upadhyaya, Materials science of cemented carbides - an overview, Mater. Des. 22 (2001)483-489.

[30] S. Luckx, The hardness of tungsten carbide - cobalt hardmetal, in: R. Riedel (Ed.), Handbook of Ceramic Hard Materials, vol. 2, Wiley— VCH, Weinheim, Germany, 2000, pp. 946-964.

[31] J.D. Belnap, Sintering of ultrahard materials, in: Z.Z. Fang (Ed.), Sintering of Advanced Materials, Woodhead

Publishing, Oxford, UK, 2010, pp. 389-414.

[32] M.C. Thomason, Sintering furnace cooling method study, Advances in Powder Metallurgy and Particulate Materials - 2000, Metal Powder Industries Federation, Princeton, NJ, 2000, pp. 5.103-5.108.

[33] H. Danninger, G. Jangg, B. Weiss, R. Stickler, Microstructure and mechanical properties of sintered iron Part I: basic considerations and review of literature, Powder Metall. Inter. 25 (3) (1993)111-117.

[34] C. Lall, Principles and applications of high temperature sintering, Rev. Powder Metall. Part. Mater.1 (1993) 75-107.

[35] R.M. German, Powder Metallurgy of Iron and Steel, Wiley− Interscience, New York, NY, 1998.

[36] D. Garg, K.R. Berger, D.J. Bowe, J.G. Marsden, Effects of various nitrogen based atmospheres on sintering of carbon steel components, in: R.M. German, G.L. Messing, R.G. Cornwall (Eds.), Sintering Science and Technology, The Pennsylvania State University, State College, PA, 2000, pp. 1-8.

[37] J. Ormerod, The physical metallurgy and processing of sintered rare earth permanent magnets, J. Less Common Met. 111 (1985) 49-69.

[38] W. Dressler, R. Riedel, Progress in silicon− based non− oxide structural ceramics, Inter. J. Refract.Met. Hard Mater. 15 (1997) 13-47.

[39] Y.W. Kim, Y.S. Chun, T. Nishimura, M. Mitomo, Y.H. Lee, High Temperature strength of silicon carbide ceramics sintered with rare earth oxide and aluminum nitride, Acta Mater. 55 (2007)727-736.

[40] F.L. Riley, Silicon nitride and related materials, J. Amer. Ceram. Soc. 83 (2000) 245-265.

[41] D.E. Wittmer, C.W. Miller, Comparison of continuous sintering to batch sintering of Si_3N_4, Ceram. Bull. 70 (1991) 1519-1527.

[42] E. Klar, P.K. Samal, Powder Metallurgy Stainless Steels, ASM International, Materials Park, OH, 2007.

[43] S. Krug, S. Zachmann, Influence of sintering conditions and furnace technology on chemical and mechanical properties of injection moulded 316L, Powder Inj. Mould. Inter. 3 (4) (2009) 66-71.

[44] H. Wang, Z.Z. Fang, P. Sun, A critical review of the mechanical properties of powder metallurgy titanium, Inter J. Powder Metall. 46 (5) (2010) 45-57.

[45] M. Qian, G.B. Schaffer, C.J. Bettles, Sintering of titanium and its alloys, in: Z.Z. Fang (Ed.), Sintering of Advanced Materials, Woodhead Publishing, Oxford, UK, 2010, pp. 324-355.

[46] I.M. Robertson, G.B. Schaffer, Review of densification of titanium based powder systems in press and sinter processing, Powder Metall. 53 (2010) 146-162.

[47] R.M. German, Status of metal powder injection molding of titanium, Inter. J. Powder Metall. 46(5) (2010) 11-17.

[48] A. Bose, W.B. Eisen, Hot Consolidation of Powders and Particulates, Metal Powder Industries Federation, Princeton, NJ, 2003.

[49] R.M. German, Supersolidus liquid phase sintering Part I: process review, Inter. J. Powder Metall.26 (1990) 23-34.

[50] J.L. Johnson, Sintering of refractory metals, in: Z.Z. Fang (Ed.), Sintering of Advanced Materials, Woodhead Publishing, Oxford, UK, 2010, pp. 356-388.

[51] V. Srikanth, G.S. Upadhyaya, Sintered heavy alloys - a review, Inter. J. Refract. Met. Hard Mater.5 (1986) 49-54.

[52] A. Belhadjhamida, R.M. German, Tungsten and tungsten alloys by powder metallurgy-a status review, in: A. Crowson, E.S. Chen (Eds.), Tungsten and Tungsten Alloys, The Minerals, Metals and Materials Society, Warrendale, PA, 1991, pp. 3-18.

[53] M.J. Mayo, Processing of nanocrystalline ceramics from ultrafine particles, Inter. Mater. Rev. 41(1996) 85-115.

[54] R.A. Andrievski, Review nanocrystalline high melting point compound based materials, J. Mater.Sci. 29 (1994) 614-631.

[55] F. Thummler, W. Thomma, The sintering process, Metall. Rev. 12 (1967) 69-108.

[56] M.B. Waldron, B.L. Daniell, Sintering, Heyden, London, UK, 1978.

[57] M.N. Rahaman, Ceramic Processing and Sintering, Marcel Dekker, New York, NY, 1995.

[58] S.J.L. Kang, Sintering Densification, Grain Growth, and Microstructure, Elsevier Butterworth- Heinemann, Oxford, United Kingdom, 2005.

[59] Z.Z. Fang, Sintering of Advanced Materials, Woodhead Publishing, Oxford, UK, 2010.

[60] R. Orru, R. Licheri, A.M. Locci, A. Cincotti, G. Cao, Consolidation synthesis of materials by electric current activated assisted sintering, Mater. Sci. Eng. R63 (2009) 127-287.

[61] R.M. German, P. Suri, S.J. Park, Review liquid phase sintering, J. Mater. Sci. 44 (2009) 1-39.

[62] J.R. Blackford, Sintering and microstructure of ice, a review, J. Phys. D: Appl. Phys. 40 (2007)R355-R385.

[63] B. Uhrenius, J. Agren, S. Haglund, On the sintering of cemented carbides, in: R.M. German,G.L. Messing, R. G. Cornwall (Eds.), Sintering Technology, Marcel Dekker, New York, NY,1996, pp. 129-139.

[64] E.M. Rabinovich, Preparation of glass by sintering, J. Mater. Sci. 20 (1985) 4259-4297.

[65] B.A. James, Liquid phase sintering in ferrous powder metallurgy, Powder Metall. 28 (1985)121-130.

第16章

烧结的未来展望

16.1　联系

　　发明是技术进步的一个主要指标。烧结方面的技术进步主要源于粉末成形技术取得的突破。例如，图 16.1 是粉末注射成形产业从 1986 年至 2012 年的产业产值增长情况。到 2012 年已经达到 15 亿美元的销售额，并且每年的增长速率达到了 22％。这是烧结技术一个非常了不起的应用。烧结技术目前的一个研究热点是增材制造，将激光或喷墨打印技术原理应用于粉末图层打印并将之累加得到三维烧结物体[1,2]。其他的粉末成形方法还包括：重载离心法、电泳法、冻结法、涡流法以及磁力方法等。

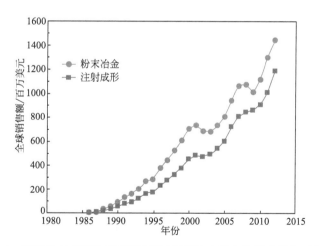

图 16.1　新的粉末成形技术显著地提升了烧结在粉末注射成形方面的应用
表明从 1986 年开始，销售额以年平均 22％的速率增长

　　关于烧结有很多新的创意，包括一系列的概念[3-26]：
① 将碳化物与氮化物烧结，得到高比表面积的电极，可用于超级电容器。
② 烧结得到透明、坚韧的氧氮化铝装甲。
③ 在烧结过程中使用籽晶凝胶可以使各向异性微观结构沿定向生长。

④ 富勒烯碳纳米管烧结，形成坚硬、高强、轻质的结构材料。

⑤ 烧结泡沫钛得到具有能够使组织长入的多孔支架材料。

⑥ 用于高效率照明方面，作为等离子体蒸气容器的高温陶瓷。

⑦ 金刚石粘接于碳化硅基体，得到硬质复合材料。

⑧ 通过计算机控制激光进行烧结，得到任意复杂形状的航空部件。

⑨ 通过喷射打印技术与烧结纳米级硅粉，制成硅电路。

⑩ 通过计算机图像文件进行设计，利用附加激光烧结制备人造骨骼。

⑪ 用烧结的银纳米颗粒代替电子产品中的铅焊料。

⑫ 将碳-铜复合材料应用于热管理领域。

⑬ 将多晶金刚石粘接于碳化钨基底上，用于岩石钻探。

⑭ 将 CdSe 和 CdS 等荧光粉进行烧结，用于先进照明领域。

在 1960 年，琼斯曾说[27]："……烧结理论的发展……是一个令人着迷的过程，最开始出现时很神秘，后来变得很简单，最后又复杂的出乎意料。"

从上面列举的例子中可以看出，烧结正在向复杂化学成分、复杂形状、高性能水平和更高精确度的方向发展。因此，本章将介绍在烧结、材料、工艺流程以及应用领域有哪些重要的变化。

16.2 新材料

当用其他手段难以使材料成形时，烧结就会体现出它的优势。例如一些不稳定或亚稳成分的材料以及一些特殊粉末的混合体。硬质合金就是一个很好的例子，WC 相在高温下是不稳定的，但是将其与 Co 一起进行液相烧结，可以使之致密化，并得到韧性好、强度高、耐磨的复合材料。很多添加剂都可以改变晶粒的大小、硬度以及其他性能[28]。这些结论也同样适用于其他烧结复合材料，例如高性能磁体与高性能热电材料。当其他制造工艺不能实现时，烧结往往都能成功。下面将介绍一些在未来会得到大力发展的材料。

① 轻金属。轻金属在不断发展，最新的研究集中于钛、铝与镁。无论是哪种金属，都非常关注烧结在结构材料领域的应用。如果成本可以下降得足够多，那么在汽车结构材料减重方面的效益将是非常巨大的，并将会为压力烧结提供广阔的市场。因此，更多的精力将会集中在确定合金成分、压制和烧结工艺，旨在优化力学性能[29-33]。

② 泡沫材料。泡沫聚合物常用于保温，广泛应用于咖啡杯、建筑保温板等。今天，泡沫材料已开始扩展至陶瓷与金属领域。使用的各种方法包括：烧结和选择性使用造孔剂，以及使用聚合物泡沫模板和颗粒浸润的方法等。致密度可低至理论密度的 5%。随着相关发明的出现，将广泛应用于热管中的烧结泡沫、电解质、燃料电池、防撞保护屏障、过滤器、附加组织结构、炉体部件等[34-40]。

③ 复合材料。复合材料的结构非常适合用烧结来实现。将各种成分的粉末在烧结之前混合为所需的数量、大小和间距的比例，以得到所设计的最终组织与性能。一些新的复

合材料是模仿生物结构的，例如特意设计的有孔隙结构的支架[40-45]。还可以形成具有所设计功能的复合材料，例如磁性相和非磁性相共存的复合材料。各种各样的材料和性能的组合都有可能。

④ 硬质材料和亚稳态材料。硬质材料很长时间都采用烧结的方式来制备。现在人们已经意识到微观组织、成分、工艺和性能之间的关系[46,47]。最近一些研究将烧结的超硬材料添加到碳化物和金属陶瓷中。例如，将硅和金刚石一起烧结得到碳化硅黏结的金刚石。采用压力烧结制备多晶金刚石，类似的工艺也用于立方氮化硼。低成本的直流压力烧结（电火花烧结）是连接这些硬质材料的关键。截止到 2012 年已经有超过 9000 台这样的压力烧结设备在进行金刚石以及金刚石复合材料的生产。

⑤ 低温材料。烧结在一些诸如铸造等传统方法难以成形的领域很有优势，一个令人兴奋的话题是纳米粉体的低温烧结[48]。例如，纳米银可以在温度低至 100℃（373K）下烧结，用来取代电子电路组件中的钎料，或者用来生产量子点电路[25,48-54]。考虑到应用范围，低温烧结的电子部件将是最具潜力的发展市场，这要归功于纳米颗粒的工业化生产。

⑥ 脆性材料。脆性的陶瓷材料，尤其是高附加值的陶瓷例如超导体等，都依靠烧结来制备。早期的金属间化合物超导体依靠压力辅助烧结，随着陶瓷超导体的出现，烧结成为制造此类材料的最佳方法[53-56]。随着人们不断追寻室温超导体，烧结也将继续拓展在这方面的应用。结构陶瓷的时代还迟迟没有到来，目前为止，研究目光主要集中于碳化硅、氮化硅、氧化锆，以及氧化物、氮化物、硼化物、硅化物、碳化物的陶瓷复合材料。这些都是烧结材料，当人类开始将陶瓷应用在汽车、园林工具、家用电器等日常用品时，烧结将会是其制造的核心工艺。

⑦ 互不相溶的材料。烧结应用的另一个对象是组成成分混合但不互溶的复合材料。例如：铜-铬、因瓦合金-银、钼-铜以及碳化钨-银等复合材料，它们都不能通过熔炼的方法进行合金化，但是可以通过烧结来制备，一直以来广泛应用于电气零部件等领域。新的应用包括陶瓷相分散在金属基体和金属相分散在陶瓷基体的复合材料，这些材料可以应用于电气部件和摩擦零件。含有弥散分布碳化物的工具钢采用压力辅助烧结来制备，除此之外，强化相还包括金属间化合物、碳化硅、碳纳米管等[22,57-62]。事实上，各种各样的组合为我们设计材料的性能提供了广泛的可能。

⑧ 高温材料。耐高温材料，包括陶瓷和金属，都通过烧结来克服高熔点材料难以制备的困难[63,64]。钨、铼、钼、钽、铌、铱、钌的合金在高温的火箭、照明、加热炉、焊接和能源系统中都有很重要的应用。钽是制造高可靠性电容器的主要原料，氧化镁则主要用于生产玻璃与钢的耐火材料，随着能源对新领域的推动，例如聚变反应堆，需要烧结的高温材料来实现。为了不让烧结温度过高，一个自然而然的趋势是采用纳米级粉末，但是也会带来一些高温烧结产生蒸发污染物的问题。

⑨ 多功能材料。采用烧结来形成叠层电子结构的思路已经在计算机与电子设备制造中得到广泛应用。由于烧结过程中的不同应变可能会造成损伤，所以这个领域需要进行深入的数学分析[12,65-76]。多功能材料应用的数量与类型都很多，由于不同材料具有不同的性质，经过烧结可以得到多功能的材料，以满足不同的需求。

⑩ 可控孔隙材料。在本章中已经提到了一些可控孔隙率的例子。烧结可以很容易地制备出具有一些特定功能的材料，例如用于能量吸收、绝缘、催化剂载体、电容器、电池电极、过滤器、热管、组织内生装置等的材料。关键是要选择一个合适的颗粒尺寸并烧结达到所希望的孔隙率、孔径和渗透率的组合。在一些混合粉末系统中，膨胀是很常见的，材料会不致密。孔隙的调整可以通过在烧结过程中加入添加剂来实现，这些被称为造孔剂的添加剂在烧结过程中蒸发，从而实现孔隙的可控过程。随着粉末的细小化，可控孔隙的大小可以与烧结粉末颗粒的大小不同。在早期的多孔材料中，孔径、孔隙率和渗透性被粉末的粒度范围所限制。这种局限性如今已经被造孔剂的创新所打破[35-38,77-82]。

16.3　新的应用

电子系统中有大量运用烧结技术的机会。一种新的烧结技术的应用，是用打印粉末来制成电路。电子领域的烧结应用开始于焊料的替代品，它是通过含锡和铜的膏状物发生瞬时液相烧结来实现的。含铅焊料通常被用于焊接电子元件，但是从环境考虑，铅会对工人和设备有毒害和损伤。虽然有无铅焊料，但通常是加入了银，通过一种依靠烧结聚合物-粉末混合物的替代方法。纳米颗粒银与聚合物混合，混合物通过丝网印刷制成电路通路，然后再在低温下烧结，以替代焊料。因为烧结温度取决于颗粒大小，所以纳米尺度的粉末能够在聚合物燃尽的温度以下烧结。最终产品是一个内部混合了聚合物的导电连接体。

硅半导体器件最初是离散的二极管和三极管。随着电路复杂程度增加，通过在单独一个硅片上集成多个器件制成了集成电路。更高的计算量要求元器件间更紧密、元器件间的线路更窄，这需要通过光刻技术实现。现在的电路所包括的烧结硅成为一种新的制造选择。这极大改变了电子领域，使得光刻技术被更快速的印刷-烧结方法所替代。一个例子是把一个电路放置在一个细管上，以实现人体内腐蚀过程中的温度控制。这取决于小颗粒粉末、印刷图样和低温烧结，用于柔性电路、射频识别标签、近场蜂窝电路与店内显示器等。烧结件用于存储识别信息，例如酒或名牌行李箱的身份验证。射频识别标签是对含硅墨水进行印刷与烧结。不同于光刻技术，薄的电路模式可通过类似于复印机或报纸印刷机等进行低成本生产。类似报纸的印刷，随着价格的下降，印刷-烧结硅电路的产量将达每年 300 亿个单元，已经在商店结账、产品库存、包裹识别、运输票价、收费卡、行李识别以及安全密码等领域得到应用，这会很快将生产提高到一个极高的水平。

在烧结前将部件进行组装的思路也很有帮助。其目的是免去焊接或其他接合的工艺过程。烧结结合能使两个组件连为一个多种材料的部件。具体应用有，在电子封装中，用低温烧结的小颗粒取代焊料。使用纳米尺度的银或铜粉，有可能在 $180 \sim 250 \, ℃$（$453 \sim 523 \mathrm{K}$）的温度进行烧结。现在研究领域之一是结合不同的材料，例如氧化锆与不锈钢、电子合金与不锈钢、硬质合金与不锈钢等。对于复杂外形和小尺寸结构部件来说，烧结工艺可以提高质量、降低成本、提高生产效率。

结构色是烧结的另一应用新领域。大多数颜色是由声子与表面的相互作用所决定的。

依据电子状态，某种射入的"白"光被吸收，而其余部分的光被反射。反射光的能量与强度决定了颜色种类。色素有能力调整反射光以表现出红、蓝、绿或粉色。但是，蝴蝶翅膀的颜色是由其一种重复的表面鳞片决定，这些表面鳞片会与光发生相互作用。显示器技术领域出现了很多机遇。当纳米尺度的粉末颗粒堆积并部分烧结时，周期排列的气孔会产生一种颜色[83-87]。结构色由颗粒尺寸、堆积方式与烧结所控制。早期目标是能够使手机屏幕或其他显示器能够在户外阳光下阅读。

小尺寸颗粒可用于制作可控孔隙率的结构。最初，常见的粉体都是被稍作压制并烧结，以获得 $1\mu m$ 以上的孔隙尺寸，孔隙率约为 $15\%\sim40\%$。孔隙形成剂，如聚合物、碳酸盐、冰或盐（NaCl），能够减小密度并控制孔隙大小。在烧结铝的过程中常用的选择是在铝粉中加入氢化钛，烧结时分解释放出氢气，使铝膨胀。最后获得的泡沫铝的孔隙率可达 90% 左右。泡沫金属可用于组织支架，支架中约 $100\mu m$ 的孔隙可以让组织在约 40% 密度的结构中向内生长。使用更小尺寸的颗粒，烧结会很迅速，孔隙率可达 96%。综合使用小且易烧结的颗粒、低的成形压力与造孔剂，可以使烧结体的密度非常低。低密度泡沫金属就像海绵一样，具有能够承受 50% 压缩应变的能力，在释放应力时又恢复到其初始尺寸。低密度泡沫金属能够用于车辆碰撞的能量吸收、太阳能的光吸收以及气体反应催化剂的载体等。

金刚石颗粒可以通过石墨在高温高压下来合成。现在使用高压烧结可以将金刚石烧结成多晶部件。烧结金刚石多晶部件的微观结构与硬质合金中所观察到的相似。在高温烧结中，小晶粒优先溶解于通常为钴的液相中，在金刚石-金刚石结合处再沉积。结果会在具有良好韧性的材料内形成一个刚性金刚石骨架。材料的耐久性非常理想。

烧结材料的一个很大优势是将不同材料的性能结合起来。试想一下混合动力汽车，在马达、引擎、电池、再生制动器之间切换电力负荷时，硅控制系统承受着显著的热应力。烧结散热板被用于确保硅控制系统不至于过热。散热中的新思路取决于带有内部热管特征的烧结碳化硅。该材料显示了意料之外的散热效果，且不导致热疲劳。然而，烧结具有梯度的微观结构是个挑战，这种结构具有烧结结合的内部通道，且整个结构必需密封。烧结材料最苛刻的应用例子是军事车辆，车辆引擎也用于驱动便携发电机，为移动雷达单元供电。

16.4　新工艺

我们已经提到过一个新的烧结过程，在这个过程中充满了创新，并且值得强调的是它具有更快的烧结速度。而传统工业烧结的周期大约需要一天。对于连续烧结的时间周期，一般是从 6h（例如齿科矫正托）至一周（例如大的磨轮）。

格言中说："找到问题然后解决它"。遗憾的是许多新的烧结概念似乎是从一个新的过程开始，再去寻找一个问题。由于没有理解烧结的基本问题，新的方法往往虽然很新奇，但未必有实用意义。一个很好的例子是电场，可以用来快速烧结平板以及很薄很细的结构。但如果几何形状是复杂的，就会产生非均匀加热，导致翘曲和性能的梯度变化。快速烧结具有悠久的历史，但由于烧结后各部分可能会扭曲变形，所以并没有被广泛使用。创新的快速烧结工艺采用了各种加热方法，包括：太阳能、微波、感应、脉冲强光、激光、磁脉冲、电容放电、放热反应、火花放电、等离子体等。这些创新将会继续推进，并将最终解决烧结精度和成本这两大关键问题。

从某种意义上说，创新来自早期一些烧结思路的再现与复兴。放电烧结的想法产生于1890 年至 1910 年之间。1955 年，Lenel 应用直流电加热钛和其他材料[88]，Goetzel 和 DeMarchi 在 1971 年重新思考了这一想法[89]。然而，除金刚石复合材料的烧结之外，放电烧结在很大程度上仍是一个研究课题。虽然放电烧结可以成功烧结圆盘状的导电金属，而且约 10％的烧结研究都涉及电火花烧结，但是对于复杂形状的材料，目前还难以成功。对于非导电陶瓷，电流是通过石墨模具时产生热量，得到与快速热压相似的致密化和显微组织[90,91]。尽管早期有许多不确定性，现在已明确电火花烧结不会产生等离子体。然而，它还是习惯地被称为放电等离子烧结[92]。

另一方面，激光烧结，尤其是快速原型法，有利于无模具制造。然而，相比于传统烧结，激光烧结很缓慢。例如，对于烧结钢，需要 18MW/kg 的功率进行压力烧结，如果采用一个 50W 的激光烧结设备，即使是在效率为 100％的情况下，也只能能提供 10g/h 或略多于 1cm³/h 的烧结速度。激光烧结设备价格昂贵，与连续炉以 50～100kg/h 速度烧结时的成本大致相同。高经济成本使得激光烧结仅能用于高价值的小部件，例如牙冠与牙桥。而且激光烧结不适用于批量生产。同样地，利用微波炉烧结也引起了人们的兴趣，但不均匀加热和由此产生的变形，使其生产应用价值还有待于考证。虽然通过微波烧结纳米粉末能产生细小的晶粒，但该方法的实际应用还较少[93]。许多方法的特征是寻找解决问题的方案。

烧结技术不缺乏创新，但这些创新却难以令人满意，因为其中只有少数能走出实验室而进入实际应用。只有完善烧结理论，明确烧结技术问题才能改变这样的现状。一些长期存在的问题包括：

① 成本。成本始终是人们关注的焦点。烧结炉的经济成本比加工成本更为重要。对炉的要求是烧结速度快、成本低、烧结尺寸一致。

② 尺寸。烧结后的机加工、研磨、模压整形等调节尺寸的操作增加了成本。应该通过均匀加热，控制引起尺寸变化的因素，避免快速加热的影响，有效控制烧结尺寸，从而获得更多的收益。

③ 亚稳态。短的烧结工艺过程能够固结亚稳态材料，需要更多的基础科学研究来确定哪些添加元素能改善这些材料的烧结。

16.5　小结

本章主要介绍了烧结技术未来的乐观前景。同时，这种乐观前景必须经受一些现实的考验。正如投资界所说："你总是会首先听到好消息，"这符合烧结的新发展。在很多因素中，经济性是一个主要的考虑因素。新材料、应用、生产实践都面临基于成本的试金石考验。的确有一些重大技术进步通过了这一考验。例如，最近的例子：双宽连续步进式光束炉一天能烧结 5 000 000 个手机部件；批量铁矿石烧结炉的烧结能力达到每天 20 000t；批次真空炉具有集成等离子体聚合物燃尽能力。

在回顾过去的预测时，可以得到一些启示。过去曾预示计算机建模会改变生产方式，以更快地集中于优化的工艺，更精确的元件，更少的工艺过程调整。然而，遗憾的是，计算机建模已经表明，烧结的基本研究还不够充分。模拟不是障碍，对烧结过程中所有变量与它们之间的相互作用的理解不足才是障碍[94,95]。基础材料科学包含一些重要的关系，例如杂质对晶界扩散的影响，致密化过程中表面辐射的变化，材料烧结过程中的原位性能变化，孔隙与晶界的相互作用等。因此，烧结尺寸的预测是分散的。模拟无法给出与生产相关的精确尺寸控制（如 $10\mu m$）。即使如此，模拟仍是烧结领域的热门话题。

每隔几年，杰出的研究者们都会提供烧结发展的方向[95-101]。这些前瞻性的意见集中于模型和它们是如何改进的。更好的模型有助于解释经验观察，但观察和烧结的经验方面仍然是领先于理论[102]。通过改进粉末，使用均匀和更细小的粉末，能够产生显著的进步，但进展最大的收益来自改进的成形坯体的均匀性。关键的需求是工业化烧结模型与烧结件的特性，包括密度、尺寸、变形、晶粒大小、工件尺寸的均匀性等。烧结模型中一般很少考虑成本的最小化。

目前尚不清楚不同的加热技术是否会从本质上影响烧结。这是一个值得深入探讨与研究的课题。同时，复杂性也会增加，在材料的化学成分、形状、性能要求和尺寸精度方面也是明显的。

参考文献

[1] L.I. Kivalo, V.V. Skorokhod, N.F. Grigorenko, Effect of nickel on sintering processes in the Ti-Fe system. Part I, Powder Metall. Metal Ceram. 22 (1983) 543-546.

[2] D.L. Bourell, J.J. Beaman, Powder material principles applied to additive manufacturing, in: Materials Processing and Interfaces, vol. 1, Proceedings 141st Meeting the Minerals, Metals, and Materials Society, Warrendale, PA, 2012, pp. 537-544.

[3] T.B. Sercombe, G.B. Schaffer, Selective laser sintering of aluminum, Advances in Powder Metallurgy and Particulate Materials - 2003, Part 3, Metal Powder Industries Federation, Princeton, NJ, 2003, pp. 148-155.

[4] J.W. McCauley, N.D. Corbin, Phase relations and reaction sintering of transparent cubic aluminum oxynitride spinel (AlON), J. Amer. Ceram. Soc. 62 (1979) 476-479.

[5] D.T. Colbert, J. Zhang, S.M. Mcclure, P. Nikolaev, Z. Chen, J.H. Hafner, et al., Growth and sintering of fullerene nanotubes, Science 266 (1994) 1218-1222.

[6] H.Y. Suzuki, M. Fukuda, H. Kuroki, Colloidal compaction of fine metallic powders under high speed centrifugal force - compaction and sintering of high speed steel, J. Japan Soc. Powder Powder Metall. 50 (2003) 856-864.

[7] L.E. McCandlish, B.H. Kear, B.K. Kim, Processing and properties of nanostructured WC-Co, Nano. Mater. 1 (1992) 119-124.

[8] W.L. Li, K. Lu, J.Y. Walz, Freeze casting of porous materials: review of critical factors in microstructure evo-

lution, Inter. Mater. Rev. 57 (2012) 37-60.

[9]   B. Levenfeld, A. Varez, J.M. Torralba, Effect of residual carbon on the sintering process of M2 high speed steel parts obtained by a modified metal injection molding process, Metall. Mater. Trans. 33A(2002) 1843-1851.

[10] S. Tsurekawa, K. Harada, T. Sasaki, T. Matsuzaki, T. Watanabe, Magnetic sintering of ferromagnetic metal powder compacts, Mater. Trans. Japan Inst. Met. 41 (2000) 991-999.

[11] H.H. Yang, Y.W. Kim, J.H. Kim, D.J. Kim, K.W. Kang, Y.W.Rhee, et al., Pressureless rapid sintering of UO_2 assisted by high-frequency induction heating process, J. Amer. Ceram. Soc. 91 (2008) 3202-3206.

[12] M. Eriksson, M. Radwan, Z. Shen, Spark plasma sintering of WC, cemented carbide, and functional graded materials, Inter. J. Refract. Met. Hard Mater. 36 (2013) 31-37.

[13] J.S. Lee, J.C. Yun, J.P. Choi, G.Y. Lee, Consolidation of iron nanopowder by nanopowder agglomerate sintering at elevated temperature, J. Korean Powder Metall. Inst. 20 (2013) 1-6.

[14] S.A. Deshpande, T. Bhatia, H. Xu, N.P. Padture, A.L. Ortiz, F.L. Cumbrera, Microstructural evolution in liquid phase sintered SiC: Part II, effects of planar defects and seeds in the starting powder, J. Amer. Ceram. Soc. 84 (2001) 1585-1590.

[15] J.M.M. Rheme, J. Carron, L. Weber, Thermal conductivity of aluminum matrix composites reinforced with mixtures of diamond and SiC particles, Scripta Mater. 58 (2008) 393-396.

[16] T. Hawa, M.R. Zachariah, Molecular dynamics simulation and continuum modeling of straight chain aggregate sintering: development of a phenomenological scaling law, Phys. Rev. B 76 (2007) 054109 pp. 1-9.

[17] J.M. Williams, A. Adewunmi, R.M. Schek, C.L. Flanagan, P.H. Krebsbach, S.E. Feinberg, et al., Bone tissue engineering using polycaprolactone scaffolds fabricated via selective laser sintering, Biomater 26 (2005) 4817-4827.

[18] A. Simchi, F. Petzoldt, H. Pohl, H. Loffler, Direct laser sintering of a low alloy P/M steel, P/M Sci.Tech. Briefs 3 (2001) 5-9.

[19] C.T. Campbell, S.C. Parker, D.E. Starr, The effect of size-dependent nanoparticle energetics on catalyst sintering, Science 298 (2002) 811-814.

[20] X. Shi, K. Su, R.R. Varshney, Y. Wang, D.A. Wang, Sintered microsphere scaffolds for tissue engineering, Pharm. Res. 28 (2011) 1224-1228.

[21] G.C. Wei, Transparent ceramics for lighting, J. Europ. Ceram. Soc. 29 (2009) 237-244.

[22] Z.F. Zu, Y.B. Choi, K. Matsugi, D.C. Li, G. Sasaki, Mechanical and thermal properties of vapor grown carbon fiber reinforced aluminum matrix composites by plasma sintering, Mater. Trans. 51(2010) 510-515.

[23] J. Yan, G. Zou, X. Wang, F. Mu, H. Bai, B. Wu, et al., Characterization of low temperature bonding with Cu nanoparticles for electronic packaging applications, in: Proceedings Materials Science and Technology Conference, Columbus, OH, 2011, pp. 1526-1531.

[24] E. Herderick, Additive manufacturing of metals: a review, in: Proceedings Materials Science and Technology Conference, Columbus, OH, 2011, pp. 1413-1425.

[25] H.A. Colorado, S.R. Dhage, J.M. Yang, H.T. Hahn, Intense pulsed light sintering technique for nanomaterials, in: Materials Processing and Interfaces, vol. 1, Proceedings 141st Meeting the Minerals, Metals, and Materials Society, Warrendale, PA, 2012, pp. 577-584.

[26] M. Yuki, H. Yamaoka, Y. Nakanishi, A. Kawasaki, R. Watanabe, Experimental study of laser sintering process of ceramics, in: Y. Bando, K. Kosuge (Eds.), Proceedings of 1993 Powder Metallurgy World Congress, Part 2, Japan Society of Powder and Powder Metallurgy, Kyoto, Japan, 1993, pp. 939-942.

[27] W.D. Jones, Fundamental Principles of Powder Metallurgy, Edward Arnold Publishers, London, UK, 1960.

[28] J.D. Belnap, Sintering of ultrahard materials, in: Z.Z. Fang (Ed.), Sintering of Advanced Materials, Woodhead

Publishing, Oxford, UK, 2010, pp. 389-414.

[29]　M. Qian, G.B. Schaffer, Sintering of aluminum and its alloys, in: Z.Z. Fang (Ed.), Sintering of Advanced Materials, Woodhead Publishing, Oxford, UK, 2010, pp. 291-323.

[30]　H. Wang, Z.Z. Fang, P. Sun, A critical review of the mechanical properties of powder metallurgy titanium, Inter J. Powder Metall. 46 (5) (2010) 45-57.

[31]　I.M. Robertson, G.B. Schaffer, Review of densification of titanium based powder systems in press and sinter processing, Powder Metall. 53 (2010) 146-162.

[32]　C.H. Caceres, Economical and environmental factors in light alloys automotive applications, Metall.Mater. Trans. 38A (2007) 1649-1662.

[33]　R.M. German, Status of metal powder injection molding of titanium, Inter. J. Powder Metall. 46(5) (2010) 11-17.

[34]　S. Barg, C. Soltmann, M. Andrade, D. Koch, G. Grathwohl, Cellular ceramics by direct foaming of emulsified ceramic powder suspensions, J. Amer. Ceram. Soc. 91 (2008) 2823-2829.

[35]　T. Shimizu, K. Matsuzaki, K. Kikuchi, N. Kanetake, Space holder method to produce high porosity metal foam using gelation of water base binder, J. Japan Soc. Powder Powder Metall. 55 (2008) 770-775.

[36]　U.T. Gonzenbach, A.R. Studart, E. Tervoort, L.J. Gauckler, Macroporous ceramics from particle stabilized wet foams, J. Amer. Ceram. Soc. 90 (2007) 16-22.

[37]　N. Sakurai, J. Takekawa, Shape recovery characteristics of NiTi foams fabricated by a vacuum process applied to a slurry, Mater. Trans. 47 (2006) 558-563.

[38]　L. Tuchinskiy, Novel fabrication technology for metal foams, J. Adv. Mater. 37 (3) (2005) 60-65.

[39]　I. Thijs, J. Luyten, S. Mullens, Producing ceramic foams with hollow spheres, J. Amer. Ceram. Soc.87 (2004) 170-172.

[40]　B. Levine, A new era in porous metals: applications in orthopaedics, Adv. Eng. Mater. 10 (2008)788-792.

[41]　J.L. Jonson, Opportunities for PM processing of metal matrix composites, Inter. J. Powder Metall.47 (2) (2011) 19-28.

[42]　K. Nishiyaku, S. Matsuzaki, S. Tanaka, Liquid infiltration property of micro porous stainless steel produced by powder space holder method, Powder Inj. Mould. Inter. 2 (3) (2008) 60-63.

[43]　V. Friederici, A. Bruinink, P. Imgrund, S. Seefried, Getting the powder mix right for design of bone implants, Met. Powder Rept. (2010) 14-16.

[44]　N. Salk, B. Troger, Precision manufacturing of micro ceramic injection molded implants, Advances in Powder Metallurgy and Particulate Materials - 2010, Metal Powder Industries Federation,Princeton, NJ, 2010, pp. 4. 11-4.17.

[45]　K. Doi, T. Matsushita, T. Kokubo, S. Fjibayashi, M. Takemoto, T. Nakamura, et al.,Mechanical properties of porous titanium and its alloys fabricated by powder sintering for medical use, in: P. Rodhammer (Ed.), Proceedings of the Seventeenth Plansee Seminar, vol. 1, Plansee Group, Reutte, Austria, 2009, pp. GT10. 1-GT10.8.

[46]　S. Luckx, The hardness of tungsten carbide - cobalt hardmetal, in: R. Riedel (Ed.), Handbook of Ceramic Hard Materials, vol. 2, Wiley-VCH, Weinheim, Germany, 2000, pp. 946-964.

[47]　Z.J. Lin, J.Z. Zhang, B.S. Li, L.P. Wang, H.K. Mao, R.J. Hemley, et al., Superhard diamond/tungsten carbide nanocomposites, Appl. Phys. Lett. 98 (2011), paper 121914, 3 pages

[48]　K. Lu, Nanoparticulate Materials Synthesis, Characterization, and Processing, Wiley, Hoboken,New Jersey, 2013.

[49]　S. Jang, H. Cho, Y. Lee, D. Kim, Atmospheric effects on the thermally induced sintering of nanoparticulate gold films, J. Mater. Sci. 47 (2012) 5134-5140.

[50] N. Marjanovic, J. Hammerschmidt, J. Perelaer, S. Farnsworth, I. Wawson, M. Kus, et al., Inkjet printing and low temperature sinteirng of CuO and CdS as functional electronic layers and Schottky diodes, J. Mater. Chem. 21 (2011) 13634-13639.

[51] H. Alarifi, A. Hu, M. Yavuz, N. Zhou, Silver nanoparticle paste for low temperature bonding of copper, J. E-lect. Mater. 40 (2011) 1394-1402.

[52] A. Hu, J.Y. Guo, H. Alarifi, G. Patane, Y. Zhou, G. Compagnini, et al., Low temperature sintering of Ag nano-particles for flexible electronics packaging, Appl. Phys. Lett. 97 (2010) paper 153117.

[53] S.M. Salamone, L.C. Stearns, R.K. Bordia, M.P. Harmer, Effect of rigid inclusions on the densification and constitutive parameters of liquid phase sintered $YBa_2Cu_3O_{6+x}$ powder compacts, J. Amer.Ceram. Soc. 86 (2003) 883-892.

[54] Z. Ma, Y. Liu, J. Huo, Influence of ball milled amorphous B powders on the sintering process and superconductive properties of MgB_2, Supercond. Sci. Tech. 22 (2009) article 125006, 5 pages.

[55] K. Shinohara, T. Futatsumori, H. Ikeda, Effect of hot press method on the critical current density of MgB_2 bulk samples, Phys. C 468 (2008) 1369-1371.

[56] Y.C. Liu, Q.Z. Shi, Q. Zhao, Z.Q. Ma, Kinetics analysis for the sintering of bulk MgB_2 superconductor, J. Mater. Sci.: Mater. Elect. 18 (2007) 855-861.

[57] H. Chang, T.P. Tang, K.T. Huang, F.C. Tai, Effects of sintering process and heat treatments on microstructures and mechanical properties of VANADIS 4 tool steel added with TiC powders, Powder Metall. 54 (2011) 507-512.

[58] W. Acchar, A.M. Segadaes, Properties of sintered alumina reinforced with niobium carbide, Inter.J. Refract. Met. Hard Mater. 27 (2009) 427-430.

[59] A. Upddhyaya, S. Balaji, Sintered intermetallic reinforced 434L ferric stainless steel composite, Metall. Mater. Trans. 40A (2009) 673-683.

[60] C. Padmavathi, A. Upadhyaya, Densification, microstructure, and properties of supersolidus liquid phase sintered 6711 Al - SiC metal matrix composite, Sci. Sintering 42 (2010) 363-382.

[61] H. Asgharzadeh, A. Simchi, Supersolidus liquid phase sintering of Al 6061/SiC metal matrix composites, Powder Metall. 52 (2009) 28-35.

[62] S. Gustafsson, L.K.L. Falk, E. Liden, E. Carstrom, Pressureless sintered Al_2O_3-SiC nanocomposites, Ceram. Inter. 34 (2008) 1609-1615.

[63] J.L. Johnson, Sintering of refractory metals, in: Z.Z. Fang (Ed.), Sintering of Advanced Materials, Woodhead Publishing, Oxford, UK, 2010, pp. 356-388.

[64] R.G. Pileggi, A.R. Studart, M.D.M. Innocentini, V.C. Pandolfelli, High performance refractory castables, Ceram. Bull. 81 (6) (2002) 37-42.

[65] J.N. Calata, A. Matthys, G.Q. Lu, Constrained-film sintering of cordierite glass-ceramic on silicon substrate, J. Mater. Res. 13 (1998) 2334-2341.

[66] J. Guille, A. Bettinelli, J.C. Bernier, Sintering behavior of tungsten powders co-fired with alumina or conventionally sintered, Powder Metall. Inter. 20 (5) (1988) 26-28.

[67] C. Pascal, A. Thomazic, A.A. Zdziobek, J.M. Chaix, Co-sintering and microstructural characterization of steel/cobalt base alloy biomaterials, J. Mater. Sci. 47 (2012) 1875-1886.

[68] A. Simchi, F. Petzoldt, Cosintering of powder injection molding parts made from ultrafine WC-Co and 316 L stainless steel powders for fabrication of novel composite structures, Metall. Mater. Trans.41A (2010) 233-241.

[69] H. He, Y. Li, P. Liu, J. Zhang, Design with a skin-core structure by metal co-injection moulding, Powder Inj. Mould. Inter. 4 (1) (2010) 50-54.

[70]　H. Ye, X.Y. Liu, H. Hong, Fabrication of metal matrix composites by metal injection molding - areview, J. Mater. Proc. Tech. 200 (2008) 12-24.

[71]　A. Baumann, M. Brieseck, S. Hohn, T. Moritz, R. Lenk, Development of multi-component powder injection moulding of steel-ceramic compounds using green tapes for inmould label process, Powder Inj. Mould. Inter. 2 (1) (2008) 55-58.

[72]　Y. Boonyongmaneerat, C.A. Schuh, Contributions to the interfacial adhesion in co-sintered bilayers, Metall. Mater. Trans. 37A (2006) 1435-1442.

[73]　J.C. Chang, J.H. Jean, Camber development during the Co-firing of bi-layer glass-based dielectric laminate, J. Amer. Ceram. Soc. 88 (2005) 1165-1170.

[74]　T. Harikou, Y. Itoh, K. Satoh, H. Miura, Joining of stainless steels (SUS316L) and hard materials by insert injection molding, J. Japan Soc. Powder Powder Metall. 51 (2004) 31-36.

[75]　D.F. Heaney, P. Suri, R.M. German, Defect-Free sintering of two material powder injection molded components: Part I, experimental investigations, J. Mater. Sci. 38 (2003) 4869-4874.

[76]　O. Guillon, R.K. Bordia, C.L. Martin, Sintering of thin films/constrained sintering, in: Z.Z.Fang (Ed.), Sintering of Advanced Materials, Woodhead Publishing, Oxford, UK, 2010, pp. 415-433.

[77]　K. Nishiyabu, S. Matsuzaki, S. Tanaka, Dimensional accuracy of micro-porous metal injection and extrusion molded components produced by powder space holder method, J. Japan Soc. Powder Powder Metall. 53 (2006) 776-781.

[78]　S.H. Li, J.R. De Wijn, P. Layrolle, K. De Groot, Novel method to manufacture porous hydroxyapatite by dual phase mixing, J. Amer. Ceram. Soc. 86 (2003) 65-72.

[79]　T.S. Kim., I.C. Kang, T. Goto, B.T. Lee, Fabrication of continuously porous alumina body by fibrous monlithic and sintering process, Mater. Trans. 44 (2003) 1851-1856.

[80]　U.T. Gonzenbach, A.R. Studart, E. Tervoort, L.J. Gauckler, Macroporous ceramics from particle stabilized wet foams, J. Amer. Ceram. Soc. 90 (l) (2007) 16-22.

[81]　T. Shimizu, K. Matsuzaki, Y. Ohara, Process of porous titanium using a space holder, J. Japan Soc.Powder Powder Metall. 53 (2006) 36-41.

[82]　N. Sakurai, J. Takekawa, Fabrication of foamed titanium by vacuum process using slurry, J. Japan Soc. Powder Powder Metall. 50 (2003) 1025-1039.

[83]　H. Ghiradella, Light and color on the wing: structural colors in butterflies and moths, Appl. Opt.30 (1991) 3492-3500.

[84]　J. Silver, R. Withnall, T.G. Ireland, G.R. Fern, Novel nanostructured phosphor materials cast from natural morpho butterfly scales, J. Mod. Opt. 52 (2005) 999-1007.

[85]　O.L.J. Pursiainen, J.J. Baumberg, H. Winkler, B. Viel, P. Spahn, T. Ruhl, Nanoparticle tuned structural color from polymer opals, Opt. Exp. 15 (2007) 9553-9561.

[86]　W. Zhang, D. Zhang, T. Fan, J. Ding, J. Gu, Q. Guo, et al., Biomimetic zinc oxide replica with structural color using butterfly *Ideopsis similis* wings as templates, Bioinsp. Biomim. 1 (2006)89-95.

[87]　A. Kimura, K. Yagi, F. Suzuki, Development of colored pearly lustre pigment: I - synthesis of colored mica, coated with titanium dioxide and electroless plated nickel, J. Japan Soc. Powder Powder Metall. 44 (1997) 387-392.

[88]　F.V. Lenel, Resistance sintering under pressure, Trans. TMS-AIME 203 (1955) 158-167.

[89]　C.G. Goetzel, V.S. De Marchi, Electrically activated pressure sintering (spark sintering) of titanium powders, Powder Metall. Inter. 3 (1971), pp. 80-87 and 134-136.

[90]　J. Langer, M.J. Hoffmann, O. Guillon, Direct comparison between hot pressing and electric field assisted sin-

tering of submicron alumina, Acta Mater. 57 (2009) 5454-5465.

[91] J. Langer, M.J. Hoffmann, O. Guillon, Electric Field-assisted sintering in comparison with the hot pressing of yttria stabilized zirconia, J. Amer. Ceram. Soc. 94 (2010) 24-31.

[92] D.M. Hulbert, A. Anders, J. Andersson, E.J. Lavernia, A.K. Mukherjee, A discussion on the absence of plasma in spark plasma sintering, Scripta Mater. 60 (2009) 835-838.

[93] J.L. Johnson, Economics of processing nanoscale powders, Inter. J. Powder Metall. 44 (1) (2008)44-54.

[94] R.M. German, Phenomenological observations and the prospects for predictive computer simulations, Advances in Powder Metallurgy and Particulate Materials - 2012, Part 1, Metal Powder Industries Federation, Princeton, NJ, 2012, pp. 32-42.

[95] S.J. Park, S. Ahn, T.G. Kang, S.T. Chung, Y.S. Kwon, S.H. Chung, et al., A review of computer simulations in powder injection molding, Inter. J. Powder Metall. 46 (3) (2010)37-46.

[96] M.M. Ristic, Science of Sintering and Its Future, International Team for Science of Sintering, Beograd, Yugoslavia, 1975.

[97] R.J. Brook, W.H. Tuan, L.A. Xue, Critical issues and future directions in sintering science, in: G.L.Messing, E.R. Fuller, H.H. Hausner (Eds.), Ceramic Transactions, vol. 1, American Ceramic Society, Westerville, OH, 1987, pp. 811-823.

[98] T. Honda, Trend and future for fatigue characteristics of sintered ferrous products, J. Japan Soc.Powder Powder Metall. 44 (1997) 475-482.

[99] A. Fujiki, Present state and future prospects of powder metallurgy parts for automotive applications, Mater. Chem. Phys. 67 (2001) 298-306.

[100] K. Brookes, Some tribulation on the way to a nano future for hardmetals, Met. Powder Rept. 60(2005) 24-30.

[101] G.S. Upadhyaya, Future directions in sintering research, Sci. Sintering 43 (2011) 3-8.

[102] R.M. German, History of sintering: empirical phase, Powder Metall. 6 (2013) 117-123.